火山岩气藏储层特征及渗流机理

杨正明　郭和坤　张亚蒲　著
李海波　晏　军

科学出版社

北京

内 容 简 介

本书针对火山岩气藏储层特征及开发特征有关的研究内容，进行全面系统的论述。本书介绍火山岩气藏的微观孔隙结构特征、气体非线性渗流规律、供排气机理等方面的内容，详细系统地阐述相关的研究方法、研究成果，并且介绍每项研究成果在认识火山岩储层特征及开发方案编制中的作用。

本书可供石油工程技术人员、科研人员及石油院校有关专业师生阅读、参考。

图书在版编目(CIP)数据

火山岩气藏储层特征及渗流机理 / 杨正明等著. —北京：科学出版社，2017.1
ISBN 978-7-03-050736-5

Ⅰ. ①火… Ⅱ. ①杨… Ⅲ. ①火山岩-岩性油气藏-储集层特征-研究②火山岩-岩性油气藏-渗流-研究 Ⅳ. ①P618.130.2

中国版本图书馆 CIP 数据核字 (2016) 第 281599 号

责任编辑：张　展　刘莉莉 / 责任校对：刘莉莉
责任印制：余少力 / 封面设计：墨创文化

科 学 出 版 社 出版

北京东黄城根北街16号
邮政编码：100717
http://www.sciencep.com

四川煤田地质制图印刷厂印刷
科学出版社发行　各地新华书店经销

*

2017 年 1 月第 一 版　开本：B5（720×1000）
2017 年 1 月第一次印刷　印张：10 1/2
字数：209 千字
定价：**118.00 元**
（如有印装质量问题，我社负责调换）

前　　言

　　近年来，在我国松辽盆地、渤海湾盆地、准噶尔盆地和克拉玛依等地先后发现了具有一定储量的火山岩油气藏。其中火山岩气藏的有利勘探面积超过 2 万 km^2，地质储量超过 3 万亿 m^3，火山岩气藏已成为天然气勘探和开发的主要领域之一。总体来看，由于火山岩气藏储层固有的复杂性，前期的很多研究工作还比较单一，迫切需要有针对火山岩气藏储层特征及渗流机理等方面的系统全面的研究方法，用于指导现场的开发。

　　本书基于火山岩气藏储层特征认识及渗流机理方面的实际问题，跟踪国内外相关的研究方法及成果，通过多年来大量的室内实验的尝试，形成并总结了火山岩气藏储层特征及渗流机理方面一系列的研究方法及技术。主要成果为：揭示了火山岩气藏微观孔隙结构特征、可动用条件和气水渗流机理；建立了研究火山岩气藏气体分线性渗流规律的实验方法；深入探索了不同作用下的供排气机理及主控因素，为火山岩气藏的合理开发提供了重要理论依据。

　　全书共分为 7 章。第 1 章由杨正明、郭和坤、张亚蒲、李海波、刘学伟等撰写，第 2 章由杨正明、张亚蒲、郭和坤、刘学伟等撰写，第 3 章由杨正明、郭和坤、李海波、张亚蒲等撰写，第 4 章由郭和坤、李海波、张亚蒲等撰写，第 5 章由杨正明、张亚蒲、霍凌婧、刘学伟、刘超等撰写，第 6 章由杨正明、张亚蒲、郭和坤、刘学伟等撰写，第 7 章由晏军、杨正明、张亚蒲等撰写。

　　目前，已出版的火山岩气藏储层特征和渗流机理系统的研究方法类图书较少。希望本书对火山岩气藏的开发起到推动作用，并能为相关研究领域的科研人员、高校师生在科研工作及学习中起到参考作用。

　　本书在撰写过程中得到了中国石油勘探开发研究院廊坊分院渗流流体力学研究所同仁的大力支持和帮助，并得到了国家科技重大专项（2017ZX05016）及国家重点基础研究发展计划（973 计划）（2007CB209507）的资助。本书对所用的资料和数据列了参考文献，但难免有不尽之处，恳请同行专家和读者谅解。

目　　录

第1章 绪 论

1.1 研究背景及目的

1.1.1 火山岩气藏资源量

近年来，在我国松辽盆地北部(大庆)、南部(吉林)和准噶尔盆地(新疆)先后发现了大量火山岩气藏，其有利勘探面积达 20 000km² 以上，天然气资源量超过 30 000×10⁸ m³，三级储量已超过 9000×10⁸ m³，是目前世界上已发现的规模最大的火山岩气藏[1,2]。该类气藏具有单个气藏规模较小、差异大、分布零散的特点，储量丰度平均为 6.4×10⁸ m³/km²，气藏储量丰度小于 8×10⁸ m³/km² 的占 70% 以上，属于典型的大面积分布中、低丰度气藏。在储量分布中，松辽盆地深层天然气资源量达 2 万亿 m³ 以上，准噶尔盆地陆东－五彩湾地区天然气资源量达 5000 亿 m³ 以上，此外在渤海湾盆地南堡和四川盆地周公山等地也有分布。

2007 年，火山岩天然气新增储量占中国石油天然气新增储量的 14%。

1.1.2 火山岩气藏定义

火山岩缘于地下岩浆的喷出活动，它与侵入岩(或称深成岩)构成岩浆岩的两大类别。迄今为止，世界上已发现数量较多的火山岩气藏，几乎遍及各大洲。但大多数火山岩气藏规模不大，储量很小，与世界上占主导地位的砂岩油气藏和碳酸盐岩油气藏相比，砂岩油气藏约占 60%，碳酸盐岩油气藏约占 40%，而火山岩油气藏占不到 1%。

火山岩之所以能成为有商业价值的油集层，主要因素有以下几点[2~4]：

(1)火山熔岩中常有发育的气孔。

(2)火山熔岩中大量发育有收缩裂缝。

(3)火山碎屑岩中大量发育有粒间孔隙。

(4)火山岩喷出地表后物理化学条件发生巨大变化，其岩石组成和矿物成分极不稳定，易遭受风化、溶蚀、交代等改造而产生大量溶蚀孔、重结晶孔、风化剥蚀裂缝等储渗空间。

(5)火山岩杨氏模量比砂岩高，其中酸性火成岩又比中性及基性火成岩高，表现为脆性强，在构造力作用下，容易碎裂形成构造裂缝。

此外，许多火山岩由于受地壳运动影响出露地表长期遭受风化剥蚀，使得风化淋滤孔隙裂缝大量发育，其储集性能将有根本的改善。正因为如此，许多与火山岩有成因联系或相伴生的超浅层侵入岩（又称次火山岩、潜火山岩）和变质岩亦可因出露地表遭受风化剥蚀而成为油气储集岩层。因此，许多火山岩气藏中常有次火山岩及变质岩出现，人们并不将次火山岩及变质岩储集层单列，而常常将其笼统称为火山岩变质岩类储集层或火成岩储集层[5,6]。

我国主要的火山岩气田储层地质条件复杂，渗透率低、孔隙度低，埋藏深度深、应力敏感性强，具有边、底水，含水饱和度较高，非均质性强，储气量丰富但分布较分散。这些特点使得火山岩气藏开发难度较大。储层岩性复杂和对气体渗流理论这一天然气开发的理论基础认识不够深入是火山岩气藏难以有效开发的重要原因。

1.2　火山岩气藏地质和开发特征

1.2.1　火山岩气藏地质特征

根据文献资料分析，火山岩气藏主要表现出的基本地质特征如下[7~29]：

(1)储集层岩性复杂。火山岩储层由安山岩状熔岩、凝灰岩、流纹岩、集块岩、凝灰角砾岩、次火山岩和变质岩等组成，时常夹杂陆源碎屑岩与碳酸盐岩类，反映出火山喷发与火山沉积相间的多期性特征。

(2)储集空间复杂多样。储集空间以低孔低渗透双重介质储层为主，火山岩储层孔隙结构复杂，储集空间多样，非均质性严重。其主要储集空间有大型孔、洞、缝，也有中小型及微型孔、缝；成因上既有原生孔缝（晶间孔、气孔及成岩缝），也有大量次生孔缝（溶蚀孔、屑间孔及构造缝）。一般来说，杏仁状的玄武岩以孔、洞含油气为主；蚀变较强的玄武岩以微裂缝为储集空间；玄武质的角砾岩以裂缝及连通的孔、洞含油气为主；致密的玄武岩以裂缝为主要储集空间，但组成油气藏的整体仍是低孔、低渗的储层。

(3)储层非均质性严重。火山岩储层基质孔隙连通性差别较大，孔隙度为 $0.1\% \sim 32\%$，渗透率为 $0.01 \times 10^{-3} \sim 150 \times 10^{-3} \mu m^2$。岩心分析有效孔隙度与岩心分析渗透率往往很低，但测井解释的孔隙度时常较高，试井解释的有效渗透率常常高出岩心分析渗透率的数倍至数十倍，反映裂缝承担了主要的渗流作用。

(4)具有一定规模的火山岩气藏多与后期构造作用、抬升淋滤改造有关。尽管火山岩发育有原生、次生的多种类型孔洞缝,但总的看来其孔隙度较小、渗透率不高。工业性火山岩储层多经后期的构造作用和抬升淋滤改造。构造作用尤其是断裂作用及其与之相伴的微裂缝起到疏导油气和改善储层连通性、储层渗透性的作用。

(5)埋深浅、面积小、厚度差异大。火山岩储层集中在白垩系到第四系,埋藏深度超过 3000m 的已很少,多数为 400~2000m。许多火山岩油藏面积较小,不足 1km²,一般小于 10km²。火山岩油气藏厚度有仅 4.5m 的,也有厚达 500m 的。

1.2.2　火山岩气藏开采特征

根据国内外多个火山岩气藏的开发资料及报道,火山岩气藏在开采过程中表现出的一般开采特征如下[30~38]:

(1)气田初始产量低。勘探阶段,对汪家屯气田 16 口井、18 个层进行了系统试气,求得气井无阻流量为 $1.41 \times 10^4 \sim 26.24 \times 10^4 \mathrm{m}^3/\mathrm{d}$,多数气井单井日产气量在 $10 \times 10^4 \mathrm{m}^3/\mathrm{d}$ 左右,平均无阻流量仅为 $5.25 \times 10^4 \mathrm{m}^3/\mathrm{d}$。

对昌德气田芳深 1 井 4 个层进行了系统试气,获日产气量为 2000m³,经压裂后,获日产气量为 40 814m³。芳深 7 井经压裂后,获日产气量为 42 361m³。

(2)气井产量递减幅度大、地层压力下降快。火山岩储层由于其原生或次生形成的孔、洞、缝的分布不均匀性及其连通性较常规的砂砾岩、碳酸盐岩差,火山岩油气藏通常规模较小,这就决定了火山岩油气藏稳定性差、产量衰竭快的特点。

(3)产能分布复杂,单井产量差异大。火山岩油气藏在平面上含油气不均匀,造成各油气藏间产能差异很大,而且同一油气藏不同部位,甚至相同部位的生产井产能也相差悬殊。例如,阿塞拜疆穆拉德哈雷喷发岩油藏东部地区油井初期产能为 0~700t/d;库拉凹陷摩拉特汉喷发岩油藏 48%的井初期产油 1~30t/d,35%的井初期产油 30~100t/d,17%的井初期产油高于 100t/d。

(4)火山岩气藏的气水关系较为复杂。火山岩由于喷发的多期性、各喷发期岩性上的差异性及所处相带不同,导致火山岩气藏的压力系统、气水关系复杂,常有多个压力系统,无统一的气水界面,使气藏的开发难度增大。

汪家屯东侏罗系营城组火山岩气藏无统一的气-水界面,气-水分布关系复杂,气-水分布不受构造控制,只受岩性控制。

升平气田在构造高部位的 SS1 井获工业性气流,而位于低部位的 SS3 井气水同产,反映了构造对含气的控制作用,初步推断可形成统一气-水界面的构造气藏,气-水界面深度大约为 -2719m,有待于进一步认识。

昌德气田气水分布复杂，登三、登四段气层受断层、岩性控制，构造对天然气的储集具有一定的控制作用，气层分布位于构造高部位，水层分布位于构造低部位。

(5)一般存在边、底水，易发生水侵。由于火山岩气藏都不同程度地存在边、底水，且以底水为主，同时气水层间隔层不发育，局部井区隔层还发育高角度裂缝，底水对气田开发效果将有较大的影响。开发过程中可能出现底水锥进的现象，若气藏打开程度过大或采气速度过高，均可能引起底水过早地发生水窜，气井见水后，产量将大幅度下降，严重时将引起水淹停产，降低气藏采收率。

(6)渗流不遵循 Darcy 定律，具有启动压力梯度。火山岩气藏普遍具有低孔、低渗、高含水饱和度的特点，气、水赖以流动的通道很窄，在细小的孔隙喉道处易形成水化膜。地层孔隙中的气体从静止到流动必须突破水化膜束缚，这就需要保持一定的压力梯度，即为气体渗流时的启动压力梯度。实验验证低渗透火山岩气藏存在启动压力。储层渗透率对启动压力梯度有明显的影响，随着岩石空气渗透率的**降低**，启动压力梯度增大；岩石渗透率越小，启动压力梯度越大。渗流规律不遵循达西定律，在产能预测及计算井距时启动压力梯度有很大影响，预测不当，会给气藏的开发带来一定的影响。

(7)储层物性差，需压裂才能投产。火山岩储层总体上物性差，自然产能低，需压裂才能投产。从兴城气田开发现状来看，气井自然产能很低，绝大多数井射孔后油气显示极差，不经过压裂不能达到投产要求。主要原因是兴城地区储集类型为微裂缝孔隙型，大缝大洞不发育，储层物性差，属低孔低渗储层。其次，由于储层埋藏深，气层压力高，为了避免井喷，在钻井、固井、射孔等作业过程中往往使用密度相对大的压井液，使得井筒与地层压差增大，大量作业颗粒进入井底地层微细裂缝中，使本来裂缝发育程度比较差的储层遭受严重污染，极大地降低了生产能力。

(8)井间干扰严重。火山岩油气藏的裂缝系统保证了储层具有较高的导流能力，使不同距离的生产井之间水动力关系密切，因此形成井间干扰是这类油气藏开发的典型特点，几乎每个油气藏都存在这一问题，即使井距很大也不例外。要提高这类油气藏的整体开发效果，可采用顶部注气或底部脉冲注水的开发方式。

由于火山岩油气藏地层非常复杂，没有固定的开发模式可以借鉴，只能根据油气藏的地质特征，采用相应的开发方式，以提高火山岩油气藏的开发效果。但无论采用何种开发模式，认识清楚火山岩储层是非常必要的。

1.3　火山岩气藏储层特征和非线性渗流研究进展

1.3.1　火山岩分类研究的历史和现状

火山岩熔岩分类有两个基本方向：一是以矿物成分进行分类；二是以岩石化学成分分类。火山岩由于结晶颗粒细小，难以定量统计组成矿物含量。因此，所谓的以矿物成分分类是指用化学成分计算标准矿物组成，然后借用深成岩的矿物成分双三角分类图进行火山岩的分类[39]。岩石化学成分分类是指用常量元素[40]或微量元素①划分火山岩类型。

早在 1903 年，Cross 等[41]就提出火成岩的定量分类系统（CIPW norm system）。该系统将岩石常量元素百分含量转化成标准矿物组成，再由计算取得的主要造岩矿物含量用投影图确定火山岩类型。其标准矿物计算方法实质上是基于钙碱性和钠系列火山岩的观测结果。问题是计算所求得的标准矿物与实际观察到的矿物并不能够十分吻合，尤其对于不饱和型火山岩会出现异常结果。20 世纪 30 年代，Niggli[42]和 Troeger[43]提出标准矿物计算的分子数方法，同时将橄榄石、辉石、角闪石和云母及黄长石等铁镁硅酸盐矿物组分考虑在内，通过计算模式与岩石化学成分之间的相互控制，使得计算标准与实际矿物组成趋于一致。但该结果只给出长石平均值，没有火山岩分类所必须的碱性长石与斜长石的比值。1973 年，Rittmann[44]以日本岛 633 个中酸性火山岩和夏威夷岛 232 个中基性火山岩为样本，系统论述了火山岩标准矿物成分的求取方法，针对 12 种常见造岩矿物和 12 种典型火山岩就标准矿物计算步骤和相关问题进行了详细说明，完善了火山岩的标准矿物分类体系。1968 年，Streckeisen[45]提出火成岩分类的 Q-A-P-F 双三角图（其中 Q 代表石英 quartz，A 代表碱性长石 alkali-feldspar，P 代表斜长石 plagioclase，F 代表副长石 feldspathoids），奠定了火成岩现代分类学的基础，也是用标准矿物判别火山岩类型的主要工具。1985 年，邱家骧提出由此确定的火山岩名称与侵入岩对应[46]，包括：碱长流纹岩、流纹岩、英安岩、石英碱长粗面岩、石英粗面岩、石英粗安岩、钙碱性安山岩、钙碱性玄武岩、碱长粗面岩、粗面岩、安粗岩、橄榄粗安岩、副长石碱长粗面岩、副长石粗面岩、含副长石安粗岩、碱性玄武岩、响岩、碱玄质响岩、响岩质碱玄岩、碱玄岩、响岩质副长石岩，共 21 种。

火山岩的岩石化学成分分类主要是依据常量元素含量，如全碱-硅质图（total

---

① Winchester J A，Fwyd P A. Geochemical discrimination of different magma series and their differentiation pndncts using immobile elements[J]. Chemical Geology，1977，20(77)：325-343.

alkali-silica diagram)[40]。1989 年，LeMaitre 等[47]对此进行了详细论述，并把火山岩分类分为三种情况区别对待：①矿物含量可确定则用 Q-A-P-F 双三角图进行分类，方法和结果类似于深成岩；②若矿物成分不可确定而有岩石化学成分结果则用 TAS 图解分类；③既无矿物含量又无岩石化学成分结果时则采用"野外用火山岩 Q-A-P-F 初步分类图解"，将火山岩划分为流纹岩类、英安岩类、粗面岩类、安山或玄武岩类、响岩类、碱玄岩类、副长石岩类，共 7 种，通常仅用于野外临时定名。

用 SiO_2、K_2O、Na_2O、Al_2O_3、Fe_2O_3、MgO、TiO_2 等常量元素含量确定火山岩类型的 TAS 图解在国内外被广泛使用[47~49]，是目前火山熔岩分类的基本依据。TAS 图中用 SiO_2 wt％和(K_2O+Na_2O)wt％分别作为横、纵坐标将火山岩分为十五种类型：流纹岩、英安岩、安山岩、玄武安山岩、玄武岩、苦橄玄武岩、粗面岩(标准矿物石英含量＜20％)或粗面英安岩(标准矿物石英含量＞20％)、粗面安山岩、玄武粗安岩、粗面玄武岩、响岩、碱玄质响岩、响岩质碱玄岩、碱玄岩(标准矿物橄榄石含量＜20％)或碧玄岩(标准矿物橄榄石含量＞20％)、副长石岩。将其中高镁(MgO 含量＞18％)火山岩划分为麦美奇岩(TiO_2 含量＞1％)和科马提岩(TiO_2 含量＜1％)；MgO 含量＞8％ 和 TiO_2 含量＜0.5％ 的火山岩称为玻〔质〕古〔铜〕安山岩。根据钾钠相对含量还可划分出夏威夷岩、钾质粗面玄武岩、橄榄粗安岩、橄榄玄武粗安岩、歪长粗面岩与安粗岩等六亚种。根据 Al 和 Fe 的相对含量又分出钠闪碱流质和碱流质两类。

国际地质科学联合会火成岩分类学分委会 LeMaitre 等[47]所定义的火山碎屑岩包括空落、流动和基浪沉积，还包括地下和火山通道沉积(如玻质火山碎屑岩、侵入和侵出角砾岩、凝灰岩墙、火山角砾岩筒等)。火山碎屑(pyroclasts)专指由火山活动直接结果的碎裂作用而产生的碎屑，不包括熔岩流自角砾岩化而形成的碎屑颗粒。火山碎屑可以是单晶、晶屑、玻屑或岩屑。火山碎屑的形状是其主要鉴定标志，其外形是在火山碎裂作用中或碎裂后搬运到第一沉积地点时形成的，决不能有反映在后期再沉积过程中受到改造的迹象。如果有后期改造，则应称之为"改造的火山碎屑(reworked pyroclasts)"或"外碎屑(epiclasts)"。火山碎屑包括火山弹(bombs)、火山集块(blocks)、火山角砾(lapilli)和火山灰(ash grains)。①火山弹：平均粒径＞64mm，其形态和表面(如面包壳外表)显示在形成和后续搬运过程中处于全部或部分熔融状态。②火山集块：平均粒径＞64mm，其棱角—次棱角状外形显示它们形成时是刚性的。③火山(角)砾：任意形态的、平均粒径为 2~64mm 的火山碎屑。④火山灰：平均粒径＜2mm 的火山碎屑，可进一步分为粗火山灰(平均粒径为 1/16~2mm)和细火山灰(平均粒径＜1/16mm，也叫火山尘)。LeMaitre 等将火山碎屑体积含量大于 75％ 的岩石定义为火山碎屑岩，其分类按粒度和碎屑成分分别进行。粒度＞64mm 的为火山集块岩(agglomerate)和火山碎屑角砾岩(pyriclastic breccia)；粒度为 2~64mm 的为火山角砾凝灰岩(lapilli tuff)；粒度为 1/16~2mm 的为粗(火山灰)凝灰岩(coarse ash tuff)；粒度<1/16mm 的为细(火山灰)凝灰岩或(火山)尘凝灰岩(fine ash tuff or dust tuff)。成分分类是依据玻屑或浮岩、晶屑、岩屑三端元含量分别冠以××凝灰岩，三者相对多者作前缀。例如，以晶屑为主则命名为晶屑凝灰岩。

在国际地质科学联合会推荐分类方案之前，中国学者就结合中国实际探索火山岩分类方案[50]。王德滋等[51]依据我国东南地区火山岩研究经验提出了系统详尽的火山岩分类方案，首先把火山岩分为火山熔岩、火山碎屑熔岩、火山碎屑岩和火山碎屑沉积岩四大类。火山熔岩按 SiO_2(wt%)含量分为五大类：酸性、中酸性、中性、基性和超基性。再根据 SiO_2 与全碱(Na_2O+K_2O)和 CaO 的关系，细分为流纹岩、英安流纹岩、英安岩、安山岩、安粗岩、粗面岩、响岩、拉斑玄武岩、碱性橄榄玄武岩、碧玄岩、苦橄岩、霞石岩、镁绿岩共 13 种。火山碎屑熔岩、火山碎屑岩、火山碎屑沉积岩，按粒级(>50mm、2~50mm、<2mm)分为集块、角砾、凝灰三种基本类型。该分类中强调了火山碎屑熔岩，这是十分可取的。

1.3.2　火山岩储层微观孔隙结构特征

火山岩储层是典型的多重孔隙结构储层，孔隙空间包括孔隙、裂缝和发育比较好的气孔溶洞等，同时孔隙和裂缝的匹配关系非常复杂[52]。实验室岩心分析有效孔隙度与渗透率往往很低，但测井解释的孔隙度时常较高，测井解释的渗透率常常高出岩心渗透率数倍至数十倍，表明裂缝承担了主要的渗流作用[53]。

根据已有的有关研究结果来看，对火山岩储层储集空间的研究一般是从孔隙空间的匹配关系上进行分类，按照主要的孔隙空间类型进行研究。然后分别研究组成孔隙的各种孔隙空间的特征及在不同岩性储层中的发育情况。例如：胡勇等[54]认为大庆徐深火山岩气田储层储集空间可以分为孔隙型、裂缝型、致密型三种。

通过岩心和铸体薄片观察，大庆徐深气田火山岩孔隙类型主要包括以下几种[52]：气孔、气孔被充填后的残余孔、杏仁体内孔、流纹质玻璃脱玻化产生的微孔隙、长石溶蚀孔、火山灰溶蚀孔、碳酸盐溶蚀孔、石英晶屑溶蚀孔、砾内砾间孔等。上述各类孔隙空间一般都是组合出现的，例如，流纹岩主要为气孔和脱玻化孔，其次有少量长石溶蚀孔；流纹质熔结凝灰岩中以气孔和火山灰溶孔为主，并有一定含量的长石溶孔；火山角砾岩以粒内粒间孔为主；粗面岩主要为长石溶蚀，其次是气孔[52]。庞彦明等[55]对大庆徐深气田营城组火山岩储层研究后认为孔隙空间类型主要包括气孔和溶孔，但是不同岩性储层中各种成因孔隙比例不同。石松彦[56]对新疆塔河火山岩油田的火山岩储层岩心通过岩心观察和薄片分析后认为该区孔隙主要包括原生气孔和次生溶蚀孔、溶蚀洞三种类型，气孔仍然是该区储层主要的储集空间。

　　火山岩大多属于低孔低渗性质的储层，气孔连通性差，所以裂缝的发育程度对火山岩渗流能力的大小在一定程度上起决定性作用。大庆徐深气田储层裂缝主要以构造裂缝、炸裂缝、冷凝裂缝和溶蚀缝为主，对储层具有改造作用的是构造裂缝和溶蚀裂缝[52,55]。火山岩储层裂缝平均密度为 3.4 条/m，裂缝平均宽度为 0.09mm，裂缝平均孔隙度为 0.101%，产状主要为高角度裂缝。从岩性上看，熔结凝灰岩、晶屑凝灰岩和角砾熔岩的构造裂缝发育程度较高，熔结凝灰岩的成岩缝最为发育[52]。塔河油田储层裂缝主要包括原生收缩缝(冷凝收缩缝、收缩节理缝)和次生的溶蚀缝、构造裂缝三种[56]。构造裂缝以高角度裂缝为主，收缩缝(冷凝收缩缝、收缩节理缝)主要为原生的水平缝和微缝，对储集空间的贡献不大。

1.3.3　多孔介质中气体非线性渗流机理研究现状

　　多孔介质中气体单相渗流的基本规律是 Darcy[57] 定律，但研究表明[58~60]：Darcy 定律应用时有一定的适用条件。对于气体渗流而言，由于气体黏度比液体小，在较高流速下，惯性力起着较大作用，气体在多孔介质中的流动不再是层流，Darcy 定律不再适用；再次，在低密度即低压状态下，气体渗流产生滑脱现象，Darcy 定律也不适用[58]。由此可见，对气体在多孔介质中的渗流而言，无论是高速渗流还是低孔隙压力渗流，它们均不遵循 Darcy 定律，流动表现出很强的非线性渗流特征。

1. 多孔介质中气体滑脱效应研究

　　滑脱效应是气体渗流过程中的一个普遍规律，也是气体渗流不同于液体渗流的一个特殊现象，因此要弄清气藏的渗流规律必然要研究气体的滑脱效应。所以，自从 1875 年 Kundt 和 Warburg[60] 第一次发现气体流动存在滑脱现象以后，很多国内外学者都对其进行了研究，并取得了丰硕的成果。

　　在滑脱效应的表征上，1934 年 Knudsen[60] 曾定义无量纲数 $K_n = \lambda/D$，其中 λ 表示气体分子的平均自由程，D 表示流体连续介质的特征长度。当 $K_n < 0.01$ 时，可以把流动的流体视为一种能够应用宏观方法的连续介质；当 $K_n > 0.01$ 时，气体渗流就存在滑脱流动。Knudsen 的成果为很多学者所承认和利用[61~64]，K_n 成为描述气体流动稀薄性的一个非常重要的无量纲数。1941 年 Klinkenberg[65] 利用 Warburg 的滑脱理论解释了在相同的驱替压力下气测渗透率大于液测渗透率的原因，推导出了气测渗透率与平均孔隙压力倒数呈直线关系，Klinkenberg 用滑脱因子来描述气体渗流滑脱效应的强弱程度。Ertekin 等[66]认为气体在低渗多孔介质中的渗流过程可看成受浓度场及压力场两个物理场的耦合，浓度场的不均匀性引起气体分子的扩散作用，对应于 Knudsen 流，可以应用 Fick 定律进行求解；而压力场的不均匀性引起渗流，对应于 Darcy 流，可以用 Darcy 定律求解。这三种表征方式是相互等效的，由于 Klinkenberg 的滑脱表达式是达西定律的修订，形式简洁实用，所以在石油天然气行业中被广泛采用。

在滑脱效应的定量测量上，由于 Klinkenberg 没有给出滑脱因子与渗透率具体的关系式，所以国内外很多学者都对滑脱因子与渗透率的关系式进行了研究，并得出了一系列的经验公式。在国外，1950 年，Heid 等[67]研究了滑脱因子与绝对渗透率 K 的关系，通过实验得出：$b=0.777K_\infty^{-0.39}$；1975 年，Jones[68]得到滑脱因子 b 与绝对渗透率 K 的关系：$b=6.9K_\infty^{-0.36}$；1979 年，Jones 等[69]通过对 100 多块渗透率为 0.0001~1mD 岩心的实验，得到滑脱因子 b 与绝对渗透率 K 的关系：$b=0.86K_\infty^{-0.33}$；1987 年，Jones[70]用氦气得到：$b=16.4K_\infty^{-0.382}$，他指出绝对渗透率 K_∞ 的指数代表了孔隙的形态，指数越接近 0.5，表明喉道半径越接近于圆形，接近于 0.33 表明孔隙接近于裂缝。在国内，2005 年，吴英等[71]通过采集 12 块岩心的实验数据，拟合得出滑脱因子 b 与绝对渗透率 k 的公式为：$b=0.0914K^{-0.3401}$；2007 年，中国科学院渗流流体力学研究所渗流所的朱光亚博士[72]通过采集 32 块低渗岩心的实验数据，拟合得出在温度为 105℃，岩心入口压力为 0.7MPa 条件下，滑脱因子与岩心绝对渗透率 K 的关系式：$b=0.135K^{-0.524}$。

在滑脱效应的数值模拟研究上，Ertekin 等[66]进行了气水两相动态滑脱效应对致密气藏渗流影响的数值模拟，研究结果表明，如果不考虑气水两相滑脱效应的影响，气藏的采收率将会被高估 10%~30%，他们的研究结果更适用于渗透率低于 0.01mD 的气藏。Wu 等[73]研究了结合滑脱效应的稳态气体渗流方程，并对该方程的一维、二维、三维问题进行了数值模拟研究。李铁军[74]从低渗透储层气体渗流的特性出发，建立相应的数学模型，模型及其算法都能较好地拟合气井的实测数据。2003 年，王茜等[75]对其建立的考虑滑脱效应的气体渗流方程进行了有限差分求解。在数值方法方面，刘曰武[76]对气体的滑脱效应进行了 Lattice Bolzmann 模拟的有益尝试。

2. 含水气藏气体渗流研究现状

当油气从生油(气)层运移到储层时，由于油、气、水对岩石的润湿性差异和毛管力的作用，运移的油气不可能把岩石孔隙中的水完全驱替出去，总会有一定量的水残存在岩石孔隙中。这些分布和残存在岩石颗粒接触处角隅和微细孔隙中，或吸附在岩石骨架颗粒表面的水称为共生水、共存水或同生水[77]。

在较低含水饱和度下，气体渗流主要受滑脱效应影响，然而含束缚水岩心的滑脱因子与不含水岩心的滑脱因子相差较大。关于束缚水饱和度对滑脱因子的影响，学术界目前分歧较大，有人认为含水饱和度越高，滑脱因子越小，有人则认为含水饱和度越高，滑脱因子越大。Rose 最早在人造材料和天然岩心中研究了含水饱和度对滑脱因子的影响，发现滑脱因子随含水饱和度的增大而减小[57]，这与 Klinkenberg 的理论相矛盾。此后，Fulton[78] 和 Estes 等[79] 都得出了与 Rose 相同的结果。Rushing 等①通过对实验数据进行回归分析，也得出了滑脱因子随含水饱和度的增大而减小的规律，并指出产生这些分歧是渗透率和含水饱和度的差别造成的。即在 20 世纪 70 年代以前，人们的研究重点是成百上千毫达西的高渗储层，而最近人们研究的多是低渗储层。

对于较高含水饱和度下气体的渗流，2002 年，Newsham[80] 通过实验室和现场观测，发现虽然束缚水不可动，但水的存在确实影响了气体的渗流能力，并且认为含水饱和度大于 40%～60% 时，气相相对渗透率大幅度降低。Newsham 还认为隔挡层渗透率界限为 0.001mD，且含水饱和度远超过 60%。

近年来，还有一些学者提出了解除水锁的一些措施和方法。1986 年，Ortiz 等[81] 论证了一种利用低 pH 值甲醇改造污染致密水敏砂岩储层方案的可行性；2000 年，Maggard 等[82] 给出了一些排水采气措施的建议；2003 年，Jagannathan 等[83] 提出从改变岩石润湿性和加速地层水的蒸发两方面解除低渗气藏水锁现象的方案。

国内学者也在这一领域展开了富有成果的研究。1994 年，贺承祖等[84] 曾定性讨论了水锁现象的危害。1997 年，任晓娟等[85] 通过岩心实验，在国内较早地定性研究了岩心中存在残余水时气体的渗流规律。他们认为，低渗岩心中气体流动的渗流形态与岩心渗透率、含水饱和度以及压力梯度的大小有关。当含水饱和度较低时（小于 30%），仅在一定的压力梯度范围内存在达西渗流。当含水饱和度较高时（大于 30% 至束缚水饱和度以下），气体的渗流存在非达西渗流的现象。这种非达西流动表现为：在较低的压力梯度下为非线性流动，而在较高的压力梯度下为线性流动，即气体的视渗透率随压力梯度的增大而增大，至一定值后，视渗透率基本保持不变。但此时气体的流动规律同达西线性流相比，气体的流动存在附加压力损失。2000 年以后，低渗气层气、水渗流受到更多国内学者的重视，研究更为广泛和深入。2002 年，周克明等[86] 研究了残余水状态下，亲水低渗储层岩石中的气体低速渗流具有明显的非达西渗流特征；在克氏回归曲线上，存在着界定不同渗流机理影响的临界点。在临界点以下，气体渗流受毛细管阻力影

---

① Rushing J A，Newsham K E，Van Fraassen K C. Measurement of the two-phase gas slippage phenomenon and its effect on gas relative permeability in tight gas sands [J]. SPE84297，2003：1-8.

响，表现为气体有效渗透率随净压力增大而递增；临界点以上，气体渗流受气体分子滑脱效应影响，表现为气体有效渗透率随净压力增大而递减。临界压力的高低反映了毛细管阻力和气体分子滑脱效应作用力这两种不同作用机理对气体低速渗流的影响程度。2004 年，邓英尔等[87]总结了一些学者的研究成果以及含束缚水低渗岩心气体渗流实验的结果，初步建立了含束缚水的低渗介质气体非线性渗流规律。虽然描述该规律的方程式的形式得以确定，但方程中几个参数尚未有清晰明确的物理定义，仍需进一步研究。

3. 多孔介质变形理论的研究现状

国外在变形介质储层的渗流力学中，早期研究最多的是孔隙度、渗透率随地层压力变化的关系。在此基础上，Jones 等[69]发现渗透率的立方根与有效应力的对数呈直线关系，并用系数 S 表示应力敏感性的强弱，并指出常规测量的渗透率要比储层情况下高出 10 倍左右。一些学者[88~90]进一步研究储层岩石孔隙度、渗透率随压力的变化规律，并提出了用指数关系来描述渗透率与压力之间的变化关系。1972 年，Thomas 等[91]对渗透率为 0.028~2.4mD 的低渗气藏岩心进行了压敏实验，发现其渗透率受围压影响很大，而孔隙度随围压的变化影响很小。他们还发现有裂缝岩心的渗透率受围压的影响比没有裂缝的岩心大，无裂缝的岩心在 3000psi(约 20.69MPa)有效应力下下降为原始渗透率的 14%～37%，而有裂缝的岩心在 3000psi(约 20.69MPa)有效应力下最大可下降为原始渗透率的 60%。Jones 等[69]的研究结果也表明裂缝对岩石的应力敏感性影响很大。Brewer 等[92]认为，相对于渗透率，应力敏感性对孔隙结构更为敏感，他通过理论模型推导出了裂缝闭合前裂缝中的流量与压力的关系式。Sneddon[93]和 Brace 等[94]也推导出了含有裂缝介质的方程。Vairogs 等[95]和 Jones 等[69]的研究表明，低渗岩心的渗透率受围压的影响比高渗岩心大，Thomas 等[91]和 McLatchie 等[96]也得出了同样的结果。Fatt 等[97]和 McLatchie 等[96]的研究表明，不同类型岩石的应力敏感性差异较大。

国内多孔变形介质渗流理论体系大多建立在国外研究的基础上，较早研究孔隙介质变形的是 1995 年我国矿山和土木建筑领域的吴林高等[98]，他们研究了考虑含水层参数随应力变化的地下水渗流问题。2001 年，刘建军等[99]研究了有效压力对渗透率的影响。他们认为多孔介质中孔隙通道的微小变化对流体的流动能力的影响是非常显著的，特别是低渗透储层由于其原本就具有孔道细微的特点，因此孔隙体积略有下降都将造成渗透率的急剧降低。2004 年，杨满平等[100]也研究了变形介质对渗透率的影响，阐述了储层多孔介质变形的类型，并从多孔介质的微观物理特性(如物质组成、颗粒类型及它们之间的接触关系、排列方式、胶结方式以及孔隙内流体的类型和特征等)分析对其产生变形的影响。

在压敏效应对油气田开发的影响方面，国内学者取得了大量的研究成果。1998 年，宋付权等[101]研究了变形介质油藏试井分析方法，他们认为变形介质油藏与常规油藏的生产压力动态明显不同，体现在产量曲线上，α_k（渗透率变异系数）越大，产量越低。2001 年，阮敏[102]在实验研究的基础上，指出细砂岩的压敏所造成的渗透率不可恢复量约 3.8%，含砾砂岩约 6%，砾岩为 12%；压敏效应的存在对低渗透油田开发的影响是巨大的。2002 年，尹洪军等[103]建立了稳定渗流的压力分布和渗透率分布公式，绘制了相应的理论曲线，指出渗透率变异系数越大，地层压降越大。2004 年，杨满平[104]通过研究指出，合理生产压差与渗透率变异系数之间满足相关性非常好的乘幂函数关系，岩石的应力敏感性越强，井的合理生产压差就越低。2004 年，在对低渗透气田开发的影响方面，刘鹏程等[105]对低渗透地层的应力敏感性进行了室内实验，通过对实验数据的分析，提出了压敏分段变化的观点。2005 年，廖新维等[106]对超高压低渗气藏应力敏感试井模型进行了研究。研究表明，存在应力敏感特性的气藏不稳定试井压力及其倒数特征与存在不渗透外边界气藏试井模型的特征相类似，这常常会造成在进行试井分析时出现错误判断。

早期的气藏研究大多集中在中、高渗透储层，很少涉及低渗或火山岩气藏。2000 年以后，随着低渗透气藏大规模的开发，人们对低渗气藏的研究有了很大的进展，但目前很少涉及火山岩气藏研究，急需攻关解决。

1.4　国内外典型火山岩气藏勘探开发实例

火山岩广泛分布于国内外的多个含油气盆地中。19 世纪末就有对火山岩类油气藏的报道。通过检索发现，日本、印度尼西亚、古巴、墨西哥、阿根廷、加纳、美国、苏联等地均有火山岩油气藏[107~110]。我国在准噶尔盆地、二连盆地、渤海湾盆地、华北盆地、松辽盆地，也有火山岩油气藏。但火山岩气藏的文献报道相对较少，本书以日本的吉井—东柏崎火山岩气田和大庆徐深的升平火山岩气藏为例来介绍火山岩气藏的勘探开发现状。

1.4.1　日本的吉井—东柏崎火山岩气田

该气田位于日本柏崎市东北 10km，属新潟盆地西山—中央油区，是一狭长的背斜圈闭的绿色凝灰岩气田。其西北高点为帝国石油公司的东柏崎气田，东南高点为石油资源开发公司的吉井气田。背斜长 16km、宽 3km，含气面积 27.8km^2，原始可采储量 118×10^{8}m^3，原油 225×10^{4}t，已累计产气 88×10^{8}m^3，产油 173×10^{4}t，一共钻了 46 口井，井深 2310~2720m，生产井 15 口，1986 年

的产气量为 $4 \times 10^8 m^3$，产油 $6 \times 10^4 t$。

绿色凝灰岩是以绿色为主的火山岩系的总称，包括玄武岩、流纹岩和安山岩及其碎屑。这种岩石有原生的裂隙，即熔岩爆发时的气孔及熔岩冷却产生的裂隙；还有次生的裂隙，如构造裂隙及溶蚀作用形成的孔隙。时代属中新世中期——七谷期。储层有效厚度为 5~57m，孔隙度为 7%~32%，渗透率为 $5 \times 10^{-3} \sim 150 \times 10^{-3} \mu m^2$。这种良好的储渗条件使该气田的储量及产量居日本陆上油气田之冠。1966 年钻该气田 1 号井时，打到东翼背斜陡带未获气，尔后在西侧钻了 2 号井，于井深 2969m 处进入绿色凝灰岩层中，有气显示，并且发现地表构造缓，地下构造陡，是在凝灰岩锥体上披覆的背斜。由于这个背斜从七谷期到西山期长期处于构造高部位，成为捕集油气的良好场所。油源岩是七谷层的泥岩，有机碳的含量为 1%~1.5%，以 I 型干酪根为主。七谷层在西山初期埋深 2000m 以上，地温达到 100℃左右，先生成油运聚在背斜圈闭的火山岩体内，后继续沉降，地温达到 130℃以上，原始油藏的原油热解，形成气及凝析油，气油比为 4000~5000。

绿色凝灰岩气层的产能高主要与次生孔隙及裂隙的发育有关，而在致密的凝灰岩层中储渗性差、产能低。整个气藏的形态不规则、不均匀，含气面积也不大，但含气高度达 300m（气水界面为 2700m），属强水驱的气藏，气井压力高，压降小。

1.4.2 大庆徐深的升平火山岩气藏

1. 气田的地质特征

1994 年，大庆油田在松辽盆地北部深层构造徐家围子断陷带北翼斜坡带上的升平鼻状构造上发现了升平深层气田[111~114]。到 2004 年，在升平地区营城组、登娄库组和泉头组提交探明天然气地质储量 $194.77 \times 10^8 m^3$，含气面积 $32.5 km^2$，可采储量 $159.9 \times 10^8 m^3$。其中，升深 2 井区营城组火山岩储层地质储量为 $168.61 \times 10^8 m^3$，含气面积 $23.9 km^2$；升深 1 井区泉一段和登三段砂岩储层地质储量为 $26.15 \times 10^8 m^3$，含气面积 $10.6 km^2$。

该气田主要有登娄库组、营城组两个主力产层。根据岩心实验测定的结果：升平气田储层登娄库组孔隙度一般为 6.0%~10.0%，渗透率一般为 $0.01 \times 10^{-3} \sim 1.0 \times 10^{-3} \mu m^2$；营城组孔隙度主要分布为 5%~15%，渗透率主要为 $0.006 \times 10^{-3} \sim 18 \times 10^{-3} \mu m^2$。登娄库组储层的喉道分选系数 S_P 为 1.193~3.388，即 $1 < S_P < 4$；均质系数为 0.264~0.460，即 $0.2 < \alpha < 0.5$；突进系数为 44；营城组储层的喉道分选系数为 1.239~3.448，均质系数为 0.204~0.472，突进系数为 4.83~102.6。

喉道分选系数 S_P 值越小，表示喉道分选程度越高；均质系数 α 值越大，表示孔喉分布越均匀；突进系数值越大，表示储层非均质性越严重。此外，该气田裂缝较发育，高产井基本位于裂缝发育带。以上分析结果表明升平气田属于低渗透气田，而且非均质性较严重。

2. 气井试采特征

在已投入试采的两口井中，开采营城组四段凝灰质粗砂岩和营城组三段火山岩储层各1口，其中升深2井由于套损，已于2004年报废。统计分析两口井试采期间的产量和压力等动态数据，有以下特征：

（1）营城组三段火山岩储层稳定产气约 $12.0\times10^4\,m^3/d$，单位压降产气量高达 $7\,838.96\times10^4\,m^3/MPa$，井控动态储量较高。

升深2-1井于2003年11月开始试采，合采营城组三段火山岩储层，截至2005年5月，累计开井332天，采气 $5\,507.26\times10^4\,m^3$，产水 $328.93m^3$。

试采期间使用 $6\sim12mm$ 油嘴，对应的产气量为 $7\times10^4\sim26\times10^4\,m^3/d$，产水量为 $0.44\sim1.28m^3/d$。2005年3月至5月采用6mm油嘴开采，油套压稳定，产气量波动范围很小，为 $11.2\times10^4\sim12.1\times10^4\,m^3/d$，产水量在 $1.2m^3/d$ 左右波动。从其短期试采特征来看，稳定产量约 $12.0\times10^4\,m^3/d$，产水量呈上升趋势。

2004年4月对该井进行关井压力恢复测试，实测地层压力31.425MPa，与投产初期对比，下降0.375MPa，单位压降产气量高达 $7\,838.96\times10^4\,m^3/MPa$，暂按定容封闭气藏，采用"压降法"初步估算井控动态储量约 $24.93\times10^8\,m^3$。

（2）营城组四段凝灰质粗砂岩储层稳定产气 $25.0\times10^4\,m^3/d$，地层压力下降缓慢，单位压降产气量 $6\,700\times10^4\,m^3/MPa$，井控动态储量较高。

升深2井于1996年1月投入试采，合采营城组四段凝灰质粗砂岩和登娄库组砂岩气层。报废前，开井1449天，累积采气 $3.361\times10^8\,m^3$，产水 $3\,439.89m^3$。

试采初期采用6mm油嘴生产，日产气 $17.7\times10^4\,m^3$，日产水 $1.08m^3$，井口油、套压分别为24.82MPa、25.39MPa。日产气调到 $20\times10^4\,m^3/d$ 左右时，油压和套压基本保持平稳，产水低于 $3m^3/d$。自2000年11月至2003年12月，使用 $6\sim11mm$ 油嘴，日产气量一直高于 $25\times10^4\,m^3$，期间累计开井523天，压力基本保持稳定，产出水增至 $3\sim4m^3/d$。从该井试采特征来看，稳定产量约 $25.0\times10^4\,m^3/d$。

该井由于套管变形，试采期间没有测成地层压力，报废前井口压力与试采初期相比，下降幅度很小。到2000年8月，累积产气 $1.769\times10^8\,m^3$，关井井口套压为24.7MPa，初步估算试采结束时地层压力为29.64MPa，仅下降2.61MPa，单位压降产气量 $6\,700\times10^4\,m^3/MPa$。暂按定容封闭气藏，利用"流动物质平衡方程"法估算井控动态储量为 $26.13\times10^8\,m^3$，采用压降法估算动态储量为 $23.98\times10^8\,m^3$。

（3）营城组四段凝灰质粗砂岩和火山岩储层均产凝析水。开采火山岩储层的升深 2-1 井试采期间日产水约 1.2m³，以开采粗砂岩为主的升深 2 井日产水在 3.5m³ 左右波动，经水性分析两口井的产出水均为凝析水。

（4）试采井产出气体组分变化特征。从徐深气田试采井试气、试采期间产出气体组分分析数据可以看出：两口井产出气体烃类组分中甲烷的含量变化幅度很小，非烃类气体 CO_2 的含量变化较大，以开采营城组凝灰质粗砂岩为主的升深 2 井，试采期间 CO_2 的含量由试气时的 2.565% 逐步增至 5.46%，致使该井套管腐蚀而报废；单采火山岩储层的升深 2-1 井试气时 CO_2 的含量为 2.859%，试采期间分析 CO_2 最大含量为 2.73%，略低于试气分析值。

（5）开发评价井短期试采表明水层（气水同层）具有较高的产水能力。升深 2-25 井，射孔井段 3013~3021m，厚度 8m，测井解释气水同层（水层）。为落实气水界面，对该层试气求产，射开厚度 8m，自喷日产气 600m³，日产水 70~80m³。试气后进行了近 7 天连续试采，日产水为 70~80m³，稳定在 60m³，进一步证实水层具有较高的产水能力。

1.5 火山岩气藏勘探开发技术展望

由于国内外开发火山岩气藏成功的案例有限，所以我们根据国内外气藏开发成功技术、结合火山岩气藏特有的储层渗流特点，提出以下技术展望[115~121]：

（1）火山岩气藏早期评价及描述技术——寻找富集区块。火山岩气藏一般成堆分布，横向上延伸较差，钻井和地震都不容易控制，这给勘探工作带来了一定的困难。气藏早期评价主要是在勘探阶段开发早期介入，综合运用气井描述、气藏工程、试井分析等手段和成果，进行气藏早期评价，主要内容包括开发地质、地震和产能评价，结合勘探成果和试采资料，进行开发概念设计。其中气藏描述的早期评价技术核心有：地质评价与储集层预测技术、开发地震技术、测井技术、地质建模技术。

（2）室内实验模拟技术。室内实验是认识气藏的重要手段，可以为气藏渗流规律认识、数学模型建立、数值模拟、储层保护提供必要的基础参数。特殊岩心分析包括边底水锥进造成的火山岩气水两相渗流规律、孔喉微细造成的非线性渗流规律、衰竭式开发造成压力下降压力敏感，此外水敏、酸敏、速敏、盐敏等都对火山岩开发造成非常大的影响，特殊岩性分析需要研究。

（3）储集层保护技术。火山岩气藏储集层保护技术主要有裸眼完井技术、欠平衡钻井技术。

（4）合理产能评价及合理井网部署技术。合理采气速度能有效地杜绝底水上升或边水推进的可能。合理井网既能满足产能的需要，降低井间干扰，还能减小油气藏在平面上的含油气不均匀。需要对"高密低疏"技术、气井临界携液产量、单井产量界限、布井经济极限井距和气藏合理采气速度等关键技术进行研究。

(5)气藏数值模拟技术。气藏数值模拟技术是气田开发科学决策的关键性技术，是进行各种机理研究，确定气藏稳产期、不同阶段采出程度、采收率，优化合理采气速度和科学布井的主要手段之一。但是，目前对于描述储集层应力状态、非线性渗流对储集层动态的影响以及地下地面一体化综合数值模拟软件还有待进一步改善提高。

(6)提高单井产量的储集层改造技术。火山岩气藏也普遍存在低渗透的性质，不进行改造时产能较低，借鉴砂岩致密低渗气藏和部分火山岩低渗气藏成功经验，深入研究和开展水力压裂、泡沫压裂、酸压裂和超深井压裂技术，努力提高火山岩气藏单井产量。

第2章 火山岩气藏微观孔隙结构特征和储层分类研究

本章利用恒速压汞技术对大庆徐深火山岩气藏的微观孔隙结构及其分布规律进行研究，提出表征气体通过储层难易程度的特征参数，并根据其喉道半径分布特征，对火山岩气藏进行分类研究。该项研究对火山岩气藏储层认识、储层评价以及有效动用具有重要的理论价值和实际意义。

2.1 恒速压汞微观孔隙结构特征测试原理和实验步骤

2.1.1 恒速压汞仪测试原理

孔隙在结构上可以划分为孔道和喉道。油层物理中压汞法是专门用于探测孔隙结构的实验技术。常规压汞是在恒定某一进汞压力下，通过压力计算喉道半径，通过计量进汞量来计算对应于该进汞压力的喉道控制体积，通过一系列进汞压力实验来给出岩样中喉道大小分布。从常规压汞的实验过程来看，它只是给出了某一级别的喉道所控制的孔隙体积，并没有直接测量喉道的数量，因此只能给出喉道半径及对应的喉道控制体积分布。而这个分布由于掺杂了孔道体积的因素，所以并非准确的喉道分布。在此我们采用恒速压汞技术对大庆油田徐深火山岩气藏的岩心进行微观孔隙结构特征测试分析，恒速压汞技术在实验进程上实现了对喉道数量的测量，从而克服了常规压汞的不足。由于恒速压汞技术能同时得到孔道和喉道的信息，对于孔、喉性质差别很大的储层尤其适用。

恒速压汞维持非常低的进汞速度，保证了准静态进汞过程的发生。在此过程中，界面张力与接触角保持不变；进汞端经历的每一个孔隙形状的变化，都会引起弯月面形状的改变，从而引起系统毛管压力的改变。其过程如图 2.1 所示，图 2.1(a)为孔隙群落以及汞前缘突破每个结构的示意图，图 2.1(b)为相应的压力变化。当进汞前缘进入到主喉道 1 时，压力逐渐上升，突破后，压力突然下降，如图 2.1(b)第一个压力降落 O(1)，之后汞逐渐将这第一个孔室填满并进入下一个次级喉道，产生第二个次级压力降落 O(2)，以下渐次将主喉道所控制的所有次级孔室填满。直至压力上升到主喉道处的压力值，为一个完整的孔隙单

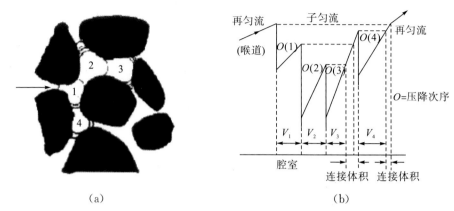

(a)　　　　　　　　　　　(b)

图 2.1　恒速压汞技术测试储层孔隙结构原理示意图

元。主喉道半径由突破点的压力确定，孔隙的大小由进汞体积确定。这样喉道的大小以及数量在进汞压力曲线上得到明确的反映。

实验采用美国 Coretest 公司制造的 ASPE730 恒速压汞仪。进汞压力为 0～1000psi[①](约 7MPa)，进汞速度为 0.00005ml/min，接触角为 140°，界面张力为 485dyn[②]/cm，样品外观体积约 1.5cm³。

2.1.2　材料和实验步骤

本项实验共检测 30 个岩心样，岩心资料见表 2.1。实验在美国 Coretest 公司生产的 ASPE730 型恒速压汞仪上进行，检测步骤和方法如下：

(1)岩心烘干。

(2)气测孔隙度。

(3)气测渗透率。

(4)恒速压汞。恒定的进汞速度为 0.00005ml/min，最大进汞压力为 900psi，对应的最小喉道半径约为 0.12μm。

2.2　恒速压汞微观孔隙结构特征测试结果

恒速压汞检测结果用于对岩样内部的孔隙发育程度、喉道发育程度以及孔隙与喉道之间的配套发育程度等进行分析，不仅能够获得岩样的总毛管压力曲线，还能够将喉道(throat)和孔隙(pore)分开，分别获得喉道的毛管压力曲线和孔隙的毛管压力曲线。通过恒速压汞检测，不仅能够得到常规压汞的一些检测结果如

①　1psi＝1in⁻²＝0.155cm⁻².

②　1dyn＝10⁻⁵N.

阈压喉道半径、中值喉道半径等，还能够分别获得喉道半径分布、孔隙半径分布、孔隙—喉道半径比分布等重要的微观孔隙结构特征参数。测试的恒速压汞结果如表 2.2。

表 2.1　恒速压汞 30 块岩心样的基础数据

序号	井号	岩性	孔隙度/%	渗透率/($10^{-3}\mu m^2$)
1	徐深 901	流纹岩	6.51	0.006
2	徐深 902	流纹岩	11.11	0.015
3	徐深 301	流纹岩	4.93	0.024
4	徐深 14	流纹岩	8.60	0.042
5	徐深 901	流纹岩	11.86	0.063
6	徐深 1-1	熔结凝灰岩	9.48	0.100
7	徐深 1-3	流纹岩	4.21	0.0044
8	徐深 301	流纹岩	6.76	0.027
9	徐深 1-1	熔结凝灰岩	10.40	1.340
10	升深更 2	晶屑凝灰岩	8.90	1.680
11	徐深 8	晶屑凝灰岩	18.50	2.060
12	升深更 2	流纹岩	17.50	3.560
13	徐深 8	晶屑凝灰岩	20.90	7.130
14	升深更 2	流纹岩	20.00	8.260
15	徐深 8	熔结凝灰岩	16.10	1.56
16	徐深 1-3	流纹岩	6.52	0.026
17	徐深 301	流纹岩	8.79	0.043
18	徐深 14	流纹岩	8.04	0.031
19	徐深 14	流纹岩	10.79	0.072
20	徐深 14	流纹岩	13.29	0.187
21	徐深 14	流纹岩	14.94	0.374
22	徐深 15	晶屑凝灰岩	5.55	0.0014
23	达深 3	火山角砾岩	21.83	0.162
24	徐深 21	晶屑凝灰岩	9.91	0.089
25	徐深 1-2	火山角砾岩	5.60	0.083
26	徐深 1-2	火山角砾岩	5.11	0.760
27	徐深 1-2	角砾熔岩	9.86	0.120
28	徐深 1-4	晶屑凝灰岩	5.96	0.016
29	徐深 1-203	流纹岩	7.43	0.0062
30	徐深 8-1	流纹岩	8.40	0.020

表 2.2　恒速压汞 30 个岩心样的测试数据

项目	岩心编号				
	1	2	3	4	5
序号(总序号)	14(118)	16(121)	11(112)	10(107)	15(119)
井号	徐深 901	徐深 902	徐深 301	徐深 14	徐深 901
样品深度/m	3891.18	3754.57	3910.57	4150.74	3860.07
岩石密度/(g/cm³)	2.44	2.35	2.50	2.43	2.33
孔隙度/%	6.51	11.11	4.93	8.60	11.86
渗透率/mD	0.0062	0.015	0.024	0.042	0.063
岩样体积/cm³	4.600	2.996	4.373	3.752	2.977
孔隙体积/cm³	0.299	0.333	0.216	0.323	0.353
总进汞饱和度/%	11.61	0.00	10.64	47.88	60.71
单位体积岩样有效总孔隙体积/(ml/cm³)	0.0075	0.000	0.0053	0.041	0.072
喉道进汞饱和度/%	9.24	0.00	9.21	13.02	23.94
单位体积岩样有效喉道体积/(ml/cm³)	0.0060	0.000	0.0045	0.011	0.028
孔隙进汞饱和度/%	2.37	0.00	1.43	34.86	36.77
单位体积岩样有效孔隙体积/(ml/cm³)	0.0015	0.000	0.00071	0.030	0.044
喉道个数	444	0	229	7076	7269
单位体积岩样喉道个数/(个/cm³)	97	0	52	1886	2442
喉道半径加权平均值/μm	0.16	/	0.16	0.36	0.99
孔隙个数	444	0	229	7076	7269
单位体积岩样孔隙个数/(个/cm³)	97	0	52	1886	2442
孔隙半径加权平均值/μm	132.14	/	124.91	131.20	141.08
孔喉半径比个数	385	0	217	4008	5673
单位体积岩样孔喉半径比个数/(个/cm³)	84	0	50	1068	1906
孔喉半径比加权平均值	982.09	/	914.31	503.19	614.06
中值压力/psi	/	/	/	/	740.86
中值半径/μm	/	/	/	/	0.15
阈压/psi	594.71	>900	627.77	144.57	18.52
阈压喉道半径/μm	0.18	<0.12	0.17	0.76	5.90

续表

项目	岩心编号				
	6	7	8	9	10
序号(总序号)	4	118	49	1(1)	7
井号	徐深-1	徐深 1-3	徐深 301	徐深 1-1	升深更 2
样品深度/m	/	3599.58	3944.58	3412.77	3005.15
岩石密度/(g/cm³)	2.43	2.52	2.46	2.343	2.38
孔隙度/%	9.48	4.21	6.76	10.4	8.90
渗透率/mD	0.100	0.0044	0.027	1.34	1.68
岩样体积/cm³	2.39	4.823	4.561	3.427	2.60
孔隙体积/cm³	0.23	0.203	0.308	0.356	0.23
总进汞饱和度/%	58.02	2.14	56.87	71.22	54.51
单位体积岩样有效总孔隙体积/(ml/cm³)	0.056	0.00090	0.038	0.074	0.048
喉道进汞饱和度/%	15.10	1.91	38.78	19.51	22.47
单位体积岩样有效喉道体积/(ml/cm³)	0.015	0.00080	0.026	0.020	0.020
孔隙进汞饱和度/%	42.91	0.23	18.08	51.70	32.05
单位体积岩样有效孔隙体积/(ml/cm³)	0.041	0.00010	0.012	0.054	0.028
喉道个数	4342	38	3806	7598	2850
单位体积岩样喉道个数/(个/cm³)	1817	8	834	2217	1096
喉道半径加权平均值/μm	0.21	0.16	0.33	0.36	1.17
孔隙个数	4342	38	3806	7598	2850
单位体积岩样孔隙个数/(个/cm³)	1817	8	834	2217	1096
孔隙半径加权平均值/μm	132.38	121.05	129.38	144.13	140.95
孔喉半径比个数	3525	34	2945	6812	2318
单位体积岩样孔喉半径比个数/(个/cm³)	1475	7	646	1988	892
孔喉半径比加权平均值	687.70	985.59	451.92	682.90	445.33
中值压力/psi	731.61	/	743.30	550.37	791.62
中值半径/μm	0.15	/	0.15	0.20	0.14
阈压/psi	405.86	800.66	187.25	30.47	12.55
阈压喉道半径/μm	0.27	0.14	0.58	3.59	8.70

项目	岩心编号				
	11	12	13	14	15
序号(总序号)	1	7(7)	3	6	补4
井号	徐深8	升深更2	徐深8	升深更2	徐深8
样品深度/m	3716.57	2955.46	3716.05	2957.56	3717.71
岩石密度/(g/cm³)	2.16	2.164	2.11	2.15	2.24
孔隙度/%	18.5	17.5	20.9	20.0	16.1
渗透率/mD	2.06	3.56	7.13	8.26	1.56
岩样体积/cm³	3.73	2.284	3.74	1.69	3.61
孔隙体积/cm³	0.69	0.400	0.78	0.34	0.58
总进汞饱和度/%	74.84	83.49	78.69	78.50	82.76
单位体积岩样有效总孔隙体积/(ml/cm³)	0.138	0.146	0.164	0.158	0.133
喉道进汞饱和度/%	14.67	23.59	23.82	29.22	19.43
单位体积岩样有效喉道体积/(ml/cm³)	0.027	0.041	0.050	0.059	0.031
孔隙进汞饱和度/%	60.17	59.91	54.87	49.28	63.33
单位体积岩样有效孔隙体积/(ml/cm³)	0.111	0.105	0.115	0.099	0.102
喉道个数	16943	10436	17495	7059	16061
单位体积岩样喉道个数/(个/cm³)	4542	4569	4678	4177	4449
喉道半径加权平均值/μm	0.82	1.16	1.29	1.19	0.86
孔隙个数	16943	10436	17495	7059	16061
单位体积岩样孔隙个数/(个/cm³)	4542	4569	4678	4177	4449
孔隙半径加权平均值/μm	151.86	145.48	151.82	144.57	148.09
孔喉半径比个数	12130	8381	13355	6095	11419
单位体积岩样孔喉半径比个数/(个/cm³)	3252	3669	3571	3607	3163
孔喉半径比加权平均值	487.96	421.23	373.68	379.75	449.69
中值压力/psi	308.58	302.02	235.07	317.01	250.45
中值半径/μm	0.35	0.36	0.46	0.34	0.44
阈压/psi	18.54	9.49	21.50	9.61	39.64
阈压喉道半径/μm	5.89	11.51	5.08	11.37	2.76

续表

项目	岩心编号				
	16	17	18	19	20
序号(总序号)	102	53	1	4	5
井号	徐深1-3	徐深301	徐深14	徐深14	徐深14
样品深度/m	3592.84	3945.03	3780.63	3784.86	3787.38
岩石密度/(g/cm³)	2.48	2.43	2.44	2.36	2.30
孔隙度/%	6.52	8.79	8.04	10.79	13.29
渗透率/mD	0.026	0.043	0.031	0.072	0.187
岩样体积/cm³	3.929	3.784	3.39	3.46	1.98
孔隙体积/cm³	0.256	0.333	0.27	0.37	0.26
总进汞饱和度/%	21.00	57.34	51.32	61.15	66.89
单位体积岩样有效总孔隙体积/(ml/cm³)	0.014	0.050	0.041	0.066	0.089
喉道进汞饱和度/%	14.96	23.88	16.78	13.32	26.09
单位体积岩样有效喉道体积/(ml/cm³)	0.010	0.021	0.013	0.014	0.035
孔隙进汞饱和度/%	6.04	33.46	34.53	47.83	40.80
单位体积岩样有效孔隙体积/(ml/cm³)	0.004	0.029	0.028	0.052	0.054
喉道个数	1232	6114	4140	7550	6054
单位体积岩样喉道个数/(个/cm³)	314	1616	1222	2181	3062
喉道半径加权平均值/μm	0.27	0.26	0.20	0.24	0.33
孔隙个数	1232	6114	4140	7550	6054
单位体积岩样孔隙个数/(个/cm³)	314	1616	1222	2181	3062
孔隙半径加权平均值/μm	124.62	140.32	140.21	140.66	135.52
孔喉半径比个数	1077	4359	2967	4731	4551
单位体积岩样孔喉半径比个数/(个/cm³)	274	1152	876	1367	2302
孔喉半径比加权平均值	548.37	705.82	838.58	733.99	532.15
中值压力/psi	/	778.03	874.12	679.88	560.93
中值半径/μm	/	0.14	0.13	0.16	0.19
阈压/psi	228.80	99.47	407.15	287.32	163.50
阈压喉道半径/μm	0.48	1.10	0.27	0.38	0.67

续表

项目	岩心编号				
	21	22	23	24	25
序号(总序号)	6	7	10-1	20	220
井号	徐深 14	徐深 15	达深 3	徐深 21	徐深 1-2
样品深度/m	3806.62	3450.16	3312.51	3658.66	3493.16
岩石密度/(g/cm³)	2.24	2.49	2.10	2.34	2.54
孔隙度/%	14.94	5.55	21.83	9.91	5.60
渗透率/mD	0.374	0.0014	0.162	0.089	0.083
岩样体积/cm³	3.34	3.16	3.11	2.83	3.92
孔隙体积/cm³	0.50	0.18	0.68	0.28	0.22
总进汞饱和度/%	60.23	0.00	80.23	41.58	13.67
单位体积岩样有效总孔隙体积/(ml/cm³)	0.090	0.000	0.175	0.041	0.008
喉道进汞饱和度/%	14.46	0.00	34.66	16.11	10.96
单位体积岩样有效喉道体积/(ml/cm³)	0.022	0.000	0.076	0.016	0.006
孔隙进汞饱和度/%	45.77	0.00	45.57	25.47	2.72
单位体积岩样有效孔隙体积/(ml/cm³)	0.068	0.000	0.099	0.025	0.002
喉道个数	7942	0	10640	3233	794
单位体积岩样喉道个数/(个/cm³)	2377	0	3418	1143	202
喉道半径加权平均值/μm	1.04	/	2.00	0.22	1.02
孔隙个数	7942	0	10640	3233	794
单位体积岩样孔隙个数/(个/cm³)	2377	0	3418	1143	202
孔隙半径加权平均值/μm	170.86	/	173.47	145.17	112.56
孔喉半径比个数	5878	0	8468	2376	723
单位体积岩样孔喉半径比个数/(个/cm³)	1759	0	2720	840	184
孔喉半径比加权平均值	619.91	/	477.96	885.85	120.60
中值压力/psi	611.48	/	310.52	/	/
中值半径/μm	0.18	/	0.35	/	/
阈压/psi	3.63	大于 900	3.48	157.24	66.80
阈压喉道半径/μm	30.14	小于 0.12	31.37	0.69	1.64

项目	岩心编号				
	26	27	28	29	30
序号(总序号)	230	361	111	43	26
井号	徐深 1-2	徐深 1-2	徐深 1-4	徐深 1-203	徐深 8-1
样品深度/m	3500.76	3690.13	3490.26	3649.03	3694.46
岩石密度/(g/cm³)	2.49	2.37	2.49	2.47	2.45
孔隙度/%	5.11	9.86	5.96	7.43	8.40
渗透率/mD	0.760	0.120	0.016	0.0062	0.020
岩样体积/cm³	4.11	2.91	4.85	4.14	4.05
孔隙体积/cm³	0.21	0.29	0.29	0.31	0.34
总进汞饱和度/%	39.69	63.28	0.00	3.35	7.66
单位体积岩样有效总孔隙体积/(ml/cm³)	0.020	0.062	0.000	0.0025	0.0064
喉道进汞饱和度/%	21.90	20.02	0.00	2.12	7.37
单位体积岩样有效喉道体积/(ml/cm³)	0.011	0.020	0.000	0.0016	0.0062
孔隙进汞饱和度/%	17.79	43.26	0.00	1.25	0.29
单位体积岩样有效孔隙体积/(ml/cm³)	0.009	0.043	0.000	0.0009	0.0002
喉道个数	2658	6206	0	229	114
单位体积岩样喉道个数/(个/cm³)	647	2132	0	55	28
喉道半径加权平均值/μm	3.62	0.30	/	0.16	0.28
孔隙个数	2658	6206	0	229	114
单位体积岩样孔隙个数/(个/cm³)	647	2132	0	55	28
孔隙半径加权平均值/μm	134.28	132.50	/	127.45	121.49
孔喉半径比个数	2071	4032	0	207	109
单位体积岩样孔喉半径比个数/(个/cm³)	504	1385	0	50	27
孔喉半径比加权平均值	51.69	574.97	/	1081.96	472.43
中值压力/psi	/	564.08	/	/	/
中值半径/μm	/	0.19	/	/	/
阈压/psi	3.56	235.84	大于900	794.67	308.10
阈压喉道半径/μm	30.68	0.46	小于0.12	0.14	0.35

从表 2.2 中可以看出：

(1)恒速压汞检测结果不仅给出了所分析岩样在渗流过程中的有效喉道半径分布，而且给出了有效喉道体积(喉道进汞饱和度)。利用恒速压汞检测结果，可以从有效喉道体积、喉道半径及喉道个数等方面对岩样内的喉道发育程度进行分析。有效喉道半径越大代表渗流通道越宽，喉道个数越多代表渗流通道越多，有效喉道体积大小是喉道半径、喉道个数及喉道长度等的综合反映，因此岩样内有效喉道体积的大小反映出喉道发育程度的高低。总体而言，渗透率越大，喉道进汞饱和度、喉道半径加权平均值、有效喉道体积和喉道个数也越大或越多。这表明：火山岩气藏岩样渗透率越高，喉道越发育。

(2)恒速压汞检测结果不仅给出了所分析岩样在渗流过程中的有效孔隙半径分布，而且给出了有效孔隙体积(孔隙进汞饱和度)。与喉道发育程度的分析相似，利用恒速压汞检测结果，也可以从有效孔隙体积、孔隙半径及孔隙个数等方面对岩样内的孔隙发育程度进行分析。孔隙体积大小是孔隙半径、孔隙个数等的综合反映，因此岩样内有效孔隙体积的大小反映出孔隙发育程度的高低。总体而言，渗透率越大，孔道进汞饱和度、孔道半径加权平均值和孔隙个数也越大。这表明：渗透率越高，孔隙也越发育。

(3)恒速压汞检测不仅能够分别得到岩样在渗流过程中的有效喉道半径分布和有效孔隙半径分布，还能够得到岩样在接近渗流过程中的真实孔隙-喉道半径比分布。气藏储层岩石多孔介质内的孔喉半径比大小对气井产能有显著影响，当大孔隙被小喉道所控制即孔隙半径与喉道半径的比值较大时，大孔隙内的气相难以流经小喉道被采出。同理，气藏储层岩石多孔介质内的孔喉半径比大小对水锁效应降低气相有效渗透率也有显著影响。当有外来水相挤入气藏后，由于气藏岩石润湿性为强亲水，挤入水将优先占据孔隙表面及喉道，此时如孔隙半径与喉道半径的比值越大，气相流动的贾敏效应就越强，气相有效渗透率的降低幅度就越大。总体而言，渗透率越大，其对应的孔喉半径比越小。

(4)恒速压汞检测不仅能够得到比常规压汞更为精细的总毛管压力曲线，还能够将喉道和孔隙分开，分别得到喉道的毛管压力曲线和孔隙的毛管压力曲线。恒速压汞毛管压力曲线图就能够直观和定量地给出岩样内部的有效喉道半径、喉道体积及其所控制的孔隙体积的大小及其分布特征。总体而言，渗透率越大，中值半径和阈压喉道半径越大，其对应的中值压力和阈压越小。

2.3 火山岩气藏岩样微观孔隙结构特征分析

2.3.1 不同渗透率条件下孔喉分布特征

选取 6 块来自大庆徐深火山岩气藏的不同渗透率级别的岩样进行微观孔隙结

构特征分析(表 2.3),测得的孔道半径、喉道半径的分布曲线、平均喉道半径与渗透率的关系曲线和累计分布曲线如图 2.2~图 2.5。

表 2.3　6 块不同渗透率级别恒速压汞测试样品参数和测试结果参数

岩心编号	最大喉道半径/μm	平均喉道半径/μm	均质系数	孔隙度/%	渗透率/($10^{-3}\mu m^2$)
1	0.1	0.100	1.000	6.51	0.006
3	0.1	0.100	1.000	4.93	0.024
6	0.2	0.164	0.781	9.48	0.102
9	3.5	0.523	0.088	10.40	1.340
11	4.9	1.084	0.158	18.50	2.060
14	9.8	2.285	0.141	20.00	8.260

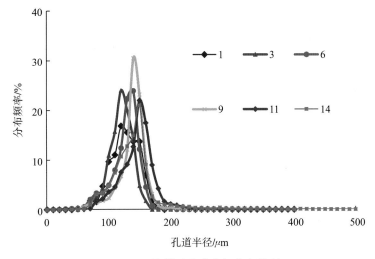

图 2.2　6 块样品孔道半径分布情况

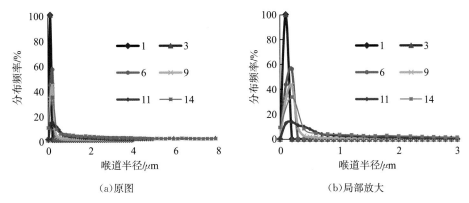

(a)原图　　　　　　　　　　　　　　(b)局部放大

图 2.3　6 块岩样喉道半径的分布曲线

　　从表2.3可以看出：随着火山岩气藏渗透率的增大，其岩心均质系数越小，表明岩心越不均匀，平均喉道半径越大。渗透率越小，其最大喉道半径也越小。

　　从图2.2、图2.3中可以看出，对于不同渗透率的火山岩气藏岩心来说，其岩样孔道半径分布比较接近，峰值分布大体为100～200μm。渗透率越大，其峰值分布略偏向右侧。而岩样对应的喉道分布相差很大。当岩样渗透率为$0.024\times10^{-3}\ \mu m^2$时，只有半径小于$0.1\mu$m的喉道，无更大的喉道；而当岩样渗透率为$8.260\times10^{-3}\ \mu m^2$时，有半径小于$0.1\mu$m的喉道，也有很多较大的喉道，如$9.8\mu$m的喉道，其平均喉道半径为$2.285\mu$m。

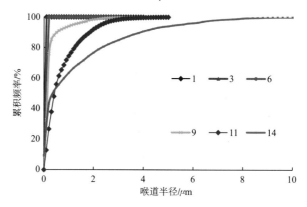

图2.4　6块岩心喉道半径的累计分布曲线

　　从喉道半径累积分布图2.4中可以看出：对于所测得的不同渗透率的火山岩气藏岩心来说，大约60%的喉道半径小于0.8μm。这与火山岩的岩性有关。

　　图2.5为低渗透砂岩油藏8块不同渗透率岩样的喉道半径分布图。与火山岩气藏岩心喉道半径分布相比，其渗透率较大的岩心，小的喉道占了很小的部分。如渗透率为5.58mD时，半径小于1.0μm的喉道仅占20%。

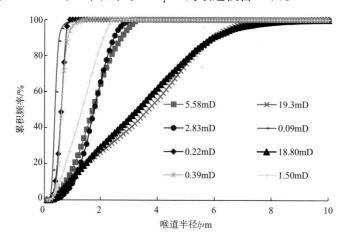

图2.5　低渗透砂岩油藏8块不同渗透率岩样的喉道半径累积分布

　　因此，对于火山岩气藏来说，气孔、裂缝和溶洞的存在对气体的渗流起着重要的影响。

2.3.2　不同喉道半径对岩心渗透率的贡献率

　　渗透率的贡献率与喉道半径满足以下关系式：

$$\Delta K_i = \frac{r_i^4 \alpha_i}{\sum r_i^4 \alpha_i} \tag{2.1}$$

式中，r_i 为岩心某一个喉道半径，m；α_i 为某一个喉道半径归一化的分布频率。

　　图 2.6 为样品单一喉道对渗透率的贡献率图。从图中可以看出：渗透率小的岩心主要由小的喉道半径所控制。而随着渗透率的增大，逐渐有大级别的喉道参加，较大的喉道对渗透率的贡献增大。1 号和 3 号岩心的渗透率主要由半径小于 $0.1\mu m$ 的喉道所贡献，而 11 号岩心的渗透率主要由半径为 $0.9\sim3.1\mu m$ 的喉道所贡献，14 号岩心的渗透率主要是由半径为 $2.2\sim9.8\mu m$ 的喉道所贡献。

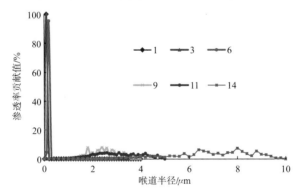

图 2.6　岩心喉道半径对渗透率贡献的关系曲线

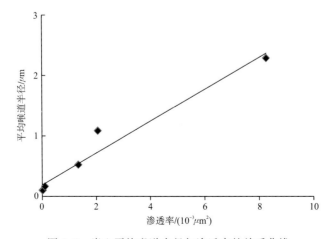

图 2.7　岩心平均喉道半径与渗透率的关系曲线

图 2.7 为岩心平均喉道半径与渗透率的关系曲线。从图中可以看出：平均喉道半径与渗透率有很好的相关关系。

因此，平均喉道半径是表征火山岩气藏岩心孔隙结构的重要参数，它影响火山岩气藏气体的渗流能力。平均喉道半径越大，渗流阻力越小，气体的开发潜力越大。反之，如果平均喉道半径越小，那么气体的渗流阻力就越大，储层中气体的开发难度也越大。

2.3.3 不同渗透率的孔喉半径比对比分析

孔喉半径比是岩石孔喉特征分析中的一项重要参数，当孔隙半径与喉道半径的比值较小时，孔隙被较大喉道连通，此时有利于孔隙内的油气采出。反之，当孔隙半径与喉道半径的比值较大时，表明大孔隙被小喉道连通，此时不利于孔隙内的油气采出。下面以 6 号(0.102mD) 和 14 号岩心(8.260mD) 为例(图 2.8 和图 2.9)。

从图 2.8、图 2.9 中可以看出：6 号岩样的孔喉半径比主要集中在 500~900，而 14 号岩心的孔喉半径比主要集中在 30~800，其中孔喉半径比为 30~60 占了很大的比例。14 号岩心的孔喉半径比明显小于 6 号岩样的孔喉半径比。因此，14 号岩样与 6 号岩样相比，更有利于孔隙内的油气采出。

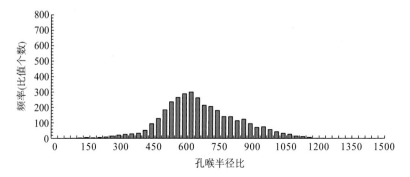

图 2.8 6 号岩样恒速压汞得到的孔喉半径比分布图

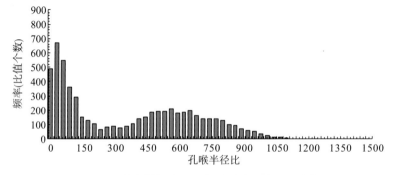

图 2.9 14 号岩样恒速压汞得到的孔喉半径比分布图

2.3.4　不同渗透率的毛管压力对比分析

以 6 号(0.102mD)和 14 号岩心（8.260mD）为例，对比不同渗透率的毛管压力数据，如图 2.10 和图 2.11。

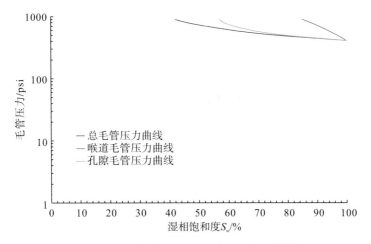

图 2.10　6 号岩样恒速压汞得到的毛管压力曲线图

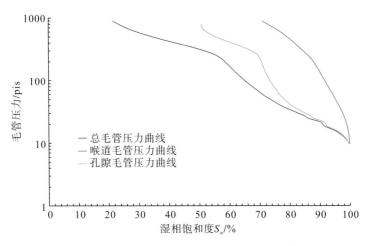

图 2.11　14 号岩样恒速压汞得到的毛管压力曲线图

从毛管压力曲线图中可以看出：6 号岩样的喉道进汞饱和度为 15.10%，孔道进汞饱和度为 42.91%，总的进汞饱和度为 58.02%，进汞压力为 405.86psi；14 号岩样喉道的进汞饱和度为 29.22%，孔道进汞饱和度为 49.28%，总的进汞饱和度为 78.50%，进汞压力为 9.61psi。因此，可以得到：14 号岩样的孔道发育程度和喉道发育程度均高于 6 号岩样。

2.4　火山岩气藏储层分类研究

对大庆徐深火山岩气藏 30 块不同渗透率级别岩样进行恒速压汞测试分析，根据其喉道半径的分布，再结合国家 973 计划气藏项目研究阶段成果，火山岩气藏岩样的可动用喉道半径下限为 $0.05\mu m$，将喉道划分为五种类型：死喉道（$<0.05\mu m$）、微喉道（$0.05\sim0.3\mu m$）、细喉道（$0.3\sim2.0\mu m$）、中喉道（$2.0\sim4.0\mu m$）和粗喉道（$>4.0\mu m$）。不同岩性不同渗透率岩样的不同喉道所占的比例如表 2.4 所示。

表 2.4　不同渗透率岩样喉道半径分布特征

喉道半径分布范围	渗透率/($10^{-3}\mu m^2$)				
	0.083	0.162	0.76	0.12	0.0014
	火山角砾岩	火山角砾岩	火山角砾岩	角砾熔岩	晶屑凝灰岩
死喉道（$<0.05\mu m$）	43.165	9.885	30.155	18.36	100
微喉道（$0.05\sim0.3\mu m$）	46.43	38.28	33.36	54.79	0.00
细喉道（$0.3\sim2.0\mu m$）	10.41	18.79	13.36	26.85	0.00
中喉道（$2.0\sim4.0\mu m$）	0.00	15.72	10.39	0.00	0.00
粗喉道（$>4.0\mu m$）	0.00	17.33	12.74	0.00	0.00
$>0.3\mu m$ 的细喉道以上	10.41	51.84	36.49	26.85	0.00
$>0.05\mu m$ 的有效喉道以上	56.84	90.12	69.85	81.64	0.00
平均孔喉半径比	120.6	477.96	51.69	574.97	/
喉道半径分布范围	渗透率/($10^{-3}\mu m^2$)				
	0.016	0.089	1.68	2.06	7.13
	晶屑凝灰岩	晶屑凝灰岩	晶屑凝灰岩	晶屑凝灰岩	晶屑凝灰岩
死喉道（$<0.05\mu m$）	100	29.21	22.745	12.58	10.655
微喉道（$0.05\sim0.3\mu m$）	0.00	63.85	46.42	32.64	27.59
细喉道（$0.3\sim2.0\mu m$）	0.00	6.94	18.94	45.77	41.13
中喉道（$2.0\sim4.0\mu m$）	0.00	0.00	8.14	8.80	18.43
粗喉道（$>4.0\mu m$）	0.00	0.00	3.76	0.21	2.20
$>0.3\mu m$ 的细喉道以上	0.00	6.94	30.84	54.78	61.76
$>0.05\mu m$ 的有效喉道以上	0.00	70.79	77.26	87.42	89.35
平均孔喉半径比	/	885.85	445.33	487.96	373.68

续表

喉道半径分布范围	渗透率/($10^{-3}\mu m^2$)				
	0.0044	0.0062	0.0062	0.015	0.02
	流纹岩	流纹岩	流纹岩	流纹岩	流纹岩
死喉道($<0.05\mu m$)	82.98	87.12	82.98	100	63.87
微喉道($0.05\sim0.3\mu m$)	17.03	12.88	17.03	0.00	35.41
细喉道($0.3\sim2.0\mu m$)	0	0	0	0	0.72
中喉道($2.0\sim4.0\mu m$)	0	0	0	0	0
粗喉道($>4.0\mu m$)	0	0	0	0	0
$>0.3\mu m$ 的细喉道以上	0.00	0.00	0.00	0.00	0.72
$>0.05\mu m$ 的有效喉道以上	17.03	12.88	17.03	0.00	36.13
平均孔喉半径比	985.59	1082	982.09	/	472.43

喉道半径分布范围	渗透率/($10^{-3}\mu m^2$)				
	0.024	0.026	0.027	0.031	0.042
	流纹岩	流纹岩	流纹岩	流纹岩	流纹岩
死喉道($<0.05\mu m$)	63.12	57.74	41.58	49.56	42.61
微喉道($0.05\sim0.3\mu m$)	36.88	36.48	40.01	50.44	33.09
细喉道($0.3\sim2.0\mu m$)	0	5.78	18.41	0.00	24.30
中喉道($2.0\sim4.0\mu m$)	0	0	0	0	0
粗喉道($>4.0\mu m$)	0	0	0	0	0
$>0.3\mu m$ 的细喉道以上	0.00	5.78	18.41	0.00	24.30
$>0.05\mu m$ 的有效喉道以上	36.88	42.26	58.42	50.44	57.39
平均孔喉半径比	914.31	548.37	451.92	858.58	503.19

喉道半径分布范围	渗透率/($10^{-3}\mu m^2$)				
	0.043	0.063	0.072	0.187	0.374
	流纹岩	流纹岩	流纹岩	流纹岩	流纹岩
死喉道($<0.05\mu m$)	43.92	19.64	19.42	16.56	19.885
微喉道($0.05\sim0.3\mu m$)	45.17	56.73	67.55	56.87	41.37
细喉道($0.3\sim2.0\mu m$)	10.91	13.37	13.03	26.58	29.18
中喉道($2.0\sim4.0\mu m$)	0	7.13	0	0	3.50
粗喉道($>4.0\mu m$)	0	3.13	0	0	6.07
$>0.3\mu m$ 的细喉道以上	10.91	23.63	13.03	26.58	38.75
$>0.05\mu m$ 的有效喉道以上	56.08	80.36	80.58	83.45	80.12
平均孔喉半径比	705.82	614.06	733.99	532.15	619.91

喉道半径 分布范围	渗透率/$(10^{-3}\mu m^2)$				
	3.56	8.26	0.102	1.34	1.56
	流纹岩	流纹岩	熔结凝灰岩	熔结凝灰岩	熔结凝灰岩
死喉道($<0.05\mu m$)	8.25	10.75	20.99	14.39	8.62
微喉道($0.05\sim0.3\mu m$)	34.24	34.62	79.01	63.68	30.76
细喉道($0.3\sim2.0\mu m$)	39.04	26.87	0.00	18.73	55.51
中喉道($2.0\sim4.0\mu m$)	13.57	12.36	0.00	3.20	5.11
粗喉道($>4.0\mu m$)	4.90	15.40	0.00	0.00	0.00
$>0.3\mu m$ 的细喉道以上	57.51	54.63	0.00	21.93	60.62
$>0.05\mu m$ 的有效喉道以上	91.75	89.25	79.01	85.61	91.38
平均孔喉半径比	421.23	379.75	132.38	682.9	449.69

从表 2.4 中可以看出：火山岩有效喉道（喉道半径$>0.05\mu m$）以细喉道和微喉道为主，中喉道和粗喉道相对较少。相比其他岩性，在相同渗透率条件下火山角砾岩所占的细喉道以上级别的控制体积要多，其平均孔喉半径比要小。

根据不同渗透率岩样喉道半径分布特征，将大庆徐深火山岩储层分为三类，分别为：Ⅰ类储层为有效喉道（喉道半径$>0.05\mu m$）控制了 80% 以上的孔隙体积，其中细喉道（喉道半径$>0.30\mu m$）以上级别控制 25% 以上的孔隙体积；Ⅱ类储层为有效喉道（喉道半径$>0.05\mu m$）控制了 40%～80% 的孔隙体积，其中细喉道（喉道半径$>0.30\mu m$）以上级别控制 5%～25% 以上的孔隙体积；Ⅲ类储层为有效喉道（喉道半径$>0.05\mu m$）控制了小于 40% 的孔隙体积，其中细喉道（喉道半径$>0.30\mu m$）以上级别控制 5% 以下的孔隙体积。储层分类结果见表 2.5 和图 2.12、图 2.13。

表 2.5　不同储层类别不同喉道半径控制孔隙体积的分布情况

项目		Ⅰ类储层	Ⅱ类储层	Ⅲ类储层
岩心数/块		12	10	8
死喉道($<0.05\mu m$) 所占比例/%	最小值	8.25	19.42	63.12
	最大值	30.15	57.74	100.00
	平均值	15.23	36.78	85.01
微喉道 ($0.05\sim0.30\mu m$) 所占比例/%	最小值	27.59	33.09	0
	最大值	63.68	79.01	36.88
	平均值	41.22	51.88	14.90

续表

项目		I 类储层	II 类储层	III 类储层
细喉道 (0.30~2.00μm) 所占比例/%	最小值	13.36	0	0
	最大值	55.51	24.30	0.72
	平均值	30.06	10.32	0.09
中喉道 (2.00~4.00μm) 所占比例/%	最小值	0	0	0
	最大值	18.43	7.13	0
	平均值	8.27	0.71	0
粗喉道 (>4.00μm) 所占比例/%	最小值	0	0	0
	最大值	17.33	3.13	0
	平均值	5.22	0.31	0
平均孔喉半径比	最小值	51.69	120.60	472.43
	最大值	682.90	885.85	1081.96
	平均值	458.10	555.48	887.28
有效喉道 (>0.05μm) 所占比例	最小值	69.85	42.26	0
	最大值	91.75	80.58	36.88
	平均值	84.76	63.22	14.99
细、中、粗喉道 (>0.30μm) 所占比例/%	最小值	21.93	0	0
	最大值	61.76	24.30	0.72
	平均值	43.55	11.34	0.09

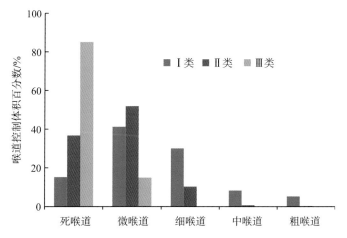

图 2.12　不同储层类别下不同喉道半径控制孔隙体积的分布

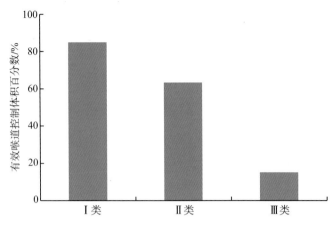

图 2.13　不同储层类别下有效喉道所控制体积百分数

从表 2.5、图 2.12 和图 2.13 中可以看出：储层类型越好，有效喉道控制的孔隙体积越大。Ⅰ类储层的孔喉半径比较小，孔隙与较大喉道连通，孔隙内的气体容易采出；Ⅲ类储层的孔喉道半径比较大，孔隙与较小的喉道连通，孔隙内的气体不易采出。

2.5　本 章 小 结

本章通过恒速压汞测试技术，对火山岩气藏的储层孔喉特征进行了分析，得到以下结论：

(1)利用恒速压汞仪研究了不同渗透率级别火山岩气藏岩心的孔隙结构特征。研究表明：不同渗透率的低渗透气藏岩心，其孔道半径基本相同，而喉道半径不同。渗透率小的岩心主要由小的喉道半径所控制。而随着渗透率的增大，逐渐有大级别的喉道参加，较大的喉道对渗透率的贡献增大。对于所测得的不同渗透率的火山岩气藏岩心来说，大约 60% 的喉道半径小于 $0.8\mu m$。这与低渗透砂岩油藏岩心的恒速压汞测试结果不同。

(2)渗透率与平均喉道半径有很好的相关关系，提出了用平均喉道半径来表征火山岩气藏岩心微观孔隙结构，它影响火山岩气藏气体的渗流能力。平均喉道半径越大，渗流阻力越小，气体的开发潜力越大。反之，如果平均喉道半径越小，那么气体的渗流阻力就越大，储层中气体的开发难度也越大。

(3)较大渗透率的火山岩气藏岩心，其喉道进汞饱和度、孔道进汞饱和度和总的进汞饱和度比渗透率小的岩心要高，表明渗透率较大岩样的孔道和喉道发育程度要高于渗透率较小岩样的孔道和喉道发育程度。

(4)火山岩有效喉道(喉道半径$>0.05\mu m$)以细喉道和微喉道为主，中喉道和粗喉道相对较少。并根据其喉道半径的分布，将大庆徐深火山岩储层分为三类：

Ⅰ类储层为有效喉道(喉道半径>0.05μm)控制了 80%以上的孔隙体积，其中细喉道(喉道半径>0.30μm)以上级别控制 25%以上的孔隙体积；Ⅱ类储层为有效喉道(喉道半径>0.05μm)控制了 40%~80%的孔隙体积，其中细喉道(喉道半径>0.30μm)以上级别控制 5%~25%以上的孔隙体积；Ⅲ类储层为有效喉道(喉道半径>0.05μm)控制了小于 40%的孔隙体积，其中细喉道(喉道半径>0.30μm)以上级别控制 5%以下的孔隙体积。储层分类结果表明：储层类型越好，有效喉道控制的孔隙体积越大。Ⅰ类储层的孔喉半径比较小，孔隙与较大喉道连通，孔隙内的气体容易采出；Ⅲ类储层的孔喉道半径比较大，孔隙与较小的喉道连通，孔隙内的气体不易采出。

第3章 火山岩气藏不同岩性核磁共振实验研究

3.1 前　　言

　　火山岩气藏已成为中国石油重要的天然气勘探和开发的主要领域之一。目前在松辽盆地、准噶尔盆地、渤海湾盆地等地都有新发现，火山岩气藏资源量已超过 3 万亿 m^3，是当前勘探和开发关注的热点之一。火山岩气藏储层复杂，火山岩有不同的岩性，有流纹岩、角砾熔岩、熔结凝灰岩、晶屑凝灰岩和火山角砾岩等，储集空间复杂多样，发育气孔、裂缝和溶洞。火山岩储层物性变化大，储层非均质性强，孔隙度一般为 $3\% \sim 20\%$，渗透率一般为 $0.01 \times 10^{-3} \sim 10 \times 10^{-3} \mu m^2$，开发难度大。因此，认识火山岩气藏储层特征和测试储层特征参数，将为火山岩气藏的有效开发奠定理论基础。

　　核磁共振技术是有效认识储层的重要手段之一。目前在低渗透砂岩储层和碳酸盐岩储层方面应用较多，并取得了一些重要成果；但在火山岩储层方面研究尚少。因此，核磁共振在火山岩储层的应用中，往往没有考虑火山岩储层的特性，可动流体 T_2 截止值取 90ms，给测试可动流体百分数、束缚水饱和度和火山岩储层可动用下限实验标准的确定带来很大的误差。

　　本章利用核磁共振技术，并结合离心实验，确定出流体不可动用下限对应的离心力和不同岩性火山岩气藏岩心可动流体 T_2 截止值。在此基础上，测出火山岩气藏岩心的可动流体百分数和束缚水饱和度，并比较不同岩性火山岩气藏岩心可动流体 T_2 截止值下可动流体百分数的差别。

3.2　核磁共振可动流体测试原理与测试方法简述

3.2.1　核磁共振可动流体的测试原理及分析参数

　　顾名思义，核磁共振是原子核和磁场之间的相互作用。由于水中富含氢核 ^1H，因此，天然气勘探与开发研究中最常用的原子核是氢核 ^1H。岩样饱和水后，由于水中的氢核具有核磁矩，核磁矩在外加静磁场中会产生能级分裂，此时当有选定频率的外加射频场时，核磁矩就会发生吸收跃迁，产生核磁共振。通过适当的探测、接收线圈就可以观察到核磁共振现象，探测到核磁共振信号（磁化矢量），核磁共振信号强度与被测样品内所含氢核的数目成正比。

核磁共振中极其重要的一个物理量是弛豫，弛豫是磁化矢量在受到射频场的激发下发生核磁共振时偏离平衡态后又恢复到平衡态的过程。核磁共振中有两种作用机制不同的弛豫，分别叫做 T_1 弛豫和 T_2 弛豫。弛豫速度的快慢由岩石物性和流体特征决定，对于同一种流体，弛豫速度只取决于岩石物性。标识弛豫速度快慢的常数称为弛豫时间，对于 T_1 弛豫叫 T_1 弛豫时间，对于 T_2 弛豫叫 T_2 弛豫时间。虽然 T_1 弛豫时间和 T_2 弛豫时间均反映岩石物性和流体特征，但 T_1 弛豫时间测量费时，现代核磁共振通常测量 T_2 弛豫时间。

对于纯净物质样品（如纯水），每个氢核的周围环境及原子核相互作用均相同，因此可用一个弛豫时间 T_2 描述样品的物性。而对于气藏的岩石多孔介质样品而言，情况要复杂得多，储层岩石中矿物组成和孔隙结构非常复杂，流体存在于多孔介质中，被许多界面分割包围，孔道形状、大小不一，原子核与固体表面上顺磁杂质接触的机会不一致，使得各个原子核弛豫得到加强的几率不等，所以岩石流体系统中原子核弛豫不能以单个弛豫时间来描述，而应当是一个分布。不同岩石流体系统的物性决定了它们具有不同的 T_2 分布，因此反过来获得了它们的 T_2 分布就可以确定它们的物理性质。

根据核磁共振快扩散表面弛豫模型，单个孔道内的原子核弛豫可用一个弛豫时间来描述，此时，T_2 可表示为

$$\frac{1}{T_2} = \frac{1}{T_{2B}} + \rho_2 \frac{S}{V} + \gamma^2 G^2 D\tau^2/3 \qquad (3.1)$$

其中，右边第一项称作体弛豫项，T_{2B} 的大小取决于饱和流体性质，因此该项容易去掉；右边第三项称作扩散弛豫项，通过采用所建立的核磁共振扩散测量实验技术，该项也可以被去掉。去掉右边第一项和第三项后，公式（3.1）变为

$$\frac{1}{T_2} = \rho_2 \frac{S}{V} \qquad (3.2)$$

其中，ρ_2 为表面弛豫强度，取决于孔隙表面性质和矿物组成；S/V 为单个孔隙的比表面，与孔隙半径成反比。

对于由不同大小孔隙组成的岩石多孔介质，总的弛豫为单个孔隙弛豫的叠加［单个孔隙的弛豫用式（3.2）表示］，即

$$S(t) = \sum A_i \exp(-t/T_{2i}) \qquad (3.3)$$

其中，$S(t)$ 为总核磁信号强度；A_i 为弛豫时间 T_{2i} 组分所占的比例，即为与 T_{2i} 对应的一定孔径的孔隙体积占总孔隙体积的百分率。

核磁共振 T_2 测量采集到的基本数据是回波串，即 T_2 弛豫过程中总核磁信号强度 $S(t)$ 随时间 t 的衰减曲线，对回波串进行多指数拟合，即求解式（3.3），求得每一 T_{2i} 对应的 A_i，将 T_{2i} 作横坐标，A_i 作纵坐标，可得到 T_2 弛豫时间的分

布即 T_2 谱。

岩石流体中 T_2 弛豫要复杂得多。除受表面顺磁离子的加强（加强方式同 T_1 弛豫），还由于岩粒与流体的磁导率不同导致系统内部磁场不均匀性及分子扩散造成 T_2 弛豫的进一步加强，这时 T_2 可表示为

$$\frac{1}{T_2} = \rho_2 \frac{S}{V} + \gamma^2 G^2 D \tau^2 / 3 \tag{3.4}$$

式中，D 为扩散系数；G 为内磁场不均匀性，与外加磁场成正比；τ 为回波间隔。

从式（3.4）可看出，当外场不是很强（对应于 G 不是很大），且 τ 足够短时，后一项的贡献可忽略不计，此时：

$$\frac{1}{T_2} = \rho_2 \frac{S}{V} \tag{3.4}$$

因此，弛豫时间分布反映了岩石介质内比表面的分布及其对展布在内表面上流体作用力的强弱。

图 3.1 为一块典型的低渗透储层岩样的 T_2 弛豫时间谱，形状为双峰结构。其中左峰下的面积代表束缚流体含量，右峰下的面积代表可动流体含量。

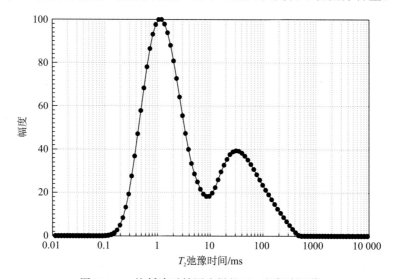

图 3.1　一块低渗透储层岩样的 T_2 弛豫时间谱

低磁场核磁共振岩心分析能够求取束缚水饱和度、可动流体饱和度及可动流体孔隙度等储层评价参数，束缚水饱和度等于 100 减去可动流体饱和度，可动流体孔隙度等于可动流体饱和度乘以岩心孔隙度。

当岩心饱和水后，孔隙内水的赋存有两种状态：一部分水处于自由可流动状态，另一部分水处于束缚不可流动状态。束缚水处于小孔隙内或大孔隙的表面，受孔隙固体表面的作用力强，此时核磁共振 T_2 弛豫时间小；反之，可动水处于

大孔隙内部，与孔隙固体表面没有紧密接触，受孔隙固体表面的作用力弱，此时核磁共振 T_2 弛豫时间大。因此利用低磁场核磁共振岩心分析技术，获得岩心内饱和水的 T_2 弛豫时间分布（即 T_2 谱）后，即可定量求取束缚水饱和度或可动水饱和度（通常称作可动流体饱和度）。

由于岩心饱和水状态模拟了气藏成藏之前的地层环境，束缚水不能被气相运移，而可动水是能被气相运移的水，因此岩心饱和水状态下核磁共振分析求取的束缚水饱和度对应于储层的束缚水饱和度，可动流体饱和度对应于储层含气饱和度的上限，可动流体孔隙度给出了储层的可流动孔隙空间大小以及含气量的上限值。

对于火山岩气藏而言，束缚水饱和度是气相和气水两相渗流的临界参数，同时它也是火山岩气藏计算含气饱和度的重要参数。因此，束缚水饱和度是表征火山岩气藏开发潜力特征的一个重要参数。

3.2.2　核磁共振可动流体饱和度和束缚水饱和度的测试方法

核磁共振 T_2 测试是在中国科学院渗流流体力学研究所自行开发研制的低磁场核磁共振岩心分析仪上进行的，该仪器各项性能指标均达到国际先进水平。具体实验步骤和方法如下：

(1)实验准备。首先钻取规格柱塞岩样，并将两端取齐、取平，然后将岩样置于真空干燥箱中 85℃ 条件下进行干燥至恒重为止，称岩样干重，测量长度和直径。

(2)渗透率测量。用氮气作为渗流介质，对每块岩样均测量五组不同压差和流量下的气体渗透率，通过线性回归得到克氏渗透率。

(3)岩样饱和水及孔隙度测量。将岩样抽真空 12 小时以上加压 100MPa 饱和模拟地层水，称湿重，计算孔隙度。

(4)核磁共振 T_2 测试。将饱和水的岩样置于低磁场核磁共振岩心分析仪的探头中，进行核磁共振 T_2 测试，并反演计算出 T_2 弛豫时间谱。利用 T_2 谱定量计算束缚水饱和度、可动流体饱和度及可动流体孔隙度等参数。主要测试参数为：共振频率 2MHz，回波时间 0.3ms，恢复时间 6000ms，回波数 1024，信噪比控制在 30：1 以上，T_2 谱拟合点数 100。

3.3　不同岩性火山岩气藏岩心可动流体截止值研究

可动流体 T_2 截止值在核磁共振测量中是一项重要的参数，借助该参数能划分可动流体和束缚流体，从而对储集层进行评价分析。对于火山岩气藏岩心来

说，利用可动流体截止值可以确定出岩样束缚水饱和度、气体饱和度等重要
参数。

目前可动流体 T_2 截止值是通过核磁共振岩心分析，并结合室内离心标定法
来确定的，该方法准确可靠。目前利用离心实验方法标定 T_2 截止值时，首先需
要选定离心力大小。在行业标准《岩样核磁共振参数实验室测量规范》
(SY/T6490—2000)中推荐选用 0.69MPa 离心力，大量岩心分析实验结果表明，
该离心力标准对物性较好、孔渗较高的砂岩岩样是适用的，但对于低孔低渗火山
岩储层岩心就有可能不适用。

3.3.1　离心实验最佳离心力确定

为了确定出适合这类岩心的最佳离心力大小，取准火山岩储层不同岩性的可
动流体 T_2 截止值大小，选取 12 块大庆深层火山岩储层岩心进行了离心实验，对
每块火山岩岩性岩心均分别进行了 0.35MPa、0.69MPa、1.38MPa、2.07MPa、
2.76MPa 和 3.45MPa 六个不同离心力离心后的核磁共振测量，测试基础数据和
测试结果见表 3.1 和表 3.2，图 3.2～图 3.5 分别是 2 号和 73 号岩心饱和水状态
及六个不同离心力离心后的核磁共振 T_2 谱和剩余含水饱和度图。

表 3.1　12 块大庆不同岩性火山岩岩心基础数据

岩心号	井号	样品深度/m	岩性	孔隙度/%	渗透率/$(10^{-3}\mu m^2)$
2	徐深 14	3780.63	流纹岩	7.57	0.031
6	徐深 14	3806.62	流纹岩	12.73	0.374
10	达深 3	3312.51	火山角砾岩	15.10	0.162
30	徐深 1-2	3690.13	角砾熔岩	9.54	0.120
55	徐深 1-304	3470.05	晶屑凝灰岩	9.52	0.167
63	徐深 1-101	3513.24	熔结凝灰岩	6.63	0.010
68	徐深 11	3782.17	晶屑凝灰岩	5.92	0.003
73	徐深 301	3944.58	流纹岩	6.96	0.026
95	徐深 21	3733.62	流纹岩	2.63	0.002
103	徐深 9-3	3821.22	晶屑凝灰岩	9.77	0.123
119	徐深 9-1	3718.90	流纹岩	10.20	0.028
151	徐深 21-1	3784.83	角砾熔岩	10.01	0.157

表 3.2　12 块不同岩性火山岩岩心不同离心力离心后岩心内剩余含水饱和度

序号	不同离心力离心后岩心内剩余含水饱和度/%						
	离心前	0.35MPa	0.69MPa	1.38MPa	2.07MPa	2.76MPa	3.45MPa
2	100	94.37	86.92	71.99	61.64	55.66	54.50
6	100	70.65	59.14	48.47	43.17	40.06	38.67
10	100	82.78	74.34	61.82	54.91	51.83	51.10
30	100	88.90	70.12	52.86	45.59	42.16	40.88
55	100	82.99	74.74	61.31	54.39	49.80	48.87
63	100	98.80	96.79	90.48	80.91	76.30	74.64
68	100	98.71	98.03	88.65	75.96	73.46	73.10
73	100	91.27	79.07	63.75	55.90	53.00	52.22
95	100	93.37	84.15	62.00	53.72	49.31	48.14
103	100	96.95	91.47	83.27	76.61	72.25	70.31
119	100	99.00	97.94	91.26	81.06	76.20	74.64
151	100	89.56	82.66	72.91	68.28	65.80	64.53

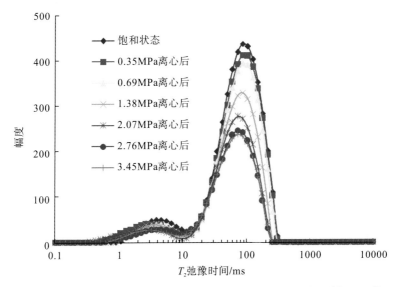

图 3.2　2 号岩心饱和水状态及六个不同离心力离心后的核磁共振 T_2 谱

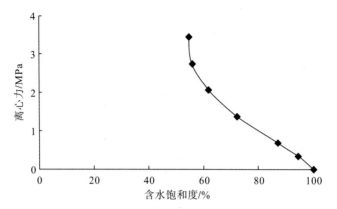

图 3.3 2 号岩心饱和水状态及六个不同离心力离心后的剩余含水饱和度图

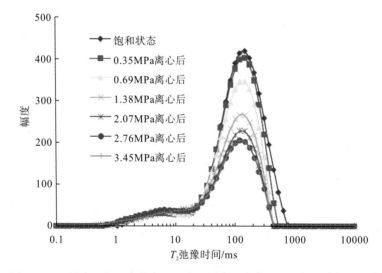

图 3.4 73 号岩心饱和水状态及六个不同离心力离心后的核磁共振 T_2 谱

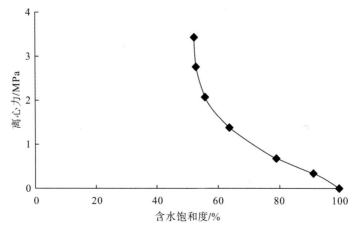

图 3.5 73 号岩心饱和水状态及六个不同离心力离心后的剩余含水饱和度图

从上面的图表可以看出：

（1）当离心力为 0.69MPa 时，每块岩心内均有较多的可离出的水没有能够被离出来，离心力从 0.69MPa 增加到 2.76MPa 后，12 块岩心剩余含水饱和度均大幅度降低。表明 0.69MPa 离心力不适合本次实验所分析的低孔低渗火山岩储层岩心，如果仍用 0.69MPa 离心力来标定 T_2 截止值，将导致 T_2 截止值偏大，束缚水饱和度也就偏大。

（2）对所分析的低孔低渗火山岩储层岩心而言，可动流体 T_2 截止值标定时适合的最佳离心力取 2.76MPa，离心力从 2.76MPa 增加到 3.45MPa 后，12 块岩心剩余含水饱和度的降低幅度均很小。但当离心力从 2.07MPa 增加到 2.76MPa 时，12 块岩心内的剩余含水饱和度均有一定程度降低，因此若取 2.07MPa 作为最佳离心力，将导致 T_2 截止值偏大，束缚水饱和度也就偏大。

（3）由于离心力大小与岩心喉道半径大小相对应，2.76MPa 离心力对应的喉道半径大小约为 $0.05\mu m$，因此对本实验分析的低孔低渗火山岩储层而言，储层有效渗流喉道半径的下限约为 $0.05\mu m$，喉道半径小于 $0.05\mu m$ 的孔隙空间内的流体主要是束缚水，喉道半径大于 $0.05\mu m$ 的孔隙空间是可流动的孔隙空间。

3.3.2　不同岩性火山岩气藏岩心可动流体截止值研究

根据 3.3.1 节离心实验确定的最佳离心力，并结合核磁共振实验，对大庆深层火山岩储层不同岩性的 48 块岩心进行可动流体 T_2 截止值标定，实验结果如图 3.6～图 3.9、表 3.3 所示。

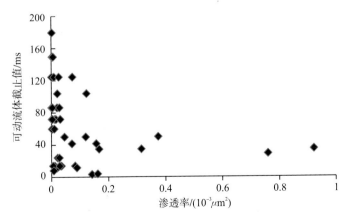

图 3.6　48 块火山岩气藏岩心可动流体 T_2 截止值与渗透率的关系图

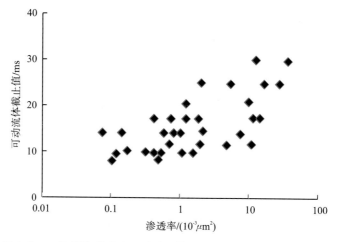

图 3.7 34 块低渗砂岩岩心可动流体 T_2 截止值与渗透率的关系图

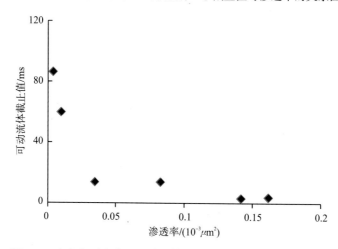

图 3.8 火山角砾岩岩心可动流体 T_2 截止值与渗透率的关系图

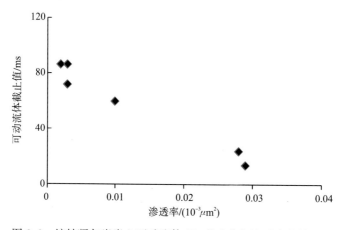

图 3.9 熔结凝灰岩岩心可动流体 T_2 截止值与渗透率的关系图

表 3.3　48 块不同岩性火山岩气藏岩心可动流体 T_2 截止值标定结果

岩性	岩心数	T_2 分布范围/ms	平均值/ms
流纹岩	20	8.03~179.46	90.22
熔结凝灰岩	6	13.89~86.40	57.11
晶屑凝灰岩	8	11.57~103.72	56.76
角砾熔岩	7	11.57~86.40	45.74
火山角砾岩	7	3.22~86.40	30.01

从图表中可以看出：①从总体上而言，火山岩气藏岩心可动流体 T_2 截止值随渗透率的增大而减小，这与低渗砂岩岩心可动流体 T_2 截止值随渗透率的变化关系不同；②在火山角砾岩和熔结凝灰岩的同一岩性下，可动流体 T_2 截止值与渗透率有较好的相关性，渗透率越大，可动流体 T_2 截止值越低；③从图 3.6 中还可以看出，当渗透率相同时，其可动流体 T_2 截止值可能相差很大。如：渗透率为 $0.006\times10^{-3}\mu m^2$ 流纹岩岩样的可动流体 T_2 截止值为 149.49ms，而渗透率为 $0.008\times10^{-3}\mu m^2$ 流纹岩岩样的可动流体 T_2 截止值为 8.03ms。究其原因为核磁共振技术主要是利用孔隙空间中 H 原子来评价孔隙空间的大小，核磁共振数据并不反映孔隙之间的连通性。渗透率为 $0.006\times10^{-3}\mu m^2$ 流纹岩岩样含有少量的气孔，有较大的孔隙空间，而这些气孔被周围较细小的喉道所包围，里面的流体很难被采出，因此可动流体 T_2 截止值较大；渗透率为 $0.008\times10^{-3}\mu m^2$ 流纹岩岩样不含气孔，没有较大的孔隙空间，因此可动流体 T_2 截止值较小，如图 3.10 所示。

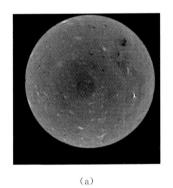 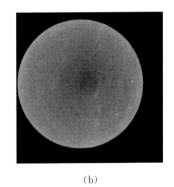

(a) 　　　　　　　　　　　　　　　　　(b)

图 3.10　两块火山岩气藏岩心的二维 CT 图像

(a)渗透率为 $0.006\times10^{-3}\mu m^2$ 的流纹岩；(b)渗透率为 $0.008\times10^{-3}\mu m^2$ 的流纹岩

从表 3.3 可以看出：大庆火山岩储层不同岩性的可动流体 T_2 截止值是不同的，其可动流体 T_2 截止值从大到小依次为：流纹岩、熔结凝灰岩、晶屑凝灰岩、角砾熔岩、火山角砾岩。

综上所述，大庆火山岩储层不同岩性的可动流体 T_2 截止值与岩性、渗透率和气孔或裂缝发育程度相关，其变化规律与低渗砂岩变化规律相反。

3.4　不同岩性火山岩气藏岩心可动流体百分数研究

根据上节确定的不同岩性可动流体 T_2 截止值，就可以确定出不同岩性火山岩储层岩样的可动流体百分数和束缚水饱和度的大小。测试结果如图 3.11 和图 3.12。

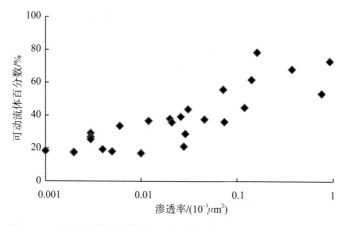

图 3.11　火山岩储层岩样的可动流体百分数随渗透率的变化情况

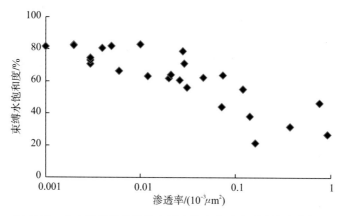

图 3.12　火山岩储层岩样的束缚水饱和度随渗透率的变化情况

从图中可以看出：总体而言，不同岩性火山岩储层岩样的可动流体百分数随渗透率的增大而增大，束缚水饱和度随渗透率的增大而减小。

图 3.13 表示的是不同岩性岩样取不同可动流体截止值所对应的可动流体百分数。

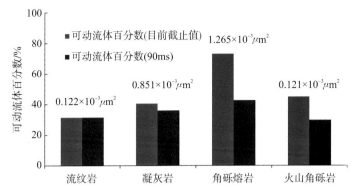

图 3.13　不同岩性岩样取不同可动流体截止值所对应的可动流体百分数

从图 3.13 中可以看出：总体而言，火山岩储层不同岩性可动流体 T_2 截止值数值大小与以往火山岩岩心可动流体 T_2 截止值采用 90ms 为界限相比要小。因而，采用 3.3.3 节研究的不同岩性可动流体 T_2 截止值，增加了可动流体孔隙体积，相应地增加了火山岩岩样气体的可采孔隙体积。

3.5　本 章 小 结

通过上面的研究，可以得到以下结论：

(1)通过对 12 块岩心进行离心实验，得到不同离心力下含水饱和度的变化规律。当离心力达到 2.76MPa 时，再增加离心力，含水饱和度变化不大。并测试不同离心力下的核磁共振 T_2 弛豫时间谱，可看出当离心力达到 2.76MPa 时，再增加离心力，T_2 弛豫时间谱变化幅度不大。通过上述两种实验方法，确定出流体不可动用下限对应的离心力为 2.76MPa，再根据毛管力原理，计算出可动用喉道半径下限为 0.05μm。

(2)通过离心实验和核磁共振实验，不同岩性可动流体 T_2 截止值差异大，改变了以往火山岩岩心可动流体 T_2 截止值为同一值(90ms)的传统认识。

(3)49 块火山岩储层不同岩性可动流体 T_2 截止值与 45 块砂岩可动流体 T_2 截止值的变化规律是不同的。总体而言，火山岩岩样的可动流体 T_2 截止值随渗透率变大而减小，并与裂缝发育程度相关。

(4)对 49 块不同岩性的岩心进行了离心实验和核磁共振实验，得到不同岩性可动流体 T_2 截止值由大到小依次为：流纹岩、熔结凝灰岩、晶屑凝灰岩、角砾熔岩、火山角砾岩。

(5)总体而言，火山岩储层不同岩性可动流体 T_2 截止值与以往火山岩岩心可动流体 T_2 截止值采用 90ms 为界限相比要小，增加了可动流体孔隙体积，相应地增加了火山岩岩心气体的孔隙体积。

第4章　火山岩气藏 CT 扫描成像研究

火山岩气藏储层孔隙结构复杂，发育裂缝和孔洞，与常规低渗透砂岩气藏不同。为了深入研究这类气藏的储层孔洞缝的发育特征、非均质程度等，X-CT 无损扫描技术能直观地对岩石孔隙结构进行定性到定量分析。

4.1　X-CT 岩石图像简介

X-CT 图像灰度（亮度）反映岩石密度，图像越亮表示岩石越致密，图像越暗表示岩石越疏松。由于岩石内裂缝、气孔等的密度与裂缝、气孔外的岩石通常有较大差别，因此利用 X-CT 图像能够直观可视化地对岩石内部裂缝、微裂缝、气孔溶洞等的发育特征进行可视化分析。CT 图像是数字化图像，利用 CT 图像处理软件，能够对图像作定量化分析，定量给出面孔率、图像灰度平均值以及均质系数、分选系数等分析统计结果。二维 CT 图像给出的是岩心一个截面上的平面信息，三维 CT 图像能够给出岩心内的立体空间信息。利用三维 CT 图像，除了能够获得二维 CT 图像的所有信息外，还能够对裂缝、气孔等作出更细致的分析，如裂缝走向、气孔连通性以及裂缝或气孔的孔隙度等。

4.2　实验工作量及实验方法

以大庆徐深火山岩气藏为研究对象，从现场选取岩石样品进行 CT 扫描实验。二维 CT 岩石成像共分析了 170 个岩心，包括 157 个储层全直径岩心和 13 个 $\varphi 3.8 cm$ 规格露头岩心，每块岩心分析 3 个截面，共获取 510 幅二维 CT 岩石图像，170 个岩心的取心资料见表 4.1。三维 CT 岩石成像共分析了 11 个储层全直径岩心，11 个岩心的取心资料见表 4.2。二维 CT 和三维 CT 实验均使用的是美国 BIR 公司生产的 ACTIS420/600 型工业高分辨率 X-CT 成像仪，图像分辨率为 512×512，扫描截面厚度为 0.25mm。157 个储层全直径岩心所用视野为 120mm，因此每个成像体元的大小约为 0.23mm×0.23mm×0.25mm；而 13 个 $\varphi 3.8 cm$ 规格露头岩心所用视野为 50mm，因此每个成像体元的大小约为 0.098mm×0.098mm×0.25mm。实验过程按照 ACTIS420/600 型工业 CT 操作手册"ACTIS420/600 CT Scanner Operation Manual"和《X 射线工业 CT 系统校准、检测方法》中要求的方法来进行。

表 4.1　二维 CT 岩石成像 170 个岩心的分析结果统计表

序号	井号	样品编号	气孔溶洞描述	裂缝描述	微裂缝描述	高密度条带描述	面孔率/%	图像灰度平均值	分选系数	均质系数
1	徐深 13	15	较少	不明显	不明显	未见	1.17	158	0.117	0.613
2		1	不明显	未见	未见	未见	0.10	141	0.121	0.551
3		3	很少	未见	未见	少量	0.07	143	0.113	0.558
4	徐深 14	4	很少	未见	未见	未见	0.11	143	0.110	0.556
5		5	很少	未见	未见	不明显	0.11	137	0.109	0.533
6		6	较多	未见	不明显	未见	2.57	144	0.127	0.559
7		补 1	较多	未见	未见	未见	4.08	138	0.137	0.536
8	徐深 15	4	未见	未见	未见	未见	0.01	151	0.106	0.589
9		7	未见	未见	未见	未见	0.02	141	0.110	0.549
10	达深 3	10-1	较多	少量	少量	未见	4.81	163	0.163	0.632
11		7-2	较多	少量	少量	未见	1.73	172	0.135	0.667
12		6	未见	未见	未见	未见	0.01	162	0.110	0.632
13	徐深 21	18	很少	未见	较多	不明显	0.57	142	0.114	0.555
14		20	很少	未见	较多	不明显	0.45	155	0.105	0.603
15		21	很少	不明显	少量	少量	0.50	143	0.119	0.558
16		217	不明显	未见	未见	未见	0.03	145	0.145	0.563
17		220	不明显	未见	未见	未见	0.02	149	0.144	0.578
18	徐深 1-2	224	不明显	未见	未见	未见	0.05	145	0.143	0.564
19		230	未见	未见	未见	未见	0.02	157	0.147	0.607
20		252	未见	未见	未见	不明显	0.02	151	0.148	0.587
21		256	个数很少，但较大	未见	未见	不明显	1.65	156	0.183	0.602
22		263	个数很少，但很大	未见	不明显	未见	3.04	158	0.200	0.608
23		267	很少	未见	不明显	未见	0.14	158	0.157	0.614
24		270	未见	未见	未见	未见	0.03	157	0.158	0.610
25		282	很少	未见	未见	未见	0.22	141	0.155	0.545
26	徐深 1-2	307	未见	未见	未见	不明显	0.03	147	0.153	0.570
27		310	不明显	未见	未见	不明显	0.04	146	0.155	0.565
28		351	不明显	未见	未见	不明显	0.02	139	0.149	0.541
29		356	很少	未见	不明显	未见	0.14	147	0.147	0.572
30		361	未见	未见	未见	不明显	0.03	148	0.136	0.577
31		379	未见	未见	未见	不明显	0.03	155	0.131	0.603

序号	井号	样品编号	气孔溶洞描述	裂缝描述	微裂缝描述	高密度条带描述	面孔率/%	图像灰度平均值	分选系数	均质系数
32		82	未见	未见	未见	未见	0.04	149	0.165	0.578
33	徐深1-4	102	未见	未见	未见	未见	0.03	150	0.165	0.579
34		111	未见	未见	未见	未见	0.03	146	0.161	0.566
35		26	较多	未见	未见	未见	1.40	142	0.160	0.549
36		30	很少	未见	未见	不明显	0.07	144	0.143	0.558
37	徐深1-203	33	很少	未见	不明显	未见	0.07	144	0.143	0.559
38		35	很少	未见	未见	不明显	0.13	150	0.148	0.581
39		43	未见	未见	未见	较多	0.02	147	0.151	0.569
40	徐深8-1	16	很少	未见	未见	较多	0.03	148	0.164	0.572
41	徐深8-1	17	很少	未见	未见	较多	0.11	144	0.161	0.556
42		26	很少	未见	不明显	较多	0.37	141	0.163	0.545
43	达深4	9	很少	未见	不明显	未见	0.18	158	0.161	0.611
44		补2	未见	未见	未见	未见	0.01	170	0.144	0.661
45		补3	未见	未见	未见	未见	0.01	168	0.138	0.653
46	徐深13	补6	不明显	未见	不明显	未见	0.04	154	0.145	0.598
47		补7	不明显	未见	不明显	未见	0.04	154	0.144	0.598
48		补8	不明显	未见	不明显	未见	0.05	166	0.147	0.644
49	徐深23	1	未见	未见	未见	未见	0.02	141	0.156	0.547
50		9	未见	未见	不明显	未见	0.03	152	0.161	0.590
51	徐深903	9	较多	未见	较多	不明显	3.09	130	0.197	0.498
52		10	较多	未见	不明显	不明显	2.22	133	0.173	0.514
53		5	较少	未见	不明显	未见	0.56	151	0.171	0.585
54		33	很少	未见	未见	未见	0.12	144	0.149	0.557
55	徐深1-304	46	未见	未见	未见	未见	0.02	163	0.139	0.633
56		61	不明显	未见	未见	较多	0.04	134	0.154	0.520
57		65	不明显	未见	未见	未见	0.03	138	0.152	0.536
58		72	不明显	未见	未见	少量	0.06	139	0.146	0.538
59	徐深6-105	27	未见	未见	未见	未见	0.09	146	0.154	0.567
60		34	较少	未见	未见	未见	0.44	141	0.153	0.545
61	徐深6-105	45	不明显	未见	未见	未见	0.04	143	0.157	0.553
62		53	很少	未见	未见	未见	0.34	134	0.163	0.520

序号	井号	样品编号	气孔溶洞描述	裂缝描述	微裂缝描述	高密度条带描述	面孔率/%	图像灰度平均值	分选系数	均质系数
63		48	很少	未见	未见	未见	0.56	130	0.155	0.503
64	徐深1-101	67	很少	不明显	不明显	未见	0.17	140	0.162	0.541
65		73	较多	未见	不明显	未见	1.47	142	0.147	0.551
66		90	未见	未见	未见	未见	0.02	149	0.147	0.578
67	徐深11	32	很少	未见	未见	未见	0.06	151	0.128	0.587
68	徐深10	8	很少	未见	未见	未见	0.05	113	0.181	0.437
69		20	未见	未见	未见	未见	0.01	153	0.172	0.591
70	徐深14	11	未见	未见	未见	少量	0.03	147	0.144	0.571
71		6	未见	未见	未见	未见	0.05	149	0.155	0.578
72	徐深301	33	不明显	未见	未见	较多	0.12	135	0.165	0.521
73		49	不明显	未见	未见	少量	0.09	133	0.162	0.514
74		53	不明显	未见	未见	不明显	0.12	130	0.168	0.501
75	徐深901	16	较多	不明显	不明显	不明显	2.42	139	0.170	0.536
76		19	不明显	未见	未见	不明显	0.16	137	0.154	0.532
77		4	不明显	未见	未见	未见	0.46	124	0.158	0.480
78	徐深902	17	很少	未见	少量	不明显	0.54	141	0.159	0.545
79		37	不明显	未见	未见	少量	0.16	139	0.156	0.540
80	徐深21	31	未见	未见	未见	未见	0.02	159	0.148	0.618
81		16	很少	未见	未见	未见	0.21	150	0.161	0.580
82		18	未见	未见	未见	未见	0.02	144	0.149	0.560
83		57	未见	未见	未见	未见	0.03	150	0.156	0.580
84		80	未见	未见	未见	未见	0.02	152	0.157	0.588
85	徐深1-2	120	未见	未见	未见	不明显	0.03	148	0.156	0.573
86		135	未见	未见	未见	未见	0.03	161	0.154	0.622
87		175	未见	未见	未见	未见	0.02	165	0.155	0.639
88		179	未见	未见	未见	未见	0.01	155	0.158	0.599
89		190	不明显	不明显	不明显	未见	0.37	152	0.159	0.589
90		192	未见	未见	未见	未见	0.02	150	0.156	0.581
91		7	未见	未见	未见	不明显	0.06	127	0.177	0.491
92	徐深6-3	82	很少	未见	未见	未见	0.21	120	0.160	0.466
93		88	较少	未见	未见	未见	0.72	120	0.170	0.464
94		96	很少	未见	未见	未见	0.05	127	0.161	0.491

续表

序号	井号	样品编号	气孔溶洞描述	裂缝描述	微裂缝描述	高密度条带描述	面孔率/%	图像灰度平均值	分选系数	均质系数
95	徐深6-102	26	不明显	未见	未见	未见	0.04	128	0.150	0.498
96		30	很少	未见	未见	未见	0.03	135	0.148	0.523
97	徐深6-108	26	很少	未见	未见	未见	0.07	125	0.159	0.485
98		30	较少	不明显	不明显	不明显	1.51	130	0.173	0.503
99		55	较多	不明显	不明显	不明显	2.54	122	0.171	0.473
100	徐深9-2	60	很少	未见	未见	未见	0.17	135	0.153	0.525
101		77	未见	未见	未见	较多	0.03	130	0.153	0.505
102	徐深9-3	35	较少	少量	少量	较多	0.76	122	0.179	0.471
103		43	很少	未见	未见	少量	0.09	127	0.156	0.491
104		49	较多	未见	不明显	少量	2.46	115	0.198	0.442
105	徐深9-4	4	不明显	未见	不明显	不明显	0.18	124	0.176	0.479
106		14	不明显	未见	未见	未见	0.08	131	0.177	0.505
107		34	较少	未见	未见	不明显	0.27	128	0.185	0.493
108		36	较少	未见	未见	很少	0.39	119	0.185	0.460
109		46	很少	未见	未见	少量	0.05	126	0.183	0.486
110	徐深9-1	19	未见	未见	未见	未见	0.02	155	0.149	0.603
111		21	未见	未见	未见	未见	0.01	144	0.155	0.557
112		25	很少	未见	未见	很少	0.03	121	0.163	0.469
113		34	未见	未见	未见	未见	0.03	152	0.155	0.589
114		87	未见	未见	未见	未见	0.02	142	0.156	0.549
115		207	很少	不明显	不明显	不明显	0.08	131	0.147	0.507
116		254	未见	未见	未见	未见	0.03	150	0.153	0.580
117		259	未见	未见	未见	未见	0.03	133	0.151	0.516
118		264	不明显	未见	未见	未见	0.40	137	0.150	0.533
119		275	未见	未见	未见	很少	0.01	129	0.158	0.500
120		289	未见	未见	未见	不明显	0.04	116	0.160	0.450
121	徐深9-1	300	很少	未见	未见	不明显	0.05	137	0.151	0.533
122		308	很少	未见	未见	不明显	0.04	116	0.149	0.451
123		315	很少	未见	未见	未见	0.22	113	0.146	0.439
124		323	未见	未见	未见	未见	0.02	127	0.140	0.495
125		331	很少	未见	未见	未见	0.03	116	0.146	0.451
126		335	未见	未见	未见	未见	0.02	113	0.154	0.438
127		338	未见	未见	未见	未见	0.01	112	0.154	0.432
128		342	未见	未见	未见	不明显	0.02	111	0.140	0.432

续表

序号	井号	样品编号	气孔溶洞描述	裂缝描述	微裂缝描述	高密度条带描述	面孔率/%	图像灰度平均值	分选系数	均质系数
129		390	未见	未见	未见	未见	0.01	136	0.148	0.528
130		428	未见	未见	未见	未见	0.02	138	0.148	0.536
131		466	未见	不明显	不明显	未见	0.02	117	0.153	0.454
132		489	未见	未见	未见	未见	0.02	141	0.155	0.547
133		507	未见	未见	未见	未见	0.02	130	0.146	0.504
134		547	未见	未见	未见	未见	0.02	145	0.147	0.561
135		579	未见	未见	未见	未见	0.02	115	0.150	0.445
136	达深 3	7-3	很多	未见	未见	未见	6.82	164	0.226	0.627
137		10-3	较多	未见	未见	未见	4.57	164	0.204	0.629
138	徐深 21	25	未见	少量	少量	不明显	0.76	189	0.149	0.732
139	徐深 23	12	较多	未见	未见	未见	3.76	183	0.175	0.706
140	徐深 21-1	3	未见	未见	不明显	未见	0.02	187	0.133	0.726
141		12	未见	未见	不明显	未见	0.02	191	0.135	0.740
142		21	不明显	未见	未见	不明显	0.04	190	0.139	0.739
143		27	未见	未见	未见	未见	0.01	184	0.129	0.715
144		36	不明显	未见	未见	未见	0.05	178	0.125	0.694
145		44	未见	未见	未见	较多	0.01	199	0.148	0.773
146		55	不明显	未见	未见	较多	0.15	192	0.149	0.744
147		62	不明显	未见	未见	未见	0.56	175	0.130	0.679
148		72	未见	未见	未见	少量	0.02	176	0.137	0.684
149	徐深 21-1	78	不明显	未见	未见	未见	0.17	177	0.136	0.689
150		86	不明显	未见	未见	未见	0.61	173	0.133	0.672
151		90	不明显	未见	未见	少量	0.14	182	0.141	0.708
152		95	很少	未见	不明显	未见	0.03	185	0.134	0.717
153		105	未见	未见	未见	不明显	0.01	191	0.138	0.743
154		112	未见	未见	未见	未见	0.02	190	0.137	0.738
155		122	未见	未见	不明显	未见	0.07	180	0.143	0.697
156		补 3	未见	未见	未见	未见	0.02	188	0.130	0.730
157		133	不明显	未见	未见	未见	1.58	176	0.139	0.683

续表

序号	井号	样品编号	气孔溶洞描述	裂缝描述	微裂缝描述	高密度条带描述	面孔率/%	图像灰度平均值	分选系数	均质系数
158		PLT-YS-1	不明显	未见	未见	未见	0.06	171	0.076	0.668
159		PLT-YS-2	未见	不明显	不明显	未见	0.00	180	0.062	0.706
160		PLT-YS-3	较多	未见	未见	较多	1.49	185	0.135	0.720
161	九台市六台地区	PLT-YS-4	很少	未见	不明显	未见	0.32	195	0.086	0.763
162		PLT-YS-5	不明显	未见	未见	未见	0.17	185	0.073	0.724
163		PLT-YS-6	未见	不明显	不明显	未见	0.03	186	0.068	0.727
164		PLT-YS-7	很多	未见	未见	未见	6.82	171	0.170	0.662
165		PJT-YS-1	很多	未见	未见	未见	19.43	180	0.398	0.650
166		PJT-YS-2	未见	不明显	不明显	少量	0.04	192	0.083	0.749
167	九台市营城煤矿地区	PJT-YS-3	未见	未见	不明显	未见	0.00	192	0.037	0.753
168		PJT-YS-4	不明显	未见	未见	未见	0.15	162	0.094	0.631
169		PJT-YS-5	较多	未见	未见	未见	1.70	200	0.125	0.780
170		PJT-YS-6	很少	未见	未见	较多	0.25	196	0.143	0.760

注：气孔溶洞、裂缝、微裂缝、高密度条带定性描述是岩心三个截面的综合描述结果；面孔率、图像灰度平均值、分选系数、均质系数是岩心三个截面的平均值；面孔率是 CT 图像上明显气孔溶洞或明显裂缝、微裂缝的面积占图像总面积的百分比。

表 4.2　三维 CT 岩石成像 11 个全直径岩心的分析结果统计表

序号	井号	样品编号	气孔溶洞描述	裂缝描述	微裂缝描述	高密度条带描述	气孔溶洞或裂缝微裂缝孔隙度/%	图像灰度平均值	分选系数	均质系数
1	徐深 14	补 1	较多，但连通性较差	未见	未见	未见	2.84	139	0.176	0.537
2	达深 3	10-1	较多	少量	少量	未见	3.01	127	0.199	0.487
3	徐深 21	21	很少	不明显	少量	少量	0.37	95	0.184	0.365
4	徐深 1-2	263	个数很少，但尺寸很大	未见	未见	未见	1.36	92	0.26	0.35
5	徐深 1-203	26	较多，但连通性较差	未见	未见	未见	1.09	85	0.263	0.323
6	徐深 903	9	较多	不明显	较多	不明显	1.37	133	0.228	0.51
7	徐深 9-2	77	未见	未见	未见	较多	0.02	89	0.186	0.343
8	徐深 9-3	35	较少	少量	少量	较多	0.58	100	0.242	0.381
9	徐深 21	25	未见	少量	少量	未见	0.51	139	0.193	0.536
10	升深更 2	123	个数很多，但尺寸小	未见	未见	未见	1.06	80	0.286	0.302
11	升深更 2	131	较多	不明显	少量	未见	1.24	85	0.281	0.322

注1：11 个岩心的三维 CT 检测参数为视野 120mm，分辨率 512×512，截面厚度 0.25mm，间隔 0.25mm，三维成像段岩心长度 64mm。

注2：表中有 9 个岩心（1～9 号）也做了二维 CT 实验。

4.3　实验结果及分析

　　170 个岩心的二维 X-CT 岩石图像、图像灰度频率分布图及图像特征图像分析结果统计见表 4.1，表中的气孔溶洞、裂缝、微裂缝、高密度条带定性描述是岩心三个截面的综合描述结果，面孔率、图像灰度平均值、分选系数、均质系数是岩心三个截面的平均值。11 个岩心的图像分析结果统计见表 4.2。

4.3.1　气孔溶洞、裂缝或微裂缝可视化分析

　　对于明显的气孔溶洞、裂缝或微裂缝而言，其密度要明显小于气孔溶洞、裂缝或微裂缝外的岩石，因此反映在二维或三维 CT 图像上，气孔溶洞、裂缝或微裂缝处的图像亮度明显较暗，如图 4.1～图 4.6 所示。利用二维或三维 CT 图像，就能够清楚地观测到气孔溶洞、裂缝或微裂缝，进而对气孔溶洞、裂缝或微裂缝的发育特征、发育程度等作出直观可视化的描述和分析。

　　157 块储层全直径岩心中，共在 16 块岩心内见到有较多的气孔溶洞发育，但气孔溶洞间的连通性普遍较差，另在 8 块岩心内见到少量的气孔溶洞，其余 133 块岩心内，明显的气孔溶洞很少或未见。157 块岩心气孔溶洞发育程度按岩性分类的统计结果见表 4.3，从表中可看出，流纹岩、凝灰岩及火山角砾岩等不同岩性的火山岩岩心内，均有部分岩心内的气孔溶洞较发育，但多数岩心内(本章所用的实验样品)气孔溶洞不发育。157 块岩心中，含 3 口长井段取心井岩心共 70 块，其中徐深 1-2 井 26 块、徐深 21-1 井 18 块、徐深 9-1 井 26 块，这 70 块岩心中，仅在徐深 1-2 井的两个岩心(256 号和 263 号，序号分别为 21 号和 22 号)内见到有个数虽很少但尺寸较大的气孔溶洞，其余 68 块岩心内的气孔溶洞均很少或未见气孔溶洞，表明对应储层气孔溶洞不发育。

　　157 块储层全直径岩心中，共在 9 块岩心内见到有较明显的裂缝或微裂缝发育，另在 29 块岩心内见到不明显的裂缝或微裂缝，其余 119 块岩心内未见到裂缝或微裂缝。157 块岩心裂缝或微裂缝发育特征按岩性分类的统计结果见表 4.4，从表中可看出，流纹岩、凝灰岩及火山角砾岩等不同岩性的火山岩岩心内，均有部分岩心内可见到裂缝或微裂缝，但多数岩心内(本章所用的实验样品)未见到裂缝或微裂缝。在 3 口长井段取心井的 70 块岩心中，均未见到明显的裂缝或微裂缝，表明对应储层裂缝或微裂缝不发育。

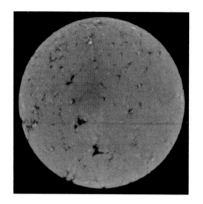

图 4.1　徐深 14 井补 1 号(序号
7)岩心的二维 CT 图像(可见较
多气孔溶洞)

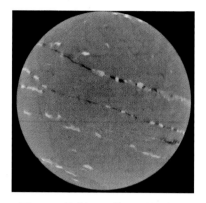

图 4.2　徐深 9-3 井 35 号(序号
102)岩心的二维 CT 图像(可见明
显裂缝)

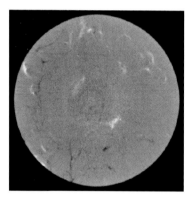

图 4.3　徐深 21 井 18 号(序号
13)岩心的二维 CT 图像(可见明
显微裂缝)

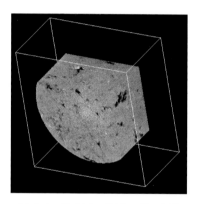

图 4.4　徐深 14 井补 1 号(序号
1)岩心的三维 CT 局部图像(可
见较多气孔溶洞)

图 4.5　徐深 9-3 井 35 号(序号
8)岩心的三维 CT 图像(可见明
显裂缝及其走向)

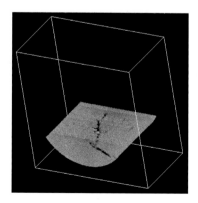

图 4.6　徐深 21 井 25 号(序号
9)岩心的三维 CT 图像(可见明
显裂缝及其走向)

表 4.3　储层 157 块全直径岩心气孔溶洞发育程度按岩性分类统计结果

序号	岩性	岩心总数/个	气孔溶洞不同发育程度岩心个数/个		
			较多	少量	很少或无
1	流纹岩	50	7	4	39
2	凝灰岩	36	4	1	31
3	火山角砾岩	39	5	2	32
4	砂岩	6	0	0	6
5	砾岩	22	0	1	21
6	其他	4	0	0	4

表 4.4　储层 157 块全直径岩心裂缝或微裂缝发育特征按岩性分类统计结果

序号	岩性	岩心总数/个	裂缝或微裂缝不同发育特征岩心个数/个		
			明显	不明显	未见
1	流纹岩	50	3	10	37
2	凝灰岩	36	4	4	28
3	火山角砾岩	39	2	5	32
4	砂岩	6	0	3	3
5	砾岩	22	0	6	16
6	其他	4	0	1	3

4.3.2　CT 图像定量分析

利用 CT 图像处理软件，能够获得 CT 图像的灰度频率分布（图 4.7、图 4.8）。从图像灰度频率分布中，可计算得到图像灰度平均值、均质系数、分选系数以及面孔率（针对二维 CT 岩石图像）、气孔溶洞或裂缝微裂缝孔隙度（针对三维 CT 岩石图像）等分析统计结果，进而对岩石细观非均质性以及气孔溶洞或裂缝微裂缝发育程度等作出定量分析。

1. 岩石细观非均质性定量分析

X-CT 图像亮度反映岩石密度，图像灰度频率分布反映岩石密度频率分布，CT 图像分辨率通常为几十至几百微米（对于 φ10cm 规格全直径岩心而言，图像分辨率在 200μm 左右），因此利用 CT 图像，能对岩心内的岩石密度细观非均质性特征作出定量分析。图 4.7 所示岩心的非均质性较强，局部岩石较疏松，图像灰度平均值较小，均质系数小，分选系数较大；图 4.8 所示岩心的均质性较好，岩石较致密，图像灰度平均值较大，均质系数较大，分选系数较小。

图像灰度平均值、均质系数、分选系数的计算方法如下：

图像灰度平均值：$\overline{G_c} = \sqrt{(\sum\limits_{i=1}^{n} g_i^2 \alpha_i)}$ ；

均质系数：$a = (\sum g_i \alpha_i)/g_{max}$ ；

分选系数：$CCG = \delta/\overline{G_c}$，其中 $\delta = \sqrt{\sum (g_i - \overline{G_c})^2 \alpha_i}$ 。

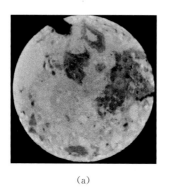
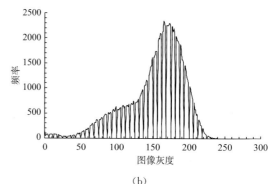

| (a) | (b) |

图 4.7 达深 3 井 10-3 号(序号 137)岩心的 2 号截面二维 CT 图像及其灰度频率分布图
(图像灰度平均值 158，分选系数 0.261，均质系数 0.597)

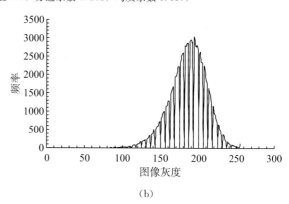

| (a) | (b) |

图 4.8 徐深 21-1 井 95 号(序号 152)岩心 3 号截面的二维 CT 图像及其灰度频率分布图
(图像灰度平均值 188，分选系数 0.127，均质系数 0.730)

2. 面孔率定量分析

对二维 CT 图像作定量分析，可定量计算出面孔率。由于 CT 图像分辨率通常为几十至几百微米(对于 $\varphi 10cm$ 规格全直径岩心而言，图像分辨率在 $200\mu m$ 左右)，因此利用 CT 图像计算出的面孔率实际上反映的是尺寸较大的气孔溶洞或裂缝微裂缝，即 CT 图像上气孔溶洞或裂缝微裂缝的面积占图像总面积的百分比。实际分析过程中，面孔率大小利用图像灰度频率分布图来计算求得，首先需要利用 CT 图像处理软件，确定出明显气孔溶洞或明显裂缝、微裂缝与之外岩石的灰度界限值，图像灰度频率分布图上，灰度值小于该界限值各点的幅度和占分布图所有点幅度和的百分比即为所求的面孔率值。

在本实验分析的 129 个储层火山岩全直径岩心中，面孔率大于 5% 的有 1 个岩心，面孔率为 1%～5% 的有 18 个岩心，0.1%～1% 的有 38 个岩心，小于 0.1% 的有 72 个岩心，多数岩心的面孔率小于 0.1%，表明对应储层气孔溶洞或裂缝微裂缝不发育。129 个岩心面孔率大小与岩心孔隙度的比较见表 4.5，从表中可看出，面孔率大小与岩心孔隙度之间有较好的一致对应关系，孔隙度较高，岩心的面孔率较大，孔隙度较低，岩心的面孔率较小。

表 4.5　火山岩储层 129 块全直径岩心面孔率与岩心孔隙度比较

面孔率/%		孔隙度/%		岩心个数
分布范围	平均值	分布范围	平均值	
>5	6.82	20.80	20.80	1
1～5	2.56	4.02～20.33	10.09	18
0.1～1	0.31	2.84～17.01	8.09	38
<0.1	0.04	2.27～12.77	6.55	72

3. 气孔溶洞或裂缝微裂缝孔隙度定量分析

与面孔率分析方法类似，对三维 CT 图像作定量分析，可定量计算出气孔溶洞或裂缝微裂缝的孔隙度值。三维 CT 图像分析得出的气孔溶洞或裂缝微裂缝孔隙度值是计算图像体积得到的，因此当气孔溶洞或裂缝微裂缝内填充物很少或没有填充物时，得出的气孔溶洞或裂缝微裂缝孔隙度值比较准确，能够比较准确地代表岩心内真实的气孔溶洞或裂缝微裂缝孔隙度；但当气孔溶洞或裂缝微裂缝内填充物较多时，得出的气孔溶洞或裂缝微裂缝孔隙度值就要比岩心真实值偏大，此时的气孔溶洞或裂缝微裂缝孔隙度值称作视孔隙度值，填充物越多，视孔隙度值与真实孔隙度值之间的偏差就越大。

4.4　本 章 小 结

本章可以得到以下结论：

(1) X-CT 扫描图片可以直观地显示储层孔洞缝的发育特征及连通性。

(2) 结合图像处理软件与 X-CT 扫描的图像不仅可以实现储层岩心的三维可视化，还可以定量分析火山岩气藏面孔率、分选系数、均质系数等参数，能够更清楚地认识及描述储层特征。

第5章 火山岩气藏非线性渗流机理研究

气体由于自身易被压缩、易流动，在火山岩储层中的流动容易受到压力和流速的影响。渗流的主要特征是存在滑脱效应和惯性效应，而呈现出异于一般气藏、油藏的渗流特征。

本章通过实验机理研究，从气体本身流动特性的角度研究火山岩储层结构下气体渗流的基本特征，在等温条件下，对火山岩岩心气体滑脱效应进行测试。通过实验分析发现火山岩岩样气体渗流特征，研究滑脱效应的影响因素，及其对气体表观渗透率的贡献。

5.1 火山岩气藏单相气体非线性渗流机理研究

5.1.1 火山岩岩心气体渗流曲线的一般特征

1. 实验前期准备

1）实验条件

实验温度为室温，围压为 20MPa，实验气体为 N_2，室温黏度为 0.0184mPa·s，气体入口端表压为 0～10MPa，出口端压力为大气压。每条 Klinkenberg 曲线测 20～30 个实验点。实验所用水的密度为 1g/L，黏度为 1.36mPa·s，矿化度为 14 077.3mg/L，测定温度为 20℃。

2）实验流程及步骤

实验流程如图 5.1 所示。

干岩心气体渗流实验步骤如下：

(1)按流程安装设备，并检查仪器工作状况。

(2)将岩心放入岩心夹持器中，用手摇泵为岩心夹持器提供一个稳定的环压。

(3)记录压力传感器和热式流量计的零点。

(4)打开气源。

(5)调节调压阀，用较低压力驱替岩心，保持一定的时间，直到压力和流量不再变化，记下流量和压力。当流量大于 0.3ml/min 时，用与电脑连接的热式流量计计量流量，当流量小于 0.3ml/min 时，用满刻度为 0.5ml 的造泡流量计进行精确计量。

（6）增大岩心进口压力，重复步骤（5），共测 20 个点以上。

（7）关气源，卸环压，取出岩心。

（8）改变岩心和实验条件，重复步骤（2）～（7）。

（9）计算出岩心在不同平均孔隙压力下的视渗透率，作出相应的 Klinkenberg 曲线，并得出结论。

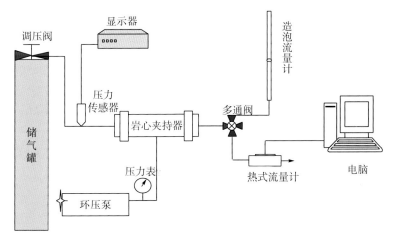

图 5.1　火山岩气体渗流实验流程示意图

2. 实验样品

本次实验所用样品均取自大庆油田徐深区块，共 32 块（24 块火山岩和 8 块砂砾岩），所有岩样孔隙度为 3.12%～17.14%，克氏渗透率为 0.001×10^{-3}～$0.870 \times 10^{-3} \mu m^2$。测试样品基础物性参数见表 5.1 和表 5.2。实验测试结果见图 5.2～图 5.10。

表 5.1　火山岩岩石物理性质测试报告

井号	样品编号	岩性分类	长度/cm	直径/cm	水测孔隙度/%	克氏渗透率/($10^{-3}\mu m^2$)
徐深 9-1	207A	流纹岩	3.008	2.538	10.20	0.0058
徐深 14	177A	流纹岩	2.957	2.538	7.57	0.0106
徐深 13	176A	流纹岩	3.044	2.538	8.48	0.0130
徐深 14	178A	流纹岩	2.916	2.536	10.64	0.0311
徐深 301	84-1	流纹岩	3.430	2.550	8.09	0.0254
徐深 14	180A	流纹岩	2.99	2.539	12.73	0.1809

井号	样品编号	岩性分类	长度/cm	直径/cm	水测孔隙度/%	克氏渗透率/($10^{-3}\mu m^2$)
徐深 1-2	187A	晶屑凝灰岩	3.037	2.536	4.41	0.0014
徐深 6-105	C256	晶屑凝灰岩	3.314	2.550	6.03	0.0053
徐深 9-3	203A	晶屑凝灰岩	2.944	2.54	9.77	0.0332
徐深 1-304	C252	晶屑凝灰岩	3.092	2.542	9.52	0.0658
徐深 1-101	C257	熔结凝灰岩	3.286	2.544	6.63	0.0018
徐深 1-203	195A	熔结凝灰岩	3.081	2.534	5.98	0.0090
徐深 6-102	201A	熔结凝灰岩	3.005	2.538	10.06	0.0245
徐深 21	184A	熔结凝灰岩	3.073	2.536	9.93	0.0376
徐深 21-1	C266	火山角砾岩	3.216	2.534	9.72	0.0118
徐深 1-2	185A	火山角砾岩	2.912	2.539	5.28	0.0302
达深 3	C261	火山角砾岩	3.058	2.532	17.04	0.0945
达深 3	182A	火山角砾岩	3.021	2.537	15.10	0.1038
徐深 1-2	186A	火山角砾岩	3.084	2.541	4.37	0.760
徐深 6-105	C255	角砾熔岩	3.312	2.542	6.87	0.0077
徐深 6-3	200A	角砾熔岩	2.999	2.538	7.66	0.0070
徐深 1-2	193A	角砾熔岩	3.013	2.536	9.54	0.0603
徐深 21-1	C267	角砾熔岩	3.292	2.542	10.01	0.0775
徐深 1-101	C258	角砾熔岩	2.962	2.540	12.78	0.4443

图 5.2　砂砾岩岩石物理性质测试报告

井号	样品编号	岩性分类	长度/cm	直径/cm	水测孔隙度/%	克氏渗透率/($10^{-3}\mu m^2$)
徐深 1-304	C251	砂砾岩	2.988	2.540	3.12	0.0114
徐深 23	C249	砂砾岩	3.082	2.538	4.57	0.0463
徐深 13	C246	砂砾岩	3.232	2.538	6.05	0.1227
徐深 21-1	C264	砂砾岩	3.034	2.538	3.36	0.0279
徐深 13	C248	砂砾岩	3.132	2.536	6.65	0.6102
徐深 13	C247	砂砾岩	3.102	2.536	7.29	0.6133
达深 4	C244	砂砾岩	2.944	2.538	17.14	0.8704
徐深 1-2	186A	砂砾岩	3.084	2.541	7.29	0.0560

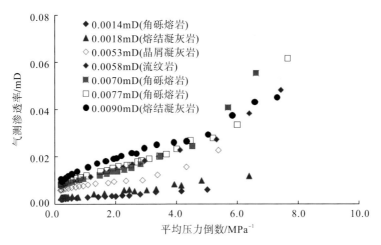

图 5.2　渗透率为 $0.001 \times 10^{-3} \sim 0.01 \times 10^{-3} \mu m^2$ 岩样气测渗透率与平均压力倒数的关系

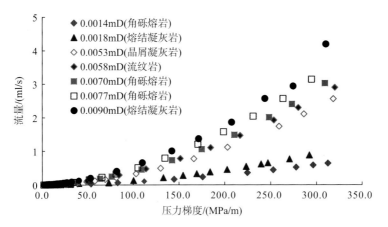

图 5.3　渗透率为 $0.001 \times 10^{-3} \sim 0.01 \times 10^{-3} \mu m^2$ 岩样的流变图

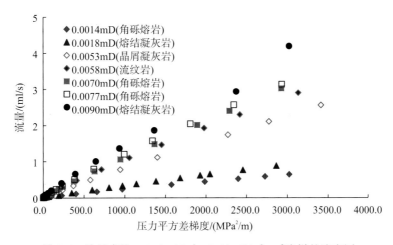

图 5.4　渗透率为 $0.001 \times 10^{-3} \sim 0.01 \times 10^{-3} \mu m^2$ 岩样的流变图

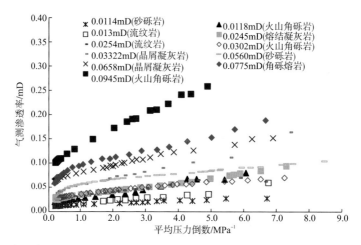

图 5.5　渗透率为 $0.01 \times 10^{-3} \sim 0.1 \times 10^{-3} \mu m^2$ 岩样气测渗透率与平均压力倒数的关系

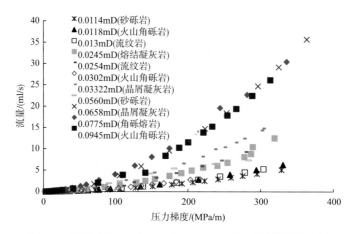

图 5.6　渗透率为 $0.01 \times 10^{-3} \sim 0.1 \times 10^{-3} \mu m^2$ 岩样的流变图

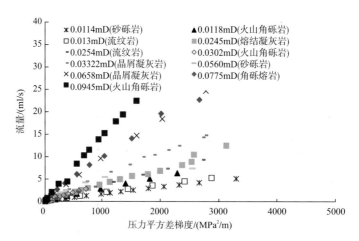

图 5.7　渗透率为 $0.01 \times 10^{-3} \sim 0.1 \times 10^{-3} \mu m^2$ 岩样的流变图

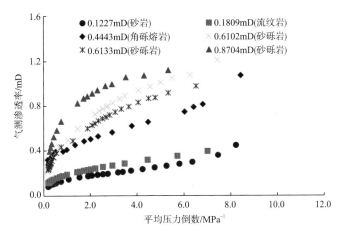

图 5.8　渗透率为 $0.1 \times 10^{-3} \sim 1.0 \times 10^{-3} \mu m^2$ 岩样气测渗透率与平均压力倒数的关系图

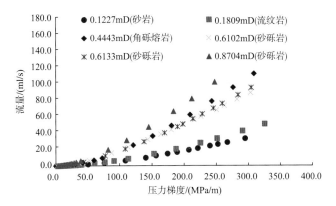

图 5.9　渗透率为 $0.1 \times 10^{-3} \sim 1.0 \times 10^{-3} \mu m^2$ 岩样的流变图

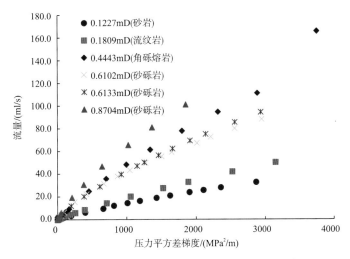

图 5.10　渗透率为 $0.1 \times 10^{-3} \sim 1.0 \times 10^{-3} \mu m^2$ 岩样的流变图

从上面的实验结果可以看出：①火山岩岩心气体渗流流量与压力梯度的关系曲线特征为凹形曲线至直线，这与低渗油藏和低渗气藏渗流曲线特征类似。对于每一岩心气体渗流曲线，当压力梯度增大时，气体渗流曲线弯曲程度减弱；渗透率越小，非线性渗流曲线越明显。②火山岩岩心气体渗流流量与压力平方差梯度的关系曲线特征为凸形曲线至直线，各岩心渗流曲线弯曲程度随压力平方差梯度增大而减弱。③$0.001 \times 10^{-3} \mu m^2 < K < 0.01 \times 10^{-3} \mu m^2$的火山岩岩心气测渗透率与平均压力倒数呈现非线性的关系，滑脱因子b也不是只与渗透率有关的常数，它随平均压力倒数的增大而增大。气体渗流在低压段存在强滑脱流，不遵从Klinkenberg方程；$0.01 \times 10^{-3} \mu m^2 \leqslant K < 0.1 \times 10^{-3} \mu m^2$的火山岩岩心，气体渗流在整个压力段基本符合Klinkenberg方程；$0.1 \times 10^{-3} \mu m^2 \leqslant K < 1.0 \times 10^{-3} \mu m^2$的火山岩岩心，气测渗透率与平均压力倒数呈非线性关系。当岩心进出口气体压差增大到一定程度时，气体渗透率迅速下降，渗透率损失幅度较大，出现惯性效应的流动特征。

5.1.2　火山岩岩心气体滑脱效应渗流机理研究

1. 滑脱效应的基本原理

气体在多孔介质中的渗流规律不同于液体，当孔隙压力较低时，气体在多孔隙介质中渗流的主要物理特征是气体渗流具有"滑脱效应"。滑脱效应是指当气体在固体表面流动时，由于气体分子与固体之间的作用力较弱，以至于气体分子不能被固体壁面束缚住，从而导致气体在固体表面上的流动速度不等于零。当气体在多孔介质中渗流时，孔道固壁附近的气体不能像液体那样被岩石束缚住，气体分子与多孔介质的孔道固壁产生滑脱现象，这样在固壁附近的各个气体分子都处于运动状态，气体在孔道固壁附近的流动速度不为零，如图5.11所示。而液体在多孔介质孔道壁面上的流速为零，如图5.12所示，这样对于相同的孔隙介质，滑脱流允许气体通过的能力要比液体强，在宏观上就表现为气测渗透率大于液测渗透率。

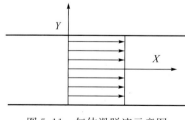

图5.11　气体滑脱流示意图

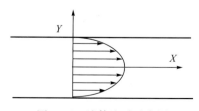

图5.12　液体流动示意图

　　多孔介质的孔隙压力越低，气体越稀薄，孔道固壁束缚气体的能力越弱，滑脱效应就越强，所以低孔隙压力下的气测渗透率比高孔隙压力下的气测渗透率大。随着孔隙压力的增加，气体被压缩得越来越厉害，气体分子与多孔介质的孔道固壁之间的作用力越来越大，气体的滑脱现象就越弱。理论上，当孔隙压力由较低压力逐渐增大到无穷大时，气体的性质就越来越接近于液体，气体的滑脱现象逐渐消失，气测渗透率就越来越接近于液测渗透率。人们将孔隙压力为无穷大时的气测渗透率称作绝对渗透率或固有渗透率。

　　滑脱效应是气体渗流过程中的一个普遍规律，也是气体渗流不同于液体渗流的一个特殊现象，因此要弄清气藏的渗流规律必然要研究气体的滑脱效应。所以，自从 1941 年 Klinkenberg 将滑脱效应引入到气藏开发中以后，很多国内外学者都对其进行了研究，并取得了丰硕的成果，然而这些研究的对象多为砂岩气藏，火山岩气藏的滑脱效应却鲜有研究。

2. 滑脱效应的数学理论基础

　　在等温、均质储层条件下，气体的稳态 Darcy 定律可写为下式：

$$Q = \frac{T_a}{\bar{z} P_a T_t} \frac{K_g A (P_e^2 - P_a^2)}{2\mu L} \tag{5.1}$$

式中，Q 为大气压下气体的体积流量，cm^3/s；T_a 为标准状况下的温度，为293K；P_a 为大气压，atm；P_e 为驱替压力，atm；$\bar{z}$ 为气体压缩因子；T_t 为地层温度，K；K_g 为气测渗透率，$10^{-3}\mu m^2$；A 为岩心样品的截面积，cm^2；μ 为地层温度及地层平均压力下的气体黏度，mPa·s；L 为岩心样品的长度，cm。

　　如果气体渗流为达西流，则对于同一块岩心在相同的环压和实验温度下，由实验数据根据上式所算出来的气测渗透率 K_g 应该是一个定值，然而事实并不是这样的。事实上，K_g 随着平均孔隙压力的降低而增加，这就是滑脱现象，这个现象在 1875 年由 Kundt 和 Warburg 第一次发现。

　　1941 年，Klinkenberg 利用 Warburg 的滑脱理论，设想了一种简单的多孔介质毛管模型，通过理论推导和实验，得到了气体渗透率 K_g 与绝对渗透率 K_∞ 的关系式：

$$K_g = K_\infty \left(1 + \frac{b}{\bar{p}}\right) \tag{5.2}$$

$$b = \frac{4c\bar{\lambda}}{R} \bar{p} \tag{5.3}$$

式中，$\bar{p}$ 为平均孔隙压力，即 $\bar{p}=$（岩心入口压力+岩心出口压力）/2；b 为克氏系数（又称滑脱因子），表征着滑脱效应的强弱；K_∞ 亦称克氏渗透率（同一岩心的气测渗透率和平均压力倒数的直线关系交纵坐标于一点，该点的渗透率被称为Klinkenberg 渗透率。）；c 为比例因子；R 为喉道半径；$\bar{\lambda}$ 表示气体分子的平均自

由程，其热力学表达式为

$$\bar{\lambda} = \frac{kT}{\sqrt{2}\,\pi d^2 p} \tag{5.4}$$

式中，k、T、d 和 p 分别表示玻尔兹曼气体常量、热力学温度、分子直径和压强。

把式(5.4)代入式(5.3)可知，在等温条件下滑脱因子 b 只是孔道半径(渗透率)的函数。方程(5.2)也被称为克氏方程，它表明气测渗透率与平均压力倒数呈简单的线性关系，因此当 Klinkenberg 将气测渗透率 K_g 画在以平均孔隙压力倒数为横坐标的图上时，结果得出一条斜率为 bK_∞ 的直线。这种把 K_g 画在以平均孔隙压力倒数为横坐标的图上所得的关系曲线就称为 Klinkenberg 曲线。

本书也利用 Klinkenberg 的方法，将 K_g 画在以平均孔隙压力倒数为横坐标的图上，则滑脱因子 b 就等于 Klinkenberg 直线的斜率除以 K_∞。

3. 不同因素对滑脱效应的影响

1)渗透率对滑脱效应的影响研究

对 32 块火山岩干岩心的渗流实验结果进行整理，计算出每块岩心的渗透率和滑脱因子，计算结果见图 5.13。并将不同渗透率下的滑脱因子进行拟合，得到渗透率与滑脱因子的关系式为

$$b = 0.091 K^{-0.32} \tag{5.5}$$

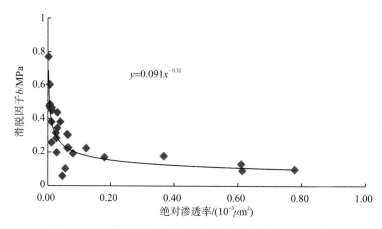

图 5.13　大庆徐深火山岩岩心渗透率与滑脱因子关系曲线

从图中可以看出：渗透率越低，滑脱效应越强。

2)不同岩性对滑脱效应的影响

通过对 52 块不同岩性岩心滑脱效应的研究，结果见表 5.3 和图 5.14。

从表 5.3 和图 5.14 中可以看出：火山岩的滑脱效应比砂岩($b=0.19$)强，且

不同岩性火山岩的滑脱效应强弱存在一定差异。其中流纹岩、晶屑凝灰岩的滑脱效应较强；其次是熔结凝灰岩、角砾熔岩；火山角砾岩的滑脱效应相对较弱。

表 5.3　不同岩性岩心的滑脱因子统计表

岩性	样品数	最大 b 值	最小 b 值	平均 b 值
流纹岩	12	3.00	0.17	0.93
晶屑凝灰岩	7	2.50	0.20	0.92
熔结凝灰岩	8	1.11	0.3	0.69
角砾熔岩	7	2.00	0.19	0.58
火山角砾岩	8	0.73	0.28	0.43
砂砾岩	10	0.50	0.05	0.19

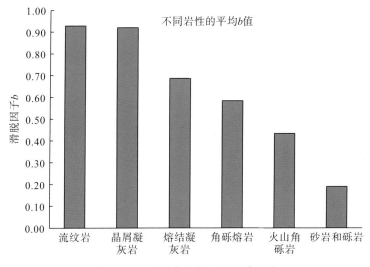

图 5.14　不同岩性岩心的滑脱因子

3) 含水饱和度对滑脱效应的影响

整理 5 块火山岩岩心共 25 组含水岩心滑脱效应数据，研究结果见图 5.15。从图中可以看出：对同一块岩心，滑脱因子随着含水饱和度的增加先增加后降低，变化规律可以用二次函数来表达。但当含水饱和度达到临界含水饱和度时，滑脱效应为零，体现的是液体渗流的现象，出现启动压力梯度。从理论上可以解释为：当含水饱和度较小时，较低的含水附着在孔喉的壁面，减小了气体渗流的喉道截面，使得滑脱效应越来越强；但随着含水饱和度的增加，液相作用越来越强，使得气体的滑脱效应越来越小；最后当含水饱和度达到临界含水饱和度时，完全体现液相的作用，滑脱效应为零。

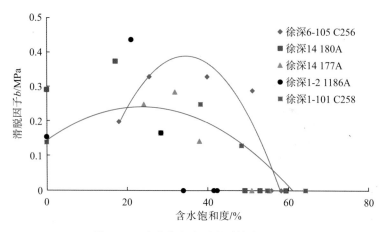

图 5.15 含水饱和度对滑脱效应的影响

4）裂缝发育程度对滑脱效果的影响

以两块流纹岩岩心为例来说明，一块岩样为徐深 14 井 177A，空气渗透率为 $0.0106 \times 10^{-3} \mu m^2$，裂缝不发育；另一块为徐深 14 井 180A，空气渗透率为 $0.1809 \times 10^{-3} \mu m^2$，裂缝发育，见图 5.16。实验结果见图 5.17。

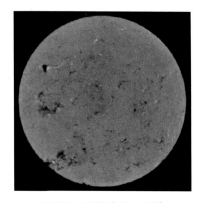

(a)177A（面孔率为 0.06%）   (b)180A（面孔率为 2.60%）

图 5.16 二维 CT 岩石成像图

从两块岩心气测渗透率与平均压力倒数的关系曲线中可以看出：裂缝发育的徐深 14 井 180A 岩样，在低压状况下，存在滑脱流；在高压下，存在紊流。计算的滑脱因子为 0.17。裂缝不发育的徐深 14 井 177A 岩样，在低压状况下，存在强滑脱流；在高压下，存在滑脱流。计算的滑脱因子为 0.38。

可以看出裂缝发育影响滑脱效应，裂缝越发育，滑脱因子越小。

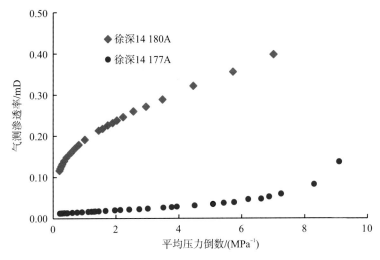

图 5.17　两块岩心气测渗透率与平均压力倒数的关系

4. 滑脱效应对气藏渗流贡献大小研究

为了确定克氏系数 b 对岩心气测渗透率的贡献，确定考虑滑脱效应的渗透率界限，定义 η 为渗透率贡献系数，表达式为

$$\eta = \frac{K_g - K}{K} \times 100\% \tag{5.6}$$

根据实验拟合的关系式，计算出了不同渗透率和孔隙压力下，滑脱效应对火山岩渗流的贡献，如表 5.4 所示。

表 5.4　滑脱效应对火山岩渗流的贡献

绝对渗透率/mD	孔隙压力/MPa															
	0.1	0.5	1.2	2.9	6.0	8.0	15.0	20.0	30.0	37.0	40.0	50.0	60.0	70.0	80.0	100.0
0.0001	38.86	7.77	3.24	1.34	0.65	0.49	0.26	0.19	0.13	0.11	0.10	0.08	0.06	0.06	0.05	0.04
0.001	16.66	3.33	1.39	0.57	0.28	0.21	0.11	0.08	0.06	0.05	0.03	0.03	0.03	0.02	0.02	0.02
0.01	7.14	1.43	0.60	0.25	0.12	0.09	0.05	0.04	0.02	0.02	0.02	0.01	0.01	0.01	0.01	0.01
0.1	3.06	0.61	0.26	0.11	0.05	0.04	0.02	0.02	0.01	0.01	0.01	0.00	0.00	0.00	0.00	0.00
1	1.31	0.26	0.11	0.05	0.02	0.02	0.01	0.01	0.00	0.00	0.00	0.00	0.00	0.00	0.00	0.00
10	0.56	0.11	0.05	0.02	0.01	0.01	0.00	0.00								
100	0.24	0.05	0.02	0.01												

从表中可以看出：对 0.01mD<K<0.1mD 的气藏，当孔隙压力从 40MPa 降到 20MPa 时，滑脱对渗流的贡献率为 2%～4%；降到 5MPa 时，贡献率为 5%～12%，因此滑脱效应较强。对 0.1mD<K<1mD 的气藏，当孔隙压力从 40MPa

降为15MPa时，滑脱对渗流的贡献率为1％～2％；降到5MPa，滑脱对渗流的贡献率为2％～5％，滑脱效应较弱。对 $K>1$mD 的气藏，当孔隙压力从 40MPa 降到 10MPa 时，滑脱对渗流的贡献率<1％；降到 5MPa 时，贡献率仅为 1％～2％，滑脱效应可忽略不计。当孔隙压力小于 5MPa，虽然滑脱对渗流贡献大，但已到废弃压力，气井处于停产状态，因而不用考虑滑脱效应。

5.2　含水火山岩气藏气体非线性渗流机理研究

火山岩气藏中存在束缚水，而且还存在边水或底水以及凝析水，均称为地层水。在我国火山岩气藏开采过程中，由于地层水以及外来水侵入，储层普遍含水饱和度较高，在微观上通过流体的多孔介质通道狭窄，造成火山岩含水气藏毛细管压力普遍很高，严重影响气体的相对渗透率，致使水锁。对于含水条件下的储层而言，气体渗流机理复杂。气体渗流受到气层赋存水的影响表现出不同于常规单相气体渗流的非线性渗流特征。本章利用物理模拟实验和核磁共振实验，研究和分析在束缚水饱和度下气体渗流规律和不同含水饱和度情况下气体渗流曲线的特征，为含水火山岩气藏气体非线性渗流理论提供实验基础。

5.2.1　启动压力梯度的产生机理及实验的意义

1. 启动压力梯度的产生机理

气藏的启动压力梯度不同于低渗油藏的启动压力梯度。低渗油藏的启动压力一般测量的是单相流体的启动压力，而气藏的启动压力实际上是气液两相(或三相)的毛管力，所以称气藏的启动压力为阈压更为贴切。

阈压的产生机理如图 5.18 所示。当用气驱替水时，气是非润湿相，气体会沿着喉道1和喉道2进入孔道，此时气体会因表面自由能最小原则而聚集，形成大气泡。然后孔道里的大气泡会在流动产生的剪切力的作用下被分割成小气泡，从喉道3和喉道4中流出。被分割下来的小气泡在通过喉道3和喉道4时，需要克服毛管力的作用。在一定的驱替压力下，这是一个动态平衡过程。但当驱替压力降低，低到以至于小气泡两端的压降不足以克服毛管力时，小气泡会停留在喉道里，阻塞其所在通道。这样整个岩心的渗透率就会降低。当所有的通道都被阻塞掉时，渗透率降低为零，启动压力梯度就产生了。

低渗油藏由于孔喉细小，岩石孔壁对液体的作用力较大，导致孔隙中流体的性质随着它离岩石固壁距离的变化而变化，边界层流体的密度和黏度大于体相流体的密度和黏度，因此要使流体流动就必须克服岩石固壁对流体的作用力，这样启动压力梯度就产生了。而对于气藏来说，由于岩石喉道壁面对气体的作用力很小，因此当气体在岩石中渗流时，孔道固壁附近的气体不能像液体那样被岩石"束缚"住，气体分子与多孔介质的孔道固壁不会产生单相启动压力，而是会产生滑脱现象。所以，完全不含水的气藏岩心没有启动压力梯度现象。

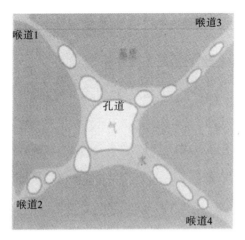

图 5.18　启动压力梯度产生机理

2. 火山岩启动压力实验的意义

气藏中普遍存在着地层水，并以各种形式赋存于地层中，包括束缚水、边底水、层间水、凝析水等，这些水会随着气藏的开发，在气藏中流动，使气藏产生气水两相流，甚至启动压力梯度，给气藏的生产带来巨大的困难和损失。所以水的治理一直是气藏开发中至关重要的任务。

火山岩气藏中都或多或少地存在同层水或边底水。随着火山岩气藏的开发，地层压力的降低，生产压差的增大，边底水会入侵，同层水会向井底附近运移并聚集，从而使火山岩气藏产生启动压力梯度，给气藏的产能带来巨大的伤害，甚至停产，降低气藏的采收率。所以，有必要研究火山岩气藏的启动压力梯度。

5.2.2　束缚水条件下全直径岩心真实启动压力梯度测定和分析

本节的实验原理和实验数据取自西南石油大学彭彩珍教授所做的"长井段取心全直径特殊分析"项目。

1. 测试原理和测试方法

首先对岩心饱和地层水，用气驱建立束缚水饱和度，然后进行真实启动压力梯度测定，每一压力点恒定 30min。本次真实启动压力梯度的测试方法，采用的是气泡法。它的原理是：当岩心中充满流体时，在驱替压差从低压向高压驱替进行时，某一压力就要克服其岩心中最大孔喉的阻力及流体间的界面张力等，此时驱替流体就要开始进入孔道，并开始占据孔道的体积，由于压力的传递，流体开始移动，使其插在水里的岩心出口端的细管开始产生气泡，我们认为该压力为最小启动压力梯度。此测试方法称为气泡法。

2. 实验仪器和实验条件

主要用的实验仪器是美国岩心公司出品的油水相对渗透率仪的全尺寸岩心夹持器系统和气液相对渗透率仪的压力控制系统，实验流程如图 5.19。实验条件为：实验温度为室温，使用气体为氮气。

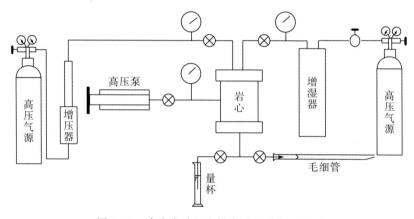

图 5.19　真实启动压力梯度测试系统流程图

3. 实验基本数据和测试结果

本次实验采用气泡法对 36 块不同渗透率的全直径岩样进行真实启动压力梯度测试，实验基本数据和测试结果见表 5.5 和表 5.6。

表 5.5　全直径岩心基本数据

井号	样品编号	岩性	岩心长度/cm	岩心直径/cm	孔隙度/%	渗透率/$(10^{-3}\mu m^2)$	备注
徐深 901	16	流纹岩	9.952	10.060	8.47	0.469	有裂缝
徐深 901	19	流纹岩	9.927	10.060	9.80	0.0177	
徐深 902	4	流纹岩	9.975	9.992	14.21	0.0397	有裂缝
徐深 902	17	流纹岩	10.022	10.060	5.00	0.0109	
徐深 902	37	流纹岩	9.983	10.060	4.10	0.0891	
徐深 301	33	流纹岩	9.982	10.471	5.55	0.0196	

续表

井号	样品编号	岩性	岩心长度/cm	岩心直径/cm	孔隙度/%	渗透率/$(10^{-3}\mu m^2)$	备注
徐深 301	49	流纹岩	9.947	10.471	6.32	0.0346	
徐深 301	53	流纹岩	9.463	10.471	8.77	0.128	
徐深 14	11	流纹岩	9.920	10.021	6.49	0.0304	
徐深 13	15	流纹岩	9.986	10.057	9.81	0.0182	
徐深 14	1	流纹岩	9.890	10.065	7.39	0.0191	
徐深 14	3	流纹岩	9.915	10.094	8.10	0.0157	
徐深 14	4	流纹岩	9.892	10.094	10.35	0.0387	
徐深 14	5	流纹岩	9.910	10.094	12.53	0.126	
徐深 14	6	流纹岩	9.900	10.094	14.58	3.15	有裂缝
徐深 14	补 1	流纹岩	9.899	10.094	15.06	1.89	有裂缝
达深 3	7-2	凝灰角砾岩	9.943	10.000	14.58	27.81	有裂缝
达深 3	10-1	凝灰角砾岩	9.950	10.000	18.39	1.84	有裂缝
徐深 1-2	220	凝灰角砾岩	9.963	10.024	6.08	0.0102	
徐深 1-2	230	凝灰角砾岩	10.023	10.074	2.57	0.0295	
徐深 1-2	263	晶屑角砾岩	9.896	10.074	3.43	0.0251	
徐深 1-2	282	火山角砾岩	10.035	10.074	5.59	0.0106	
徐深 1-2	307	熔结凝灰岩	9.943	10.100	3.52	0.0870	
徐深 1-2	356	流纹岩	9.863	10.057	4.35	0.485	
徐深 1-2	361	熔结角砾岩	9.977	10.062	9.29	0.117	
徐深 1-4	82	晶屑凝灰岩	10.018	10.440	4.63	0.0431	
徐深 1-4	102	晶屑凝灰岩	10.000	10.440	4.72	0.0357	
徐深 1-4	111	晶屑凝灰岩	10.028	10.440	5.27	0.0102	
徐深 1-203	26	熔结凝灰岩	10.071	10.100	6.51	3.48	
徐深 1-203	30	熔结凝灰岩	10.171	10.091	5.30	0.0106	
徐深 1-203	33	熔结凝灰岩	10.133	10.082	5.53	0.0924	
徐深 1-203	35	熔结凝灰岩	10.128	10.082	4.65	0.282	
徐深 1-203	43	流纹岩	10.095	10.037	7.02	0.0332	
徐深 8-1	16	流纹岩	10.234	10.460	4.08	0.0104	
徐深 8-1	17	流纹岩	10.257	10.436	8.03	0.133	
徐深 8-1	26	流纹岩	10.216	10.452	9.57	0.627	

表 5.6　全直径岩心在束缚水条件下气体的启动压力梯度表

井　号	样品编号	束缚水饱和度/%	启动压力梯度/(MPa/cm)	井号	样品编号	束缚水饱和度/%	启动压力梯度/(MPa/cm)
徐深 901	16	46.87	0.0016	徐深 1-2	220	51.26	0.0069
徐深 901	19	50.45	0.0053	徐深 1-2	230	48.37	0.0046
徐深 902	4	49.79	0.0041	徐深 1-2	263	48.99	0.005
徐深 902	17	50.54	0.0063	徐深 1-2	282	51.02	0.0069
徐深 902	37	49.27	0.0034	徐深 1-2	307	47.93	0.0032
徐深 301	33	49.90	0.0050	徐深 1-2	356	45.13	0.0017
徐深 301	49	48.46	0.0043	徐深 1-2	361	46.95	0.0028
徐深 301	53	46.58	0.0023	徐深 1-4	82	49.63	0.0043
徐深 14	11	47.81	0.0043	徐深 1-4	102	49.02	0.0045
徐深 13	15	49.07	0.0055	徐深 1-4	111	52.25	0.0072
徐深 14	1	48.91	0.0057	徐深 1-203	26	32.61	0.0007
徐深 14	3	47.24	0.0056	徐深 1-203	30	51.29	0.0071
徐深 14	4	47.96	0.0043	徐深 1-203	33	49.03	0.0031
徐深 14	5	45.30	0.0025	徐深 1-203	35	46.27	0.002
徐深 14	6	31.62	0.0008	徐深 1-203	43	47.92	0.0044
徐深 14	补1	33.98	0.0009	徐深 8-1	16	52.90	0.0071
达深 3	7-2	26.04	0.0003	徐深 8-1	17	46.91	0.0027
达深 3	10-1	32.42	0.0010	徐深 8-1	26	43.02	0.0015

4. 实验结果分析

1)真实启动压力梯度与渗透率关系

由 36 块全直径岩样实验研究结果表明，储层渗透率对真实启动压力梯度有明显的影响，如图 5.20。岩石空气渗透率越小，真实启动压力梯度越大。当空气渗透率小于 $0.2 \times 10^{-3} \mu m^2$ 时，真实启动压力梯度随空气渗透率的减小而急剧增大。对于火山岩全直径岩样，当岩石空气渗透率 $K < 0.2 \times 10^{-3} \mu m^2$ 时，真实启动压力梯度为 0.0024~0.0072MPa/cm，岩样所占的比例为 0.74，真实启动压力梯度比较大；当岩石空气渗透率 $K > 0.2 \times 10^{-3} \mu m^2$ 时，真实启动压力梯度为 0.0003~0.0022MPa/cm，岩样所占的比例为 0.26，真实启动压力梯度比较小。按本次实验中岩样渗透率的大小取值，当岩石空气渗透率 K 为 $0.2 \times 10^{-3} \mu m^2$ 时，合适 380m 井距，启动压力为 39.31MPa；当岩石空气渗透率 K 为 $1 \times 10^{-3} \mu m^2$ 的储层时，合适 650m 井距，启动压力为 39MPa。

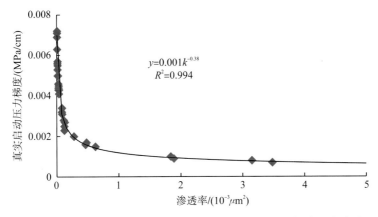

图 5.20　不同渗透率的全直径岩样真实启动压力梯度与渗透率关系

2）真实启动压力梯度与束缚水饱和度关系

束缚水饱和度与真实启动压力梯度的关系如图 5.21 所示。

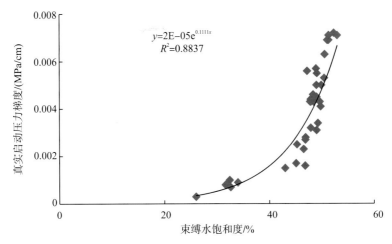

图 5.21　束缚水饱和度与真实启动压力梯度的关系

从图中可以看出：束缚水饱和度对真实启动压力梯度也有明显的影响，火山岩岩心的真实启动压力梯度随着束缚水饱和度的增大而增大。高束缚水饱和度的火山岩气藏气井保持连续稳定生产的流动压差相对更大，因此，启动压力梯度是低渗透气藏气井低产的一个原因。

3）不同岩性真实启动压力梯度的变化关系

分析五类不同岩性（流纹岩，21 块；晶屑凝灰岩，3 块；熔结凝灰岩，5 块；火山角砾岩，6 块；角砾熔岩：1 块）的真实启动压力梯度的变化关系，分析结果见表 5.7。

表5.7   不同岩性真实启动压力梯度的变化关系

岩性	渗透率/$(10^{-3}\,\mu m^2)$	束缚水饱和度/%	启动压力梯度/(MPa/cm)
火山角砾岩	4.95	43.02	0.0041
角砾熔岩	0.12	46.95	0.0028
晶屑凝灰岩	0.03	50.30	0.0053
流纹岩	0.35	46.65	0.0038
熔结凝灰岩	0.79	45.43	0.0032

从表中可以看出：在五类岩性中，火山角砾岩的真实启动压力梯度较高，其他四类相差不大。

4)不同孔隙类型真实启动压力梯度的变化关系

对比裂缝发育和裂缝不发育的岩心的真实启动压力梯度，结果见表5.8。

表5.8   不同孔隙类型真实启动压力梯度的变化关系

孔隙类型	渗透率/$(10^{-3}\,\mu m^2)$	束缚水饱和度/%	启动压力梯度/(MPa/cm)
裂缝发育岩心	7.03	34.19	0.0009
裂缝不发育岩心	0.05	48.93	0.0047

从表中可以看出：裂缝不发育岩心的真实启动压力梯度要比裂缝发育岩心的真实启动压力梯度高得多。这意味着裂缝不发育火山岩储层的开发难度要比裂缝发育火山岩储层的开发难度大。

5.2.3   含水火山岩气藏岩心的气体渗流特征

研究不同含水饱和度下火山岩岩心气体(氮气)流量与压力梯度的关系。借鉴Klinkenberg的思想研究气体渗透率与平均压力曲线(简称克氏曲线)和含水饱和度的关系，选用了10块不同渗透率类别的岩心进行实验，岩样饱和水采用模拟地层水，含水饱和度为10%~70%，实验流体为高纯氮气(纯度≥99.999%)。岩心来自大庆徐深火山岩气藏样品。岩心出口端压力为大气压。岩心长度约5cm、直径约2.5cm。

1. 实验流程

实验流程如图5.22所示。

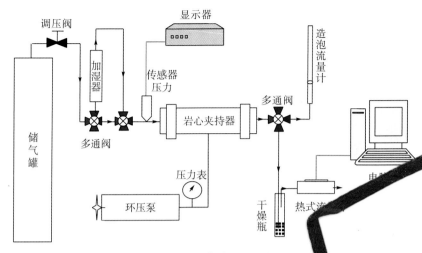

图 5.22　火山岩岩心气体渗流流态实验流程示意图

2. 实验步骤

(1)统计岩心的直径、长度、干重等信息。

(2)将岩心抽真空后，在环压为 5MPa 盛有地层水的中间容器中放置 24 小时，使岩心充分饱和地层水后称重，并记下岩心完全饱和水时的重量。

(3)按照流程安装设备，并检查仪器工作状况。

(4)将饱和了地层水的岩心放入岩心夹持器中，用手摇泵为岩心夹持器提供一个稳定的环压。

(5)记录压力传感器和热式流量计的零点。

(6)打开气源，调节调压阀，用较低压力驱替岩心，保持一定的时间，直到压力和流量不再变化，记下流量和压力。当流量大于 0.3ml/min 时用与电脑连接的热式流量计计量流量，当流量小于 0.3ml/min 时用满刻度为 0.5ml 的造泡流量计进行精确计量。

(7)减小岩心进口压力，重复步骤(6)。

(8)关气源，卸环压，取出岩心，并迅速地称出岩心的重量，记下岩心的湿重后用保鲜膜包好或再放回到岩心夹持器中，以防止岩心中水分的散失。

(9)重复(3)～(8)，测量不同含水饱和度或围压下的启动压力。

(10)整理实验数据，得出结论。

3. 实验样品

本次实验所用样品均取自大庆油田徐深区块，共 10 块(8 块火山岩和 2 块砂岩)，测试样品基础物性参数见表 5.9。

表 5.9　岩石物理性质测试报告

井号	样品编号	岩性分类	长度/cm	直径/cm	水测孔隙度/%	气测渗透率/(10⁻³μm²)
徐深 14	1	流纹岩	2.957	2.538	7.57	0.031
徐深 14	6	流纹岩	2.99	2.539	12.73	0.374
徐深 6-105	45	晶屑凝灰岩	3.314	2.550	6.03	0.012
徐深 1-304	46	晶屑凝灰岩	3.092	2.542	9.52	0.167
徐深 1-304	72	熔结凝灰岩	3.158	2.542	8.88	0.028
徐深 1-2	230	火山角砾岩	3.084	2.541	4.37	0.760
徐深 21-1	90	角砾熔岩	3.292	2.542	10.01	0.157
徐深 1-101	67	角砾熔岩	2.962	2.540	12.78	0.922
徐深 13	补 3	砂砾岩	3.232	2.538	6.05	0.279
徐深 13	补 6	砂砾岩	3.102	2.536	7.29	1.639

4. 含水火山岩岩心气体渗流曲线特征

大量实验表明，含水火山岩岩心气体渗流的基本曲线特征为凹形曲线至直线，如图 5.23～图 5.31 所示。

从图中可以看出：对于每一岩心气体渗流曲线，当压力梯度增大时，气体渗流曲线弯曲程度减弱；含水饱和度越高，曲线弯曲程度越大，气体渗流的非达西现象越明显。高含水饱和度的岩心样品渗流曲线曲率随压力梯度增大而下降较明显。

5. 含水火山岩岩心克氏曲线特征

大量文献研究表明：岩心在含水条件下气体渗透率受岩心中水的影响而减小。利用文献的成果研究克氏曲线与岩心含水饱和度的关系，如图 5.32～图 5.40。

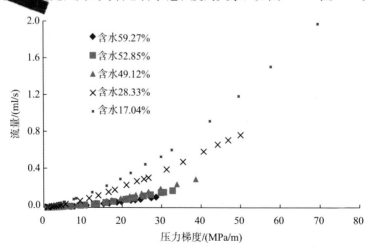

图 5.23　徐深 14 井 6# 流纹岩样品压力梯度与流量的关系图

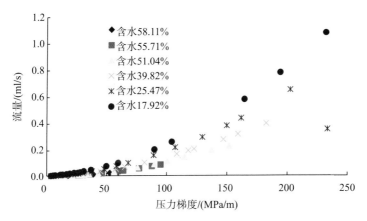

图 5.24 徐深 6-105 井 45♯晶屑凝灰岩样品压力梯度与流量的关系图

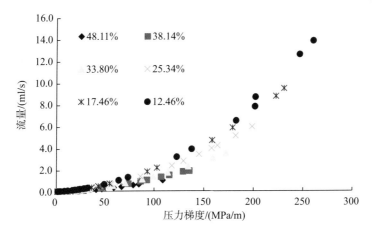

图 5.25 徐深 1-304 井 46♯晶屑凝灰岩样品压力梯度与流量的关系图

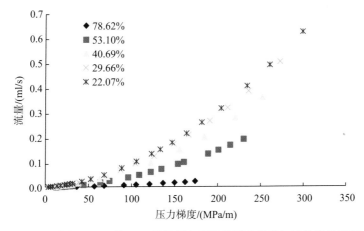

图 5.26 徐深 1-304 井 72♯晶屑凝灰岩样品压力梯度与流量的关系图

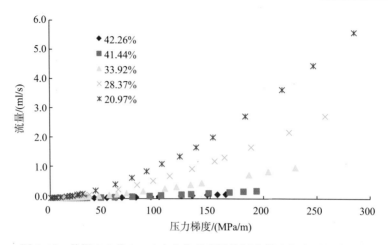

图 5.27　徐深 1-2 井 230♯火山角砾岩样品压力梯度与流量的关系图

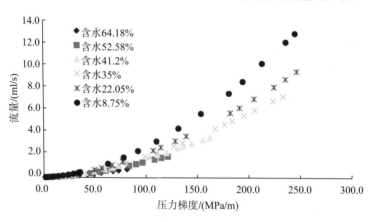

图 5.28　徐深 21-1 井 90♯角砾熔岩样品压力梯度与流量的关系图

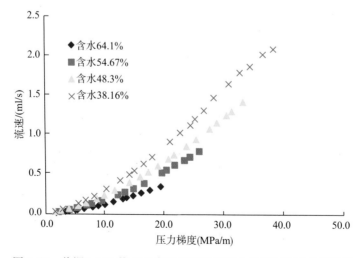

图 5.29　徐深 1-101 井 67♯角砾熔岩样品压力梯度与流量的关系图

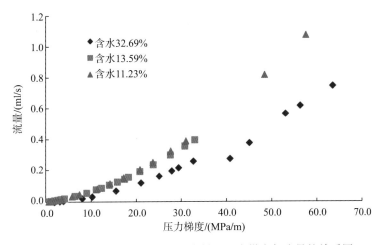

图 5.30　徐深 13 井补 3♯砂砾岩样品压力梯度与流量的关系图

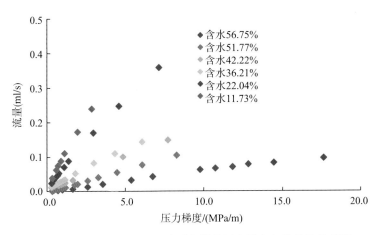

图 5.31　徐深 13 井补 6♯砂砾岩样品压力梯度与流量的关系图

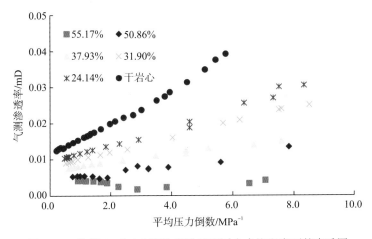

图 5.32　徐深 14 井 1♯流纹岩样品不同含水饱和度下的克氏图

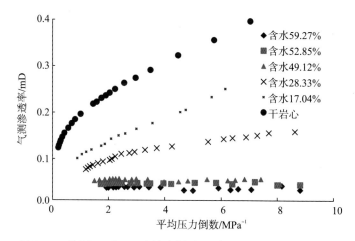

图 5.33 徐深 14 井 6♯流纹岩样品不同含水饱和度下的克氏图

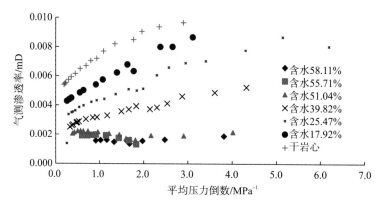

图 5.34 徐深 6-105 井 45♯晶屑凝灰岩样品不同含水饱和度下的克氏图

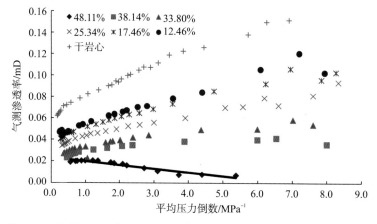

图 5.35 徐深 1-304 井 46♯晶屑凝灰岩样品不同含水饱和度下的克氏图

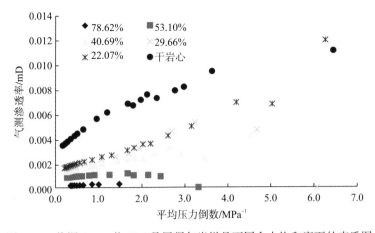

图 5.36　徐深 1-304 井 72♯晶屑凝灰岩样品不同含水饱和度下的克氏图

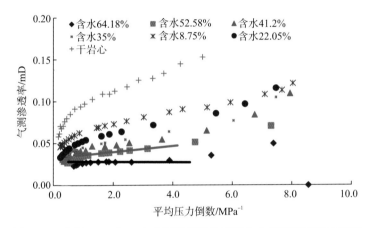

图 5.37　徐深 21-1 井 90♯角砾熔岩样品不同含水饱和度下的克氏图

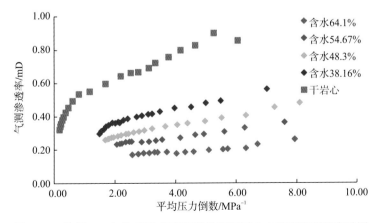

图 5.38　徐深 1-101 井 67♯角砾熔岩样品不同含水饱和度下的克氏图

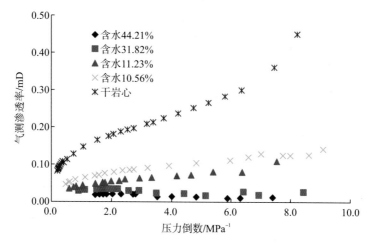

图 5.39　徐深 13 井补 3# 砂砾岩样品不同含水饱和度下的克氏图

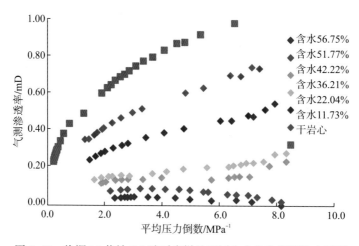

图 5.40　徐深 13 井补 6# 砂砾岩样品不同含水饱和度下的克氏图

　　从图中可以发现：①各岩心克氏曲线大致以临界含水饱和度为界限分为两种渗流形态。当含水饱和度 S_w<临界含水饱和度时，气体渗流遵循其本身的非线性渗流特征，此时，岩心中的水所起的主要作用是占据孔隙空间，降低气体的表观渗透率。当含水饱和度较高(S_w≥临界含水饱和度)的情况下，气体渗透率与平均压力倒数的关系曲线不同于常规克氏曲线，出现了类似于液体在低渗储层中的渗流特性，表观渗透率随压力的增大而增大，此时，岩心中的水所起的主要作用是阻滞气体的流动，使得气体渗流出现"启动压力梯度"的特征。②对于同一块岩心来说，含水饱和度越高，启动压力梯度越大，如图 5.41 所示。

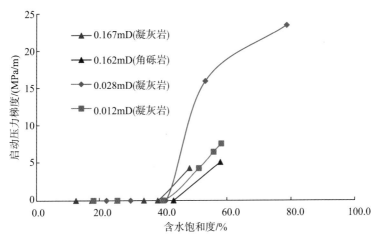

图 5.41　含水饱和度与启动压力梯度的关系图

这个现象的产生机理是毛管力在每个喉道处的叠加效应，如图 5.42 所示。

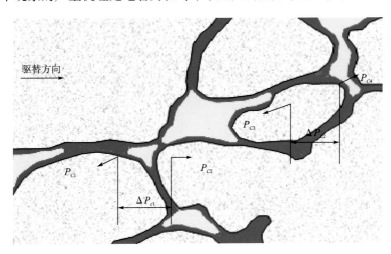

图 5.42　启动压力的叠加效应

在较高含水饱和度下，岩心中的气体并不能形成连续相，而是被分割成许多小气泡进行流动，这些小气泡在每个喉道处都产生贾敏效应，于是毛管压力便在驱替方向上被"叠加"起来。含水越高，岩心越长，这种叠加效应越容易产生，启动压力值也越大，宏观上就表现为岩心含水饱和度越高，启动压力梯度值越大。

6. 含水条件下不同孔隙类型气体渗流规律

从上面的克氏特征曲线可以看出：对于有微裂缝发育的火山岩岩心，出现启动压力梯度的临界含水饱和度要比微裂缝不发育的火山岩岩心出现启动压力梯度的临界含水饱和度高，也比砂砾岩出现启动压力梯度的临界含水饱和度高。

5.2.4 不同含水饱和度下火山岩气藏岩心 NMR 测试研究

上述含水火山岩岩心气体渗流实验表明，气体渗流的流动机理受储层中含水饱和度的影响，表现出受毛细管阻力和气体本身非线性渗流（滑脱效应、惯性效应）这两种不同作用机理的作用。而研究表明，毛细管阻力与含水饱和度和储层本身结构特征有着密切的关系。本节利用核磁共振技术，研究不同含水饱和度下火山岩岩心的 T_2 弛豫时间谱。

下面以两块流纹岩岩样（徐深 14 井 180A 和徐深 14 井 177A）为例来说明，岩样基础物性参数见表 5.10，实验结果见表 5.11 和图 5.43、图 5.44。

表 5.10 岩样基础物性参数

岩心标号	岩性分类	长度/cm	直径/cm	水测孔隙度/%	气测渗透率/ $(10^{-3}\mu m^2)$
177A	流纹岩	2.957	2.538	7.57	0.031
180A	流纹岩	2.990	2.539	12.73	0.374

表 5.11 不同岩样不同含水饱和度下所测得的可动气饱和度数据

177A 岩样	含水饱和度/%	92.26	90.23	88.07	68.09
	可动气饱和度/%	7.95	9.64	11.33	34.17
180A 岩样	含水饱和度/%	89.06	87.00	76.62	62.83
	可动气饱和度/%	7.15	15.10	21.69	34.02

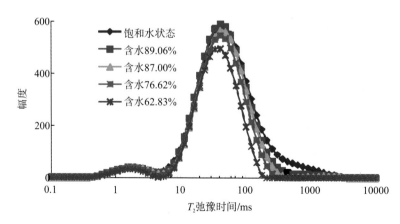

图 5.43 徐深 14 井 180A 岩样不同含水饱和度下的核磁共振图谱

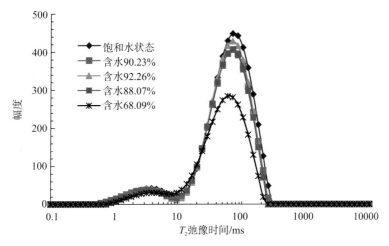

图 5.44　徐深 14 井 177A 岩样不同含水饱和度下的核磁共振图谱

从表 5.11 中可以看出：在不同含水饱和度下，岩样所测得的可动气饱和度是不同的。含水饱和度越高，可动气饱和度越低，从而渗透率也越低。从不同含水饱和度的图谱对比来看，水优先进入小孔道，然后逐渐进入大孔道。因此，当含水饱和度较小时，由于水首先进入小孔道，较少的水进入大孔道，对渗透率的影响不大；但当含水饱和度逐渐增大时，水逐渐进入大孔道，导致渗透率急剧下降。所以，在含水火山岩气藏开发时，应控制水量的增加。

5.3　本　章　小　结

本章通过物理模拟实验，研究了火山岩气藏岩心单相及含水情况下气体渗流特征，分析了不同因素对渗流特征的影响，获得了一些新认识。

1. 火山岩岩心单相气体渗流特征

（1）火山岩岩心气体渗流流量与压力梯度的关系曲线特征为凹形曲线至直线，这与低渗油藏和低渗气藏渗流曲线特征类似。对于每一岩心气体渗流曲线，当压力梯度增大时，气体渗流曲线弯曲程度减弱；渗透率越小，非线性渗流曲线越明显。火山岩岩心气体渗流流量与压力平方差梯度的关系曲线特征为凸形曲线至直线，各岩心渗流曲线弯曲程度随压力平方差梯度增大而减弱。

（2）$0.001 \times 10^{-3} \mu m^2 < K < 0.01 \times 10^{-3} \mu m^2$ 的火山岩岩心，气测渗透率与平均压力倒数呈现非线性的关系，滑脱因子 b 也不是只与渗透率有关的常数，它随平均压力倒数的增大而增大。气体渗流在低压段存在强滑脱流，气体渗流不遵从 Klinkenberg 方程；$0.01 \times 10^{-3} \mu m^2 \leqslant K < 0.1 \times 10^{-3} \mu m^2$ 的火山岩岩心，气体渗流在整个压力段基本符合 Klinkenberg 方程；$0.1 \times 10^{-3} \mu m^2 \leqslant K < 1.0 \times 10^{-3} \mu m^2$ 的

火山岩岩心，气测渗透率与平均压力倒数呈非线性关系。当岩心进出口气体压差增大到一定程度时，气体渗透率迅速下降，渗透率损失幅度较大，出现惯性效应的流动特征。

（3）分析了渗透率、岩性、含水饱和度和裂缝发育程度对滑脱效应的影响，研究表明：渗透率越低，滑脱效应越强。火山岩的滑脱效应比砂岩（$b=0.19$）强，且不同岩性火山岩的滑脱效应强弱存在一定差异。其中流纹岩、晶屑凝灰岩的滑脱效应较强；其次是熔结凝灰岩、角砾熔岩；火山角砾岩的滑脱效应相对较弱。对同一块岩心，滑脱因子随着含水饱和度的增加先增大后减小，变化规律可以用二次函数来表达。但当含水饱和度达到临界含水饱和度时，滑脱效应为零，体现的是液体渗流的现象，出现启动压力梯度。裂缝越发育，滑脱因子越小。

（4）利用实验拟合的关系式，计算出不同渗透率和孔隙压力下，滑脱效应对火山岩渗流的贡献，初步确定了滑脱效应对气藏渗流贡献的大小。

2. 火山岩含水气体渗流特征

（1）36块全直径火山岩岩样实验研究结果表明，储层渗透率和束缚水饱和度对真实启动压力梯度有明显的影响。岩石空气渗透率越小或束缚水饱和度越高，真实启动压力梯度越大。裂缝不发育岩心的真实启动压力梯度要比裂缝发育岩心的真实启动压力梯度高得多。

（2）含水火山岩岩心气体渗流的基本曲线特征为凹形曲线至直线。当压力梯度增大时，气体渗流曲线弯曲程度减弱；含水饱和度越高，曲线弯曲程度越大，气体渗流的非达西现象越明显。

（3）含水火山岩岩心气体渗流曲线类似于低渗岩心液体渗流曲线，存在启动压力梯度，渗透率低、含水饱和度高的岩心，启动压力梯度大，而在含水饱和度较低的情况下气体渗流不存在启动压力梯度。

（4）火山岩岩心克氏曲线大致以临界含水饱和度为界限分为两种渗流形态。当含水饱和度 S_w ＜临界含水饱和度时，气体渗流遵循其本身的非线性渗流特征，克氏曲线形态与干燥岩心的克氏曲线形态一致。此时，岩心中的水所起的主要作用是占据孔隙空间，降低气体的表观渗透率。当含水饱和度较高（S_w ≥临界含水饱和度）的情况下，气体渗透率与平均压力倒数的关系曲线不同于常规克氏曲线，出现了类似于液体在低渗储层中的渗流特性，表观渗透率随压力的增大而增大，此时，岩心中的水所起的主要作用是阻滞气体的流动，使得气体渗流出现"启动压力"的特征。

（5）对于有微裂缝发育的火山岩岩心，出现启动压力梯度的临界含水饱和度要比微裂缝不发育的火山岩岩心出现启动压力梯度的临界含水饱和度高，也比砂砾岩出现启动压力梯度的临界含水饱和度要高。

(6)利用核磁共振技术，研究了不同含水饱和度下火山岩岩心的 T_2 弛豫时间谱。研究结果表明：在不同含水饱和度下，岩样所测得的可动气饱和度是不同的。含水饱和度越高，可动气饱和度越低。并且从不同含水饱和度的图谱对比来看，当含水较少时，由于水首先进入小孔道，较少的水进入大孔道，对渗透率的影响不大；但当含水饱和度逐渐增大时，水逐渐进入大孔道，导致渗透率急剧下降。所以，在含水火山岩气藏开发时，应控制水量的增加。

第 6 章 火山岩气藏应力敏感性实验研究

我国火山岩气藏一般埋深较深，例如大庆徐深气田产气层埋深约 3500m，在生产过程中气藏处于应力再分布状态。随着地下气体的不断采出，岩石所受有效应力增加，使得岩石骨架颗粒变形、压缩以及结构变化，从而造成颗粒间孔隙以及喉道空间的不断减少，表现出孔隙度、渗透率随有效应力的增加而降低。这种现象就是储层应力敏感性。

许多研究都表明，随着有效应力的变化，渗透率的变化程度比孔隙度的变化程度要大得多。也就是说，渗透率的应力敏感性远比孔隙度的应力敏感性强，特别是在低渗油气藏中，这种现象更加明显。因此，当前的应力敏感性研究均以渗透率的应力敏感性为研究重点。在不同的储层中，渗透率的应力敏感程度差异较大，影响储层渗透率应力敏感性的主要因素包括：储层渗透率、储层岩石类型、胶结类型和程度、液体饱和度、泥质和杂质含量等。影响渗透率及其应力敏感性的因素多种多样，且难以量化。因此，对储层应力敏感性的实验室研究是直观且准确的认知手段。而文献中对于火山岩岩样的应力敏感性研究较少。

本章对火山岩气藏岩心进行大量的应力敏感性实验，系统地从各因素研究储层的应力敏感现象。实验研究了介质变形对储层渗透率、孔隙度的影响，渗透率应力敏感的滞后效应，以及不同驱动压力及束缚水对储层应力敏感性的影响。

本章的全直径岩心数据来自西南石油大学彭彩珍教授所做的《长井段取心全直径特殊分析》报告。

6.1 实验仪器及实验流程

6.1.1 全直径岩心火山岩岩样应力敏感性测试流程

由于本次实验是针对全直径岩心，工作介质是气体，采用了两套仪器组合测定——美国岩心公司出品的全直径岩样油水相对渗透率仪和气体孔隙度测定仪，流程见图 6.1。气体孔隙度测定仪的技术指标：实验温度，170 ℃；岩心直径，25.4mm、38.1mm、79mm、89mm、110mm；工作压力，100psi。

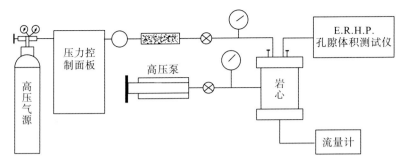

图 6.1　全直径岩心应力敏感性测试流程图

6.1.2　小直径岩心火山岩岩样应力敏感性测试流程和实验步骤

1. 实验条件及样品

实验温度为室温(25℃)，实验气体为 N_2，实验温度下黏度为0.0184mPa·s。设计实验围压取 20MPa、30MPa、40MPa、50MPa、60MPa。本次实验所用样品均取自大庆油田徐深区块，共 20 块，所有岩样孔隙度为 2.45%～12.78%，空气渗透率为 $0.001×10^{-3}～1.639×10^{-3}\mu m^2$。本项实验是参照中国石油天然气行业标准 SY/T 5358—2002 设计的。实验过程保持驱替压力不变，通过增加围压使得地层有效压力增加，来模拟由于地层孔隙压力不断下降引起岩石骨架所承受的有效应力的逐渐增加，测定相应的气测渗透率。实验装置流程见图 6.2。

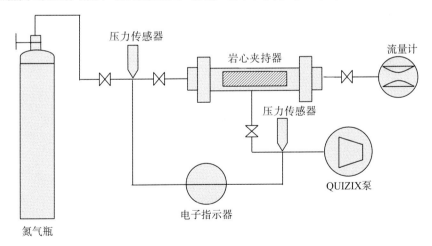

图 6.2　储层小岩样应力敏感性实验流程图

2. 火山岩应力敏感性实验步骤

（1）按流程安装设备，并检查仪器工作状况；

（2）将岩心放入岩心夹持器中，用手摇泵为岩心夹持器提供一初始环压；

（3）记录压力传感器和热式流量计的零点；

（4）打开气源，调节调压阀，待流量稳定后记下流量和压力；

（5）增大围压为 30MPa，待流量稳定后记下流量和压力；

（6）重复（5），依次将围压调为 30MPa、40MPa、50 MPa、60MPa、50 MPa、40MPa、30MPa、20MPa；

（7）关气源，卸环压，取出岩心；

（8）改变岩心，重复步骤（2）~（7）；

（9）计算出岩心在不同有效应力下的视渗透率，作出相应的压敏曲线，并得出结论。

6.2　覆压条件下岩心孔隙度变化规律

对火山岩气藏 6 块全直径流纹岩岩心进行应力敏感性实验，实验围压为 2.5~40MPa，岩心出口端压力为大气压。为消除物性参数具体数值对物性参数变化规律的影响，对其进行规一化处理，如式（6.1）

$$\Phi_D = \frac{\varphi}{\varphi_0} \qquad (6.1)$$

式中，Φ_D 为无因次孔隙度，小数；φ 为所测孔隙度，小数；φ_0 为初始孔隙度。

图 6.3 和图 6.4 分别是 6 块岩样孔隙度和无因次孔隙度随有效压力变化的曲线。

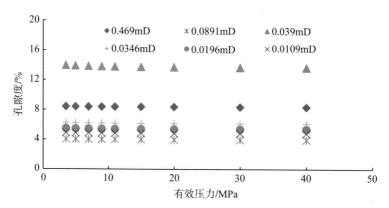

图 6.3　孔隙度随有效压力变化图

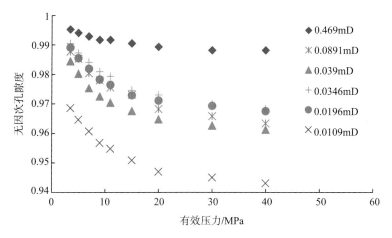

图 6.4　无因次孔隙度随有效压力变化图

由实验结果可以看出，不同渗透率的岩心孔隙度随有效压力的升高均有小幅度降低，渗透率越低的岩心，孔隙度下降幅度较大。对同一岩心来说，当有效应力小于 20MPa 时，孔隙度下降幅度较大；当有效应力大于 20MPa 时，孔隙度下降幅度变缓。总体而言，孔隙度大小对应力变化不是十分敏感，下降不到 6%。

6.3　有效应力条件下岩心渗透率的变化规律

6.3.1　不同围压下岩心渗透率的变化规律

1. 不同围压下全直径岩心渗透率的变化规律

对大庆徐深火山岩气藏全直径岩心进行应力敏感性实验，实验围压为 2.5～40MPa，岩心出口端压力为大气压。为消除物性参数具体数值对物性参数变化规律的影响，对其进行规一化处理，如式(6.2)：

$$K_D = \frac{K}{K_0} \tag{6.2}$$

式中，K_D 为无因次渗透率或渗透率下降系数，小数；K 为所测渗透率，10^{-3} μm^2；K_0 为初始渗透率。

实验过程中，有效压力从 2.5MPa 增加到 40MPa，分别测定在压力变化过程中渗透率的变化，采用下式计算岩样在不同有效压力下的渗透率：

$$Q = \frac{T_a}{Z P_a T_f} \cdot \frac{KA(P_e^2 - P_w^2)}{2\mu L} \tag{6.3}$$

式中，Q 为大气压下气体的体积流量，cm^3/s；T_a 为标准温度，为 293K；P_a 为标准大气压，为 0.1MPa；$\bar{Z}$ 为气体在地层温度及地层平均压力下的压缩因子；T_f 为地层温度，K；K 为气测渗透率，μm^2；A 为岩心样品的截面积，cm^2；μ 为地层温度及地层平均压力下的气体黏度，mPa·s；L 为岩心样品的长度，cm；P_e 为进口压力，MPa；P_w 为出口压力，MPa。

　　测试结果见图 6.5～图 6.8。图 6.7 和图 6.8 中的渗透率下降系数是指围压增至 40MPa 时测得的渗透率与初始渗透率之比。

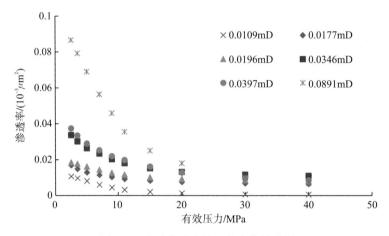

图 6.5　渗透率随有效压力变化关系图

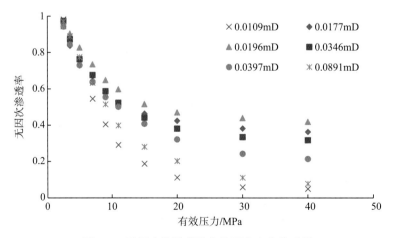

图 6.6　无因次渗透率随有效压力变化关系图

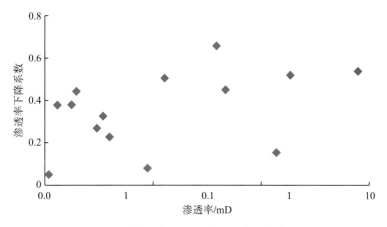

图 6.7　不同渗透率火山岩岩样的应力敏感性对比

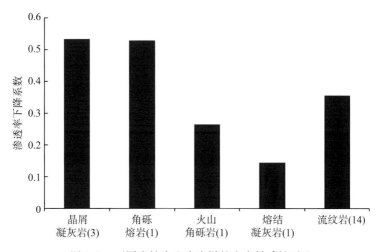

图 6.8　不同岩性火山岩岩样的应力敏感性对比

由实验结果可以看出，不同渗透率的岩心渗透率随有效压力的升高而下降。对同一岩心来说，当有效应力小于 20MPa 时，渗透率下降幅度较大；当有效应力大于 20MPa 时，渗透率下降幅度变缓。从数据也可以看出，火山岩岩样具有较强的应力敏感性。

下面讨论一下裂缝或孔洞的发育程度对火山岩岩心应力敏感性的影响。选取三块岩心。由表 6.1 可看出，6 号岩心的裂缝最发育，5 号岩心的裂缝次之，而18 号岩心的裂缝和孔洞都不发育。测试结果见图 6.9。

表 6.1 三块压敏实验岩心的基础数据

岩心编号	渗透率 /($10^{-3}\mu m^3$)	岩性	CT 图像	裂缝发育程度
6	0.0648	熔结凝灰岩		裂缝发育
5	0.0112	火山角砾岩		裂缝比较发育
18	0.121	球粒流纹岩		裂缝和孔洞不发育

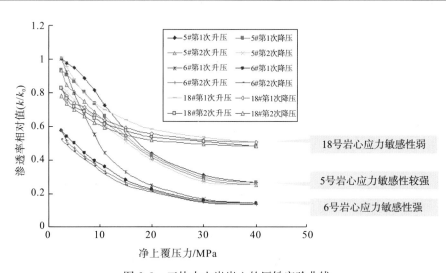

图 6.9 三块火山岩岩心的压敏实验曲线

从图 6.9 中可看出，6 号岩心的应力敏感性最强，5 号岩心的应力敏感性次之，而 18 号岩心的应力敏感性最弱。由此可见，裂缝越发育，应力敏感性越强。

2. 不同围压下小岩心渗透率的变化规律

实验样品取自大庆徐深气田 21 块小岩心，基础数据如表 6.2 所示。测试结果见图 6.10～图 6.12。图 6.10 中的渗透率下降系数是指围压增至 60MPa 时测得的渗透率与初始渗透率之比。

表 6.2 应力敏感性实验岩心基础数据

岩心标号	井号	样品深度 /m	岩性分类	长度/cm	直径/cm	水测孔隙度/%	气测渗透率 /($10^{-3}\mu m^2$)
85-1	徐深 901	3891.18	流纹岩	3.567	2.549	7.80	0.021
207A	徐深 9-1	3718.9	流纹岩	3.008	2.538	10.20	0.028
177A	徐深 14	3780.63	流纹岩	2.957	2.538	7.57	0.031
176A	徐深 13	3959.75	流纹岩	3.044	2.538	8.48	0.046
84-1	徐深 301	3945.03	流纹岩	3.430	2.550	8.09	0.074
188A	徐深 1-2	3523.79	晶屑凝灰岩	2.965	2.537	3.79	0.002
191A	徐深 1-2	3608.65	晶屑凝灰岩	3.054	2.538	3.87	0.003
77-1	徐深 11	3782.17	晶屑凝灰岩	3.335	2.550	5.92	0.003
203A	徐深 9-3	3821.22	晶屑凝灰岩	2.944	2.54	9.77	0.123
c252	徐深 1-304	3470.05	晶屑凝灰岩	3.092	2.542	9.52	0.167
c257	徐深 1-101	3513.24	熔结凝灰岩	3.286	2.544	6.63	0.010
c254	徐深 1-304	3613.78	熔结凝灰岩	3.158	2.542	8.88	0.028
195A	徐深 1-203	3515.33	熔结凝灰岩	3.081	2.534	5.98	0.029
201A	徐深 6-102	3582.06	熔结凝灰岩	3.005	2.538	10.06	0.073
190A	徐深 1-2	3567.48	火山角砾岩	2.988	2.541	5.23	0.004
c253	徐深 1-304	3607.74	火山角砾岩	3.188	2.538	6.00	0.010
185A	徐深 1-2	3493.16	火山角砾岩	2.912	2.539	5.28	0.083
c255	徐深 6-105	3476.86	熔结角砾岩	3.312	2.542	6.87	0.020
200A	徐深 6-3	3601.35	熔结角砾岩	2.999	2.538	7.66	0.022
193A	徐深 1-2	3690.13	熔结角砾岩	3.013	2.536	9.54	0.120
c267	徐深 21-1	3784.83	熔结角砾岩	3.292	2.542	10.01	0.157

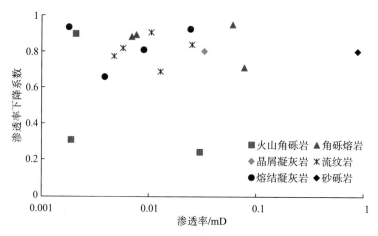

图 6.10　不同渗透率和岩性的火山岩岩样应力敏感性对比

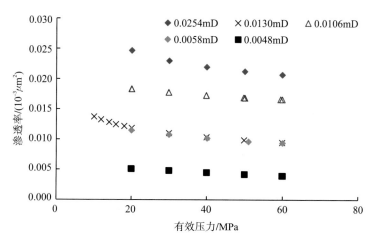

图 6.11　5 块不同渗透率流纹岩岩样应力敏感性对比

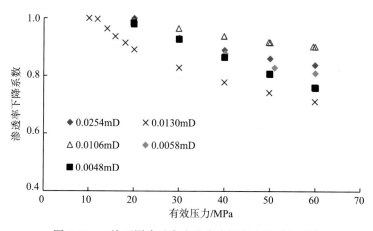

图 6.12　5 块不同渗透率流纹岩岩样应力敏感性对比

从图中可以看出，不同渗透率的小岩心渗透率随有效压力的增大而下降。与全直径岩心相比，小岩心渗透率随有效压力的增大而下降的幅度要小。

6.3.2　不同驱动压力对火山岩气藏储层应力敏感性影响实验研究

实验温度为 130～150℃，围压为 60MPa，实验岩心为全直径的大庆徐深火山岩岩样，驱动压差为 1MPa，岩心基本数据和测试结果见表 6.3、图 6.13～图 6.15。

表 6.3　不同内压变化对储层应力敏感性影响实验结果

岩样编号	岩性	孔隙度/%	渗透率 /(10⁻³μm²)	内压降到 20MPa 时 渗透率相对值
达深 3 井 10-1 号	火山角砾岩	18.39	1.8400	0.5575
达深 3 井 7-2 号	火山角砾岩	14.58	27.8100	0.5021
徐深 1-4 井 82 号	晶屑凝灰岩	4.63	0.0431	0.4929
徐深 1-4 井 102 号	晶屑凝灰岩	4.72	0.0357	0.5165
徐深 1-4 井 111 号	晶屑凝灰岩	5.27	0.0102	0.5835
徐深 1-2 井 220 号	火山角砾岩	6.08	0.0102	0.4673
徐深 1-2 井 224 号	火山角砾岩	7.21	0.0105	0.4777
徐深 1-2 井 230 号	火山角砾岩	2.57	0.0295	0.5404
徐深 1-203 井 26 号	熔结凝灰岩	6.51	3.4800	0.4655
徐深 1-203 井 30 号	熔结凝灰岩	5.30	0.0106	0.5324
徐深 1-203 井 33 号	熔结凝灰岩	5.53	0.0924	0.4741
徐深 1-203 井 35 号	熔结凝灰岩	4.65	0.2820	0.4852
徐深 1-2 井 263 号	角砾熔岩	3.43	0.0251	0.5350
徐深 1-2 井 270 号	火山角砾岩	3.65	0.0103	0.6000
徐深 1-2 井 282 号	火山角砾岩	5.59	0.0106	0.4951
徐深 1-2 井 307 号	熔结凝灰岩	3.52	0.0870	0.5215
徐深 1-2 井 310 号	熔结凝灰岩	3.41	0.0101	0.4896
徐深 1-203 井 43 号	流纹岩	7.02	0.0332	0.5248
徐深 1-2 井 356 号	流纹岩	4.35	0.4850	0.3434

岩样编号	岩性	孔隙度/%	渗透率 /($10^{-3}\mu m^2$)	内压降到 20MPa 时 渗透率相对值
徐深 1-2 井 361 号	角砾熔岩	9.29	0.1170	0.4295
徐深 8-1 井 16 号	流纹岩	4.08	0.0104	0.5368
徐深 8-1 井 17 号	流纹岩	8.03	0.1330	0.5289
徐深 8-1 井 26 号	流纹岩	9.57	0.6270	0.4774
徐深 1-2 井 379 号	火山角砾岩	8.84	0.0120	0.5532
徐深 14 井 1 号	流纹岩	7.39	0.0191	0.4745
徐深 14 井 3 号	流纹岩	8.10	0.0157	0.6008
徐深 14 井 4 号	流纹岩	10.35	0.0387	0.6215
徐深 14 井 5 号	流纹岩	12.53	0.1260	0.5378
徐深 14 井补 1 号	流纹岩	15.06	1.8900	0.5490
徐深 14 井 6 号	流纹岩	14.58	3.1500	0.5936
徐深 13 井 15 号	流纹岩	9.81	0.0182	0.4611
徐深 21 井 6 号	砂砾岩	4.17	0.0107	0.4239
徐深 21 井 18 号	砂砾岩	9.55	0.1870	0.4238
徐深 21 井 20 号	砂砾岩	10.24	0.2430	0.4709
徐深 21 井 21 号	砂砾岩	9.18	3.4200	0.5714

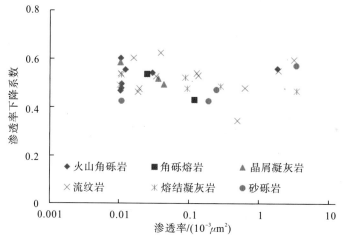

图 6.13　不同渗透率岩心应力敏感性实验结果

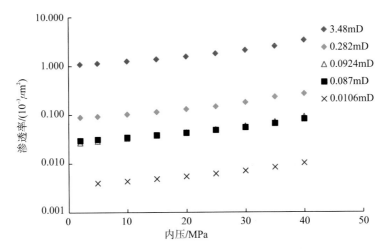

图 6.14　5 块不同渗透率熔结凝灰岩岩样应力敏感性对比

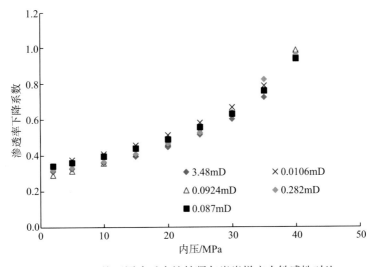

图 6.15　5 块不同渗透率熔结凝灰岩岩样应力敏感性对比

从图表中可以看出，渗透率随内压的降低而降低。从渗透率下降系数来看，降低围压比降低内压对渗透率的影响更大。

6.3.3　渗透率应力敏感滞后效应

对 2 块大庆徐深火山岩气田徐深 902 井 37 号岩样和徐深 301 井 49 号岩样进行反复升降有效压力的应力敏感性实验。实验结果如图 6.16 和图 6.17 所示。从渗透率应力敏感曲线的升压降压曲线可以看出，在岩心压力恢复即减小有效压力的过程中，其渗透率不能完全恢复，这个现象叫做渗透率的滞后（或滞回）效应。而正是滞后效应，才使得储层出现永久性的应力敏感性损害。

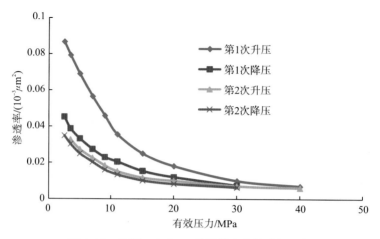

图 6.16　徐深 902 井 37 号岩样应力敏感性研究

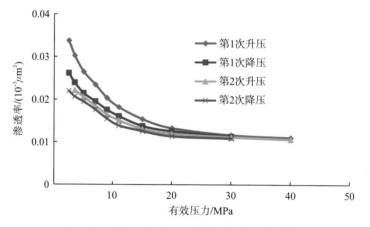

图 6.17　徐深 301 井 49 号岩样应力敏感性研究

从现场应用角度来说，一般火山岩气藏多采用衰竭开采方式，不同于油藏采用注水保持地层压力的方法。当井底压力下降很大，气井产量较低时，往往采用关井恢复近井地带压力的方法来恢复气井产量，这种间歇生产方式会被多次使用。但对于火山岩气藏采用反复关井的方法虽然能够恢复地层压力，但每一轮次都会给渗透率带来不同程度的不可逆伤害，因此气井的产量会越来越低，对于裂缝性火山岩气藏来说，这种情况会更为典型。

6.3.4　束缚水对气藏储层岩石应力敏感性的影响

火山岩气藏都含有一定量的束缚水，束缚水会对岩心的应力敏感性产生较大程度的影响。为了获得与地层条件一致情况下的储层岩石应力敏感性特征，本节对含有不同束缚水饱和度的大庆徐深火山岩岩心样品进行了应力敏感性实验。

从实验结果可以看出，随着有效压力的增加，不论是干岩心还是含束缚水岩心，其渗透率都随有效压力的增加呈明显下降趋势，且在有效压力增加的早期渗透率降低的幅度最大，后期则趋向平缓。

从图 6.18 中可以清楚地看到，含束缚水岩样的渗透率随有效压力增大而降低的幅度要大于干燥的岩样。这说明束缚水的存在能增强气藏储层岩石的应力敏感性。而油气储层岩石都具有一定的含水饱和度，因此在对具有强应力敏感性的气藏进行开发时，更要保持地层压力，以防止因增大生产压差而导致产量下降。

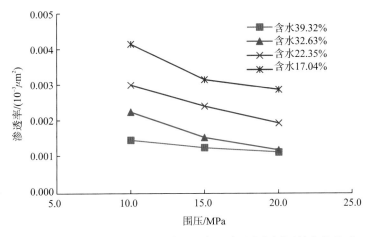

图 6.18　C266 号岩心不同含水饱和度下渗透率与围压的变化关系

6.4　本 章 小 结

根据以上研究结果，得到下列结论：

(1)不同渗透率的岩心孔隙度随有效压力的升高均有小幅降低，渗透率越低的岩心孔隙度下降幅度越大。对同一岩心来说，当有效应力小于 20MPa 时，孔隙度下降幅度较大；当有效应力大于 20MPa 时，孔隙度下降幅度变缓。总体而言，孔隙大小对应力变化不是十分敏感，下降不到 6%。与全直径岩心相比，小岩心渗透率随有效压力的升高而下降幅度变小。裂缝或孔洞的发育程度对火山岩岩心应力敏感性有影响，裂缝越发育，应力敏感性越强。

(2)驱动压力对火山岩气藏储层应力敏感性有影响。渗透率随内压的降低而降低，从渗透率下降系数来看，降低围压比降低内压对渗透率的影响更大。

(3)从渗透率应力敏感曲线的升压降压曲线可以看出，在岩心压力恢复即减小有效压力的过程中，其渗透率不能完全恢复，存在渗透率应力敏感的滞后效应。

(4)束缚水对火山岩岩心的应力敏感性有较大的影响。研究表明：含束缚水岩样的渗透率随有效压力增大而降低的幅度要大于干燥的岩样。这说明束缚水的存在能增强气藏储层岩石的应力敏感性。因此，在对火山岩气藏进行开发时，更要保持地层压力，以防止因增大生产压差而导致产量下降。

第 7 章 火山岩气藏供排气机理研究

随着火山岩气藏勘探开发程度的不断加深，人们对火山岩气藏的渗流机理越来越重视。供排气机理是火山岩气藏开发中渗流机理的一个新的研究方向，但从现有文献资料中我们几乎无法直接获取有用信息，从气藏的运移成藏过程出发，把供排气过程也看做一个天然气的运移过程。气藏运移聚集的机制主要有压差作用、扩散作用、渗吸作用、压实作用等模式。将气藏开采过程看成是成藏聚集的逆过程。本章对气藏开发过程中不同开发阶段的主控因素进行研究，为火山岩气藏开发方案的制定提供理论指导。

7.1 压差作用下的供排气机理

火山岩气藏裂缝较发育，在压差作用下，气源通过基质向裂缝供气，裂缝向井筒排气，同时裂缝和基质之间也发生天然气的交换。对此，设计了火山岩气藏裂缝岩心和基质岩心的并联和串联实验来研究火山岩气藏的供排气机理。

7.1.1 火山岩干岩心供排气实验研究

鉴于火山岩裂缝较发育的特点，设计了火山岩气藏裂缝岩心和基质岩心的并联和串联实验，分别模拟基岩与裂缝在平面和纵向上的组合关系，通过分析气体流速、渗透率及驱替压力的关系来揭示裂缝和基质并联时不同压力梯度条件下火山岩气藏的供排气机理。

1. 实验方法与步骤

本实验共取大庆徐深火山岩气藏岩心 12 块(见表 7.1)，其中人工压裂造缝岩心 5 块，火山岩基质岩心 7 块。所有岩心水测孔隙度为 3.361%～10.197%，气测渗透率为 $0.005 \times 10^{-3} \sim 1.705 \times 10^{-3} \mu m^2$。

实验流程如图 7.1 和图 7.2 所示，实验温度为恒温(20℃)，岩心围压为 10MPa，实验气体为 N_2，岩心入口端气体驱替压力为 0～4MPa(并联)及 0～6MPa(串联)，岩心出口端为大气压。

实验步骤如下：

（1）按流程图连接好仪器设备，调节各仪器设备进入实验状态；

（2）将实验用岩心放入岩心夹持器，利用围压泵，给岩心夹持器内岩心提供一个稳定的围压 10MPa；

（3）打开气源并给一定驱替压力，检查实验流程，保证无漏气后开始实验；

（4）调节进口压力至设定值，等待一段时间，当出口端流量稳定后，记录进口端压力和出口端流量；

（5）根据实验需要，重复步骤（4），直至所需实验点测试完毕；

（6）整理分析实验数据。

表 7.1　实验岩心基础数据

井号	样品编号	井深/m	岩性	孔隙度/%	渗透率/$(10^{-3}\mu m^2)$
徐深 13	C247	3899.65	砂砾岩	7.590	0.613
徐深 9-3	203A	3821.22	晶屑凝灰岩	9.766	0.123
徐深 6-102	201A	3582.06	熔结凝灰岩	10.063	0.073
徐深 1-203	195A	3515.33	熔结凝灰岩	5.978	0.029
徐深 9-1	207A	3718.90	流纹岩	10.197	0.028
徐深 1-101	C257	3513.24	熔结凝灰岩	6.627	0.010
徐深 21-1	C264	3605.27	砂砾岩	3.360	0.028
徐深 13	C246	3897.75	砂砾岩	6.050	0.123
徐深 1-2	190A	3567.48	火山角砾岩	5.233	0.004
徐深 13	C248	3899.85	砂砾岩	6.650	0.610
徐深 1-304	C244	3266.14	砂砾岩	17.140	0.870
徐深 14	177A	3780.63	流纹岩	7.570	0.011

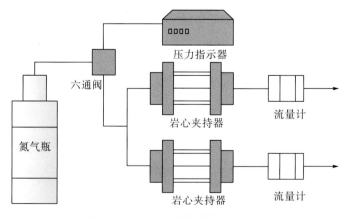

图 7.1　裂缝与基质并联实验流程图

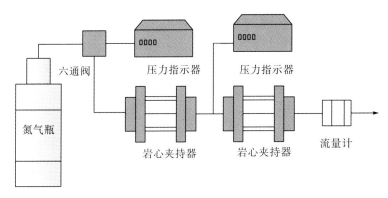

图 7.2　裂缝与基质串联实验流程图

2. 并联实验结果分析

利用裂缝岩心和基质岩心并联实验，得到不同压力梯度下裂缝和基质的气体流速，如图 7.3 所示。图中裂缝和基质的气体流速代表它们的供排气速度，反映了它们的供排气能力。

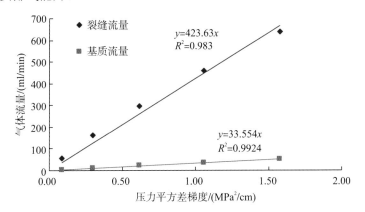

图 7.3　裂缝和基质的气体流量与压力梯度的关系图

实验表明：基质和裂缝并联时，裂缝和基质的供排气速度随着压力平方差梯度的增大呈线性增大；在相同压力梯度下，裂缝的供排气速度大于基质的供排气速度，并且随着压力平方差梯度的增大两者的气体流速差距越来越大。实验中裂缝岩心的渗透率是基质岩心渗透率的 22 倍，但裂缝流速对于基质流速的倍数基本不变，维持在 13 倍左右(12.7～13.4 倍)，即基质对整个并联系统中的供排气能力与驱替压差关系不大。

裂缝和基质并联时，保持裂缝(基质)不变，改变基质(裂缝)，研究在不同的驱替压力下基质(裂缝)的渗透率以及驱替压力对基质(裂缝)供排气能力的影响。

保持裂缝岩心不变，配以不同渗透率的基质岩心，如图 7.4 所示。实验表明：随着基质渗透率的增大，基质的供排气速度呈对数增大；基质所受驱替压力越大，供排气速度越大。从图 7.5 中可以看出：在同一基质与裂缝系统中基质的流速占总流速的百分比随着压力平方差梯度的增加是基本不变的，但随着基质渗透率的增大，从 0.023mD 增大 5 倍到 0.117mD，基质流速所占的比例相应地从 1.17％增大 8.63％到 9.8％。基质与裂缝的渗透率级差变小，基质在整个并联系统中的供排气能力变强。

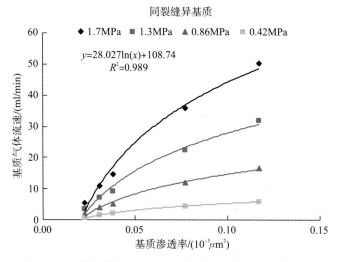

图 7.4　不同驱替压力下，基质气体流速与渗透率关系图

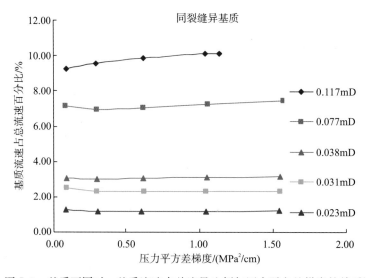

图 7.5　基质不同时，基质流速占总流量比例与压力平方差梯度的关系图

保持基质岩心不变，配以不同渗透率的裂缝岩心，如图 7.6 所示。实验表明：随着裂缝渗透率的增大，裂缝的供排气速度呈线性增大；裂缝所受驱替压力越大，供排气速度越大。从图 7.7 中可以看出：在同一基质与裂缝系统中，随着

压力平方差梯度的增大，基质气体流速占总流速的比例呈逐渐变小的趋势，但变化幅度较小；随着裂缝渗透率的增大，从 0.038mD 增大 55 倍到 2.1mD，基质流速所占的比例也相应地从 15％减小 12％到 3％。基质与裂缝的渗透率级差变大，基质在整个并联系统中的供排气能力变弱。

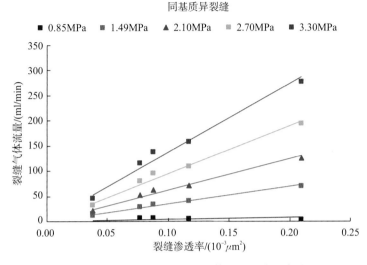

图 7.6　不同驱替压力下，裂缝气体流量与渗透率关系图

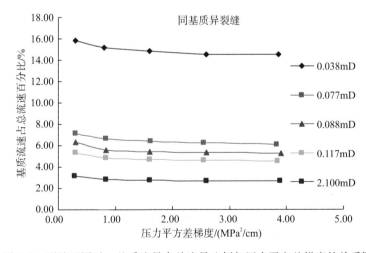

图 7.7　裂缝不同时，基质流量占总流量比例与压力平方差梯度的关系图

对比上述两组实验可以看出，在火山岩气藏的供排气过程中也存在着优势通道。裂缝和基质并联，气体会选择在阻力较小的裂缝中流动，就如同在砂岩储层中，油气在二次运移过程中在无外来干扰情况下会自然优先流经阻力最小和分力最大的优势通道，如断层、不整合面和高孔渗的输导层，火山岩中的裂缝正好是这样的优势通道[62~66]。

　　同时观察到，在裂缝与基质的并联系统中，当裂缝不变、基质增大 5 倍时，基质流速所占的比例增大了 8.63%，而当基质不变、裂缝渗透率增大 55 倍时，基质流速所占的比例只增大了 12%。在火山岩气藏储集空间中，主基岩储量占97%，裂缝储量占 3%，即基质是主要的供气源，是有效开发的主体。因此，在火山岩气藏的开发生产过程中尽量做到：在裂缝发育的层段射孔并加大生产压差，但同时也要考虑到裂缝与基质的渗透率级差问题，小极差、大生产压差才是合适的生产制度。

3. 串联实验结果分析

　　利用裂缝岩心和基质岩心串联实验，得到基质与裂缝位置不同时不同压力梯度下的裂缝和基质的气体流量，如图 7.8 所示。实验表明：当压力梯度一定时，裂缝作为气源和基质作为气源对供排气速度的影响不大，裂缝作为气源的供排气速度略大于基质作为气源的供排气速度；随着压力平方差梯度的增大，两种方式下的供排气速度都呈线性增大。即在平面上，基质与裂缝的位置对整个系统的供排气能力影响不大，驱替压力才是排供气能力主要的影响因素。

　　在裂缝和基质串联组成供排气系统中，把裂缝作为供气气源，不同渗透率的基质作为排气通道。对在不同驱替压力条件下，基质渗透率对串联系统的影响进行分析，并对串联系统气体流量的增幅与基质渗透率的增幅进行比较，如图 7.9 和图 7.10。实验表明：在一定驱替压力条件下，串联系统的供排气速度随着基质渗透率的增大呈对数增大；相同基质渗透率条件下，驱替压力越大，串联系统的供排气速度越大。随着作为排气通道的基质渗透率的增加，整个串联系统的供排气速度呈对数增大；串联系统供排气速度的增幅大于基质渗透率的增幅。基质渗透率增加 1 倍，气体流速增大 3 倍。

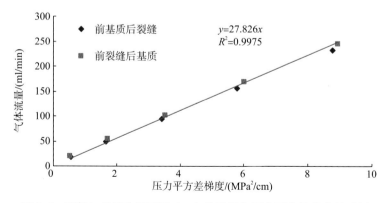

图 7.8　裂缝与基质位置不同时，气体流量与压力平方差梯度关系图

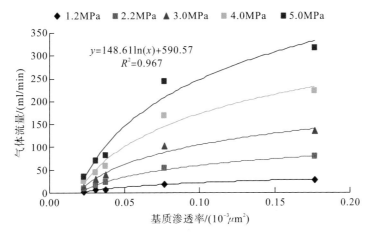

图 7.9 气体流量与基质渗透率和驱替压力的关系图

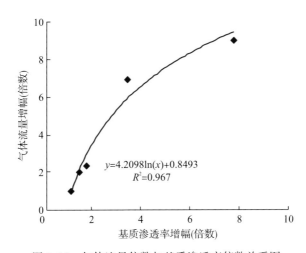

图 7.10 气体流量倍数与基质渗透率倍数关系图

在裂缝和基质串联组成供排气系统中，把基质作为排气通道，不同渗透率的裂缝作为供气气源。把不同驱替压力条件下，裂缝渗透率对串联系统的影响进行分析，并对串联系统气体流量的增幅与裂缝渗透率的增幅进行比较，如图 7.11 和图 7.12。实验表明：在一定驱替压力条件下，串联系统供排气的速度随裂缝渗透率的增大呈对数增大，但增幅较小；裂缝渗透率相同时，驱替压力越大，供排气速度也越大。随着作为气源的裂缝渗透率的增加，整个串联系统供排气的速度呈对数增大，但串联系统供排气速度的增幅远远小于裂缝渗透率的增幅。裂缝渗透率增加 10 倍，气体流速增大 7%。

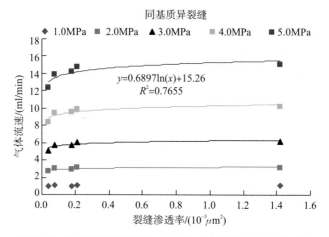

图 7.11　不同驱替压力下，气体流速与裂缝渗透率关系图

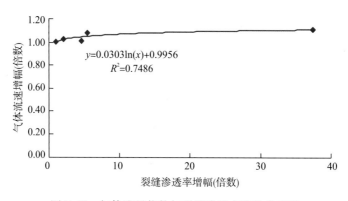

图 7.12　气体流量倍数与裂缝渗透率倍数关系图

对比上述两组实验可以看出：在串联系统中，即基质与裂缝的平面分布中，基质的渗透率决定着整个供排气系统中供排气的速度。在有裂缝的情况下，增加裂缝的渗透能力对整个系统的供排气能力的增加效果不明显，但增大基质的渗透率对整个系统的供排气能力的增加效果是非常明显的。加之基质系统的储量比重，找到好的基质储层或者改造不怎么好的基质储层才是高效开发火山岩气藏的关键。

7.1.2　火山岩含水岩心供排气实验研究

利用含水裂缝岩心和基质岩心并、串联，通过记录分析在不同的条件下气体通过含水的并、串联裂缝岩心和基质岩心的流量、压力以及含水饱和度等参数的变化，揭示裂缝和基质并联时，含水对火山岩气藏供排气过程的影响。

1. 实验方法与步骤

本实验共取火山岩气藏岩心 8 块，岩心水测孔隙度为 $5.075\%\sim10.139\%$，气测渗透率为 $0.005\times10^{-3}\sim1.705\times10^{-3}\mu m^2$。

实验流程如图 7.13 和图 7.14 所示，实验温度为室温（20℃），岩心围压为 10MPa，实验气体为 N_2，岩心入口端气体驱替压力为 $0\sim2.5$MPa，岩心出口端为大气压。

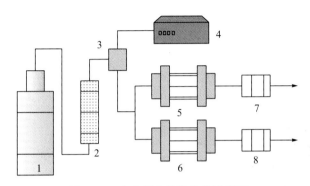

图 7.13　含水岩心并联实验流程图

1. 氮气瓶；2. 加湿器；3. 六通阀；4. 压力指示器；5、6. 岩心夹持器；7、8. 流量计

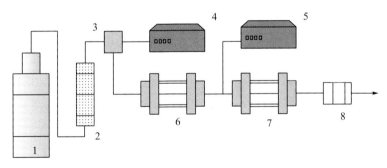

图 7.14　含水岩心串联实验流程图

1. 氮气瓶；2. 加湿器；3. 六通阀；4、5. 压力指示器；6、7. 岩心夹持器；8. 流量计

实验步骤如下：

(1)将实验需要的岩心烘干、称重、抽真空、饱和水；

(2)按流程图(图 7.13、图 7.14)连接好仪器设备，调节各仪器设备进入实验状态；

(3)将实验用岩心放入岩心夹持器中，利用围压泵，给岩心夹持器内岩心提供一个稳定的围压 10MPa；

(4)打开气源并给一定驱替压力，检查实验流程，保证无漏气后开始实验；

(5)调节进口压力至设定值，等待一段时间，当出口端流量稳定后，记录进口端压力和出口端流量；

(6)关闭气源，卸掉围压，拿出测试岩心，称重；

(7)根据实验需要，重复步骤(3)～(6)，直至所需实验点测试完毕；

(8)实验数据整理分析。

将含水裂缝岩心和基质岩心并、串联，待出口端有一定流量后，每隔一定驱替时间，记录进口端压力和出口端流量，并通过称重检测岩心的含水饱和度，然后进行实验数据整理分析。

2. 并联实验结果分析

通过含水裂缝和含水基质的并联实验，研究体系中基质与裂缝的气体流速、含水饱和度随驱替时间的变化关系。

由图 7.15 和图 7.16 可以看出，当岩心出口端有一定流量时，裂缝岩心的初始含水饱和度为 84.49%，略低于基质岩心的含水饱和度 85.73%。随着驱替过程的进行，基质岩心的含水饱和度降低了 12.06%，降幅较小，裂缝岩心的含水饱和度降低了 25.82%，降幅较大。在这一过程中，裂缝岩心的气体流速因含水饱和度的降低呈指数增长，从 4.0ml/min 增大到 85.3ml/min，增大了 21 倍，而基质岩心的气体流量因含水饱和度的降低呈线性增长，从 0.02ml/min 增大到 0.89ml/min，增大了 44 倍。实际的气藏开发过程则是一个与实验相反的过程，随着开发时间的增加，含水是不断上升的。从这些实验数据可以看出：当裂缝和基质并联向井筒供气时，在储层见水后，裂缝含水饱和度的增大幅度明显大于基质含水饱和度的增大幅度，即裂缝系统中的含水上升速度明显大于基质系统中的含水上升速度，虽然基质中气体流速的降低幅度大于裂缝中气体流速的降幅，但在整个裂缝与基质的并联系统中，基质中气体的流速占整个并联系统的比重非常小(图 7.17)，可忽略不计，裂缝中的气体流速可以看成是整个系统的流速。可见含水上升对系统气体流速的影响是剧烈的，因此，在火山岩气藏的开发过程中既需要裂缝又需要严控储层见水，特别是含水上升的速度。

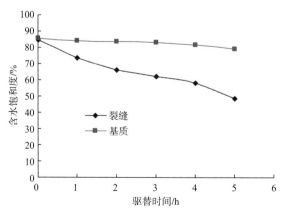

图 7.15　含水饱和度与驱替时间关系图

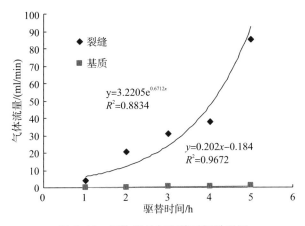

图 7.16 气体流量与驱替时间关系图

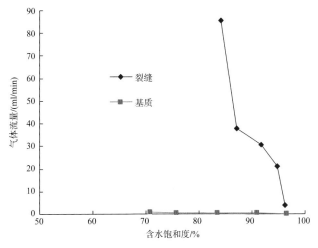

图 7.17 气体流量与饱和度关系图

3. 串联实验结果分析

通过含水裂缝岩心和含水基质岩心的串联实验，研究裂缝为气源和基质为气源两种方式下，串联系统中气体流速、裂缝与基质岩心的含水饱和度随着驱替时间增加的变化，揭示裂缝和基质并联时，含水对火山岩气藏的供排气过程的影响。

在 1MPa 的驱替压力下，裂缝在前做排气通道、基质在后做气源的情况下，岩心中的含水饱和度随驱替时间的变化关系如图 7.18。由图可以看出：在出口端见水时基质岩心的含水饱和度比裂缝岩心的高，在整个驱替过程中基质岩心的含水饱和度下降 32.73％，裂缝岩心饱和度下降了 11.32％，比基质岩心的下降幅度小。实验表明：在基质连接裂缝再连接井筒的开采模式下，在进水过程中，基质的含水上升速度快于裂缝中的含水上升速度。

在 1MPa 的驱替压力下，基质在前做排气通道、裂缝在后做气源的情况下，岩心中的含水饱和度随驱替时间的变化关系如图 7.19。由图 7.19 可以看出：在出口端见水时基质岩心的含水饱和度比裂缝岩心的高，在整个驱替过程中基质岩心的含水饱和度下降 17.15%，裂缝岩心饱和度下降了 32.42%，比基质岩心的下降幅度高。实验表明：在裂缝连接基质再连接井筒的开采模式下，在进水过程中，基质的含水上升速度要慢于外围裂缝中的含水上升速度。

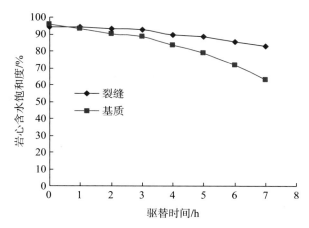

图 7.18　裂缝在前时含水饱和度与驱替时间关系图

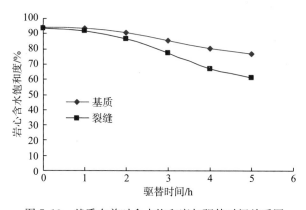

图 7.19　基质在前时含水饱和度与驱替时间关系图

　　上述两种情况下，系统的气体流速随驱替时间的变化关系如图 7.20 所示。由图可以看出：在驱替过程初期，基质在前做排气通道时，系统的流速比裂缝在前做排气通道时的流速稍大，到后期两系统流速的差距变小，而且随着驱替时间的增加，裂缝在前的系统中的气体流速变大。这是因为基质在前时系统中基质岩心的含水饱和度要比裂缝在前时系统中的基质岩心的饱和度高，但随着驱替的进行，两系统中基质的含水饱和度慢慢接近，乃至裂缝在前系统中的基质饱和度要比基质在前系统中的基质饱和度低，所以裂缝在前的系统气体流速的增幅要大一些。这说明在裂缝与基质的串联系统中，基质含水饱和度相对裂缝含水饱和度对系统的流速有更大的影响，是整个系统气体流速的决定性因素。

由基质饱和度与系统气体流速的关系图 7.21 中可看出：在相同的基质饱和度情况下，基质供气裂缝排气系统的系统流速要比裂缝供气基质排气系统的流速大。结合火山岩气藏中基质是主要储集空间的实际情况，基质的含水增加意味着开采出来的气体更多，其采收率也更大。因此，基质供气裂缝排气的开采模式是优选开发模式。

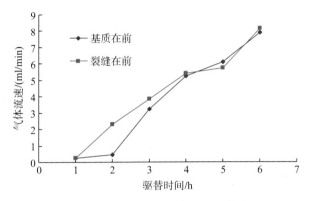

图 7.20　气体流速与驱替时间的关系图

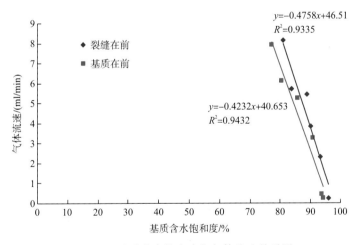

图 7.21　基质含水饱和度与气体流速关系图

7.1.3　小结

本节分别利用火山岩不含水和含水的裂缝、基质岩心的并联和串联实验，对火山岩干气藏的供排气机理进行了研究。实验研究表明：

(1) 从干岩心的并联实验中可以看出：裂缝是相对于基质的优势通道，裂缝的供排气能力远大于基质的供排气能力；增大压力梯度或渗透率都能提高裂缝和基质的供排气能力；基质和裂缝的级差越小，基质相对于整个系统的供排气能力越强；在火山岩气藏的开发生产过程中，尽量做到在裂缝发育的层段射孔并加大生产压差；同时也要考虑到裂缝与基质的渗透率级差问题，小级差，大生产压差才是合适的生产制度。

（2）在干岩心的串联实验中，研究了裂缝和基质的位置、渗透率对串联系统供排气的影响并考虑了驱替压力对供排气的影响。研究表明：在平面上基质与裂缝的位置对整个系统的供排气能力影响不大；基质的渗透率决定着裂缝和基质组成串联系统的供排气能力，增大基质的渗透率对整个系统的供排气能力的增加效果非常明显。

（3）对于基岩储量占绝对主体地位的火山岩储层，在平面上基质物性好的位置钻井，在纵向上对裂缝发育的层段射孔或者对其压裂造缝，在开发过程中改造基质的渗流能力，这些都是高效开发火山岩气藏的有效手段。

（4）在含水火山岩气藏中，当裂缝和基质并联时，裂缝含水饱和度的变化幅度明显大于基质的含水饱和度变化幅度，基质中气体的流速占整个并联系统的比重很小，裂缝中的气体可以看成整个系统的流速，其流速随着含水饱和度的增加而剧烈减小。

（5）在裂缝和基质的串联系统中，基质含水饱和度相对裂缝含水饱和度对系统的流速有更大的影响，是整个系统气体流速的决定性因素；基质供气裂缝排气时，基质含水上升幅度要大一些，其采收率也更大；在相同的基质饱和度情况下，基质供气裂缝排气系统的流速比裂缝供气基质排气系统的流速也要大，所以，基质供气裂缝排气是优选的开发模式。

7.2　渗吸作用下的供排气机理

在低渗透裂缝性油藏中，渗吸过程是水在毛细管力作用下从裂缝渗吸进入含油的基质岩块中，将基质中的原油置换驱替出来，其主要的驱动力是毛细管力。渗吸速度取决于多孔介质孔隙结构、流体性质、流体间及流体与固体之间的相互作用。这些因素包括基岩形状、渗透率、流体黏度、界面张力、润湿性及边界条件等。在低渗透油藏中，裂缝、微裂缝比较发育，因此开发过程中毛管力渗吸作用比较明显[122~127]。

渗吸作用又分自发静态渗吸和动态渗吸两种。自发静态渗吸主要受润湿性和喉道半径的影响，喉道半径越小，毛管力越大，对湿相流体的作用就越强。由于低渗透砂岩岩心渗透能力主要受喉道控制，渗透率小于 1mD 的岩心采收率要低于渗透率较高的岩心，喉道的大小程度控制着渗透能力的好坏，孔隙中的油主要通过不同半径的喉道间的毛管力产生的压差采出。喉道半径越小，贾敏效应越显著，更容易达到平衡状态，停留在孔隙中的油便不能采出。活性水、化学剂溶液等因较大幅度地降低了界面张力而使采收率显著提高，界面张力的降低可以使活性水进入更小的孔隙，在达到平衡时可以驱出更多的油，从而提高了采收率[128]。

动态渗吸是由于低渗透裂缝性油藏中裂缝的导流能力高，裂缝与基质之间产生了流体的交渗流动。在压力梯度作用下，水在裂缝内流动，同时由于毛细管力作用，水渗吸到基质内，渗吸到基质中的水将油替换出来渗流到裂缝中，注入水再将裂缝中的油驱替到出口端，这就是流体在裂缝与基质之间的交渗流动过程[129]。

自 20 世纪 50 年代以来，润湿相流体在多孔介质中依靠毛管力作用置换非润湿相流体的渗吸驱油机理及规律引起了人们的注意。Aronofsky 等[130]首先导出了渗吸驱油指数关系式方程；Rapoport[131]提出渗吸驱油准则；Graham[132]和 Mannon[133]先后用三角形和方块模型完成了渗吸实验研究；Mttax[134]和 Parsons[135]进行了底水上升渗吸实验，获得了采收率与无因次时间的关系曲线；Parsons[135]和 Iffly[136]用称重法和毛管法完成了淹没渗吸实验，发现淹没渗吸驱油实验结果与底水上升实验结果具有一致性。这些实验研究结果为裂缝性油藏合理的注水开发方式提供理论依据和技术支撑。近年来，国内外在理论研究方面都取得了很大进展[129~137]。

在国内，华北油田勘探开发研究院和成都理工大学是较早研究渗吸现象与过程的，用小岩心介质作自发渗吸实验。由于光刻模型具有非常直观的优点，用它作自发渗吸驱油的实验，能更清楚地了解双重孔隙介质的自发渗吸驱油机理，因此，近年来国内外许多学者逐渐用比较先进的光刻孔隙模型进行水驱油机理的研究。曲志浩教授对火山岩孔隙介质的自发渗吸驱油做过相关实验研究，研究结果表明：水在孔道中自发渗吸驱油有活塞式和非活塞式两种方式。在活塞式渗吸驱油过程中驱油比较彻底，因为水在孔道中均匀推进，而在非活塞式驱油过程中因为含有较多的残余油而使自发渗吸驱油效率低下，因为在这一过程中水沿孔道边缘前进，将原油从孔道中央排出。由于孔隙结构的不同，逆向渗吸驱油的形式有两种：一是水从孔道细端吸入将原油从孔道粗端排出；二是在较粗的孔道中，水从边缘夹缝吸入将油从孔道中央排出。此外，他对介质表面润湿程度对自发渗吸驱油的影响也做了相关研究，研究表明：活塞式驱油容易发生在孔隙尺寸较小的储层中，因而储集层中喉道和基质微孔隙的水驱油是活塞式的，非活塞式水驱油则主要发生在孔隙中，它是残余油形成于孔隙的重要原因之一[138~140]。

朱维耀等[139]的研究表明：介质润湿性对渗吸程度的影响较大。一般而言，水湿程度越强其渗吸强度也越大；强亲水的砾岩低孔低渗油藏岩心渗吸速度快，渗吸采收率高，中-弱亲水的细-粉砂岩岩心渗吸速度较慢，渗吸采收率较低，而亲油性细-粉砂岩岩心未见渗吸发生。陈淦等[141]研究发现，影响渗吸的主要因素有：①岩样的润湿性，岩石润湿性主要受油层岩石表面性质、流体性质以及岩石中流体分布状态三种因素控制；②岩石物性，当渗透率小于 $0.01 \times 10^{-3} \mu m^2$ 时，该岩石没有渗吸能力；③岩石的非均质性。

对裂缝性低渗透油藏而言，水驱初期，驱替作用为主，渗吸作用较弱；水驱中期驱替和渗吸都起作用；水驱后期和末期，随着驱替过程的进行，渗吸作用逐渐增加。即在驱动力的作用下水主要进入较大的毛细管孔道，随着驱油过程的进行，大毛细管中的油越来越少，靠毛管力渗吸采油的作用逐渐增加，注入水通过渗吸作用自主的波及，进入基质岩块，而原油则在毛管渗吸或重力强制渗吸的作用下被驱替出来[138]。

本节主要是将岩石力学中的压裂、常规油层物理中的驱替实验及核磁共振等技术手段结合起来，利用岩心模拟出裂缝性气藏中水由于毛管力渗吸的过程，得出火山岩气藏中渗吸过程的影响因素及渗吸过程在气藏开发过程中的作用。

7.2.1　渗吸原理

水驱气产生动态渗吸的过程大体上分为两个阶段。在第一个阶段，地层压力的下降破坏了毛细管压力的平衡状态，由于地层压力（包括裂缝、孔隙中的压力）的下降和毛细管力的作用，水在毛细管渗吸作用下驱替岩块孔隙中的天然气，对于裂缝孔隙介质，当水还没有完全包围岩块，气体被驱替至尚未水淹的裂缝中，此时发生顺向毛细管渗吸，当孔隙岩块被水包围，气体被驱替至已被水淹的裂缝时，则产生逆向毛细管渗吸。在这一驱替过程中，含气饱和度是这一过程和各带界面的函数，含气饱和度的大小主要取决于水的运动速度和压力梯度，当含气饱和度从原始的含气饱和度降到临界饱和度时，在临界饱和度下，水只呈毛细管渗吸状态。在第二阶段，依靠水动力作用，水在压力梯度的作用下驱替裂缝中的天然气，其饱和度由临界饱和度变为残余气饱和度[142]。

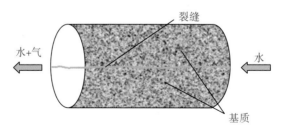

图 7.22　裂缝与基质交渗流动物理模型示意图

本实验方法是利用核磁共振技术对不同孔道半径内水的 T_2 弛豫时间的不同，判别出哪些孔道半径范围的水是由驱替作用形成的，哪些是由渗吸作用形成的。以实验岩心为例，动态渗吸过程由两个过程组成，一方面在压差作用下水在裂缝中有驱替作用，另一方面裂缝中的水由于毛管力产生渗吸作用。从动态渗吸实验结果的

T_2 谱对比图(图 7.23)来看, 此次动态渗吸过程中驱替效率为 38.29%, 渗吸效率为 9.62%。其中渗吸过程与驱替过称的界限则由离心实验来确定, 通过离心实验得到岩心的可动水下限值, 再通过这个下限值计算出对应的 T_2 弛豫时间。

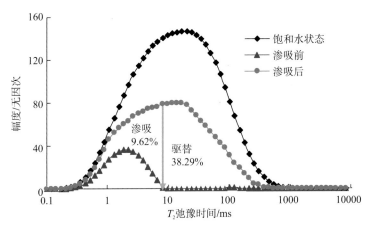

图 7.23　实验岩心渗吸结果分析图

7.2.2　实验流程及步骤

1. 实验样品

本实验共取火山岩气藏岩心 7 块, 岩心水测孔隙度为 4.47%~10.20%, 气测渗透率为 $(0.01 \sim 0.92) \times 10^{-3} \mu m^2$。

2. 实验流程

根据研究动态渗吸过程的实验目的设计了如下实验流程图(图 7.24):

图 7.24　核磁共振研究渗吸过程实验流程图

实验流程:首先根据实验目的选出合适的岩心;人工压裂造缝是因为天然岩心中很难找出合适的裂缝基质储层结构, 只有人工压裂才能得到合适的裂缝基质储层结构;气驱过程是为了造不同的含水饱和度状态(包括束缚水状态);核磁共振是检测岩心中水的含量与分布, 通过对比岩心在不同处理条件下的核磁共振 T_2 图谱得出渗吸作用形成的含水率的变化来分析渗吸作用的影响因素。

利用岩心模拟气藏的动态渗吸过程具有很大的难度, 主要表现在:

(1)油水动态渗吸过程中, 模型饱和油水后可以自由移动, 在常压和敞开状态下，油水不会流出损失，而模型饱和气以后则没有如此优点。

（2）在驱替实验过程中，水驱油模型的出口端可以敞开通大气，就像进行常规的渗透率测定一样，而水驱气模型则不能。一旦水驱气模型出口端通大气，气体则会立即释放。因此水驱气模型在实验过程中出口端必须加回压，因此实验流程技术要求高得多。

（3）水驱油过程中，由于油水色差较大，油水及其界面容易观察。而水驱气模型中，水、气及模型三者之间的色差较浅，气体始终是透明的，因此流动界面不易观察，只能靠核磁共振 T_2 图谱来判断渗吸量的大小。

3. 实验步骤

（1）选出合适的岩心；

（2）使用 C 型 CARVER LABORATORY PRESS 仪器将压力加到 1500～2500psi，将岩心压裂成两部分，然后将岩心合并放在岩心夹持器中，加上 30MPa 左右的围压放置 10 小时；

（3）按油层物理实验要求烘干饱和岩心（对于干岩心实验不需要饱和）；

（4）测出岩心饱和状态下的核磁图谱；

（5）将岩心放入岩心夹持器中，加 5MPa 的围压，1MPa 的驱替压力用加湿 N_2 驱替岩心至束缚水状态；

（6）测出岩心在束缚水状态下的核磁图谱；

（7）将岩心两端粘上防水胶布只露出裂缝的痕迹，放入连接了 100DM 型 ISCO 泵 的岩心夹持器中用某一恒定流速驱替岩心，模拟动态渗吸过程；

（8）测出不同注入体积倍数下的岩心的核磁图谱；

（9）比较每次所测的核磁图谱，得出岩心中水的分布状态的变化。

7.2.3　实验结果分析

1. 驱替速度的影响

图 7.25 是束缚水条件下，不同注入速度下注入体积倍数与岩心含水饱和度的关系图。由图 7.25(a)可以看出，随着注入速度的增加，最终含水饱和度是呈先增大后减小的趋势，但从图 7.25(b)可以看出在 0～5 倍注入体积时，注入速度越慢，岩心含水上升的速度越快，这是因为在小的注入体积倍数过程中，液体首先填充的是大孔道，在小的注入速度下液体能充分填充。但随着注入倍数的增加，驱替作用减弱，渗吸作用增强，此时液体由于毛管力的作用吸入小喉道，将小喉道内的气体挤入裂缝，挤出的气体再由裂缝内的驱替液体排到井筒。所以后

期渗吸作用更加明显，在小的注入速度下被挤出的气体得不到充分的驱替，在大的流速下没有充分液体接触小喉道，小喉道的毛管力渗吸不充分，因此得不到足够的渗吸气体，所有只有在合适的流速下渗吸作用和驱替作用达到平衡时才能实现渗吸效率的最大化。由图 7.26 可以看出，实验中在注入速度为 0.04ml/min时，渗吸效率达到最大值。

图 7.27(a)是岩心在不含水条件下，不同注入速度下注入体积倍数与岩心含水饱和度的关系图。由图可以看出，进水速度越慢，岩心含水上升的速度越快，其最终含水饱和度也越高。而且由图 7.27(b)可以看出：从刚开始注入(注入流体体积倍数小)的情况下，小流速条件下的含水饱和度比大流速的含水饱和度高。这是因为在干岩心条件下，注入速度越慢，小孔道接触液体的时间越长，岩石发生渗吸作用的强度就越大，参与渗吸的小孔道的数量也越多，所以最终的含水率也越高；当注入速度越大时，岩石和液体接触的时间就越少，能产生渗吸的小孔道的数量也越小，所以最终的含水饱和度也越低。这表明干气藏进水过程中，含水上升速度越慢，气藏中被驱替和渗吸出来的天然气越多，其残余气饱和度越低。

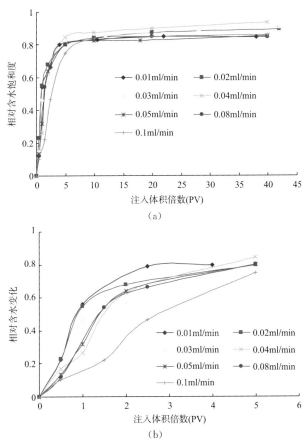

图 7.25　束缚水条件下注入体积倍数与含水饱和度关系图

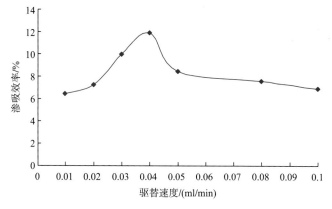

图 7.26 驱替速度与渗吸效率的关系

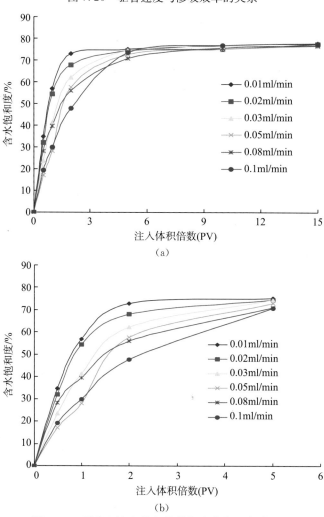

图 7.27 干岩心注入体积倍数与含水饱和度关系图

2. 初始含水饱和度的影响

图 7.28 是同一岩心不同初始饱和度条件下与最终渗吸效率之间的关系图。由图可以看出，随着初始含水饱和度的增加渗吸效率逐渐降低，含水饱和度为 0~40% 时，渗吸效率下降缓慢，当含水达到 70%~80% 后，渗吸效率小于 4% 而且呈急速下降的趋势。这主要是因为含水上升初期阶段主要以驱替作用为主，渗吸作用不明显，此阶段渗吸效率随含水饱和度的增加变化比较缓慢；在高含水阶段，液体岩石的接触时间增加了，但气液交换空间变小，驱替作用减弱，渗吸作用减弱，所以含水达到 80% 以后渗吸效率很低，而且随含水饱和度增加而产生的变化幅度也很小。

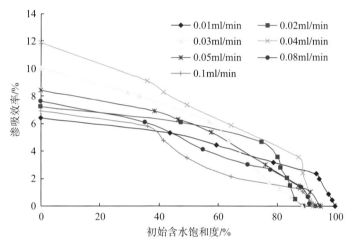

图 7.28　初始含水饱和度与渗吸效率关系图

3. 不同渗吸状态的影响

表 7.2 与图 7.29 显示不同岩心不同状态下的渗吸效率，从中可以看出：同一岩心中干岩心的静态渗吸效率最大，其动态渗吸效率次之，束缚水条件下岩心的渗吸效率最低；由于在实际的生产情况下几乎没有静态渗吸作用，同一干岩心的动态渗吸可以看成实际条件下的渗吸作用上限值；同一条件下不同岩性的渗吸效率也不一样，熔结角砾岩、熔结凝灰岩的渗吸效率相对比球粒流纹岩、晶屑凝灰岩大。

表 7.2　不同岩性岩心的渗吸效率表

井号	岩心编号	岩性	井深/m	孔隙度/%	渗透率/$(10^{-3}\mu m^2)$	渗吸效率/%		
						含水岩心动态渗吸	干岩心动态渗吸	干岩心静态渗吸
徐深 9-1	c207	球粒流纹岩	3718.90	10.2	0.03	6.67	7.38	8.58

井号	岩心编号	岩性	井深/m	孔隙度/%	渗透率/($10^{-3}\mu m^2$)	渗吸效率/%		
						含水岩心动态渗吸	干岩心动态渗吸	干岩心静态渗吸
徐深 1-304	c252	晶屑凝灰岩	3470.05	9.52	0.17	6.67	7.46	8.96
徐深 6-105	c255	熔结角砾岩	3476.86	6.87	0.02	11.47	14.14	16.56
徐深 1-101	c257	熔结凝灰岩	3513.24	6.63	0.01	11.16	14.96	15.16

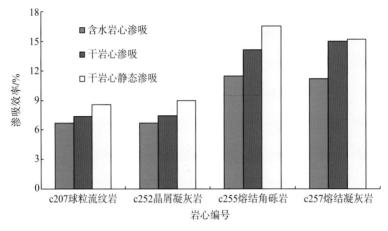

图 7.29　不同岩性岩心的渗吸效率

4. 不同驱替条件的影响

同一岩心在不同的驱替条件下其产生的渗吸效率也是不一样的。驱替条件一：端面封闭最佳流速通过，是指在岩性断面的非裂缝区域涂上防水胶布，以最佳流速均匀通过岩心模拟由裂缝壁面上的喉道产生的渗吸。驱替条件二：端面封闭初期快速通过，是指在有胶布涂在岩心非裂缝区域的情况下先以较大的驱替压力让流体快速通过裂缝，待出口端见水后立即转以最佳流速恒速驱替相同体积倍数。驱替条件三：端面开启最佳流速通过，是指取消出口端的防水胶布，让岩心的进口端全面进水，岩石喉道在压差和毛管力的共同作用下含水上升。由图 7.30 和图 7.31 可以看出，在端面开启并以最佳流速注入的情况下岩心的最终含水饱和度和渗吸效率都是最高的，这是因为其小孔道内的含水是由驱替和渗吸两种作用共同形成的，因此，这可以认为是束缚水条件下渗吸效率的上限值；而端面封闭以最佳流速均匀通过的情况下小孔道内的水基本是由毛管力产生的渗吸作用形成的；在端面封闭但初期让水快速通过的条件下其最终含水和渗吸效率是最低的，在这一过程中，实验初期阶段的水的快速通过减少了流体与岩石壁面的接触时间，减少了初期渗吸作用的时间，降低了渗吸效率。

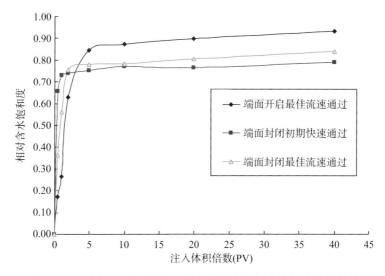

图 7.30　不同驱替条件下注入体积倍数与相对含水饱和度的关系

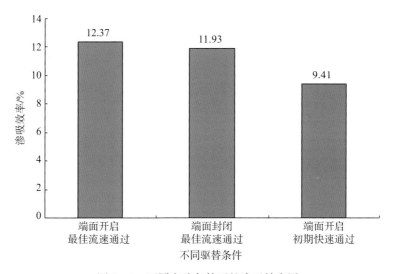

图 7.31　不同实验条件下的渗吸效率图

7.2.4　小结

（1）干岩心条件下的渗吸效率随驱替速度的增大而减弱，束缚水条件下的渗吸效率随着驱替速度的增大呈先增大后减小的趋势，在驱替速度为 0.04ml/min 时达到最大值，随着初始含水饱和度的增加渗吸效率减小，渗吸作用在高含水阶段比较微弱。

（2）同一岩心中干岩心的静态渗吸效率最大，其动态渗吸效率次之，但这可以视为实际生产过程中渗吸效率的上限值，束缚水条件下岩心的渗吸效率最低。

7.3　扩散作用下的供排气机理

天然气扩散属于分子扩散，是种普遍的物理现象。在常温常压的空气介质中，天然气分子由于自身具有一定的能量使分子处于永不停歇的状态中。分子在运动过程中发生碰撞，同时发生动量和能量的交换。若空间各处的天然气浓度均匀，当一定数量的天然气分子沿一定方向发生迁移时必有相同数目的天然气分子沿相反的方向运动；若空间各处的天然气浓度不均匀，天然气则做定向运动，从高浓度区域向低浓度区域运移，直到整个空间的天然气浓度均匀为止[143,144]。

根据分子扩散的基本原理，在地质环境中，只要存在浓度梯度，石油和天然气分子的扩散作用就无时无刻不在进行着，它贯穿于天然气的生成、运移、聚集、保存及开发破坏的整个过程[145]。通过室内实验得出天然气在火山岩中的扩散作用主要受到扩散介质、饱和度、温度及岩石孔隙结构的影响。

7.3.1　实验原理

目前，岩石扩散系数是在实验室内对岩样模拟测试得到的。与许多物理量的测定一样，对扩散系数值不能直接测试，而是间接测定，即先测出在一定时间内通过样品的扩散量或浓度，再由这些实测值并根据 Fick 定律确定或求得天然气的扩散系数[146]。图 7.32 是孔片法测定分子扩散系数的实验装置示意图，溶质分子通过片中的小孔从溶液扩散到

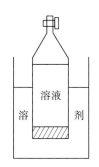

图 7.32　孔片法扩散系数测定原理示意图

溶剂中，孔片的孔径很小。若孔片两端的浓度差是 C，小孔平均长度为 h，则浓度梯度为 C/h。若孔片的有效面积为 A，则由 Fick 定律可以得到

$$D = \frac{h}{AC} \frac{\mathrm{d}n}{\mathrm{d}t} \tag{7.1}$$

或

$$D = \frac{h}{AC} \frac{\Delta n}{\Delta t} \tag{7.2}$$

其中，h/A 不能直接测定，事先需用扩散系数 D 已知的物质进行校正，即从已知的 D 和 C 值计算 h/A，再用未知物做实验，根据浓度随时间的变化求出未知物的 D。

实验中如果浓度变化不大，可用上式求扩散系数 D，式中 C 是平均浓度差，即起始与最后浓度差的平均值，倘若浓度改变很大，应采用下式的积分式：

$$\ln \frac{C_0' - C_0''}{C_t' - C_t''} = B \cdot D \cdot t \tag{7.3}$$

其中

$$B = \frac{A}{h}\left(\frac{1}{V'} + \frac{1}{V''}\right) \tag{7.4}$$

以上两式中，C_0'、C_0'' 分别代表上面浓溶液和下面稀溶液（或溶剂）的初始浓度；C_t' 和 C_t'' 分别是 t 时间上面浓溶液和下面稀溶液的浓度；V' 和 V'' 分别是浓溶液和稀溶液（或溶剂）的体积。

这种方法还可以推广到测定气体通过岩石的扩散系数，假定岩心长度为 Z（而不是孔隙长度），面积为 S（而不是有效面积），则根据下式求得的扩散系数 D 应是有效扩散系数。即

$$D = \frac{\ln \dfrac{C_0 - C_0'}{C_t' - C_t''}}{B \cdot t} \tag{7.5}$$

其中

$$B = \frac{S}{Z}\left(\frac{1}{V'} + \frac{1}{V''}\right) \tag{7.6}$$

有效扩散系数表示天然气分子通过岩石中的孔隙介质和岩石骨架的扩散总和。

测定扩散系数 D 时，可用任何一种浓度单位表示浓度 C，因为 D 的因次（cm^2/s、m^2/s）与浓度单位无关，利用这种方法测定扩散系数，原理简单且分析方法不受限制。

7.3.2　实验内容和方案设计

1. 实验岩样

本实验共取大庆徐深火山岩气藏岩心 10 块，所有岩心水测孔隙度为 $4.77\%\sim12.73\%$，气测渗透率为 $0.002\times10^{-3}\sim0.37\times10^{-3}\mu m^2$，如表 7.3 所示。

表 7.3　岩石物理性质测试报告

井号	样品编号	井深 /m	岩性	孔隙度 /%	气测渗透率 /($10^{-3}\mu m^2$)
徐深 14	19—49	3802.47	流纹岩	4.77	0.002
徐深 13	176A	3959.75	浅灰绿色流纹岩	8.48	0.050
徐深 13	180A	3806.62	灰色流纹岩	12.73	0.370

续表

井号	样品编号	井深/m	岩性	孔隙度/%	气测渗透率/($10^{-3}\mu m^2$)
徐深 1-101	c260	3767.89	灰色流纹岩	7.85	0.010
徐深 301	84-1	3945.03	灰色碎裂球粒流纹岩	8.09	0.070
徐深 21-1	c265	3747.80	绿灰色流纹质熔结角砾岩	7.44	0.020
徐深 8-1	199A	3694.46	绿灰色流纹岩	7.63	0.020
徐深 1-4	194A	3490.26	灰色流纹质晶屑凝灰岩	6.36	0.020
徐深 1-304	3-14	3567.48	火山角砾岩	4.48	0.020
徐深 6-108	211-33	3632.32	凝灰岩	6.49	0.030

2. 实验装置

扩散系数实验的装置有:

(1)TK-1 型天然气扩散测量装置主体系统;

(2)恒温系统;

(3)围压系统;

(4)平衡室调节系统;

(5)取样系统;

(6)BH-2 型真空加压饱和装置;

(7)气相色谱分析仪。

目前,国内外对天然气的扩散系数测定实验均是在常温常压下操作的,得到的扩散系数即为常温常压下的数据,不能客观反映天然气在地层条件下的扩散能力。本次实验所用的仪器在这方面有较大的改进,可以在较高温度、较高压力下测量岩石的天然气扩散系数。由于压力太高会使气体在压力作用下突破岩石,或从岩心和胶皮筒之间渗过,这样会造成扩散系数失真。对此,实验之前在两个气室的其中一个加入一定压力的气体,另一室抽真空,当气体压力超过 3MPa 时,抽真空的另一气室真空度会慢慢下降(真空表慢慢下降),而且气体压力越高,下降速度越快,说明气体已从岩心与胶皮筒接触处慢慢渗过,压力越高,渗透越快。根据多次实验经验得到,将控制围压大于等于 3 倍平衡室气体室压力即可,平衡室气体压力一般调整在 3MPa 左右。温度与压力的大小则可按实际要求设定。

实验所用的岩心(直径为 25.4mm)不能太薄,若太薄岩心易被压碎,气体也容易突破岩石;岩心也不能太厚,若太厚,气体扩散速度很慢,实验需用时间过长。因此,一般岩心厚度控制在 1.5cm 左右(一般根据待测岩心样品的孔渗值大小确定加工规格)。实验时间也不宜过长,因为时间太长,岩石中饱和的水会慢慢蒸发掉,影响实验精度,一般实验时间为十天左右(按扩散时间,适宜地取气样进行气相色谱分析，如未有扩散则继续进行实验，直到扩散完成）。

实验操作方便，测定扩散系数需要测定天然气的浓度，我们只要测定实验前后的气体浓度（初始浓度和终止浓度）就可以求得扩散系数，在实验过程中，始终保持气室中的压力不变，使扩散系数测定的人为误差减少。前人测定扩散系数时，需检测气体浓度的变化，即在实验过程中，相隔某一时间测定两个气室的浓度，这样会产生很大的误差，这是因为每次取气体检测浓度时，气室中的压力会下降，气体前后发生变化，必然会影响扩散系数的实验精度。

3. 实验流程

天然气扩散系数测定实验流程如图 7.33 所示，步骤如下：

(1) 首先将岩心根据孔渗值的大小，加工成适宜的待测规格，如果是油岩要先进行洗油工作。

(2) 将加工好的岩样与饱和的水型分别放入抽空容器中，连续 48 小时的抽空要完全达到真空状态，然后将抽空的地层水溶液吸入到真空状态下的岩心饱和室，注满后由自动高压真空饱和装置进行加压至 30MPa，在此压力下连续饱和 72 小时即可达到完全饱和。

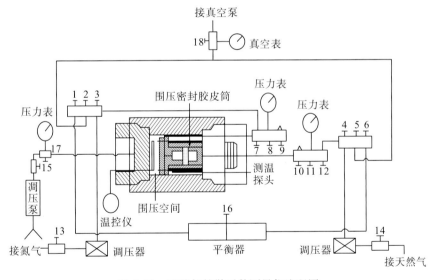

图 7.33 天然气扩散系数测量仪流程图

(3) 取出待测试样装入主岩心室，安装好气体平衡室，然后对该装置进行抽空，完全抽空后，将高纯氮气、甲烷气分别放入两侧的气体容器内，调节到相同的压力值，调好后，将两侧的气体同时放入到两侧的平衡室，待稳定后，将两气体室的高压阀门关闭，这样做可以保证两平衡室的压力一致。扩散开始进行，在一定的时间间隔内取部分气样（取完样后还要调整到原设定的扩散压力），送检，如扩散完成则取出岩样进行下一块的测量，如扩散未完成，则岩样不取出继续进行直到扩散完成。

（4）对每一块气相色谱曲线进行相应的气体浓度的校定。

（5）进行扩散系数的计算和制表。

7.3.3　实验结果及影响因素分析

天然气在地下岩石中的扩散主要通过以下三种途径：第一种是岩石固体骨架空间，固体分子间结合能力强，其扩散能力弱，天然气分子在其间的扩散速度慢；第二种是含水孔隙空间，液体分子间的结合能力较弱，其扩散能力较强，气体在液相中的扩散速度比在固相中快；第三种是不含水孔隙空间，这相当于天然气在气相空间中的扩散，气体分子间孔隙大，扩散能力强，气体在其中的扩散速度快[84]。根据实验结果分析得出：天然气在火山岩气藏中的扩散主要受扩散介质、岩石含水饱和度、温度及岩石孔隙度的影响。

1.　扩散介质

一般说来，相同温度条件下同一砂岩岩样当岩石处于干样、饱和水和饱和盐水的情况下，甲烷的扩散系数是依次降低的。这是因为气体在空隙、蒸馏水介质和饱和水介质中的扩散速度是依次减小的，这说明扩散介质对气体的扩散是有影响的。气体在扩散过程中要接触到多孔介质中的固相和液相介质，其中固相介质是很重要的一个组成部分。图 7.34 是不同岩性具有相同孔渗结构的相同尺寸岩样在相同温度，在饱和相同盐水的情况下测得的扩散系数。实验结果表明五种不同类型的火山岩的扩散系数由大到小依次为：流纹岩、凝灰岩、晶屑凝灰岩、火

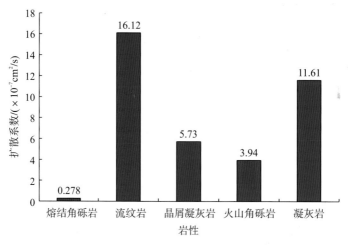

图 7.34　不同火山岩岩性与扩散系数关系图

山角砾岩、熔结角砾岩。这与各岩性岩样自身的结构特点有关，流纹岩气孔及微裂缝发育，连通性好，扩散阻力小，扩散系数大；其次是凝灰岩；熔结角砾岩中几乎不发育微裂缝，孔隙连通性差，扩散阻力大，扩散系数小。

2. 岩石含水饱和度

图 7.35 是在相同温度下，两块相同的流纹岩岩样在不同饱和度下测得的扩散系数。实验结果表明：饱和度对火山岩扩散系数的影响很大，当含水小于 40% 时，随着含水饱和度的增加扩散系数急剧下降；火山岩的束缚水饱和度为 40% 左右，当含水小于 40% 时天然气主要在不含水的孔隙空间即气相空间内扩散，含水量的增加减少了扩散的气相空间途径，所以在这段含水区间内气体的扩散阻力小，其扩散系数大，受含水量的影响也大，随含水的上升扩散系数下降的幅度大；当含水在 40%~60% 时，天然气分子主要在含水孔隙空间和少量不连续不含水孔隙空间即液相空间和不连续的气相空间中扩散，气相扩散空间的连续性被打断，气体的扩散阻力逐渐增大，扩散系数较小；当含水大于 60% 时，扩散主要在含水孔隙空间和岩石固体骨架即液相和固相中进行，气体在其中的扩散阻力大，其扩散系数小。

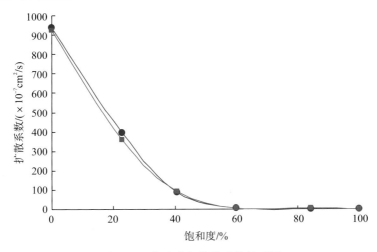

图 7.35　饱和度与扩散系数关系图

3. 温度

扩散作用是分子热运动的结果，所以温度对扩散系数的影响很大。Kross 等分别在 30℃、50℃ 和 70℃ 下测定了六种烃类通过砂岩的扩散系数，发现扩散系数随温度的增高而明显增大，70℃ 时的扩散系数值一般比 30℃ 时的扩散系数值高 10 倍[147]。

从火山岩的温度与扩散系数关系图(图 7.36)中发现扩散系数随温度的增高

几乎没有变化，平均扩散系数大小为 $3.6 \times 10^{-5}\,cm^2/s$。这是因为在火山岩气藏中存在两种赋存状况：游离水和水蒸气。水蒸气含量的多少与气藏的温度有关，温度越高，水蒸气的含量越高[86]。在超过 $100\,℃$ 时，气体在岩样中的扩散受水相的影响很小了，相当于气体在气相空间中的扩散，一方面温度升高气体的动能增大，扩散能力变强，另一方面温度越高岩石中水蒸气的含量越高，气体分子的扩散阻力越大，所以最终表现为在这一段温度范围内扩散系数与温度变化的关系不大。

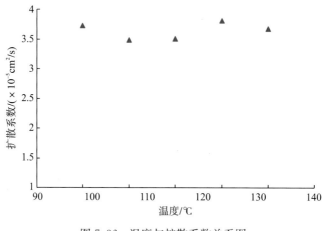

图 7.36　温度与扩散系数关系图

4. 岩石的孔隙度

由于气体分子在气相、液相中的扩散系数远比在固相中的扩散系数大，因此，天然气通过岩石的扩散作用主要是由天然气通过岩石孔隙空间扩散贡献，孔隙体积越大，扩散阻力越小，扩散系数越大。火山岩的孔隙度与扩散系数关系（图 7.37）表明：火山岩的扩散系数与其孔隙度有着正相关关系，随着孔隙度的增大，扩散系数有增大的趋势，但没有明显的函数关系。这主要是因为火山岩储层有着不同于砂岩储层的孔隙结构，非均质性强，火山岩储集层一般以次生孔隙为主，主要为气孔、溶蚀孔和微裂缝，裂缝发育，而且是不均匀地分布在火山岩储集层中[148,149]。相同的孔隙度可能由不同的空隙空间类型组成，有的以原生结晶孔为主，有的以气孔、溶蚀孔为主，有的则以微裂缝为主，微裂缝对气体扩散过程的影响是显著的，相同孔隙度的岩心中以微裂缝为主的岩心的扩散系数最大，以气孔、溶蚀孔为主的次之，以原生结晶孔为主的最小，所以火山岩岩石的扩散系数与孔隙度没有明显的数学关系。

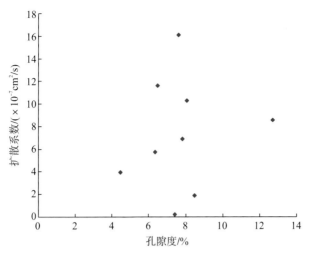

图 7.37　孔隙度与扩散系数关系图

5. 火山岩与泥岩扩散系数的比较

从本次实验中测得的数据来看，在常温（20℃）下测得的甲烷在火山岩岩心的扩散系数在 $10^{-7}\,cm^2/s$ 这个数量级，在 $100\sim140℃$ 的条件下甲烷在火山岩岩心的扩散系数在 $10^{-5}\,cm^2/s$ 这个数量级。通过文献调研发现在 12℃、38℃ 条件下测得甲烷在泥岩的扩散系数都在 $10^{-7}\,cm^2/s$ 数量级，在 50℃ 条件下测得甲烷在泥岩的扩散系数在 $10^{-6}\,cm^2/s$ 数量级[89~91]。由上可见，甲烷气体在火山岩和泥岩中的扩散能力相差不大。

7.3.4　小结

（1）天然气在火山岩气藏中的扩散主要受扩散介质、岩石含水饱和度、温度及岩石孔隙度的影响。流纹岩中气孔、微裂缝发育，扩散系数最大，熔结角砾岩基本不发育次生孔隙结构，扩散系数最小；扩散系数随着含水饱和度的增大而减小；在超过 100℃ 的火山岩储层中，扩散系数与温度的关系不大；由于火山岩气藏本身的结构特征使得扩散系数与岩石的孔隙度没有明显的正相关的函数关系。

（2）通过对比可以发现，在常温下甲烷气体在火山岩和泥岩中的扩散能力相差不大，都在 $10^{-7}\,cm^2/s$ 这个数量级。在徐深火山岩气藏的气藏条件下的扩散系数在 $10^{-5}\,cm^2/s$ 数量级，这主要是受到温度的影响。

7.4　压实作用下的供排气机理

压实作用是指随着火山岩气藏的开发，储层中气体随着裂缝排入井筒，储层内的流体压力会随之而降低，使储层岩石和储层中的流体受到更大的净有效应力。因此随着流压的降低，一方面由于储层岩石受到的净有效应力的增加而发生孔隙体积变小，另一方面，由于气体的体积系数变小而有更多的气体发生膨胀流到井底，则由压实作用排出的气体体积等于储层岩石孔隙体积的变化量加上气体本身体积的变化量。

7.4.1 实验内容和方案设计

1. 实验样品

本次实验所用样品均取自大庆油田徐深区块，全直径火山岩岩样 15 个。所有岩样孔隙度为 $5.55\% \sim 16.61\%$，空气渗透率为 $(0.0115 \sim 3.1500) \times 10^{-3} \mu m^2$。测试样品基础物性参数见表 7.4。

表 7.4 岩石物理性质测试报告

井号	样品编号	井深/m	岩性	长度/cm	直径/cm	孔隙度/%	渗透率/($10^{-3}\mu m^2$)
徐深 901	19	3860.07	灰白色流纹岩	9.927	10.060	9.80	0.018
徐深 902	4	3754.57	灰白色流纹岩	9.975	9.992	14.21	0.040
徐深 301	33	3910.57	灰白色碎裂流纹岩	9.982	10.471	5.55	0.020
徐深 301	53	3945.03	灰色碎裂球粒流纹岩	9.463	10.471	8.77	0.128
徐深 14	11	4153.74	灰色流纹岩	9.920	10.021	6.49	0.030
徐深 1-101	67	3572.66	熔结火山角砾岩	10.020	10.042	12.88	1.770
徐深 1-304	61	3607.74	火山角砾岩	10.077	9.968	8.59	0.012
徐深 1—304	72	3613.78	流纹质晶屑熔结凝灰岩	10.147	9.969	9.10	0.066
徐深 6-105	45	3482.03	含角砾晶屑凝灰岩	10.091	10.420	6.12	0.012
达深 4	9	3266.14	玄武岩	9.944	10.083	16.61	0.963
徐深 14	3	3782.66	灰色流纹岩	9.915	10.094	8.10	0.016
徐深 14	4	3784.86	灰色流纹岩	9.892	10.094	10.35	0.039
徐深 14	5	3787.38	灰色流纹岩	9.910	10.094	12.53	0.126
徐深 14	6	3806.62	灰色流纹岩	9.900	10.094	14.58	3.150
徐深 14	补 1	3805.76	绿灰色流纹岩	9.899	10.094	15.06	1.890

2. 实验流体

实验流体是氮气和模拟地层水。水驱气相对渗透率测试时，注入氮气的黏度为 0.0178mPa·s，饱和水的密度为 1g/L，饱和水的黏度为 1.27mPa·s，饱和水的矿化度为 10000mg/L。

3. 实验仪器及实验流程

由于本次实验是针对全直径岩心，工作介质是气体，并且要求在同一上覆岩层压力下测定渗透率和岩石孔隙体积压缩系数，这样，常规仪器是无法完成测试要求的，所以本实验采用两套仪器组合测定——美国岩心公司出品的全直径岩样油水相对渗透率仪和气体孔隙度测定仪，流程图如 7.38 所示。

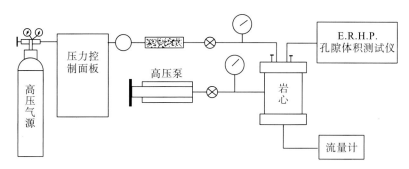

图 7.38　岩石孔隙度、压缩系数测试流程图

实验温度：室温（测定孔隙度和压缩系数时）、145℃（测定渗透率时）；使用气体：氮气。

4. 实验方案

在岩心夹持器内建立两个相互独立的静水压力系统，即围压和内压。其中围压模拟地层岩样所承受的上覆岩石所产生的覆盖压力，内压则模拟油（气）藏流体的压力。在测定时，扩大内压系统的体积，使内压降低，根据体积的增大量及传压介质的弹性膨胀量，计算出由内压降低引起的岩石孔隙收缩量，根据公式计算出岩石的孔隙度。

7.4.2　实验结果分析

1. 孔隙度与净上覆岩层压力之间的关系

净上覆岩层压力指上覆岩层压力与储层孔隙压力之间的差值。在油气田的开采过程中，随着储层中流体的产出，储层孔隙内的流体压力将不断地降低，因而净上覆岩层压力是随着孔隙压力降低而增加的。

净上覆岩层压力的增加，不断改变着储层岩石的受力状态。根据岩石力学理论，从一个应力状态变到另一个应力状态必然要引起固体物质的压缩或拉伸，产生变形。储层岩石的变形主要表现为孔隙和岩石骨架的压缩和拉伸。一般来说，岩石骨架的变形非常微小，因而可以忽略不计，但储层岩石孔隙的变形随净上覆岩层压力的变化还是比较明显的，不能忽略不计。

根据上述原理，对选取的 10 块全直径火山岩岩石样品做升压实验分析，得到在实验室温度、不同净上覆岩层压力下储层岩石孔隙度的变化值，并作出储层岩石孔隙度变化与净上覆岩石压力之间的关系图。

从孔隙度与净上覆岩层压力之间的关系图上可以看出，随着净上覆岩层压力的增加，孔隙度具有明显的下降趋势。具体表现在：对于那些全直径砾岩岩样随着净上覆岩层压力的升高，岩石的孔隙度开始缓慢下降，且呈幂函数关系下降。

通过曲线拟合分析，全直径火山岩岩样孔隙度与净上覆岩层压力之间的变化关系满足幂函数关系：

$$\varphi = f(\Delta p) \tag{7.7}$$

$$f(x) = ax^{-b} \tag{7.8}$$

式中，φ 为孔隙度，%；Δp 为净上覆岩层压力，MPa；a，b 为幂函数的系数。

从孔隙度与净上覆岩层压力之间的关系参数统计表（表 7.5）可以看出孔隙度与上覆岩层压力之间有很好的幂函数相关关系，最小相关系数为 0.9451。

如图 7.39 及图 7.40 所示：火山岩岩样随着净上覆岩层压力的升高，岩石的孔隙度开始下降，且当净上覆岩层压力小于 20MPa 时，大部分样品的孔隙度值呈幂函数降低，孔隙度急剧下降；当净上覆岩层压力大于 20MPa 时，大部分样品的孔隙度值随着净上覆岩石压力的增加而呈幂函数降低或呈直线降低，其孔隙度下降程度变小。其原因是：徐深气井位于深层致密气藏，其岩性属于火成岩，岩石密度大，孔隙小，孔隙类型多，结构复杂，开始增加净上覆压力时，岩石变形快，孔隙度变化大；当净有效覆盖压力增大到 20MPa 以后，其孔隙度下降程度变小。

表 7.5　孔隙度与净上覆岩层压力之间的关系参数统计表

井号	样品编号	井深/m	岩性	曲线类型	a	b	相关系数
徐深 901	19	3860.07	灰白色流纹岩	幂函数	16.451	0.0062	0.9696
徐深 902	4	3754.57	灰白色流纹岩	幂函数	14.189	0.0117	0.9931
徐深 301	33	3910.57	灰白色碎裂流纹岩	幂函数	5.5478	0.0093	0.9734
徐深 301	53	3945.03	灰色碎裂球粒流纹岩	幂函数	8.7929	0.0111	0.9968
徐深 14	11	4153.74	灰色流纹岩	幂函数	6.5049	0.0082	0.9964
徐深 1-101	67	3572.66	熔结火山角砾岩	幂函数	12.916	0.0129	0.9915
徐深 1-304	61	3607.74	火山角砾岩	幂函数	8.5445	0.0063	0.9904

井号	样品编号	井深/m	岩性	曲线类型	a	b	相关系数
徐深 1-304	72	3613.78	流纹质晶屑熔结凝灰岩	幂函数	9.0577	0.0112	0.9451
徐深 6-105	45	3482.03	含角砾晶屑凝灰岩	幂函数	6.1378	0.0068	0.9859
达深 4	9	3266.14	玄武岩	幂函数	16.488	0.0027	0.9915

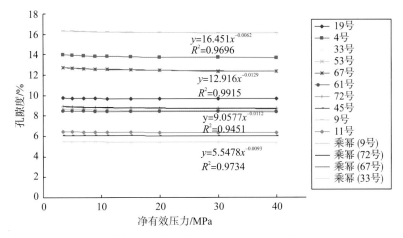

图 7.39　孔隙度与净有效压力关系图

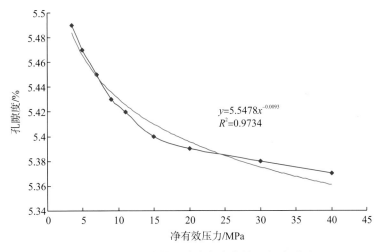

图 7.40　33 号岩样孔隙度与净有效压力关系图

从各岩心孔隙度下降幅度图(图 7.41)可以看出:各岩心孔隙度下降的幅度差别不大,在围压从 3.5MPa 有序上升到 40MPa 的过程中,孔隙度的下降幅度为 1.12%~2.91%,平均下降幅度为 1.93%,而且这个下降幅度与岩心的岩性和初始孔隙度没有明显的相关性。

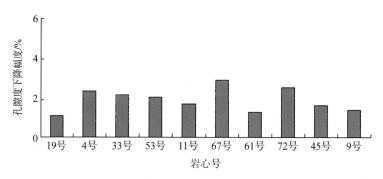

图 7.41　岩心孔隙度下降幅度图

2. 渗透率与净上覆岩层压力之间的关系

在气藏的生产过程中，随着流体的产出，净上覆岩层压力不断升高，储层的孔隙空间受到压缩而使孔隙结构发生改变，主要表现为孔隙、裂缝和喉道的体积缩小，甚至有可能引起裂缝通道和喉道闭合。储层孔隙结构的这种改变将大大增加流体在其中的渗流阻力，降低渗流速度，使油气井的产能下降。

通过 5 块全直径流纹岩样品定流压变围压的实验得到的相关数据，做出渗透率相对值随净上覆岩层压力之间的变化关系图(图 7.42)。从图中可以看出，当净上覆岩层压力增大时，渗透率相对值是随净上覆岩层压力的升高而逐渐降低的，且在净上覆岩层压力开始增大的时候，渗透率相对值下降的幅度最大；随着净上覆岩层压力的进一步增加，渗透率相对值的下降幅度趋向缓和。对这些实验数据进行拟合分析，渗透率相对值与净上覆岩层压力满足如下幂指数关系式：

$$K = a \cdot \Delta p^{-b} \tag{7.9}$$

式中，K 为渗透率，$\times 10^{-3}\,\mu m^2$；Δp 为净上覆岩层压力，MPa；a、b 为回归系数。

从渗透率与净上覆岩层压力回归分析数据统计表(表 7.6)可以看出：渗透率与净上覆岩层压力有很好的幂函数关系，其相关系数都在 0.99 以上。

表 7.6　渗透率与净上覆岩层压力回归分析数据统计表

井号	样品编号	井深/m	岩性	曲线类型	a	b	相关系数
徐深 14	3	3782.66	灰色流纹岩	幂函数	0.1535	0.8219	0.9959
徐深 14	4	3784.86	灰色流纹岩	幂函数	0.2426	0.6671	0.9954
徐深 14	5	3787.38	灰色流纹岩	幂函数	1.4034	0.8519	0.9967
徐深 14	6	3806.62	灰色流纹岩	幂函数	24.837	0.7633	0.9999
徐深 14	补 1	3805.76	绿灰色流纹岩	幂函数	18.912	0.8433	0.9984

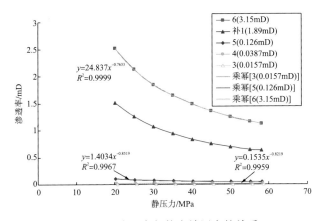

图 7.42　渗透率与静有效压力的关系

　　如图 7.43 所示：在净上覆岩层压力从 20MPa 上升到 58MPa 的过程中，5 块岩心的渗透率下降幅度范围为 48.92%～58.21%，平均降幅为 55.84%。从渗透率下降幅度与渗透率及孔隙度的关系图（图 7.44、图 7.45）可以看出，此过程中渗透率下降幅度与渗透率本身和孔隙度之间没有必然的联系，可能跟岩样本身的力学强度及微观孔隙结构特征有关。

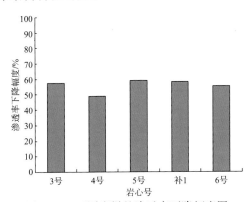

图 7.43　不同岩样的渗透率下降幅度图

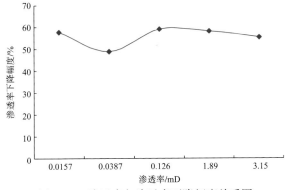

图 7.44　渗透率与渗透率下降幅度关系图

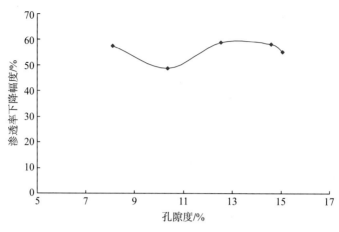

图 7.45　渗透率下降幅度与孔隙度关系图

3. 压实排出气体量的计算

随着流体压力的降低，储层内天然气受到的净有效应力会增大，气体的体积系数随之变小，有更多的气体发生膨胀流到井底。结合西南石油大学油气藏地质及开发工程国家重点实验室测得大庆徐深气田(也是本次实验岩心的来源地)的气体体积系数随净有效应力的变化数据(图 7.46)，计算得到实验岩心压实排出的气体量。从图 7.47~图 7.49 可以看出：随着净有效应力的增加，初期压实作用强，岩石变形量大，压实排气量大，单位净有效应力的气体排出量大，后期压实作用较弱，岩石变形量小，压实排气量小；单位体积储层（cm³）在有效应力从 3.5MPa 增加到 40MPa 时，由于有效应力增大所引起的压实(孔隙变形)和孔隙气体膨胀排出的气体总量为 1.33~1.49ml，平均值为 1.40ml(标准状态下)，约占孔隙体积总含气量的 1.89%。

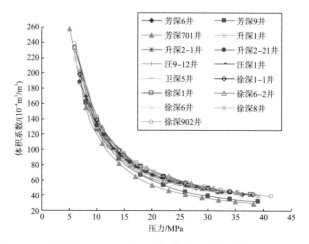

图 7.46　徐深气田 15 口井天然气体积系数与有效应力关系图

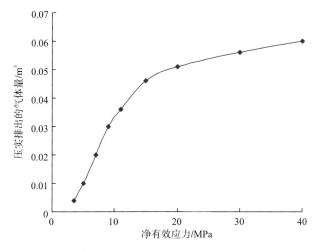

图 7.47　33 号岩心压实排出气体量与净有效应力关系图

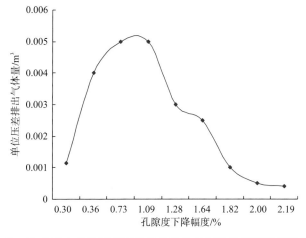

图 7.48　33 号岩心单位压差下排出的气体量与孔隙度下降幅度关系图

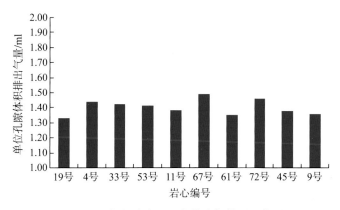

图 7.49　各实验岩心压实排出气体量比较图

7.4.3　小结

（1）孔隙度与上覆岩层压力之间有很好的幂函数相关关系，最小相关系数为0.9451。当净上覆岩层压力小于20MPa时，大部分样品的孔隙度值呈幂函数降低，孔隙度急剧下降；当净上覆岩层压力大于20MPa时，大部分样品的孔隙度值随着净上覆岩石压力的增加而呈幂函数降低或呈直线降低，其孔隙度下降程度变小。在围压从3.5MPa有序上升到40MPa的过程中，孔隙度的下降幅度为1.12%~2.91%，平均下降幅度为1.93%。而且这个下降幅度与岩心的岩性和初始孔隙度没有明显的相关性。

（2）渗透率与净上覆岩层压力有很好幂函数关系，其相关系数都在0.99以上，当净上覆岩层压力增大时，渗透率相对值是随净上覆岩层压力的升高而逐渐降低的，且在净上覆岩层压力开始增大的时候，渗透率相对值下降的幅度最大；随着净上覆岩层压力的进一步增加，渗透率相对值的下降幅度趋向缓和；在净上覆岩层压力从20.5MPa上升到58.35MPa的过程中，5块岩心的渗透率下降幅度为48.92%~58.21%，平均降幅为55.84%。此过程中渗透率下降幅度与渗透率本身和孔隙度之间没有必然的联系，跟岩样本身的组成成分有关。

（3）开发初期压实作用强，岩石变形量大，压实排气量大，单位净有效应力的气体排出量大，后期压实作用较弱，岩石变形量小，压实排气量小；单位体积储层在有效应力从3.5MPa增加到40MPa时，由于有效应力增大所引起的岩石孔隙变形和孔隙气体膨胀排出的气体总量约占孔隙体积总含气量的1.89%。

7.5　供排气主控因素综合分析

在火山岩气藏的开发过程中，储层基质是主要的供气来源，储层裂缝是主要的排气通道，气体在压差作用、渗吸作用、扩散及压实作用下将储层基质中气体供排到井底，然后通过井筒将气体采出。但不是每一类火山岩气藏中气体采出都是在这四种机理的共同作用下完成的，而且每一种机理的贡献大小也不是一样的，比如在不含水的火山岩气藏中就不存在渗吸作用，而不管气藏是否含水，压差作用都是最主要的供排气机理。下面将火山岩气藏分成含水和不含水两类分别讨论其供排气的主控因素。

在不含水的气藏中，供排气的主要控制因素为压差作用。这是因为：第一，气藏不含水就不存在气液之间的交换，所以没有渗吸作用；第二，在徐深火山岩气藏的气藏条件下的扩散系数在$10^{-5}cm^2/s$数量级，这与砂岩气藏成藏时的扩散系数在一个数量级，但就气藏开发的时间与气藏成藏的时间相比可以忽略不计，因此，虽然扩散作用时刻发生着，但是从扩散供排气的贡献量的角度上来讲，扩散作用可以忽略不计；第三，从压实实验的数据来看，在围压从 3.5MPa 有序上升到 40MPa 的过程中，孔隙度的下降幅度为 1.12%～2.91%，平均下降幅度为 1.93%，这个孔隙度的下降幅度可以看成是压实作用在整个气藏开发过程中对供排气的贡献量，从数据上来看也是很小的。

在含水气藏中，供排气的主要控制因素为压差作用与渗吸作用。这是因为：在含水岩心的实验中，以最佳水驱速度 0.04ml/min 驱替时，压差作用可采出 37.77% 的火山岩储层孔隙含气量，渗吸作用可采出约 10.73% 的火山岩储层孔隙含气量。结合前面的压实实验和扩散实验的实验数据计算，在有效应力增加 36.5MPa 时，由于压实作用引起的孔隙缩小和气体膨胀采出单位孔隙内约 2% 的气体体积。在气藏温度条件下，1 年内由于气体扩散作用采出单位孔隙内约 0.12% 的气体体积。通过上述供排气贡献量的对比(图 7.50)得到：压差作用最强，渗吸作用次之，扩散作用最弱。

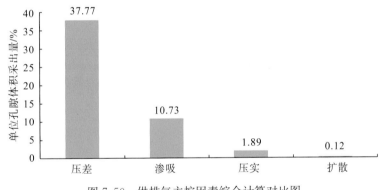

图 7.50　供排气主控因素综合计算对比图

7.6　结论与认识

本章在大量调研火山岩气藏储层结构特点的基础上，通过室内实验研究了火山岩气藏在压差作用、渗吸作用、扩散作用及压实作用下的供排气机理，在实验结果分析的基础上取得了以下认识：

(1)并联实验表明：裂缝是相对于基质的优势通道，裂缝的供排气能力远大于基质的供排气能力；增大压力梯度或渗透率都能提高裂缝和基质的供排气能力；基质和裂缝的级差越小，基质相对于整个系统的供排气能力越强；在火山岩气藏的开发生产过程中尽量做到在裂缝发育的层段射孔并加大生产压差；同时也要考虑到裂缝与基质的渗透率级差问题，小级差，大生产压差才是合适的生产制度。

(2)在串联实验中，研究了裂缝和基质的位置、渗透率对串联系统供排气的影响并考虑了驱替压力对供排气的影响。研究表明：在平面上基质与裂缝的位置对整个系统的供排气能力影响不大；基质的渗透率决定着裂缝和基质组成串联系统的供排气能力，增大基质的渗透率对整个系统的供排气能力的增加效果非常明显。

(3)对于基岩储量占绝对主体地位的火山岩储层，在平面上基质物性好的位置钻井，在纵向上对裂缝发育的层段射孔或者对其压裂造缝，在开发过程中改造基质的渗流能力，这些都是高效开发火山岩气藏的有效手段。

(4)在压差作用下的含水火山岩气藏中，在裂缝和基质的并联系统中，裂缝含水饱和度的变化幅度明显大于基质含水饱和度的变化幅度，基质中气体的流速占整个并联系统的比重很小，裂缝中的气体可以看成整个系统的流速，其流速随着含水饱和度的增加而剧烈减小。

(5)在裂缝和基质的串联系统中，基质含水饱和度相对裂缝含水饱和度对系统的流速有更大的影响；在相同的基质饱和度情况下，基质供气裂缝排气系统的流速要比裂缝供气基质排气系统的流速大，含水上升的速度慢，是优选的开发模式。

(6)天然气在火山岩气藏中的扩散主要受扩散介质、岩石含水饱和度、温度及岩石孔隙度的影响。流纹岩中气孔、微裂缝发育，扩散系数最大，熔结角砾岩基本不发育次生孔隙结构，扩散系数最小；扩散系数随着含水饱和度的增大而减小；在超过100℃的火山岩储层中扩散系数与温度的关系不大；由于火山岩气藏本身的结构特征使得扩散系数与岩石的孔隙度没有明显的正相关函数关系。

(7)通过对比可以发现在常温下甲烷气体在火山岩和泥岩中的扩散能力相差不大，都在$10^{-7}\,cm^2/s$这个数量级。在徐深火山岩气藏的气藏条件下的扩散系数在$10^{-5}\,cm^2/s$数量级，这主要是受到了温度的影响。

(8)孔隙度与上覆岩层压力之间有很好的幂函数相关关系，最小相关系数为0.9451，当净上覆岩层压力小于20MPa时，大部分样品的孔隙度值呈幂函数降低，孔隙度急剧下降；当净上覆岩层压力大于20MPa时，大部分样品的孔隙度值随着净上覆岩石压力的增加而呈幂函数降低或呈直线降低，其孔隙度下降程度变小。在围压从3.5MPa有序上升到40MPa的过程中，孔隙度的下降幅度为1.12%~2.91%，平均下降幅度为1.93%。而且这个下降幅度与岩心的岩性和初始孔隙度没有明显的相关性。

(9)渗透率与净上覆岩层压力有很好的幂函数关系，其相关系数都在0.99以上，当净上覆岩层压力增大时，渗透率相对值是随净上覆岩层压力的升高而逐渐降低的，且在净上覆岩层压力开始增大的时候，渗透率相对值下降的幅度最大；随着净上覆岩层压力的进一步增加，渗透率相对值的下降幅度趋向缓和；在净上覆岩层压力从20.5MPa上升到58.35MPa的过程中，5块岩心的渗透率下降幅度为 48.92%～58.21%，平均降幅为 55.84%。此过程中渗透率下降幅度与渗透率本身和孔隙度之间没有必然的联系，跟岩样本身的组成成分有关系。

(10)干岩心条件下的渗吸效率随驱替速度的增大而减弱，束缚水条件下的渗吸效率随着驱替速度的增大呈先增大后减小的趋势，在驱替速度为 0.04ml/min 时达到最大值，随着初始含水饱和度的增加渗吸效率减小，渗吸作用在高含水阶段比较显著。

(11)以最佳水驱速度 0.04ml/min 驱替时，压差作用可采出 37.77%的火山岩储层孔隙含气量，渗吸作用可采出约 10.73%的火山岩储层孔隙含气量；有效应力增加 36.5MPa 时，由于压实作用引起的孔隙缩小和气体膨胀采出单位孔隙内约 1.89%的气体体积；在气藏温度条件下，1 年内由于气体扩散作用采出单位孔隙内约 0.12%的气体体积。压差作用最强，渗吸作用次之，扩散作用最弱。

(12)在整个供排气过程中，压差作用是绝对主要的影响因素；压实作用一方面产生挤出气体的动力，另一方面又压缩喉道降低岩石的渗透率，增加气体渗流的阻力；扩散作用随时随地都存在，但在气藏开发的时间范围内不用考虑它的影响；在有水的情况下，渗吸作用能对气体的排出产生一定的贡献作用，大约占 10%，具体要看气藏条件和含水上升的情况。

参 考 文 献

[1] 袁士义，冉启全，徐正顺等. 火山岩气藏高效开发策略研究[J]. 石油学报，2007，28(1)：74-77.

[2] 曹宝军，刘德华. 浅析火山岩油气藏分布与勘探、开发特征[J]. 特种油气藏，2004，11(1)：18-20.

[3] 金强. 裂谷盆地火山活动与油气藏的形成[J]. 石油大学学报，2001，25(1)：27-29.

[4] 伍友佳，刘达林. 中国变质岩火山岩油气藏类型及特征[J]. 西南石油学院学报，2004，26(4)：1-4.

[5] 郭占谦. 火山作用与油气田的形成和分布[J]. 新疆石油地质，2002，23(3)：183-185.

[6] 罗群. 深层火山岩油气藏的分布规律[J]. 新疆石油地质，2001，22(3)：196-198.

[7] 路波，赵萍等. 火山岩的分布及其对油气藏的作用[J]. 特种油气藏，2004，11(2)：17-19.

[8] 罗静兰，邵红梅，张成立. 火山岩油气藏研究方法与勘探技术综述[J]. 石油学报，2003，24(1)：31-37.

[9] 吕炳全，张彦军，王红罡等. 中国东部中、新生代火成岩石油地质研究、油气勘探前景及面临问题[J]. 海洋石油，2003，23(4)：9-11.

[10] Hunter B E, Davies D K. Distribution of volcanic sediments in the golf coastal province -significance to petrom geology[J]. Transactions，Golf Coast Assocition of Geological Societies, 1979, 29(1)：147-155.

[11] Seemann U, Schere M. Volcaniclastics as potentional hydrocarbon reservoirs[J]. Clay Minerals, 1984, 19(9)：457-470.

[12] 尚斌，姜在兴，操应长等. 火山岩油气藏分类初探[J]. 石油实验地质，1999，21(4)：324-327.

[13] 田晓玲，张学武. 彰武盆地张强凹陷火山岩特征[J]. 油气地质与采收率，2001，8(6)：22-24.

[14] 綦敦科，齐景顺，王革. 徐家围子地区火山岩储层特征研究[J]. 特种油气藏，2002，9(4)：30-32.

[15] 蒙启安，门广田，张正和. 松辽盆地深层火山岩体、岩相预测方法及应用[J]. 大庆石油地质与开发，2001，20(3)：21-24.

[16] 张晓东，霍岩，包波. 松辽盆地北部地区火山岩特征及分布规律[J]. 大庆石油地质与开发，2000，19(4)：10-12.

[17] 付广，吕延防，孟庆芬. 松辽盆地北部深层火山岩气藏形成时期及成藏模式研究[J]. 中国海上油气(地质)，2003，17(4)：236-239.

[18] 李明，邹才能，刘晓等. 松辽盆地北部深层火山岩气藏识别与预测技术[J]. 石油地球物理勘探，2002，37(5)：477-484.

[19] 彭彩珍，郭平，苏萍等. 流纹岩类火山岩储层物性特征研究[J]. 西南石油学院学报，2004，26(3)：12-15.

[20] 初宝杰，向才富，姜在兴等. 济阳坳陷西部惠民凹陷第三纪火山岩型油藏成藏机理研究[J]. 大地构造与成矿学，2004，28(2)：201-208.

[21] 郭克园，蔡国刚，罗海柄等. 辽河盆地欧利坨子地区火山岩储层特征及成藏条件[J]. 天然气地球科学，2002，13(3-4)：60-66.

[22] 谢庆宾. 三塘湖盆地火成岩储集空间类型及特征[J]. 石油勘探与开发，2002，29(1)：84-86.

[23] 王惠民. 银根盆地查干凹陷火成岩岩相特征及其识别标志[J]. 新疆石油地质，2005，26(3)：249-252.

[24] 仇劲涛. 东部凹陷中段火山岩成藏条件分析[J]. 特种油气藏，2001，8(1)：57-61.

[25] 冯子辉，任延广，王成等. 松辽盆地深层火山岩储层包裹体及天然气成藏期研究[J]. 天然气地球科学，2003，14(6)：436-441.

[26] 宋维海，王璞，张兴洲等. 松辽盆地中生代火山岩油气藏特征[J]. 石油与天然气地质，2003，24(1)：12-17.

[27] 贾进斗. 准噶尔盆地天然气藏地质特征及分布规律[J]. 天然气地球科学，2005，16(4)：449-454.

[28] 张明洁，杨品. 准噶尔盆地石炭系(油)气藏特征及成藏条件分析[J]. 新疆石油学院学报，2000，12(2)：8-13.

[29] 刘诗文. 辽河断陷盆地火山岩油气藏特征及有利成藏条件分析[J]. 特种油气藏，2001，8(3)：6-9.

[30] 伍友佳. 火山岩油藏注采动态特征研究[J]. 西南石油学院学报，2001，23(2)：14-18.

[31] 戴平生，杨东，谢朝阳等. 松辽盆地北部深层火山岩气藏压裂配套工艺技术[J]. 勘探技术，2004，4：55-62.

[32] Zúñigc S C. Reservoir engineering studies in the Las Pailas geothermal field, Costa Rica [J]. Geothermal Training Programme，2002.

[33] 舒萍，门广田，刘启. 汪家屯气田地质再认识与开发动态分析[J]. 天然气工业，2004，24(9)：108-110.

[34] Mcphee C A, Enzendorfer C K. Sand management solutions for high-rate gas wells, Sawan Field, Pakistan [J]. SPE86535，2004.

[35] Weijers L, Wright C A, Griffin L G, et al. Japan frac succeeds in deep, naturally fractured volcanics [J]. Oil & Gas Journal，2003，101(21)：43-49.

[36] 马乾. 黄骅坳坳陷北大堡地区深层火成岩储层评价[J]. 石油与天然气地质，2000，21(4)：337-340.

[37] 宋社民. 火成岩油藏油井水驱特征分析方法[J]. 西南石油学院学报，2000，32(4)：28-29.

[38] 刘合，闫建文，冯程滨等. 松辽盆地深层火山岩气藏压裂新技术[J]. 大庆石油地质与开发，2004，23(4)：35-37.

[39] Chayes F. Distribution of basalt, basanite, andesite and dacite in a normative equivalent of the QAPF double triangle[J]. Chemical Geology，1981，33(1)：127-140.

[40] LeBas M J, LeMaitre R W, Sreckeisen A, et al. A chemical classification of volcanic rocks based on total alkali-silica diagram [J]. Journal of Petrology，1986，27：745-750.

[41] Cross W, Iddings J P, Pirsson L V , et al. Quantitative Classification of Igneous Rocks[M]. Chicago：Univ. Chicago Press，1903：286.

[42] Niggli P. Die quantitive mineralogische Klassifikation der Eruptivgesteine[J]. Schweiz. Mineral. Petrogr. Mitt. ，1931，11：296-394.

[43] Troeger W E. Speziele Petrographie der Eruptivgesteine [M]. Berlin：Deutsche Mineral. Ges，1935：360.

[44] Rittmann A. Stable Mineral Assemblages of Igneous Rocks[M]. New York：Springer-Verlag，1973.

[45] Streckeisen A. Account of classification and nomenclature of igneous rocks[J]. Reprent of 23dr International Geological Congress，Prague，1968.

[46] 邱家骧. 岩浆岩岩石学[M]. 北京：地质出版社，1985：21-22.

[47] LeMaitre R W, Bateman P, Dudek A, et al. A Classification of Igneous Rocks and Glossary of Terms [M]. London：Blackwell，1989.

[48] 邱家骧. 应用岩浆岩岩石学[M]. 武汉：中国地质大学出版社，1991：1-4.

[49] 林景仟. 火成岩岩类学与岩理学[M]. 北京：地质出版社，1995.

[50] 李兆鼐，王碧香，王富宝等. 火山岩(熔岩)的分类和命名[J]. 中国地质科学院院报，1989，(9)：

175-194.

[51] 王德滋，周新民. 火山岩岩石学[M]. 北京：科学出版社，1982：10-13.

[52] 曲延明，舒萍，纪学雁等. 松辽盆地庆深气田火山岩储层的微观孔隙结构研究[J]. 吉林大学学报（地球科学版），2007，37(4).

[53] 彭彩珍，郭平，苏萍等. 流纹岩类火山岩储层物性特征研究[J]. 西南石油学院学报，2004，26(3).

[54] 胡勇，朱华银，万玉金等. 大庆火山岩孔隙结构及气水渗流特征[J]. 西南石油大学学报，2007，29(5).

[55] 庞彦明，章风奇，邱红枫等. 酸性火山岩储层微观孔隙结构及物性参数特征[J]. 石油学报，2007，28(6).

[56] 石松彦. 塔河油田海西晚期火山岩集层特征及影响因素分析[J]. 录井工程，2006，17(3).

[57] Rose W D. Permeability and gas－slippage phenomena [J]. API Drilling And Production Practice，1948：209-217.

[58] 雷群，杨正明，刘先贵等. 复杂天然气藏储层特征及渗流规律[M]. 北京：石油工业出版社，2008.

[59] 孔祥言. 高等渗流力学[M]. 合肥：中国科学技术大学出版社，1999.

[60] 薛定谔 A E. 多孔介质中的渗流物理[M]. 王鸿勋等译. 北京：石油工业出版社，1982.

[61] Gladkov S O. Gas-kinetic model of heat conduction of heterogeneous substances[J]. Technical Physics，2008，53，(7)：828-832.

[62] Mu D Q，Liu Z S，Huang C，et al. Determination of the effective diffusion coefficient in porous media including Knudsen effects[J]. Microfluidics and Nanofluidics，2008，4(3)：257-260.

[63] Pavan V，Oxarango L. A new momentum equation for gas flow in porous media：The Klinkenberg effect seen through the kinetic theory[J]. Journal of Statistical Physics，2007，126(2)：355-389.

[64] Butkovskii A V. Rapid evaporation and condensation of gas between two surfaces in the limit of low values of Knudsen number[J]. High Temperature，2007，45(4)：518-522.

[65] Klinkenberg L J. The permeability of porous meadia to liquid and gas[J]. API Drilling And Production Practice，1941：200-213.

[66] Ertekin T，King G R，Schwerer F C. Dynamic gas slippage：A unique dual-mechanism approach to the flow of gas in tight formations[J]. SPE12045，1986，1(1)：43-53.

[67] Heid J G，McMzhon J J，Nielson R F，et al. Study of the permeability of rocks to homogeneous fluids [J]. API Drilling and Production Practice，1950：230-244.

[68] Jones F O. A laboratory study of the effects of confining pressure on fracture flow and storage capacity in carbonate rocks[J]. Journal of Petroleum Technology，1975：21-27.

[69] Jones F O，Owens W W. A laboratory study of low-permeability gas sands[J]. SPE7551，1979.

[70] Jones S C. Using the inertial coefficient，β，to characterise heterogeneity in reservoir rock[J]. SPE16949，1987.

[71] 吴英，程林松，宁正福. 低渗气藏克林肯贝尔常数和非达西系数确定新方法[J]. 天然气工业，2005，25(5)：78-80.

[72] 朱光亚. 低渗透气藏气体非线性渗流理论及应用[D]. 廊坊：中国科院渗流流体力学研究所，2007.

[73] Wu Y S，Pruess K，Persoff P. Gas flow in porous media with Klinkenberg effects[J]. Transport in Porous Media，1998，32：117-137.

[74] 李铁军. 低渗透储层气体渗流数学模型及计算方法研究[J]. 天然气工业，2000，20(5)：70-72.

[75] 王茜等. 考虑科林贝尔效应的低渗、特低渗气藏数学模型[J]. 天然气工业，2003，23(6)：100-102.

[76] 刘日武. Lattice Boltzmann 方法模拟多孔介质 Klinkenberg 效应[J]. 计算物理，2003，20(2)：

157-160.

[77] 秦积舜，李爱芬. 油层物理学[M]. 山东：石油大学出版社，2003.

[78] Fulton P F. The effect of gas slippage on relative permeability measurements[J]. Producers Monthly，1951，15(12)：14-19.

[79] Estes R K，Fulton P F. Gas slippage and permeability measurements[J]. Trans. AIME，1956，207：338-342.

[80] Newsham K E. Laboratory and field observations of an apparent sub sapillary- equilibrium water saturation distribution in a tight gas sand reservoir [C]. SPE 75710，2002.

[81] Ortiz J，McLane J E. Low-pH methanol：An alternative for stimulation in water- sensitive，tight，dirty sandstones[J]. SPE12502，1986.

[82] Maggard J B，Wattenbarger R A，Scott S L. Modeling plunger lift for water removal from tight gas wells[J]. SPE59747，2008.

[83] Jagannathan M，Mukul M. Sharma M. Clean-up of water blocks in low permeability formations[J]. SPE84216，2003，10.

[84] 贺承祖，华明琪. 油气藏物理化学[M]. 成都：电子科技大学出版社，1995.

[85] 任晓娟，阎庆来，何秋轩等. 低渗气层气体的渗流特征实验研究[J]. 西安石油学院学报，1997，12(3)：22-25.

[86] 周克明，李宁，张清秀等. 气水两相渗流及封闭气的形成机理实验研究[J]. 天然气工业，2002，22：122-125.

[87] 邓英尔、黄润秋、麻翠杰等. 含束缚水低渗透介质气体非线性渗流定律[J]. 天然气工业，2004，24(11)：88-91.

[88] Thomas R D，Ward D C. Effect of overburden pressure and water saturation on gas permeability of tight sandstone cores [J]. Journal of Petroleum Technology，1972，24(2)：120-124.

[89] Farquhar R A，Smart B G D，Todd A C. Stress sensitivity of low-permeability sandstones from the rotliegendes sandstone[C]. SPE26501，1993.

[90] Lorenz J C. Stress-sensitive reservoir[J]. JPT，1999：61-63.

[91] Thomas R D，Ward D C. Effect of overberden pressure and water saturation on gas permeability of tight sandstone cores[J]. Journal of Petroleum Technology，1972：120-124.

[92] Brewer K R，Morrow N R. Fluid flow in cracks as related to low-permeability gas sands[J]. SPE11623，1985.

[93] Sneddon I N. The opening of a griffith crack under internal pressure[J]. Quart. Appl. Math.，1946，4：262-267.

[94] Brace W F，Walsh J B，Frangos W T. Permeability of granite under high pressure[J]. Geo. Reseach，1968，73(6)：2225-2236.

[95] Vairogs J，Hearn C L，Dareing D W，et al. Effect of rock stress on gas prodution from low-permeability reservoirs[J]. Journal of Petroleum Technology，1971：1161-1167.

[96] McLatchie L S，Hemstock R A，Young J W. Effective comressibility of reservoir rocks and its effects on permeability[J]. Trans.，AIME，1958，213：386-388.

[97] Fatt L，Davis T H. The reduction in permeability with overburden pressure[J]. Trans.，AIME，1952，195：329.

[98] 吴林高，贺章安. 考虑含水层参数随应力变化的地下水渗流[J]. 同济大学学报，1995，23(3)：281-287.

[99] 刘建军，刘先贵. 有效压力对低渗透多孔介质孔隙度渗透率的影响[J]. 地质力学学报，2001，7(1)：41-44.

[100] 杨满平，李治平. 油气储层多孔介质的变形理论及实验研究[J]. 天然气工业，2004，15(3)：228-229.

[101] 宋付权，刘慈群. 变形介质油藏试井分析方法[J]. 油气井测试，1998，7(2)：1-6.

[102] 阮敏. 压敏效应对低渗透油田开发的影响[J]. 西安石油学院学报，2001，16(4)：40-45.

[103] 尹洪军，何应付. 变形介质油藏渗流规律和压力特征分析[J]. 水动力学研究与进展，2002，17(5)：538-546.

[104] 杨满平. 低渗透变形介质油藏合理生产压差研究[J]. 油气地质与采收率，2004，11(5)：41-43.

[105] 刘鹏程，王晓冬，李素珍等. 地层压敏对低渗透气井产能影响研究[J]. 西南石油学院学报，2004，26(5)：37-41.

[106] 廖新维，冯积累. 超高压低渗气藏应力敏感试井模型研究[J]. 天然气工业，2005，25(2)：110-112.

[107] 张子枢，吴邦辉. 国内外火山岩油气藏研究现状及勘探技术调研[J]. 天然气勘探与开发，1994，16(1).

[108] 张人玲. 国内外火山岩油气藏开发调研. 江苏油田地质科学研究院科研报告，1992.

[109] Hawlander H M. Diagenesis and reservoir potential of volcanogenic sandstones-Cretaceous of the Surat Basin，Australia[J]. Sedimentary Geology，1990，66(3/4)：181-195.

[110] Mark E M，John G M. Volcaniclastic deposits：implications for hydrocarbon exploration[A]. In：Richard V，Fisher，Smith G A，e ds . Sedimentation in volcanic settings[C]. Society for Sedimentary Geology，Special Publication，1991，45：20-27.

[111] 汶锋刚. 徐家围子深层特殊岩性气藏产能评价方法研究[D]. 大庆：大庆石油学院，2007.

[112] 李伟. 徐深气田升深 2-1 区块合理井网部署研究[D]. 大庆：大庆石油学院，2006.

[113] 周学民，郭平，黄全华等. 升平气田火山岩气藏井网井距研究[J]. 天然气工业，2006，26(5)：79-81.

[114] 张威. 火山岩气藏井网部署方法研究[D]. 成都：西南石油大学，2006.

[115] Shutok，Chihara K. Basic volcanic rocks of middle to late Miocene ages in the Niigata oil and gas field，Northeast Japan [J]. Journal of the Japanese Association of Petroleum Technology，1987，52(3)：253-267.

[116] 胡永乐，何鲁平，纪淑红. 国外天然气开发技术[C]. 天然气勘探开发论技术论文集，石油工业出版社，2000：107-126.

[117] 李景明，李东旭，李小军. "中国石油"天然气勘探开发形势与展望[M]. 天然气工业，2007，2(27).

[118] 袁士义，胡永乐，罗凯. 天然气开发技术现状、挑战及对策[J]. 石油勘探与开发，2005，32(6)：1-6.

[119] 袁士义，罗凯，胡永乐等. 气田开发技术现状与发展展望[C]. 天然气勘探开发论技术论文集，石油工业出版社，2000：27-49.

[120] 于士泉，罗琳，李伟等. 徐深气田升平开发区火山岩气藏几个开发技术经济界限探讨[J]. 大庆石油地质与开发，2007：26(4)：73-76.

[121] 陈作，丁云宏，蒋阗等. 低渗气藏增产改造技术在勘探开发中的应用[C]. 天然气勘探开发论技术论文集，石油工业出版社，2000：83-92.

[122] Iffly R，Rousselet D C. Fundamental study of imbibition in fissured oil field[J]. SPE 4012，1972.

[123] Cil M，Reis J C. A multi-dimensional，analytical model for counter-current water imbibition into gas

saturated matrix blocks[J]. J. Pet. Sci. & Eng, 1996, 16：61-69.

[124] Kleppe J，Morse R A. Oil production from fractured reservoir by water displacement[J]. SPE 5084，1974.

[125] Hamon G，Vidal J. Scaling-up the capillary imbibition process from laboratory experiment on homogeneous and heterogeneous sample[C]. SPE 15852，1986.

[126] 华方奇，宫长路，熊伟等. 低渗透砂岩油藏渗吸规律研究[J]. 大庆石油地质与开发，2003，22(3)：50-53.

[127] 李士奎，刘卫东，张海琴等. 低渗透油藏自发渗吸驱油实验研究[J]. 石油学报，2007，28(2)：109-112.

[128] 王家禄，刘玉章，陈茂谦等. 低渗透油藏裂缝动态渗吸机理实验研究[J]. 石油勘探与开发，2009，36(1)：86-90.

[129] Morrow N R，Mason G. Recovery of oil by Spontaneous imbibition[J]. Current Opinion in Colloid and Interface Sci. ，2001(6)：321-337.

[130] Aronofsky J S，Masse L，Natanson S G. A model for the mechanism of oil recovery from the porous matrix due to water invasion in fractured reservoirs[J]. Trans AIME，1958，213(1)：17-19.

[131] Rapoport L A. Scaling laws for use in design and operation of water-oil flow models[J]. Trans AIME，1955，204(9)：143-150.

[132] Graham J W. Theory and application of imbibition phenomena in recovery of oil[J]. Trans AIME，1958，(216)：377-385.

[133] Mannon W. Experiments on effect of water injection rate on imbibition rate in fractured reaervoir[J]. SPE4101，1992.

[134] Mttax C C. Imbibition oil recovery from fractured water drive reservoir[J]. Trans AIME，1962，(255)：177-184.

[135] Parsons R W. Imbibition model studies on water-wet carbonate rocks[J]. SPE1，1964，(3)：26-34.

[136] Iffly R. Fundmental study of imbibition in fissured oil field[J]. SPE 4102，1992.

[137] 李继山. 表面活性剂体系对渗吸过程的影响[D]. 北京：中国科学院研究生院，2006.

[138] 曲志浩，孔令荣. 低渗透油层微观水驱油特征[J]. 西北大学学报(自然科学版)，2002，32(4)：329-334.

[139] 朱维耀，鞠岩，赵明等. 低渗透裂缝性砂岩油藏多孔介质渗吸机理研究[J]. 石油学报，2002，23(6)：56-59.

[140] 乐长荣. 气水界面移动及气井水淹研究[J]. 天然气勘探与开发，1981，4.

[141] 陈淦，宋志理. 火烧山油田基质岩块渗吸特征[J]. 新疆石油地质，1994(03)：268-275.

[142] 李海燕，彭仕宓，傅广. 天然气扩散系数的研究方法[J]. 石油勘探与开发，2001，28(1)：33-36.

[143] 张云峰，于建成，李蓬等. 饱和水条件下岩石扩散系数的测定[J]. 大庆石油学院学报，2001，25(4)：4-7.

[144] 黄志龙，唐为清. 天然气扩散模型的建立及其应用[J]. 大庆石油学院学报，1994，18(3)：8-13.

[145] 郝石生，黄志龙，杨家琦. 天然气运聚动平衡及其应用[M]. 北京：石油工业出版社，1994.

[146] 戴金星等译. 天然气地质学[M]. 北京：石油工业出版社，1986.

[147] Kross B M. Leythaeaser D. Experimental measurements of the diffusion parameters of light hydrocarbons in water-saturated sedimentary rocks——Ⅱ. Results and geochemical significance[J]. Org. Geochemical. ，1988，12(2)：91-93.

［148］郝石生，黄志龙，高耀斌. 轻烃扩散系数研究及天然气运聚动平衡原理［J］. 石油学报，1991，12
　　　（3）：17-24.

［149］查明，张晓达. 扩散排烃模拟研究及其应用［J］. 石油大学学报，1994，18(5)：14-19.

前　　言

近 30 年来,营养物质过量排放导致我国水体富营养化问题日益突出。水体富营养化及其诱发藻类水华是我国水生态文明建设面临的重大挑战之一。维护水生态系统健康,控制水体富营养化,已成为我国民生水利和生态水利建设的重点和难点。随着对点源污染的逐步有效控制,面源已成为我国水体营养物质的主要来源。环境泥沙是面源营养物质输移的主要载体,在营养物质迁移转化过程中起着重要作用。为了有效管理面源营养物质和控制水体富营养化,有必要结合营养物质来源特点,开展基于环境泥沙的营养物质输移过程与规律研究,并在此基础上提出营养物质生态防治技术。

本书主要基于国家科技支撑计划项目(2008BAD98B05)专题、国家自然科学基金项目(51279012、51209009、51209011、51379017、51309021)、水利部公益性行业科研专项项目(200801135、200901008)专题、中央公益性科研院所基本科研业务费项目(CKSF2012038/CJ、CKSF2013014/SH)、中国科学院西部行动计划项目(KZCX2-XB2-07-02)及地方科技服务等项目的开展,针对水沙环境条件下农业源头区、库湾养殖水体及富营养化水体的营养物质输移特点与生态防治需求,以营养物质迁移转化为主线,通过多学科交叉,采用理论分析、原型观测、室内(外)实验以及数值模拟等技术手段,试点研究与工程示范相结合,系统研究了农业源头区、库湾养殖水体及富营养化水体的营养物质迁移、转化、沉积、赋存特征及机理,研发了陆域污染水体营养物质的人工湿地强化去除技术,提出了库湾养殖水域生态控藻技术以及库湾水华生态调度防控措施,为湖库水体富营养化控制及水生态环境改善提供了技术支撑。

本书主要成果内容包括四部分:①通过野外站点观测和室内模拟实验,查明了农业源头区沟渠泥沙对磷的吸附-解吸特征,探明了沟渠泥沙干湿交替过程中磷形态转化规律,确定了泥沙磷的易释放形态及其释放阈值,为量化评价农业源头区不同来源(土地利用方式)泥沙磷的释放潜力提供了科学依据;②通过室内模型实验和室外盆栽实验,确定了陆域污染水体营养物质高效去除的人工垂直潜流湿地填料和植物选择标准与依据,提出了新型间歇曝气人工垂直潜流湿地和生物填料人工垂直潜流湿地,显著改善了植物地上组织氮磷富集能力,提高了生物脱氮除磷效率,为陆域污染水体营养物质的生态强化去除提供了技术途径;③基于室内模拟实验和库湾养殖区围隔实验,揭示了饵料及沉积物中营养物质释放规律,以及水体中浮游植物数量和群落结构变化规律,提出了基于营养盐削减和藻类控制的生态养殖模式,即采用放养一定比例的花鲢和鲤鱼以达到削减水体营养盐和控藻双重目标;④建立了可精确表述水体富营养化时空演变过程的非结构网格三维生态动力学模型,量化了库湾自然河流水动力条件和悬移质泥沙对藻类水华的影响,提出了增大下泄流量和增大水体含沙量的生态调度抑藻方案,为水华防治提供了新思路。

　　本书为三峡地区地质灾害与生态环境湖北省协同创新中心"三峡库区磷污染生态防治"创新团队取得的研究成果,共 6 章。第 1 章为绪论,介绍了水沙环境条件下营养物质输移及生态防治研究需求、国内内外研究现状以及本书主要内容和成果结构,由杨文俊撰写。第 2 章为农业源头区泥沙营养物质转化规律及释放风险评价,由王振华撰写。第 3 章为陆域污染水体营养物质的人工湿地强化去除,由汤显强撰写。第 4 章为库湾养殖水体营养物质输移规律及生态调控,由吴敏撰写。第 5 章为库湾藻类水华水动力学特征及生态调度,由李健撰写。第 6 章为主要成果及创新点,概况总结了本书成果,并与国内同类研究进行了比较,由杨文俊撰写。全书由杨文俊、汤显强和王振华统稿。有关章节的技术内容得到了南开大学环境科学与工程学院黄岁樑教授、中国科学院水利部成都山地灾害与环境研究所朱波研究员以及清华大学水利系王兴奎教授的悉心指导,在此表示衷心感谢。

　　由于研究涉及水利、环境、农业、生态、水土保持等多学科,对一些领域的研究认识水平有限,书中不妥之处在所难免,敬请广大读者批评指正。

作　者

2015 年 2 月

目　　录

第1章 绪 论

1.1 问题的提出

2011 年中央一号文件指出"水是生命之源、生产之要和生态之基"。党的十八大进一步明确了科学发展观的指导地位,强调要统筹人与自然的和谐发展,并把生态文明摆在更加突出的位置,作为"五位一体"总体布局的重要组成部分。水生态文明是生态文明的基础,开展水生态文明建设既是现实的紧迫要求,也是长远的战略任务。党中央、国务院历来高度重视解决水生态环境问题,先后采取一系列重大举措,推动水生态文明建设并取得明显成效。但我国正处于工业化、城镇化加速发展阶段,在经济社会快速发展的同时,水资源短缺、水环境污染、水生态环境恶化等问题日益凸显。这种状况如不尽快扭转,水资源难以承载,水环境难以承受,人与自然难以和谐,大力推进生态文明建设也就成了一句空话。

过量营养物质进入湖库等缓流水体将引起藻类及其他浮游植物快速繁殖,造成水体溶解氧下降,水质恶化,鱼类及其他生物大量死亡的水体富营养化现象。我国湖库水体富营养化的程度和范围呈快速发展趋势,形势十分严峻。湖泊富营养化比例在 20 世纪 70 年代、80 年代和 90 年代分别为 41%、61% 和 77%(马经安等,2002)。2007～2010 年的湖泊水质调查结果显示,我国 85.4% 的大型浅水湖泊超过了富营养化标准,其中 40.1% 为重度富营养化(杨桂山等,2010)。湖库水体富营养化恶化水质,诱发"水质性"缺水危机,降低水资源综合利用效率和安全供水保障能力,极大地削弱了水资源对国民经济社会发展的战略支撑作用;湖库水体富营养化过程中的藻类水华还造成水生态系统结构失衡和功能失调,降低水生生物多样性,严重破坏水生态系统健康。由此可见,湖库水体富营养化是水生态文明建设面临的最大挑战之一,已发展成为我国民生水利和生态水利建设的重点和难点,关乎每个国民的生存基础和生活幸福。

水和泥沙(沉积物)是营养物质如氮磷等输移的核心要素和关键载体。水沙径流作用调控着营养物质从陆域迁移、输送、沉积和进入水体的系列过程。目前,湖库水体营养物质的输移研究侧重探讨水—沉积物—营养物质间的迁移转化以及评价因水土流失和地表径流导致的陆域营养物质负荷测算及输出规律等。这种单一的陆域或水域范围内的研究很难反映湖库水体营养物质空间传输的过程连续性和影响关联性。以水沙径流为纽带,系统研究农业源头区、城郊区域及库(湖)湾水体营养物质的迁移转化,有助于将已有分散的营养物质传输过程机理形成整体认识,填补营养物质从陆域输移进入湖库水域的机理研究缺失,为营养物质管理和水体富营养化综合防控提供理论依据。

水沙径流作用下,营养物质输移呈现出多源特征。除大气沉降外,随着人口数量增加,土地集约化利用和开发程度加剧,难以有效管理的农业源头区泥沙营养物质释放、城郊地区水沙径流形成的面源营养物质排放、库湾养殖水体产生的营养物质输出以及库湾富营养化水体水沙动力作用下营养物质演替过程等逐渐构成了湖库水系富营养化的新型污染源。

目前,农业源头区营养物质研究着重测算农药和化肥流失、畜禽养殖废物及农村生活污水排放,对营养物质赋存和输出的关键载体泥沙缺乏足够关注,忽略了富含营养物质的农业源头区泥沙"源"释放风险及科学防控对策研究。

与农业源头区泥沙类似,城郊水沙径流而产生的面源污染是普遍存在却缺乏足够研究的另一新型营养物质释放源。复杂的土地利用格局导致城郊区域内农业面源和城市面源交错分布,既无法简单界定区域面源特征,也不易划分农业面源和城市面源的边界。研究大量存在的城郊区域水沙径流营养物质负荷输移的时空分布,对湖库水体营养物质输入管理具有重要现实指导意义。

另外,受水产品生产和经济效益刺激,库(湖)湾精细化投饵养殖过程中,残余饵料及养殖废物排放向水体输出大量营养物质,但现有室内机理实验难以揭示天然水体内投饵养殖的营养物质输出及藻类生长影响特征,开展围隔实验将有效填补野外实验研究的空白,揭示库湾养殖水体内饵料溶失规律,以及藻类生长行为与营养物质输出的响应关系。

湖泊富营养化的研究较多,调查显示水库库湾也受富营养化威胁,某些具有浮力和运动能力的藻类及浮游植物,利用自身的优势,过度生长繁殖,形成水华;库湾水华过程中,水动力学因子对水藻的生长起到一定的抑制作用,维持藻类正常生长繁殖的营养元素碳、氮、磷、硫等来自上游及两岸径流水体污染物,影响因子众多且复杂;库湾水体水流状态介于湖泊和河道之间,在很多方面与湖泊有显著差异,其中水库的地形较复杂,水流滞留时间比湖泊要短,水体含沙量相对较高,水库的水位波动较大,这些因素对河流及水库的富营养化研究影响很大,有必要通过原型观测资料分析及数值模拟手段探讨库湾水华爆发的水动力学临界值,以及发展过程中限制性营养物质的动态变化情况。

为缓解湖库水体富营养化危害,有必要在深入认识营养物质的多源输移规律的基础上进行综合防治。农业源头区和城郊区域营养物随水沙径流输出,污染程度低、排污无规律、难以应用成熟的污水处理技术予以收集和集中处理。近年来,以阳光、土壤和微生物组成的生态处理技术在营养物质去除方面极具竞争力,但也存在占地面积大,营养物质去除率不理想等缺点。研究结合农业源头区和城郊区域营养物质输出特征对传统生态处理技术进行改良,研发出的农业源头区污水生态净化技术和人工湿地强化减污技术,能够从源头上将多源营养物质排放统筹管理,获得具有推广价值的湖库水体营养物质生态去除技术体系。

对于库湾养殖水体及富营养化水体,在研究其营养物质运移机理的基础上,通过复杂的环境生态影响因素制约机制研究,基于生态养殖及生态调度,提出系统自相关生态调控技术方案。生态措施是根治大型天然水产养殖水体富营养化的最有效途径,通过系统研究饵料溶失规律和围隔内养殖水体藻类群落组成演替特征,以营养物质释放和藻类总量控制为目的提出的生态养殖技术将成为富营养化水体修复与管理的重要科技支撑。然而,湖库水体富营养化的上述长效防治技术见效慢,针对库湾富营养化水体,在二维和三维水动力场模拟基础上,耦合拉格朗日粒子轨迹跟踪模型和非守恒三维粒子轨迹跟踪模型,在泥沙环境下,针对藻类生长特征,模拟藻类的生态增殖和粒子运动特征,充分运用泥沙的营养物质吸附特性,形成适宜的藻类水华应急调控技术,提出水动力学生态调控方案。

综上所述,以营养物质为主线,以环境泥沙和水动力为环境动力条件,系统研究营养物质在水沙径流作用下的多源(农业源头区、城郊区域、库湾养殖水体和库湾富营养化水体)营养物质迁移转化过程;在此基础上,以营养物质过剩导致的藻类水华防控为目标,分别研究提出基于营养物质多源输入特征考虑的农业源头区污水生态净化技术、人工湿地强化去除技术和库湾生态养殖及生态调控技术。

1.2 国内外研究现状

1.2.1 陆域典型区营养物质输移及生态防治

1. 农业源头区泥沙营养物质赋存及释放

农业源头区非点源氮、磷等营养物质流失是导致湖库水体富营养化加剧的主要因素之一。农业生产中过量施用的化肥、未经处理直接排放的村镇生活和生产废水等污染源含有大量的氮、磷等营养物质,它随降雨径流或土壤侵蚀由陆地坡面进入沟渠,并最终汇入河流、湖泊、水库等水体。农业源头区的沟道、坑塘以及村落排水沟等形成的沟渠系统,构成了农业非点源氮、磷等营养物质迁移的重要廊道。随着水环境问题的日益突出,农业源头区沟渠系统在水环境保护方面的作用开始引起关注。近年来,许多研究者逐渐认识到利用沟渠系统截留高负荷氮、磷等营养物质(Palmer-Felgate et al.,2009;Zhu et al.,2012)。农业源头区沟渠系统作为农业非点源污染源与受纳水体之间的缓冲过渡带,表现出明显的湿地功效。沟渠截留营养物质的重要机理之一,就是沟渠泥沙能够吸附径流水体中大量的营养物质,降低营养物质的浓度,从而减少进入湖库水体的营养物质含量,保护下游受纳水体。然而,沟渠的这种湿地功效并不完全体现为吸附水体中的营养物质(Palmer-Felgate et al.,2009;Luo et al.,2009)。例如,当沟渠泥沙中营养物质的平衡浓度大于水体营养物质浓度时,泥沙则成为水体营养物质的源。因此,农业源头区沟渠泥沙既可能是水体中营养物质的汇,也可能是源(Jarvie et al.,2005;Zhu et al.,2012)。

国内外已有研究表明,泥沙理化性质对磷的吸持-释放特性有显著影响(Wang et al.,2012;Jalali et al.,2013)。不同类型的泥沙因其理化组分差异而各具特殊性,石灰性土壤对磷的吸附主要取决于 Fe、Al 氧化物,而与 $CaCO_3$ 含量无关(Harrel et al.,2006);在 Fe、Al 氧化物含量高的土壤中,磷解吸模式为幂函数曲线,而在 Fe、Al 氧化物含量低的土壤中,磷解吸模式为一直线(Li et al.,2007)。此外,各种形态磷在泥沙中并不是固定不变的。当泥沙自身理化性质或环境条件发生变化时,磷就会发生一系列吸附、解吸及重新结合等反应过程,从而实现不同形态磷之间的转化(Zhu et al.,2012)。目前国外已有学者利用泥沙对磷的吸附饱和度(degree of phosphorus saturation,DPS)与水体中磷的关系,获取泥沙吸持磷的阈值或临界值(critical value)来评价磷的释放风险(Nair et al.,2004;Little et al.,2007),并建议采用清淤等方法减少泥沙累积的磷(Nguyen et al.,2002)或向泥沙中添加铁或铝的化合物(如硫酸铁盐和硫酸铝盐)提高泥沙对磷的吸附容量(Smith et al.,2005)等方法对沟渠或河流进行管理,但国内这方面的研究报道还极少。

深入了解农业源头区沟渠泥沙对营养物质的吸持-释放作用和正确认识不同沟渠(即不同土地利用方式下的沟渠)泥沙对营养物质的源、汇关系,有助于人们对农业源头区非点源氮、磷等营养物质流失的控制和管理(Zhu et al.,2012;Jalali et al.,2013)。但是,目前农业源头区沟渠泥沙对营养物质的吸附-解吸规律方面的研究不多,尤其缺乏对泥沙吸附-释放过程中或干湿交替条件下营养物质形态转化规律及不同土地利用方式下泥沙营养物质释放风险评价的研究。由于研究结果与所在地区的土地利用方式、土壤类型密切相关,不同地区间研究结果差异较大。因此,针对我国湖库水体富营养化控制需求,结合当地土地利用方式和土壤类型,开展农业源头区泥沙对营养物质的吸持-释放特征研究,探明泥沙中营养物质在吸持-释放、干湿交替等过程中的转化规律,确定泥沙中营养物质的释放阈值,明确不同土地利用方式下泥沙对营养物质的源、汇关系,对科学评价农业源头区泥沙营养物质释放风险和优化管理沟渠泥沙十分必要。

2. 农业源头区营养物质的生态拦截和去除

农业源头区污水已成为严重影响水体环境状况的重要污染源。目前,我国绝大部分的天然和人工水体都出现了富营养化情况,由于农业源头区污水处理不当所造成的危害还在日益加重。

与能纳入污水处理厂的城市生活点源污染和工业点源污染不同,农村面源污染并非单一污染源所造成,它往往由多种易扩散的污染源所引起,在农村地区,降雨、积雪融化等形成的地表径流使污染物从污染源头传播,并最终汇入河流、湖泊、天然湿地、地下水等水体中,从而引起水体富营养化或其他形式的污染,对水资源造成很大的危害。

农村地区的主要污染源主要有:未能纳入市区污水干道的农户生活和畜禽养殖活动所产生的污水;农田残留氮磷肥和农药的渗透、淋溶;未收集、随意堆放的各种垃圾;大气中的污染物的尘降、机动车辆排出气体中的油类物质和颗粒等。农田排水中的营养物质一部分在排水渠内被滞留去除,一部分继续通过排水进一步迁移,这部分营养物质可通过城郊人工湿地强化去除(Dordio et al. ,2013)。除农田排水外,农户污水随意排放是造成农村营养物质污染的主要原因。在农村地区,农户房舍分布较为分散,农户污水不易集中,农户污水往往不能被纳入污水处理厂等集中式的污水处理系统,另外,农村经济水平相对落后,居民环保意识相对较差,农户污水往往不经处理或只经简单处理直接(如传统的化粪池处理等)排放,给周边环境带来了很重的污染负荷(李无双等,2008)。

在全球范围内,人们对农村污水处理的忽视,是造成地表水体富营养化的主要原因之一。农业活动中所产生的污水往往不经处理直接排入地表水体中,造成了严重的污染。其中,农户的养殖活动是污染产生的重要源头之一,未经处理的养殖污水中含有大量的污染物,且污染负荷很高。如果对农户污水处理不当,任其随意排放,不仅会影响农户周围的居住环境、孳生蚊蝇、便于细菌繁殖,散播传染病病源,影响当地村民的身体健康,甚至会污染地下水、影响居民饮水安全。因此在农业源头区泥沙营养物质转化规律及释放风险等机理研究的基础上,针对源头区泥沙营养物质释放风险较大的村镇污水开展生态防治具有重要意义。

随着农村地区的经济发展,人们在农村修建了高人口密度的居民区、度假村、乡村旅馆、农家乐、野营区等社区,这些都会加重农村地区的污染负荷,引起了污染物大范围的扩散和蔓延(Lens et al. ,2001;陈俊敏等,2006)。基于此,分散式污水处理系统应运而生并被应用于工程实践,相对于集中式的污水处理系统而言,它强调利用低成本、低能耗、可持续的处理系统对污水进行就地处理(Watanabe et al. ,1997;Lens et al. ,2001)。

在世界各地,人们建成了各种各样的分散式污水处理系统。在中东地区,建立了一种间歇式运行的沙石渗滤系统,该系统被用来处理当地农村地区的污水,运行效果较好,对污染物的去除率可达到 90% 以上(Sabbah et al. ,2003)。Ham 等(2007)研究了一种由人工湿地和稳定塘所串联而成的分散式污水处理系统,该系统被用于生活污水的处理,处理后的水用于农田回灌,他的研究结果证明这个系统是很适合于农村地区的分散式污水处理的系统。Taylor 等(2003)利用一种小型的多填料滤床来对生活污水进行就地处理,这种系统能大大降低污水中的 COD、

BOD 和氮浓度。另外,还有学者把土地渗滤系统和传统的化粪池联用,化粪池作为预处理系统,而土地渗滤系统则对化粪池的出水作进一步处理(Cheung et al.,2000;Heistad et al.,2006)。季俊杰等(2006)提出了一种分散式生活污水处理工艺:降流式厌氧紊动床(DASB)+波流潜流人工湿地(W-SFCW)联合工艺,他们通过实验研究证明:该联合工艺对生活污水具有较强的处理能力,COD、氨氮、TP 的平均去除率分别达到 80.7%、52.1%、89.7%,系统的出水水质优于传统的二级生物处理工艺。

3. 城郊区域面源营养物质输移特征

农业面源已成为美国、日本和欧洲等许多国家和地区水环境的第一污染源。相关调查结果表明,美国农业活动对面源污染负荷的贡献率达 57%~75%(汪达汉,1993);在日本,1975 年琵琶湖入湖总污染负荷中 22.1% 的氮负荷来源于农业活动(吕耀,2000);瑞典的拉霍尔姆湾和谢夫灵厄流域水体中来自农业活动的氮输入量分别高达 60% 和 80%(Vought et al.,1994);在荷兰,来自农业面源污染的 TN 和 TP 分别占总污染负荷的 60% 和 40%~50%(Boers,1996)。在中国,云南滇池流域农业面源氮负荷占流域总污染负荷的 53%(陶思明,1996);京津地区排入渤海的氮负荷使受纳海水浓度接近污水,其中 91.74% 来源于化肥流失(张夫道,1985)。

随着城市化发展,非透水性下垫面比例日益增大,城市面源成为继农业面源污染之后的又一主要污染来源(Corwin et al.,1997)。1990 年,美国环保署(USEPA)公布了农业、工业和城市等不同污染源对河流污染的贡献率,其中城市径流占 9%;1993 年,USEPA 将城市径流列为第三大水体污染源(王和意等,2003)。随着城市化水平不断提高,城市面源对水体污染的贡献率将继续增加。研究表明,暴雨能普遍导致城市地表污染(伍发元等,2003),径流中 SS 和重金属等污染物浓度与未处理的城市污水基本相同。

中国正处于快速城市化进程中(杨柳等,2004),城市面源污染形势严峻,其面源污染对水环境的危害尤为突出(鲍全盛等,1997)。城市化发展往往导致土地利用方式在短期内发生剧烈改变,从而导致面源污染物在时间和空间维度上均呈现复杂的动态变化。这对面源污染研究提出了新的要求:一方面,要准确界定研究区域的面源污染特征;另一方面,要正确理解土地利用格局变化与面源污染之间的关系,实现面源污染模型与城市化模型的耦合,以便准确模拟快速城市化背景下面源污染负荷时空变化的动态过程。

在城市化过程中,存在大量由农村向城市过渡的地带,或正处在城市化进程中的区域,较为典型的是城乡交错带。城乡交错带是在城市与乡村地域之间形成的新型过渡性区域,是一个具有独特结构和功能的地域单元(陈佑启等,1998)。城乡交错带既保留了原有农村土地利用格局,又包含城市要素的扩散,土地利用类型多样、结构复杂,成为环境、城市、地理与经济等多学科的研究热点(陈佑启,1996)。

复杂的土地利用格局导致城乡交错带内农业面源和城市面源交错分布。农村土地利用覆盖主要表现为透水地面,氮、磷等污染物主要来自于化肥农药的使用、畜禽养殖及土壤侵蚀等,受坡度、土壤类型等自然条件的影响较大;城市是人类居住和活动最密集的地方,主要为非透水性地面,污染来源包括生活、交通、工业和大气沉降等各方面,污染负荷产生量大(Snodgrass et al.,2008)。显然,两种面源在污染物来源、种类、浓度和迁移转化规律等方面均存在本质差异。在城乡交错带内既无法简单界定区域面源特征,也不易划分农业面源和城市面源的边界。目前,常用的解决方法是根据区域内的主要面源形式近似将区域面源简化成单一面源(农业或城市面源),或者基于行政边界和现有地物特征人为地划分农业面源和城市面源的边界(章北平,1996)。传统处理方法往往导致面源污染负荷模拟结果存在较大误差。对于大量存在的、类似城乡交错带的区域,准确模拟区域内面源污染负荷的时空分布具有重要的现实意义。

城郊面源是湖库水体营养物质输入的另一重要源头。面源营养物质输入对大部分湖泊入湖总负荷的贡献率已高于50%(Tang et al.,2012)。随着城市化发展,非透水性下垫面比例日益增大,城市面源成为继农业面源之后的又一主要营养物质来源(Allert,2012)。我国正处于快速城市化进程中(Bao et al.,2013;Song et al.,2013),存在大量由农村向城市过渡的地带,或正处在城市化进程中的区域,较为典型的是城郊区域(城乡交错带)。城郊区域是在城市与乡村地域之间形成的新型过渡性区域,土地利用类型多样、结构复杂,目前成为环境、城市、地理与经济等多学科的研究热点(Zhang et al.,2013)。

复杂的土地利用格局导致城郊区域农业面源和城市面源交错分布。农村土地利用覆盖主要表现为透水地面,氮、磷等营养物质主要来自于化肥农药的使用、畜禽养殖及土壤侵蚀等,受坡度、土壤类型等自然条件的影响较大;城市是人类居住和活动最密集的地方,主要为非透水性地面,营养物质来源包括生活、交通、工业和大气沉降等各方面,负荷产生量大(Snodgrass et al.,2008)。显然,两种面源在营养物质来源、种类、浓度和迁移转化规律等方面均存在本质差异。在城郊区域内既无法简单界定区域面源特征,也不易划分农业面源和城市面源的边界。对于大量存在的、类似城乡交错带的城郊区域,准确模拟区域内面源营养物质负荷输移的时空分布具有重要现实意义。

国外面源营养物质负荷模型经历了从定性到定量,从经验模型、机理模型到功能模型,从集总式模型到分布式模型,从小尺度到大中尺度,从与GIS松散集成到紧密耦合的发展阶段,目前发展已经较为完善。面源营养物质输移模型与3S技术的紧密耦合成为研究主流,主要模型包括 SWAT(Moriasi et al.,2013)、GWLF

(Haith et al.,1992)、CNPS(Dikshit et al.,1996)、BASINS(Battin et al.,1998)、L-THIA(Badhuri et al.,1997)、AnnAGNPS(Zema,2012)、InfoWorks CS(Aryal et al.,2005)、HydroWorks(Masse et al.,2001)、SPARROW(Hoos et al.,2009)等,其中超大型流域模型如 SWAT、BASINS 和 AnnAGNPS 等集 GIS、空间信息处理、数据库技术和可视化表达等功能于一体。

国内面源营养物质负荷模型研究起步相对较晚、发展相对缓慢,20 世纪 90 年代以来,研究进入活跃期,国外成熟的大型模型被越来越多地应用到面源污染研究中,如牛志明等(2001)采用 ANSWERS2000 成功模拟三峡库区土壤侵蚀过程;马晓宇等(2012)应用 SWMM 模型模拟城市居住区面源营养物质负荷等。此外,3S 技术被逐渐运用于面源模型研究和应用中,如 GIS 技术与 USLE 模型结合用于模拟土壤侵蚀(蔡崇法等,2000;赵琰鑫等,2007);王雪蕾等(2007)运用遥感方法分析官厅水库的库滨带非点源污染控制效应等。

通过分析国内外面源污染研究现状,发现现有面源营养物质输移模拟研究主要存在复杂面源营养物质负荷估算难的问题:一方面,现有面源营养物质模型主要用于模拟单一的农业面源或城市面源,用现有面源模型估算城郊区域的复杂面源营养物质负荷将导致较大误差;另一方面,由于地表性质特别是土地利用类型对面源营养物质负荷的重要影响,当城市化速度较快、土地利用类型发生较快变化时,现有模型难以模拟复杂面源负荷的时空变化。

4. 陆域污水营养物质的湿地强化去除

城郊水体是陆域营养物质(包括农田排水)传输进入河流、湖泊和水库的重要环节,城郊湖泊、河渠等水体是陆域营养物质的重要蓄积库和中转站。陆域污染水体营养物质的强化去除能够有效削减入湖(库)污染负荷,是维系湖库生态系统健康的重要技术保障。近年来,随着人口增加、外源或内源营养物质输入负荷不断增大,导致陆域水体出现日益严重水体富营养化。目前国内外陆域污染水体的处理或径流污染控制越来越多倾向于采用生态处理技术,如砂石过滤、土壤渗滤、氧化塘、人工湿地等(Tang et al.,2012)。与常规水处理技术如活性污泥法、曝气生物滤池法、膜处理方法相比,这些生态处理技术更着重依赖于自然界"自然净化系统(阳光、砂石、土壤、微生物、动植物)"的生态循环作用,强调自然界生态修复能力。

人工湿地是自然湿地的人工演变,通过对湿地内基质、植物和微生物的优化管理实现污染物去除性能的强化(Vymazal,2007)。随着对湿地内部基质吸附、植物和微生物吸收过程的研究深入,大量人工湿地用于去除富营养化水体中的有机物、氮和磷,甚至推广至水源保护(Cui et al.,2012)。与疏浚、水体曝气等传统水体整治措施相比,管理维护方便、建设和运行费用低廉等特点也是人工湿地进行陆域污染水体水质改善的优势所在。

　　垂直潜流湿地通风条件较好,通过污水在床体内自重力流动带动大气复氧,增加填料内部溶解氧利用率,有效改善有机物好氧降解及氨氮硝化,但同时抑制硝态氮反硝化去除,氮的总体去除效果相对较差(Liu et al.,2013)。目前,一些提高溶解氧利用率的湿地设计及运行措施得到广泛应用,如通过跌水曝气的方式增加水平潜流湿地中进水溶解氧浓度,提高悬浮物、氨氮、总氮及总磷去除率等(Fan et al.,2013)。填料内部直接曝气的方式被用于寒冷地区垃圾渗滤液处理(Nivala et al.,2007),湿地植物根区曝气结果表明改善水平潜流湿地溶解氧供给可保证冬季有机物、氮、磷等营养性污染物出水达标(Ouellet-Plamondon et al.,2006)。水位循环波动,"潮汐流"等运行方式在垂直潜流湿地设计改良中备受关注,其通过连续进水、抽干循环在填料内部创造良好的好氧、缺氧、厌氧交替环境,有效促进有机物及氮磷去除。此外,当进水污染负荷较高时,出水回流等方式可提高污染物去除效率及改善出水水质(Tee et al.,2012)。

　　溶解氧供给充足是高效去除有机物的保证,若系统供氧不足,可采取人工回流或鼓风充气提高床体溶解氧含量;反之,溶解氧富足时,有机碳源的缺乏也影响人工湿地去污能力,当污水中 C/N 大于 2.86 时(Hafner et al.,2006),反硝化正常,低于此值时,反硝化不完全,TN 去除率降低,此时可通过提高有机负荷或投加甲醇等满足微生物生长对碳源的需求。湿地床体内部分厌氧区域使有机物发生厌氧降解,pH 对有机物厌氧去除影响较大,较适宜的 pH 范围是 6.5~7.5。整个有机物降解过程中,碳源供给通常可满足微生物生长需求且降解过程以好氧为主(Marina et al.,2012),若提高有机物去除率,关键是提供充足溶解氧。

　　优化选择植物和填料、延长水力停留时间等增强人工湿地脱氮除磷效果(Zhang et al.,2012)。人工湿地植物选择趋向于从当地天然湿地中选择抗污能力强、净化效果好、较强抗病虫害能力、适应周围环境的物种(Leto et al.,2013)。实际运行结果表明芦苇去除氮的能力较强(Lee et al.,2007),香蒲除磷的效果比较突出(曹琪等,2012)。填料筛选过程中,可用单一或组合填料达到污染去除的目的,砾石和沸石填料湿地 COD、TN、TP 平均去除率分别为 87.13%、97.33%、77.29%(Borin et al.,2012)。人工合成填料除磷也是很好的选择,钙化海藻磷的去除率高达 98%(Brix et al.,2001)。水力停留时间影响氮的去除,高效除氮在硝化较完全,反硝化时间较长时才能实现,要求处理初期系统溶解氧和有机物供应充足,为硝化提供有利条件,厌氧处理阶段需要较长水力停留时间来满足反硝化细菌世代周期。

　　目前人工湿地有机物去除率比较满意,但无机氮磷去除率不足50%。通过优化选择湿地填料和植物,改善湿地微生物活性和脱氮除磷效率,借鉴其他水处理工艺的优点对传统潜流人工湿地进行改良,基于溶解氧可利用性增加和微生物作用强化提高湿地营养物质去除性能十分必要。

1.2.2　库湾典型污染水体营养物质输移及生态调控

1. 库湾养殖水体营养物质输移及生态调控

沉积物是水生生态系统的重要组成部分,既是营养物质的"汇",又是"源"。当地表水体污染较重的时候,水体部分污染物通过沉淀或者颗粒物吸附而蓄积于沉积物中,成为水体营养物质重要蓄积库。随着养殖年限增加,沉积物中营养物质逐渐富集,极有可能成为营养物质的"源"。云南滇池中80%的氮和90%的磷都分布在沉积物中(陈永川等,2005)。在一定条件下,如微生物分解作用、扰动等,沉积物中污染物会再次释放出来,影响上覆水体。影响沉积物与上覆水体间氮、磷的"源"和"汇"转化的因素可归结为沉积物物理化学特征和外界环境条件如溶解氧、微生物、pH、温度、扰动等(Steinman et al.,2012)。

氮素在沉积物和上覆水之间迁移转化过程非常复杂,包括物理、化学和生物等作用。沉积物氮释放一方面取决于有机氮分解;另一方面与环境因子密切有关。溶解氧控制着水体氧化还原电位,决定有机污染物的矿化过程和速率(Mulling et al.,2013)。好氧条件下,硝化细菌将水体中氨态氮转化成硝态氮,同时改善沉积物透气性,增强沉积物硝态氮吸附,共同降低上覆水氨氮浓度;厌氧条件下,硝化作用受到抑制,反硝化作用强烈,促进沉积物氨氮释放,使上覆水氨氮浓度升高(Antileo et al.,2013)。

温度决定微生物酶反应活性,温度升高后,底栖生物的扰动可促进沉积物氮释放,同时也可增强沉积物—水界面的氨化,当水温从10℃增加到30℃时,沉积物中氨氮释放速率增加了两倍。静态作用下,沉积物氮释放由浓度梯度扩散。随着沉积物深度增加,孔隙率下降,氮的释放速度放缓。扰动破坏了泥水界面,可能造成沉积物氮、磷爆发性释放,释放量远大于静态释放。

偏酸和偏碱条件都利于沉积物氮释放(熊汉锋等,2005)。pH 越低,H^+ 浓度越大,沉积物上所吸附的 NH_4^+ 与 H^+ 竞争吸附点位而被释放(Jing et al.,2013)。碱性条件下,水中 OH^- 能与 NH_4^+ 结合,以 NH_3 的形式逸出,降低水体氮浓度。此外,pH 还影响沉积物微生物活动,从而间接促进沉积物氮释放。一方面,有机质影响沉积物氮释放,有机氮是有机质重要组成部分,有机质微生物降解释放大量氨氮;另一方面,有机质降解过程消耗大量溶解氧,造成缺氧及厌氧环境,从而促进沉积物反硝化过程,增大氨氮释放量(Antileo et al.,2013)。沉积物磷来源于土壤颗粒物、悬浮污染物的絮凝沉淀、水生生物残骸堆积及颗粒物吸附。根据磷与沉积物中矿物质的结合形态不同,将其分为钙磷(Ca-P)、铝磷(Al-P)、铁磷(Fe-P)、闭蓄态磷(Ol-P)、可还原态磷(Res-P)、有机磷(Org-P)。沉积物释磷机制包括生物释放、物理释放和化学释放,影响因素包括沉积物磷形态和环境因子

（高丽等，2004）。

可交换态磷，即不稳态磷，主要以吸附结合方式附着于碳酸盐、氧化物或黏土矿物表面，极易从沉积物释放到上覆水体，具有生物可利用性。铁铝磷，在氧化还原条件或 pH 改变时易转化成可溶性磷进入水体，也是生物可利用性磷的重要组成部分。钙磷和闭蓄态磷相对稳定，较难被分解，但在弱酸环境中，也可能部分分解。钙磷包括原生碎屑磷、自生钙结合态磷灰岩磷、生物磷灰岩磷、非磷灰岩磷等，在沉积物总磷含量中占有相当大的比例。有机磷多以磷脂和磷脂化合物存在。有机质降解时，有机磷也随着释放到水体中。

溶解氧是影响磷释放的重要因素，好氧条件抑制沉积物磷释放，厌氧条件加速沉积物中磷的释放（潘成荣等，2006）。沉积物可交换态磷与铁磷是沉积物中容易释放的磷形态。好氧条件利于 Fe^{2+} 向 Fe^{3+} 转化，使 Fe^{3+} 与磷酸盐结合形成难溶的磷酸铁；缺氧条件下，Fe^{3+} 向 Fe^{2+} 转化，PO_4^{3-} 从沉积物中释放出来，进入上覆水（Fonseca et al.，2011）。PO_4^{3-} 释放进入水体后，极易被藻类等浮游生物吸收，加速藻类生长繁殖，死亡藻类分解时消耗大量溶解氧，这种缺氧环境将加速沉积物磷释放。酸性或碱性 pH 均有利于沉积物磷释，pH 减小导致铝结合态磷和部分钙结合态磷释放（Gao，2012）；pH 增大，沉积物表面 OH^- 交换能力逐渐大于 PO_4^{3-}，进而促进磷释放（徐轶群等，2003）。

沉积物磷释放量随着温度升高而上升，温度升高，有机质分解活动加剧，水体溶解氧消耗增加，使 Fe^{3+} 向 Fe^{2+} 转变，有利于沉积物中磷的释放；此外，生物活动还可使沉积物中的有机磷向无机磷转化，然后得以释放。Liikanen（2002）研究表明，无论是好氧还是厌氧环境，温度每升高 $1 \sim 3^{\circ}C$，沉积物磷释放量增加 $9\% \sim 57\%$。水体扰动能加速沉积物向上覆水扩散，并导致颗粒态磷再悬浮，增加沉积物—水界面磷的交换（Gao et al.，2013b）。此外，沉积物磷释放量与光照水平呈负相关（吴敏等，2009），光照通过改变水体温度和 pH 间接影响沉积物磷的释放。

随着人们对鱼类等水产品需求的增加，湖泊和库湾养殖规模和强度急剧膨胀，水产养殖已成为湖库水体营养物质的重要输入源头。我国淡水精养从 20 世纪 70 年代初开始出现，利用湖泊、库湾中浮游生物，培育鲢、鳙等鱼种，70 年代后期，逐渐从依靠天然饵料粗放式养殖向投喂人工合成饲料的精养式养殖转变。库湾养殖具有投资少、产量高、见效快等优点，能够最经济和最大程度利用水资源，设施简易、捕捞灵活方便。然而，随着养殖规模和强度无节制的增加，养殖水域生态环境恶化的不利影响逐步凸显，严重威胁水体生态健康和水资源安全持续利用。

投喂过多、投喂方式不当、粉末状的干饲料被风吹走等，导致库湾养殖饵料利用率低。研究表明，水库养鱼，每投喂 100kg 饲料，有 $13 \sim 15kg$ 直接散失于水体。黑龙滩水库养鱼过程中，通过饵料进入水体的 TN 为 96.27t、TP 为 34.04t，分别占饵料 TN 和 TP 的 73.38% 和 94.81%。鱼类所摄食的饵料有 20% ~ 30% 以粪便的形式进入养殖水域(Skov et al.,2013)。鱼类排便量由鱼类对饲料的消化率决定,杂食性鱼类的消化率约80%,肉食性鱼类消化率高于90%;且鱼类排便量和排泄量与水温和摄食率呈函数关系。鲑鳟鱼对典型商品饲料的消化率约74%,消耗100g饲料排便量是25~30g干重。

残饵、粪便中所含营养物质以及悬浮颗粒物和有机物成为养殖水域水体富营养化的重要来源。养殖鲤鱼采用蛋白质含量为36%的粗饲料,其排放的氮、磷分别占投放饲料的62.3%和22%(陈丁等,2005)。精养虾池中的物质平衡表明不足10%的氮和7%的磷被收获(Smith et al.,1998)。多数研究表明,养殖区水体无机氮主要以氨氮为主,另外很大一部分氮素以有机氮形式存在。南京东太湖水质监测结果表明,养殖区内总氮和氨氮浓度比区外高22.8%和37%,比非养殖区高219%和300%,而硝态氮和亚硝态氮则差异很小。与对照区相比,养殖区总磷高162%,溶解性正磷酸盐高150%,绝大部分磷是以非溶解态形式存在于水体环境中(Guo et al.,2003)。

水体养殖改变了沉积物的沉积方式。养殖过程中,部分未食饲料和鱼的排泄物因重力作用沉降到沉积物表层,导致沉积物碳、氮、磷含量和耗氧量明显增加,沉积物中经常可见残饵。底部沉积物有机物含量逐渐增高导致底泥表层向缺氧状态改变。随着养殖时间延长,大量残留的饲料、鱼类排泄物等无法得到及时的分解,不断沉积在底部。残饵和排泄物的堆积,丰富了底质中微生物的营养源,促使微生物活动加强,加强了营养盐重新释放进入上层水体,成为养殖水域重要内源污染。随着养殖年限增加,沉积物释放造成水质污染的比重有增大趋势。

总体来看,目前国内关于库湾养殖的水质影响已有大量研究,但大多是理论上的定性描述,实验研究也只限于养殖区与非养殖区以及养殖前后的对比,对于养殖过程中的营养物质释放更是少有涉及。除养殖过程的外源营养物质输入外,沉积物营养物质释放也是引起库湾营养盐含量增加及水体富营养化的重要源头,直接影响水体氮、磷等营养物质的分布、释放,以及藻类群落动态变化。为了维系健康库湾生态系统,控制水体富营养化,有必要开展库湾养殖水体营养物质释放规律研究,以期为库湾养殖水体生态修复提供理论依据。

2. 库湾富营养化水体藻类生长转化机理及生态调控

湖泊水体富营养化研究较多,库湾与湖泊的水动力状态不同,库湾水体富营养化演变规律有其特殊性。维持藻类正常生长繁殖的营养元素包括碳、氮、磷、硫等,所需浓度为10^{-3}~10^{-4}mol/L。淡水水体藻类生长所需其他营养元素基本能够满足,氮和磷容易成为水体中藻类生长限制性元素。氮是构成初级生产力和食物链最重要的生源要素之一,参与合成藻细胞体内磷脂、蛋白质和叶绿素等的基本元素。自然状态下,有机氮可以通过微生物氨化作用降解成氨氮,氨氮在有氧条件下发生硝化作用生成亚硝氮和硝氮,而硝氮和亚硝氮在厌氧条件下发生反硝化作用形成 N_2O 和 N_2 重回大气中(Gao et al.,2013a)。藻类存在最合适的氮浓度生长范围,过高或过低的氮浓度都会抑制藻类生长。氮的形态也影响藻类对其吸收利用速率。研究证实,藻类优先利用 NH_4^+-N,NH_4^+-N 存在会抑制 NO_3^--N 的吸收。从氮的循环转化来看,与硝态氮相比,还原态氨氮便于藻类利用,这可能是藻类优先利用 NH_4^+-N 的重要原因。

磷是水生生态系统中重要营养元素,也是藻类水华形成和爆发的关键性因子,水体磷营养状态与细胞营养状态以及浮游植物群落结构变化紧密相关(Mackey et al.,2007)。水体磷浓度较高有利于藻类生长,当 TP≤0.045mg/L 时,微囊藻的生长会受到磷限制,然而过高的磷含量(TP≥1.65mg/L)对藻类生长影响不显著(Gao et al.,2013)。细胞内营养盐直接作用藻类生长,当藻细胞处于饥饿状态时,可以在 2~3h 内吸收大量的磷,一直达到自身质量的 2%(Mackey et al.,2007)。藻类对不同形态磷存在选择性吸收,不同磷源对铜绿微囊藻生长影响研究发现,单位时间内培养基中磷酸氢二钾的浓度下降最快,说明该形态的磷酸盐最有利于藻类生长,正磷酸盐是最容易被吸收且对浮游植物生长促进作用最显著的形态磷(钱善勤等,2008)。

除氮、磷浓度及形态外,氮磷比(N/P)常被用作预测藻细胞密度变化的关键因子。N/P 直接影响藻类生长、细胞组成及对营养摄取能力(Martínez et al.,2012)。藻细胞原子比率为 C:N:P=106:16:1,如果 N/P 超过 16:1,磷被认为是限制性因素;反之,氮通常被考虑为限制性因素。藻类的经验分子式说明藻类健康生长及维持生理平衡所需的氮磷原子比为 16:1,但不同种类藻细胞的元素组成存在着差异,对各类营养物质的需求也不尽相同(孙凌等,2006)。

对库湾低流速富营养化水体而言,藻类可在短时间内获得适宜的生长条件而大量繁殖并发生水华,影响水华的因素众多,包括流速、营养物质输入、光照、气象条件、水库调度和泥沙等(Yang et al.,2011)。水华发生过程复杂而发生周期往往较长,现场实验观测研究较为困难,需要投入大量的人力物力和时间,但水华实验得到的机理研究成果将对指导水华生态数学模型的开发具有重要意义。相对于采用实验手段和野外观测的方法研究水华代价较高的问题,数学模型在此方面具有优势,且数学模型可以提供生态过程变量的时空演变信息,因此近年研究者进行了大量水华数学模型研究(Jorgensen,2008;Wang et al.,2009)。

早期开发的 Vollenweider 模型、Dillon 模型及稳态模型等将湖库水生态系统看做均匀混合体,求解相关因子(如营养物质含量或藻类生物量)的常微分方程(组),这些模型可以在一定程度上反映水生态系统结构并得到相关因子的时间序列变化,但并不能获得求解变量的空间演变信息,且不能模拟相关因子间的相互作用。进而研究者开始开发基于求解偏微分方程组的动力学模型,这些模型包括相关因子的时间非恒定项、空间对流-扩散项及源项(反映相关因子的物理运动和生化反应等过程),如著名的水质生态模型 WASP、EFDC 和 QUAL-CE-ICM(美国环境保护总署)、Delft3D-WAQ(荷兰代尔夫特水力学研究所)、MIKE3-WQ(丹麦水力学研究所)、CCHE3D-WQ(美国密西西比大学水力计算中心)等,这些模型成功地应用于一些河流、湖泊或近海水域的水质、水生态模拟研究,但也存在某些方面的不足,有进一步改进的空间。

(1) 生态动力学模型普遍采用结构化网格模型开发,对具有复杂边界河道特别是有多条支流入汇或存在河流-湖泊水系的情况难以适用。因为结构网格的数据结构简单(行列关系)且易于编程,结构网格是当前数学模型大多采用的开发模式,包括上述的一些著名的生态模型(Michele et al.,2001;Chau,2004;Chao et al.,2007),但是结构网格的数学模型对复杂边界的适应性较差,需要研究具有其他功能的特殊结构网格,如贴体坐标网格、块结构网格或者采取一维、二维或三维模型耦合的办法等来弥补这一不足(Han et al.,2011),这样又增加了模型开发难度、程序复杂度、网格前处理工作量和模型计算精度。特别是当模拟区域存在多条支流入汇、河流-湖泊水系、河网或者河道横向摆幅较大时,结构网格模型处理此类问题会面临诸多困难,从而导致非结构化网格模型在河流模拟中广泛开展(Zhang et al.,2010;李健,2012)。

(2) 水质模型侧重考虑营养成分、化学反应及转化,对悬移质泥沙及底泥对水华的干扰考虑不足。水华过程中各种形态的营养物质(如氨氮、硝酸盐、有机氮、磷酸盐和有机磷)在一定的条件下(依赖于溶解氧浓度、pH 和水温等)相互转化,上面提到的生态模型软件中对这些过程考虑的相当细致,这些过程是水生态模型的基础(秦伯强等,2011)。但是,当悬移质泥沙浓度较高时,悬移质泥沙和底泥将干预以上过程。细颗粒悬移质泥沙会与营养物质之间发生吸附和解吸作用,当附着有营养物质的泥沙进入低流速区会沉积入河床,形成富含营养物质的底泥,在某些条件下,吸附于悬移质泥沙或底泥上的营养物质会再次释放入水体,影响河流水华过程(Chao et al.,2006)。吸附于泥沙颗粒的营养物质称为吸附颗粒态营养物质,而溶解于水体中的营养物质称为溶解态营养物质,只有溶解态的营养物质才能被藻类细胞吸收。另外,悬移质泥沙浓度较大时会增大水体的遮光效应,减小水下光照强度,也会影响浮游藻类的繁殖和生长。以上提到的商业软件侧重于多种化学成分的分类及之间的生化反应、转化等,对泥沙的干扰作用考虑不周(Chao et al.,2007)。例如,WASP 模型中采用线性比例分配的方式近似计算颗粒态和溶解态营养物质浓度,这只适用于悬移质泥沙浓度很低的情况(Chao et al.,2006)。近些年开发的三维生态模型,如 MOHID 模型(Trancoso et al.,2005)、太湖模型(Hu et al.,2006)和 Washington 湖模型(Arhonditsis et al.,2005)中都考虑到悬移质泥沙或底泥的干扰作用。但是,这几个模型都没有全面考虑到悬移质泥沙和底泥的作用,且均为结构网格模型。可见,在这些方面,目前的生态模型还有改进的空间。美国的结构网格生态模型 CCHE3D-WQ 中充分考虑了上述过程(Chao et al.,2007),国内的研究者已开始开发考虑泥沙干扰作用的生态模型,如用于模拟富春江水华的垂向二维水华模型(吴挺峰等,2009)。

(3) 水温垂向分层将使库湾形成异重流,对库湾水体污染物与长江干流的水体交换产生影响,同时异重流也会对库湾藻类的生长产生一定的影响(马超等,2011)。一些学者采用现场实测资料分析(刘流等,2012)或数学模型模拟的方法对香溪河库湾的水温分层(余真真等,2011a)、异重流(纪道斌等,2010b;Yang et al.,2010)和潮生内波现象(余真真等,2012)进行了研究,温度分层对水体垂向的悬浮颗粒物运动也会有影响(余真真等,2011b),但这些研究所采用的模型中考虑的因素过少,如水动力学因素对河道型水华的发展起到至关重要的作用(余真真等,2013)。

综上所述,库湾水华的生态模型需要具备以下若干条件:充分反映水华的三维时空演变,能够适应复杂的水体边界及地形,能模拟水流条件的剧烈变化,考虑悬移质泥沙和底泥与营养物质间相互作用,考虑水体、泥沙和水藻自身的遮光效应,综合考虑流速、水温、光照及营养物质浓度对水藻生长的影响,具有较好的计算效率和工程应用价值。

1.3 主要内容及成果结构

1.3.1 主要内容

营养物质在水沙作用下通过多源(农业源头区、湖库养殖水体、库湾富营养化水体)进入(湖)库湾,并在适宜的水环境边界条件下形成水华。本书以营养物质控制和削减为出发点实施农业源头区营养物质生态去除,并通过湖库生态养殖调控和库湾水华生态调度进一步维系湖库水资源可持续利用和水生态系统健康。本书围绕湖库水体营养物质在水沙径流作用下的多源输移、生态调控和净化去除,内容如下。

1. 农业源头区泥沙营养物质转化规律及释放评价

基于野外监测和室内模拟实验,以磷为例,获取不同来源的农业源头区泥沙营养物质吸附-解吸特征参数,探讨吸附-解吸特征及机制;查明不同来源泥沙的营养物质形态分配特征及其与泥沙理化性质、生物有效性的相关性;确定泥沙营养物质与径流的关系及其释放风险临界值;评价不同来源泥沙的营养物质释放风险。

2. 陆域水体营养物质的人工湿地强化去除

　　基于优化人工湿地构成要素(填料、植物、微生物)的营养物质去除贡献为出发点,通过填料物理性质测定和营养物质去除性能综合评价选择湿地去污主填料和支撑滤料;分析填料类型、粒径及水力停留时间等因素对营养物质去除的影响,丰富湿地净化营养物质填料的选择依据;利用室外盆栽实验测试不同水生植物的生长适应性和营养物质去除效果,优化选择湿地目标去污植物;借鉴曝气生物滤池和膜反应器优点,构建基于提高溶解氧可利用性和微生物活性的新型间歇曝气人工湿地和生物填料人工湿地,研究湿地营养物质的优化去除机理及性能,提出陆域水体营养物质的人工湿地强化去除技术。

3. 库湾养殖水体营养物质释放及藻类生物调控

　　采用室内模拟实验分析沉积物营养物质赋存及释放特征;研究鱼饵及投饵养鱼条件下营养物质的输移规律;以水华优势藻铜绿微囊藻和四尾栅藻为对象,获取鱼饵营养物质输入与藻类生长动力学过程之间的响应关系;基于围隔实验探讨库湾养殖对水体营养物质负荷和对藻类生长的影响;分析不同养殖模式下水体藻类生长动力学过程、群落结构演替及水体营养物质动态变化,提出基于营养物质管理的生态养殖方案。

4. 库湾藻类水华的水动力学特征及生态调度

　　基于非结构网格开发平面二维水质数学模型,模拟库湾水华发生期间的水动力过程及营养物质输移特征;探讨水华发生的临界水动力条件和营养物质输移的时空变化规律;构建考虑营养物质浓度、水动力条件、水温和水下光照等影响因素的三维非结构网格水华数学模型,分析水华的发生特点和机理;在三维模型计算水动力场基础上,耦合拉格朗日粒子轨迹跟踪模型和非守恒三维粒子轨迹跟踪模型,模拟库湾营养物质及水华期间水藻细胞颗粒的输移特征和时空演变过程,并提出水华防治的生态调度措施。

　　本书为三峡地区地质灾害与生态环境湖北省协同创新中心"三峡库区磷污染生态防治"创新团队系列成果之一,重点阐述农业源头区泥沙污染物运移规律、陆域污染水体营养物质人工湿地强化去除技术以及库湾养殖水域及富营养化水体营养物质的输移规律与生态调控技术等。农业源头区污染物生态治理及城郊区域营养物质运移规律及分布特性成果,已有相关成果体现,本书未将其纳入,具体成果结构如图 1.3.1 所示。

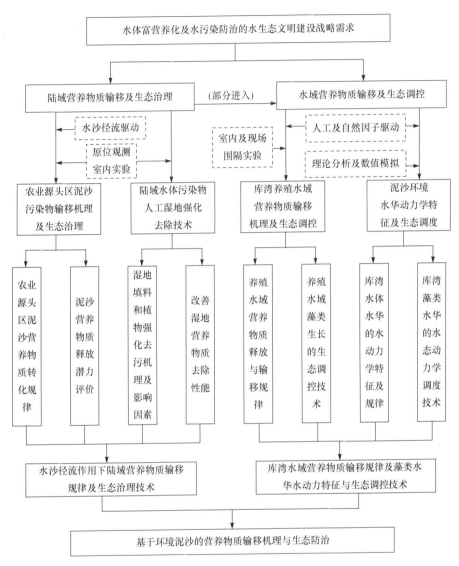

图 1.3.1 成果结构框架

1.3.2 成果结构

本书内容主要基于国家科技支撑课题相关专题、国家自然科学基金面上项目、水利部行业公益专项、中央公益性科研院所基本科研业务费项目、中国科学院西部行动计划项目以及地方科技服务等项目的开展,围绕不同区域营养物质输移转化规律及生态防治技术开展,有助于解决现有湖库水系营养物质输移及生态防治研究领域的不足,在营养物质多源输移规律、源头削减及生态调控方面形成系统性和整体性认识上,极大丰富湖库水系富营养化及藻类水华防控理论,获得一套实用的营养物质生态去除和生物-生态调控技术,为维系我国湖库水体水资源可持续高效利用、维护水质安全和水生态健康、解决我国水生态文明建设领域的难点问题、落实中共十八大生态文明建设要求等提供重要的战略科技支撑。

　　充分考虑新形势下湖库水体营养物质多源输入特征及综合防控要求,系统研究农业源头区、陆域区域养殖水体及富营养化水体营养物质在水沙径流作用下的迁移、转化、沉积和赋存特征;分析营养物质输入与水动力条件对藻类生长动力学过程的响应机制。在获得湖库水体营养物质输移机理及藻类水华生长规律基础上,研究提出营养盐陆域源头生态削减技术和水域藻类生态调控及生态调度技术,为基于水华防治的湖库水资源安全利用和水生态健康维系提供技术支撑。研究主要采用理论分析、原位观测、室内实验、围隔实验及数值模拟等技术手段多学科交叉开展研究,具体技术路线参见图 1.3.1。

第2章　农业源头区泥沙营养物质转化规律及释放风险评价

2.1　研　究　背　景

2.1.1　研究意义

磷是生命系统中能量、遗传物质以及有机体组织不可或缺的组成元素,是光合、呼吸、能量储存与迁移转化等重要生命过程的参与者。磷在水生生物中的分布和含量直接影响着水体的初级生产力及浮游生物的种类、数量和分布。磷是水体中富营养化的主要限制因子,其极低的浓度(0.02mg/L)就可以导致水体富氧化。磷对水环境的影响已引起国内外生态环境学者的广泛关注。

富营养化是指水体氮、磷等营养物质过剩,导致水生植物和藻类大量繁殖的现象。富营养化水体透明度下降,水体被优势藻类控制,生物多样性降低,引起水质恶化,生态系统功能受到严重破坏,水体使用途径受限,影响到渔业生产、淡水供应以及娱乐观赏等各项功能。严重时某些藻类恶性繁殖,水中溶解氧被消耗,引起鱼类大批死亡,水体毒化,并通过食物链使人中毒。目前,水体严重富营养化已成为中国乃至全球水环境面临的最大挑战之一。据联合国环境规划署有关水体富营养化的调查表明,全球范围内一半湖泊和水库遭受不同程度富营养化的影响,我国近30年来水体富营养化的程度和范围呈快速增大趋势。湖泊富营养化从20世纪70年代后期占41%上升到80年代后期的61%,90年代后期又上升到77%(马经安等,2002),目前我国大型浅水湖泊已有85.4%遭遇富营养化(杨桂山等,2010)。研究表明,磷是内陆水体富营养化的限制性因子。我国的太湖、西湖等许多湖泊和水库的富营养化限制因子都是磷。因此,磷的控制对遏制淡水水体的加速富营养化过程具有重要的意义。

长江是我国第一大河,也是我国淡水供应的重要来源。南水北调以后,长江将成为我国南、北方居民共同的饮用水源,长江流域水环境安全已成为一个战略性的问题。而长江三峡水利工程是我国南北水资源调配、控制的枢纽,三峡库区是长江水质、水量保障的关键,对于保障流域水环境安全具有不可替代的作用。据调查,三峡库区的污染负荷主要来自长江、嘉陵江、乌江上游的农业非点源污染物的输入。近年来,三峡库区水域(支流、库湾)磷素含量呈上升趋势,并出现明显的富营养化特征。因此,加强长江上游农业非点源磷素的控制和管理已经成为一项紧急任务。

　　农业源头区的沟道、坑塘、沼泽以及村落排水沟等形成的沟渠系统是农业区常见的景观要素之一,对农业生产和生态环境具有重要影响。例如,沟渠的灌排和防洪功能是农业生产及生态安全的重要保障。随着水环境问题的日益突出,沟渠在水环境保护和农业非点源污染防治等方面的作用开始引起关注。近年来,许多研究者逐渐认识到利用沟渠截留高负荷磷污染物,可以经济而实效地实现。沟渠截留磷污染物的重要机理之一,就是沟渠泥沙沉积物能够吸附径流水体中大量的磷,降低磷的浓度。从而,减少进入河流、水库等地表水中的农业非点源磷的含量,保护下游受纳水体。从这种意义来说,农业区的沟渠系统构成了农业非点源污染物迁移的重要景观廊道,并成为农业非点源污染源与下游水体之间的重要缓冲过渡带。目前,国外已经广泛开展沟渠(或河流)泥沙对磷的吸附-解吸规律研究,国内也有文献报道了沟渠湿地(包括人工沟渠)对农业非点源磷素的截留作用,但研究区域主要集中在长江下游农业区,长江上游地区研究资料较少。国内外已有的研究结果表明,土壤(泥沙)理化性质对磷的吸持-释放特性有显著影响,不同地区(类型)的土壤(泥沙)因其理化组分差异而各具特殊性。此外,磷的各种形态在土壤(泥沙)中并不是固定不变的。当土壤(泥沙)自身理化性质或环境条件发生变化时,磷就会发生一系列吸附、解吸及重新结合等反应过程,从而实现不同形态磷之间的转化。研究泥沙磷素形态分配特征及其转化规律,对于评价泥沙磷释放风险具有重要意义(Kaiserli et al.,2002)。

　　紫色土丘陵区处于长江上游生态屏障的最前沿,是长江流域、三峡水库水环境的重要影响区。紫色土是亚热带湿润季风气候条件下,由紫色砂、页岩风化发育而成的高生产力岩性土,在长江上游的低山丘陵区分布广泛,占四川耕地总面积的68%。紫色母岩岩体疏松,在水热丰沛的条件下极易风化(Zhu et al.,2012)。母岩风化成土为植物提供养分的同时也为侵蚀提供了物质基础,在重力和降雨冲刷下,母岩形成的土壤90%以上被侵蚀(朱波等,2001)。而降雨径流携带大量土壤、养分,通过农业源头沟渠迁移而进入长江各支流,并最终排入长江干流和三峡库区,给长江流域水环境造成严重威胁(Zhu et al.,2009)。因此,在紫色土农业源头区开展沟渠泥沙磷吸附-解吸特征及磷形态转化规律研究,对于控制该地区农业非点源磷素流失和保护三峡库区水环境安全具有十分重要意义。

　　沟渠系统作为农业非点源污染源与水体之间的缓冲过渡带,通过泥沙吸附水体中磷素,降低了进入河流等地表水中磷污染物的含量,从而起到了湿地控制磷素流失的作用。然而,沟渠的这种湿地功效并不总是吸附水体中的磷,例如,当沟渠泥沙的磷平衡浓度(equilibrium phosphorus concentration,EPC_0)大于水体磷浓度时,泥沙则成为磷源。可见,农业源头沟渠泥沙既可能是水体中磷的汇,也可能是源(Jarvie et al.,2005)。正确识别沟渠泥沙的源、汇功能以及加强沟渠泥沙的管理(例如,如何增强沟渠泥沙对磷的吸附容量,降低磷的释放风险),则成为控制农业非点源磷素向下游水体迁移的关键。

　　针对长江上游紫色土丘陵区农业源头沟渠泥沙对磷的吸附容量与解吸特性开展研究,试图探明沟渠泥沙磷迁移转化机制,在此基础上探讨该地区农业源头沟渠泥沙磷的释放风险,为准确评价沟渠泥沙磷的环境效应,以及沟渠的优化改造和合理管理提供科学依据。因此,本书的研究具有重要的环境保护意义。

2.1.2　研究进展

1. 土壤(泥沙)磷形态与分级提取方法

　　磷是沉积型大量营养元素,在土壤(泥沙)中大多以难溶的化合物形式存在,因此,磷的赋存形态及其生物有效性是土壤(泥沙)磷素界面过程研究中最重要的内容。磷形态分级的基本原理是采用不同类型的、有选择性的提取剂将泥沙(或土壤)中化学组成相近或分解矿化能力接近的一类无机或有机磷化合物划归为相同的形态。通常将土壤(泥沙)中总磷分为无机磷和有机磷两大类,而在实际研究中,无机磷和有机磷的进一步分级通常与其提取方法有关,因此,有必要对国际上主要的磷形态分级提取方法进行对比,以便更好地了解和掌握各形态磷的特征。

　　自 20 世纪 50 年代以来,随着对土壤(泥沙)中磷的不断深入研究和化学试剂的广泛应用,人们陆续提出了十几种针对磷形态分级的化学连续提取方法(表 2.1.1)。由于土壤(泥沙)中磷形态的复杂性,每种化学连续提取方法都存在着优点和不足。现有化学提取方法主要针对无机磷形态分级较多,关于土壤(泥沙)有机磷分级的研究相对较少。由于研究手段的限制,土壤(泥沙)中有机磷的组成结构、化学特性在目前仍不很清楚,也难于分离,已有的方法仅限于分析与有机物结合的总磷。

表 2.1.1　土壤(泥沙)磷形态分级提取方法

提取方法	提取步骤及磷形态	提取剂(或计算方法)	优、缺点
C-J 法[1] Chang 和 Jackson(1957)	①易解吸磷 ②铝结合态盐 ③铁结合态盐 ④闭蓄态磷 ⑤钙结合态磷	①1.0mol/L NH_4Cl ②0.5mol/L NH_4F ③0.1mol/L NaOH ④CBD[2] ⑤0.5mol/L H_2SO_4	优点:铁结合态磷与铝结合态磷分离;提出了闭蓄态磷 缺点:NH_4F 在提取铝结合态磷的同时,仍有部分铁结合态磷被溶解;NH_4F 提取的铝结合态磷被铁氧化物吸附也可能影响铁结合态磷测定准确性;NH_4F 与钙反应生成的 CaF_2 会强烈吸附磷,使得钙结合态磷和有机磷测定值偏大,因此 NH_4F 不适合于石灰性土壤提取磷

续表

提取方法	提取步骤及磷形态	提取剂（或计算方法）	优、缺点
W 法 Williams 等 (1976,1980)	①非磷灰石磷 ②磷灰石磷 ③有机磷	①0.1mol/L NaOH 或 CBD ②1.0mol/L HCl ③差减法[3]	优点:简单、实用 缺点:NaOH 提取磷在碱质泥沙中可能会被碳酸盐重吸附;CBD 较强的螯合作用,可能会溶解部分磷灰石磷和有机磷;磷形态分级较少
H-L 法 Hieltjes 和 Lijklema(1980)	①不稳定态磷 ②铁铝结合态磷 ③钙结合态磷 ④残磷(有机磷)	①1.0mol/L NH₄Cl ②0.1mol/L NaOH ③0.5mol/L HCl ④差减法	优点:简便、实用,是分析钙质泥沙中磷形态的有效方法 缺点:NH₄Cl 提取不稳定态磷时,溶解了少量铁铝结合态磷
H 法 Hedley 等 (1982)	①树脂交换态磷 ②生物有效磷 ③土壤微生物磷 ④铁铝结合态磷 ⑤土壤团聚体内磷 ⑥磷灰石磷 ⑦残留态磷	①0.4g Resin ②0.5mol/L NaHCO₃ ③CHCl₃/0.5mol/L NaHCO₃ ④0.1 mol/L NaOH ⑤Sonicate/0.1mol/L NaOH ⑥1.0mol/L HCl ⑦H₂SO₄/H₂O₂	优点:形态分级较细,兼顾无机磷和有机磷组分 缺点:提取过程烦琐,耗时长;提取效率不高
P 法 Psenner 等 (1988)	①水溶性磷 ②可还原水溶性磷 ③铁铝结合态磷 ④钙结合态磷 ⑤惰性磷	①H₂O ②BD ③1.0mol/L NaOH ④0.5mol/L HCl ⑤1.0mol/L NaOH(85℃)	优点:形态分级较细 缺点:BD 在提取可还原水溶性磷时,可能存在干扰现象;碱质泥沙中碳酸盐对磷的重吸附
蒋-顾法 蒋柏藩和顾益初(1989)	①磷酸二钙 ②磷酸八钙 ③铝结合态磷 ④铁结合态磷 ⑤闭蓄磷 ⑥磷酸十钙	①0.25mol/L NaHCO₃ ②0.5mol/L NH₄Ac ③0.5mol/L NH₄F ④0.1mol/L NaOH 0.1mol/L Na₂CO₃ ⑤Na₃Cit-Na₂S₂O₄-NaOH ⑥0.5mol/L H₂SO₄	优点:形态分级较细;适用于石灰性土壤(泥沙)磷形态提取;区分了无机钙磷的形态 缺点:该方法只针对农田磷素形态及其对作物利用效率而制定,可能不适用于河流、湖泊、沟渠等泥沙沉积物

续表

提取方法	提取步骤及磷形态	提取剂（或计算方法）	优、缺点
R 法 Ruttenberg (1992)	①可交换态磷 ②还原性铁磷 ③自生钙氟磷灰石磷 ④原生碎屑磷灰石磷 ⑤有机磷	①0.1mol/L $MgCl_2$ ②CBD ③1.0mol/L NaAc-HAc ④1.0mol/L HCl ⑤550℃灰化，1.0mol/L HCl	优点：各步提取中采用 $MgCl_2$ 和 H_2O 溶液漂洗法，减少了重吸附 缺点：耗时长，提取效率不高；侧重原生碎屑磷和自生磷的分离，对其他形态的磷未能进一步分离；仅适用于海洋沉积物磷形态分级提取
G 法 Golterman (1996)	①铁结合态磷 ②钙结合态磷 ③酸可提取有机磷 ④碱可提取有机磷	①0.05mol/L Ca-EDTA＋1％ $Na_2S_2O_4$ ②0.1mol/L Na_2-EDTA ③0.5mol/L H_2SO_4 ④2.0mol/L NaOH（85℃）	优点：分析钙质泥沙中磷形态的有效方法；区分了有机磷的形态 缺点：不实用，溶液准备过程复杂，有些提取步骤需要重复；EDTA 对确定磷有干扰
Z-K 法 Zhang 和 Kovar (2000)	①易溶性磷 ②铝结合态磷 ③铁结合态磷 ④还原性可溶解态磷 ⑤钙结合态磷	①1.0mol/L $MgCl_2$ ②0.5mol/L NH_4F ③0.1mol/L NaOH ④CBD ⑤0.25mol/L H_2SO_4	优点：形态分级较细；铁结合态磷与铝结合态磷达到了分离 缺点：NH_4F 在提取铝结合态磷的同时，仍有部分铁结合态磷被溶解；该方法只适用于非石灰性土壤（泥沙）
SMT 法 Ruban 等(1999，2001)	①非磷灰石无机磷 ②磷灰石磷 ③无机磷 ④有机磷 ⑤总磷	①1.0mol/L NaOH 3.5mol/L HCl ②将上步残渣 1.0mol/L HCl ③1.0mol/L HCl ④将上步残渣 450℃灰化，1.0mol/L HCl ⑤450℃灰化，3.5mol/L HCl	优点：简单、实用；结果重现性好；适用于酸性、中性、碱性土壤（泥沙），有利于结果的比较；提供生物可利用磷信息 缺点：磷形态分类较少；耗时长

1. 以提出该方法的作者名字（第一作者或前两位作者）的第一个字母来命名提取方法，中文名字以姓来命名；2.CBD 为 Na_3Cit-$Na_3S_2O_4$-$NaHCO_3$ 混合提取剂；3. 差减法，即总磷减去已提取各形态磷，剩余部分为有机磷。

尽管土壤(泥沙)中各种磷形态得到了相当的关注,且各种磷形态的提取方法也得到了不断地发展,但目前在国际上仍没有一个标准的磷形态提取方法。由于各种泥沙(或土壤)磷的研究中所采用的提取方法不同,很难对一些研究结果进行比较。为改变这种状况,1996年欧洲标准测试委员会启动了一个联合项目,该项目对过去用于湖泊泥沙磷形态提取方法进行了对比研究,在改进的Williams提取法的基础上,最终形成了淡水泥沙磷形态连续提取的SMT协议。目前该方法在国际上已得到广泛应用。

自20世纪50年代以来的几十年中,人们对土壤(泥沙)磷形态分级做了许多有益的探索和研究,然而,所有这些连续分级提取方法只是基于操作上的便利而非基于化学计量或结构上的研究,这与土壤(泥沙)磷种类的高度可变性和复杂性有关(付永清等,1999)。因此,土壤(泥沙)磷形态的化学连续提取法有待深入研究。

2. 土壤(泥沙)磷形态转化特征

磷的各种形态在土壤(泥沙)中并不是固定不变的。磷形态分配情况,一方面与土壤(泥沙)自身性质有关,如有机质含量、粒径组成以及沉积物化学组成(活性Al、Fe、Ca、Mg)等;另一方面受土壤(泥沙)所处环境条件影响,如上覆水受污染状况、水化学性质,以及沉积物所在地理位置、流域土壤背景值、外部污染负荷、周边生产、生活方式等。例如,Al-P和Fe-P的含量与沉积物中细粒所占比例有非常重要的关系,而Ca-P的含量与细粒关系不明显(Andrieux et al.,2001;刘敏等,2002);但也有研究显示,沉积物的粒径对吸附态磷、铝磷和铁磷含量分配影响不大,而对钙磷的含量影响明显(刘巧梅等,2002)。

在磷的各种形态中,铁结合态磷(Fe-P)被认为是土壤(泥沙)中最易变的部分,因为它会随氧化还原环境的变化而改变,从而改变磷在土壤(泥沙)中各种形态的分配比例。研究表明,淹水土壤处于厌氧还原条件下,氧化还原电位降低,土壤中Fe^{3+}还原为Fe^{2+}而成为溶解态,与此同时,Fe-P就会被活化而进入水体中;当落水干燥时,氧化还原电位升高,Fe^{2+}被氧化为Fe^{3+}而重新沉淀,水体磷可能重被Fe^{3+}包裹而沉淀(Zhang et al.,1998;张志剑等,2001)。还有研究表明,周期性干-湿交替比连续淹水能释放更多的磷(McDowell et al.,2001c)。石孝洪(2004)对三峡水库消落带研究结果表明:淹水期间土壤pH逐渐向中性接近,土壤Eh显著降低;淹水干燥后,土壤pH和Eh可恢复到淹水前水平;淹水能使土壤活性铁(Fe_{ox})含量显著提高,但活性铝(Al_{ox})含量与淹水前没有显著差异;土壤淹水干燥后,Fe_{ox}含量与淹水前无显著差异,而Al_{ox}含量降低,并与淹水前和淹水时存在显著差异;土壤对磷的吸持饱和度(DPS)在干湿交替条件下表现出显著性差异,淹水期间土壤DPS显著降低,淹水干燥后升高。滕衍行(2006)对三峡库区消落区典型江段,即万州断面进行的实验研究结果显示,干湿交替过程中土壤磷的释放主要是Fe-P在氧化还原条件下发生形态转化所致,Fe_{ox}、Al_{ox}和DPS的变化规律与石孝洪

(2004)研究结果一致。滕衍行(2006)还发现淹水不会使闭蓄态磷(O-P)释放,但可以使 O-P 活化,使其在落干氧化时转化为 Fe-P,在下一次淹水时释放;土壤磷最大吸附量(Q_m)、最大缓冲能力(maximum buffer capacity,MBC)和磷吸附指数(phosphorus sorption index,PSI)在淹水时增大,在淹水后减少,表明淹水期间土壤对磷的吸持能力比未淹水时强;上覆水磷浓度较低时,磷吸附达到平衡时间较短,反之相反。

水田在排水干燥的初期,无定形 Fe 和无定形 Al 的高反应性能迅速吸收溶解态磷,使磷的有效性降低(Snyder et al.,2002)。化学热力学吸附研究揭示,Al-P 较之 Fe-P 和 Ca-P 更易在界面发生溶解可能是太湖表层沉积物 Al-P 与 PO_4^{3-}-P 释放速率呈显著相关的内在原因。虽然沉积物中 Fe-P 有较高的释磷潜力,但浅水湖所营造的沉积物表层氧化层和广泛覆盖的无机胶体及黏土矿物的强吸附介质,可能是抑制沉积物中 Fe-P 释放成为优势的主要因素(范成新等,2006)。

土壤还随 pH 而变化,酸性土壤中铁铝氧化物含量较高,易形成次生的磷酸铁铝盐,而在中性或碱性沉积物中则碳酸钙含量较高,易形成磷酸钙盐。在 pH＝7.0 左右时,有利于土壤中无定形 Al 胶体的生成。无定形 Fe 的含量在淹水初期主要表现为上升,在经过一段时间较为稳定的阶段后,在 12 天或 16 天后又开始上升,而在淹水后期有表现出下降的趋势,但至 30 天时无定形 Fe 的含量仍比氧化条件下高(高超等,2002)。各种形态磷的含量与土壤中 Fe、Al、Ca 的含量相关。当土壤中 Fe、Al、Ca 的含量由于人为污染等因素变化时,磷就会发生一系列解吸、释放与重新结合等反应过程,从而实现不同形态磷之间的转化。

3. 土壤(泥沙)磷吸附-解吸特征

大量研究表明,土壤(泥沙)对磷的吸附不但与土壤(泥沙)物本身的性质(颗粒组成、化学组成等)有关,而且受环境因子(pH、温度等)的影响。

土壤(泥沙)中黏粒、铁铝氧化物、碳酸钙等组分是吸附磷的主要基质。一般情况下,土壤(泥沙)颗粒越细,其比表面积就越大,土壤(泥沙)也就容易吸附各种形态的磷;土壤(泥沙)酸性越强,黏粒、铁铝氧化物含量越高,特别是无定形氧化物含量越高,土壤(泥沙)吸磷能力越强。高度风化的土壤具有更多黏粒和铁铝氧化物,因此具有更大的磷吸附量(石孝洪,2004;庞燕,2004)。2∶1 型黏土矿物和游离碳酸钙对磷的吸持能力较弱,而 1∶1 型黏土矿物、无定形铁铝氧化物对磷的吸附作用最强(李祖荫,1992)。Brinkman(1993)研究表明,沉积物中 Fe、Al 氧化物及氢氧化物具有较大比表面积,与磷吸附量密切相关;碳酸盐因其比表面积较小,在磷吸附过程中所起作用不大。林荣根等(1994)研究认为,沉积物对磷的吸附量随着样品颗粒的变粗而减少,并且吸附量与有机磷之间存在很好的相关关系。刘敏等(2002)研究发现,沉积物中磷最大吸附量与 Fe^{3+} 和总有机碳含量有较好的正相关关系。

此外,环境因子(pH、盐度和温度等)对土壤(泥沙)吸附磷作用也有显著影响。刘敏等(2002)研究发现,随着 pH 的变化,沉积物对磷的吸附量呈"U"形变化,pH 在 7～8,磷的吸附量较小。在低盐度区,随盐度增加,沉积物对磷的吸附量随之显著增加,而当盐度大于 5‰时,反而随盐度的增加,吸附量略有下降趋势。随着温度升高,对磷的吸附量基本上呈现线性增加。

土壤(泥沙)中磷的解吸(释放)受到土壤(泥沙)-水体界面系统及其相互作用影响。有研究表明,湖泊底泥向水体释放的"活性磷"主要来自于铁氧化物或铁氢氧化物结合的磷,这种相态的磷与非晶质和短序度络合物以共价结合,Fe 的氧化状态控制了磷的释放(王雨春等,2000)。土壤磷的解吸率与土壤有效磷水平及饱和度呈显著正相关,与磷吸附容量呈负相关(Li et al.,2007)。此外,土壤(泥沙)-水体界面的氧化还原作用改变了与磷酸根结合的阳离子价位,从而影响磷的活性。除厌氧条件释放磷外,好氧条件也释放磷,只不过释放量较小(尹大强等,1994;范成新,1995)。

上覆水 pH 与沉积物磷释放量之间呈抛物线关系,pH 近中性时,沉积物释磷量最低,而在偏酸、偏碱都有利于磷的释放(王晓蓉等,1996;李勇等,2003)。其可能原因是一方面 pH 的改变引起了系统内微生物结构及其活动强度的变化;另一方面也影响了磷素的溶解状态。从理论上讲,$pH=6.5$ 左右,水中正磷酸盐主要以 HPO_4^{2-}、$H_2PO_4^-$ 存在,最易被底泥吸附;降低 pH,底泥磷溶解。pH 对铁、铝磷和钙磷的作用机理不同。水体 pH 升高时,OH^- 与沉积物—水界面铁、铝氧化物表面的磷发生配位交换,磷被解吸下来,磷释放量增加;但另一方面,随着 pH 升高,CO_3^{2-} 浓度增大,易形成碳酸钙沉淀。pH 下降,铁、铝氧化物表面发生质子化,磷解吸量增加,而钙磷却可能发生溶解(Rydin et al.,1998)。

温度和微生物对沉积物磷的释放也产生重要影响。有研究表明,温度升高,沉积物中磷的释放增加(李勇等,2003)。在好氧条件下,微生物固定大量的磷,而在厌氧条件下将其释放(Eckert et al.,1997)。适当条件下,微生物可将沉积物中有机磷分解为无机磷,能将难溶性磷化合物转化为可溶性磷(尹大强等,1994)。

4. 土壤(泥沙)磷的潜在环境效应

一定条件下,蓄积在土壤(泥沙)中的营养物质在一定条件下通过形态变化、改变界面特性和释放等途径影响上覆水体的质量(Zhou et al.,2001b)。磷在土-水界面上的沉积-释放作用是影响其上覆水中磷的浓度、迁移、转化和生物可利用性的重要过程。土壤(泥沙)中磷素形态分析是土-水界面过程研究中最重要的方法,研究表明,不是所有形态的 P 都易释放,只有部分 P 是活性的,其中大部分以 Fe

结合态存在,Ca 结合态的 P 也占相当比例。为更进一步了解土壤(泥沙)中在水体中的释放过程,科研人员进一步研究了磷在土壤(泥沙)或矿物表面的吸附-解吸过程。其中最为常用的方法是通过获取土壤(泥沙)对磷的吸附参数,如磷平衡浓度 EPC_0、磷结合能力 K、磷最大吸附量(phosphorus sorption maximum) S_{max} 和磷吸持饱和度 DPS 以评价磷的持留能力和释放风险(Haggard et al.,2004;Smith et al.,2005;2006;Ji-Hyock et al.,2006)。

国外大量研究,EPC_0 可用于判断土壤(泥沙)在与水相作用时的源或汇,若 EPC_0 低于水相磷浓度,则土壤(泥沙)为 P 汇(Haggard et al.,2004;Smith et al.,2005)。同样,DPS 是评判土壤(泥沙)向水相释放潜在能力的指标(Breeuwsma et al,1995;Hooda et al.,2000)。DPS 通常表示为土壤(泥沙)生物有效磷与磷最大吸附量 S_{max} 的比值,该值较好地反映了土壤(泥沙)中生物有效磷释放受到磷吸附容量影响。

有关土壤(泥沙)DPS 的研究,国外学者主要通过研究土壤 DPS 与水体溶解性活性磷(SRP)之间的关系,对土壤磷释放风险进行分析和评价。据文献报道,土壤 DPS 与水体 SRP 呈显著的相关关系,并建立了数学模型,如线性相关模型、非线性相关模型(包括折线模型)等(Pote et al.,1999;Hooda et al.,2000;McDowell et al.,2001c;Börling et al.,2004;Vadas et al.,2005;Little et al.,2007)。例如,Pote 等(1999)的研究表明,在三种酸性土壤上采用模拟降雨方法产生的径流中,SRP 与表层土壤(0~2cm)的各种磷测试值呈直线正相关;Little 等(2007)研究发现,径流水体 SRP 与 STP 呈直线正相关,而与 DPS 呈二次曲线关系;Nair 等(2004)用蒸馏水提取土壤磷与土壤 DPS 进行模拟,发现两者之间呈显著的折线关系。

折线模型在研究磷释放风险中具有重要作用。从折线模型中可以清楚地看出,当水体 SRP 显著增大时,土壤有效磷和 DPS 有一个转折点(change point),或者临界值(critical value)(Heckrath et al.,1995;McDowell et al.,2001a;2001b;Nair et al.,2004);如果土壤有效磷和 DPS 低于它们的临界值,土壤磷向水体释放风险就小,反之,释放风险显著增大。例如,McDowell 等(2001b)分别用蒸馏水和 0.01mol/L $CaCl_2$ 提取土壤磷来模拟径流 SRP,然后与土壤 Olsen P 建立关系,发现 Olsen P 的释放临界值为 33~36mg/kg;Breeuwsma 等(1995)在研究荷兰的土壤磷释放风险时,用酸性草酸铵提取磷与酸性草酸铵提取铁、铝之和的一半表征 DPS,发现 DPS 超过 25%,径流 SRP 流失风险就是不可接受的。Pautler 等(2000)认为通常条件下,土壤 DPS 达到 25%~40% 时,意味着土壤磷存在较大释放风险。由此可见,折线模型及其临界值为评价土壤(泥沙)磷释放风险提供了有效工具。

2.1.3　主要成果结构及技术路线

综上所述,国内外对土壤(泥沙)磷的形态、吸附、解吸、迁移、转化、释放等方面已进行了大量研究,并取得了许多有意义的研究结果,但这些都是集中在湿地、湖泊、河流及农田等,泥沙沉积物—水体界面磷的化学行为的研究还不多。目前,国内有关泥沙沉积物—水体界面磷迁移过程与机制的研究,主要集中在长江下游农业区(杨林章等,2005;姜翠玲等,2004;翟丽华等,2009),长江上游地区研究资料较少,而针对长江上游紫色土丘陵区的研究更少。

本章成果依托中国科学院西部行动计划项目"三峡库区水土流失与面源污染控制实验示范"和国家支撑计划项目"川中丘陵区坡耕地整治和农林结构优化技术集成与示范"等,以川中丘陵区典型农业小流域的不同沟渠泥沙为主要实验材料,以泥沙磷素为例,探讨农业源头区沟渠泥沙营养物质转化规律和不同来源泥沙营养物质的释放风险,为农业源头区非点源污染防治和湖库水体富营养化控制提供科学依据。主要内容包括:①农业源头区泥沙(紫色土)磷吸附-解吸特征及其与泥沙理化性质的关系;②泥沙磷吸附-解吸特性的主要影响因素;③泥沙磷形态分配与转化规律;④不同来源泥沙的磷释放风险评价。拟解决的关键科学问题是掌握紫色土泥沙对磷的吸持与释放机制,确定农业源头区泥沙磷的源汇关系及其释放风险临界值。具体技术路线如图 2.1.1 所示。

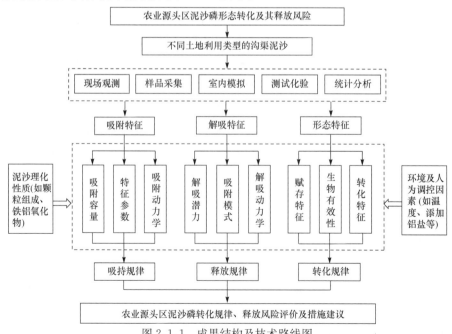

图 2.1.1　成果结构及技术路线图

2.2　泥沙对营养物质的吸附-解吸特征

2.2.1　实验材料与方法

1. 研究区概况

研究区位于四川省盐亭县林山乡截流村,简称截流小流域(图 2.2.1),地理位置:31°16′N,105°28′E,地处嘉陵江一级支流涪江的支流——弥江和湍江的分水岭上,面积约 36hm²,海拔 400～600m。本区属中亚热带湿润季风气候,气候温和,四季分明。年平均气温 17.3℃,多年平均降雨量 826mm(1981～2006 年),降雨分布不均,多集中在 4～9 月,其中,春季 5.9%,夏季 65.5%,秋季 19.7%,冬季 8.9%(Zhu et al.,2009)。土壤为钙质紫色土,质地为中壤。中丘顶部土层厚度平均为 15～30cm,丘陵顶部 10～15cm,下部 50～80cm。植被以森林和农作物为主,前者以柏树(*Cupressus funebris*)和桤木(alder, *Alnus cremastogyne*)混交林为主,丛生黄荆等灌木,林下草被多为禾本科、莎草科等;后者主要有水稻、玉米、小麦、甘薯和油菜等。该小流域的农业生产以种植业为重,为紫色土丘陵区的一个缩影,其土地利用方式及小流域农业结构具有代表性。小流域土地利用类型:旱地 15.64hm²,水田 3.93hm²,林地 12.14hm²,其他用地 2.93hm²。

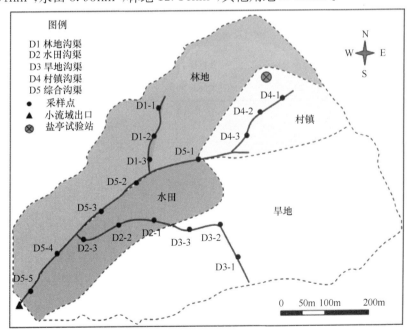

图 2.2.1　农业源头区沟渠和采样点分布示意图

2. 样品采集

选择截流小流域 5 条源头沟渠,即林地沟渠、水田沟渠、旱地沟渠、村镇沟渠和综合沟渠。沟渠的具体地理分布和基本特征见图 2.2.1 和表 2.2.1。分别于 2009年 4 月和 8 月采集了各沟渠的紫色土侵蚀泥沙,它们分别代表不同来源(林地、水田、旱地、居民点和复合小流域)的泥沙,因此,这些沟渠泥沙分别代表林地、水田、旱地、居民点和复合小流域的泥沙沉积物(表 2.2.1)。为了保证采样点能够代表沟渠泥沙的特性,以及满足统计分析的要求,沟渠泥沙采用分段采集的方法:除在综合沟渠的沿程采集了 5 个样品外,其他沟渠按沟渠上部、沟渠中部和下部采集 3个样品。每段采样时,根据随机采样原理采样,在沟渠泥沙沉积物表层(0～10cm)采集多点混合样,以减少误差。样品带回实验室,迅速测定鲜样的生物有效磷(Olsen P)。然后将沉积物风干,去除杂质,研磨,分别过 2mm、0.25mm 和 0.15mm筛,装袋,供泥沙理化性质分析和各种实验测定使用。

表 2.2.1　沟渠采样点及其泥沙来源地的基本特征

沟渠样点	沟渠长/m	平均宽/m	土地利用	泥沙来源
林地沟渠 D1	103	0.34	95%柏树林,5%旱坡地	林地
水田沟渠 D2	117	0.46	100%水田	水田
旱地沟渠 D3	153	0.37	98%旱坡地,2%柏树林	旱地
村镇沟渠 D4	95	0.78	90%村镇农户,10%柏树林	居民点
综合沟渠 D5	450	1.45	50%水田,20%旱坡地,10%农户,20%林地	复合小流域

3. 实验方法与测定

1) 泥沙理化性质测定

用 pH 计测定泥沙 pH(水土比 2.5∶1);根据 Strokes 定律用比重法测定颗粒组成:黏粒≤0.002mm,0.002mm＜粉粒≤0.05mm,0.05mm＜砂粒≤2mm;0.2mol/L 草酸-草酸铵缓冲液(pH 3.0～3.2)提取和测定活性铁铝氧化物;中和滴定法测 $CaCO_3$ 含量;重铬酸钾法测有机质含量;0.5mol/L $NaHCO_3$(pH 8.5)测Olsen P;高氯酸消化法测总磷。每个理化指标测 3 个重复,具体测定方法和步骤参见《土壤农业化学分析方法》(鲁如坤,2000),测定结果见表 2.2.2。

表 2.2.2　泥沙基本理化性质

沟渠样点	pH	砂粒/%	粉粒/%	黏粒/%	有机质/%	CaCO$_3$/(g/kg)	(Fe+Al)$_{ox}$/(mmol/kg)	Olsen P/(mg/kg)	总磷/(mg/kg)
D1(n=3)	8.2^a	36.0^b	41.5^a	22.5^b	4.5^a	113.9^a	24.3^c	10.0^c	427.2^c
D2(n=3)	7.2^c	22.4^c	48.5^a	29.1^a	2.5^b	45.1^c	78.2^a	16.1^c	589.3^b
D3(n=3)	7.8^b	38.1^b	37.7^b	24.2^b	1.6^c	81.1^b	21.1^c	23.3^b	717.5^a
D4(n=3)	7.9^b	55.5^a	27.5^c	17.0^c	0.5d	89.2^b	33.9^b	44.9^a	486.1^c
D5(n=5)	7.4^b	26.5^c	43.9^a	29.6^a	2.4^b	67.7^c	39.7^b	30.0^b	578.0^b

注：Fe$_{ox}$和 Al$_{ox}$分别为草酸铵提取的无定形 Fe、Al 氧化物含量；同列不同上标字母表示显著差异（$p < 0.05$）。

2）等温吸附-解吸实验

磷的初始浓度为 0mg P/L、1mg P/L、3mg P/L、5mg P/L、7mg P/L、10mg P/L、20mg P/L、50mg P/L。在水土比为 50∶1、温度为 25℃条件下，振荡平衡 24h，离心，过滤（0.45μm），采用钼锑抗比色法测定上清液中溶解性活性磷，用差减法计算泥沙对磷的解吸量。

吸附饱和后，将残渣用 1mol/L NaCl 溶液漂洗 2 次，然后用 0.01mol/L CaCl$_2$ 溶液解吸磷，在 25℃条件下，振荡平衡 24h 后，离心，过滤（0.45μm），采用钼锑抗比色法测定上清液中溶解性活性磷，用差减法计算泥沙磷的解吸量。

将等温吸附平衡液中磷浓度和泥沙吸附磷量的数据分别用 Freundlich 和 Langmuir 吸附等温线方程拟合。

3）吸附-解吸动力学实验

（1）吸附动力学。磷溶液浓度为 5mg P/L（0.01mol/L CaCl$_2$），在水土比为 50∶1、温度为 25℃条件下，按照拟定的时间，分别振荡 0.05h、0.08h、0.10h、0.17h、0.25h、0.50h、0.75h、1h、2h、4h、8h、12h、24h，离心，过滤（0.45μm），采用钼锑抗比色法测定上清液中溶解性活性磷，用差减法计算泥沙对磷的吸附量。

（2）解吸动力学。磷溶液浓度为 5mg P/L（0.01mol/L CaCl$_2$），在水土比为 50∶1、温度为 25℃条件下，振荡 24h，使泥沙吸附磷饱和。然后，用 0.01mol/L CaCl$_2$ 溶液解吸磷，在 25℃条件下，按照拟定的时间，分别振荡 0.05h、0.10h、0.25h、0.50h、1h、2h、4h、8h、12h、24h，离心，过滤（0.45μm），采用钼锑抗比色法测定上清液中溶解性活性磷，用差减法计算泥沙对磷的解吸量。

4. 数据处理与分析

（1）泥沙对磷的吸附量和解吸量 Q(mg/kg)或从泥沙中提取各形态磷的含量 Q(mg/kg)均可用式（2.2.1）计算：

$$Q = \frac{\Delta CV}{M} \tag{2.2.1}$$

式中，ΔC 为溶液中磷初始浓度和滤液磷浓度之差(mg/L)；V 为溶液体积(mL)；M 为泥沙质量(g)。

（2）泥沙对磷的等温吸附过程，分别用等温吸附方程 Langmuir 式(2.2.2)和 Freundlich 式(2.2.3)等经验方程进行拟合，求得相关的吸附参数：

$$Q=\frac{kQ_m C}{1+kC} \tag{2.2.2}$$

式中，Q 为泥沙对磷的平衡吸附量(mg/kg)；C 为吸附平衡时滤液磷浓度(mg/L)；Q_m 为泥沙对磷的最大吸附量(mg/kg)；k 为与吸附结合能有关的常数(L/mg)；kQ_m 为磷的最大缓冲容量(maximum buffer capacity，MBC)。

$$Q=K_f C^n \tag{2.2.3}$$

式中，Q 与 C 含义同上；K_f 和 n 分别为与泥沙磷吸附容量和吸附特性有关的常数。

（3）所有数据的方差分析(ANOVA)、相关分析及方程拟合等由 Excel 2003 和 SPSS 12.0 完成；由 Origin 8 和 Excel 2003 完成作图；不同来源泥沙间差异采用最小显著差异(LSD)法进行多重比较。

2.2.2　结果与讨论

1. 泥沙基本理化性质

表 2.2.2 给出了供试沟渠泥沙基本理化性质。泥沙 pH 为 7.3～8.2，说明泥沙为碱性；砂粒、粉粒和黏粒的含量分别为 22.4%～55.5%、27.5%～48.5% 和 17.0%～29.6%；有机质含量 0.5%～4.5%；$CaCO_3$ 含量 45.1～113.9g/kg；草酸铵提取的活性铁铝氧化物含量之和为 21.1～78.2mmol/kg；Olsen P 和总磷含量分别为 10.0～44.9mg/kg 和 427.2～717.5mg/kg。多重比较结果表明，不同沟渠泥沙的理化性质差异明显(表 2.2.2)，说明几条沟渠泥沙的来源不同。

沟渠泥沙的理化性质受周围土地利用方式影响显著。沟渠 D4 的泥沙主要来源于集镇，由于集镇不透水地面(如水泥路面等)居多，从集镇冲刷下来的物质多为石砾或砂粒，所以村镇沟渠泥沙中黏粒、粉粒和有机质含量都较低。同时，由于受居民点排放的超高磷浓度的生活、生产污废水的影响，村镇沟渠泥沙吸附大量水体中溶解性磷，因此其泥沙中 Olsen P 含量较高。林地土壤受人为活动影响较少，相对风化较慢，$CaCO_3$ 含量较高，但枯枝落叶腐烂分解后，在土壤中形成大量腐殖质，所以林地沟渠(D1)泥沙中 $CaCO_3$ 和有机质含量都较高。水田在长期淹水和农作栽培条件下，土壤脱钙作用强烈，因此水田沟渠(D2)泥沙中 $CaCO_3$ 含量较低。此外，有研究表明，长期淹水(还原条件)有利于活性(非晶形)铁铝氧化物存在，落干(氧化条件)则促进非晶形铁铝氧化物向结晶态转化(Schärer et al.，2009)。本研究中，水田沟渠(D2)常年处于淹水中，而其他沟渠处于一定的干湿交替条件下，尤其林地沟渠(D1)和旱地沟渠(D3)只在降雨径流产生时才被淹水，因此,水田沟渠(D2)泥沙中活性铁铝氧化物含量最高,林地沟渠(D1)和旱地沟渠(D3)泥沙中活性铁铝氧化物含量最低。

2. 泥沙对磷的等温吸附-解吸特征

1) 泥沙对磷的等温吸附特征

在等温条件下,磷在土壤(泥沙)表面的吸附现象常用 Freundlich 方程和 Langmuir 方程来描述其固体表面的吸附量和溶液平衡浓度之间的关系。将等温吸附实验数据分别用 Freundlich 方程和 Langmuir 方程进行拟合,两者均达到极显著水平,方程各项参数值见表 2.2.3。Freundlich 吸附方程参数 K_f 是单位溶液磷浓度在土壤表面的吸附量,其大小取决于土壤对磷的吸附容量,n 值是与单个土壤样品性质有关的常数值(Jalali,2007)。本研究中沟渠泥沙 K_f 值和 n 值的变化范围分别为 28.9~66.2L/kg 和 1.48~2.21,这与紫色土丘陵区不同土地利用方式的土壤(K_f:10.9~314L/kg 和 n:1.70~2.67)的研究结果(李梅,2006)很接近。这说明沟渠泥沙来源于侵蚀的紫色土,所以与紫色土有相近的吸附特征。Langmuir 方程中参数 Q_m 为磷的最大吸附量,变化范围为 159.7~263.7mg/kg;k 是与吸附能有关的常数,其变化幅度为 0.13~0.46;MBC(等于 kQ_m)表示固液体系吸附溶质的缓冲能力。由 Freundlich 方程估计的 K_f 值与 Langmuir 方程的 Q_m 之间呈高度线性相关(见图 2.2.2,$r^2=0.99$),因而反映出的吸附容量分布规律是一致的。

表 2.2.3　沟渠泥沙磷的等温吸附方程及其特征参数

沟渠样点	Freundlich $Q=K_fC^n$			Langmuir $Q=kQ_mC/(1+kC)$			
	K_f/(L/kg)	n	r^2	Q_m/(mg/kg)	k/(L/mg)	r^2	MBC/(L/kg)
D1($n=3$)	30.0[b]	1.69	0.96**	163.9[b]	0.14	0.97**	24.3
D2($n=3$)	66.2[a]	2.21	0.98**	263.7[a]	0.46	0.99**	121.4
D3($n=3$)	28.9[b]	1.71	0.94**	159.7[b]	0.23	0.97**	36.7
D4($n=3$)	41.3[b]	1.48	0.97**	198.9[b]	0.16	0.98**	31.8
D5($n=5$)	54.1[a]	1.94	0.96**	226.6[a]	0.34	0.97**	73.4

注:同列不同上标字母表示差异显著($p<0.05$);** $p<0.01$。

由于 Langmuir 方程能够直接计算出磷的最大吸附量,所以在评价磷的环境效应方面有较好的实用性。一定条件下,泥沙磷吸附容量越高,则吸附磷的潜力越大,意味着从水体中去除磷的效果就越好。本研究中,沟渠泥沙 Q_m 和 k 值与磷吸附能力高的湿地沉积物研究结果很接近(Ji-Hyock et al.,2006;Smith et al.,2005),这表明总体上该地区沟渠泥沙对磷的吸附能力较强。但 Q_m 差异显著

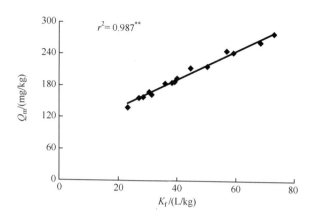

图 2.2.2　Freundlich 参数 K_f 值与 Langmuir 参数 Q_m 的相关性

（表 2.2.3）。Q_m 在水田沟渠（D2）泥沙中最大，综合沟渠（D5）次之，其余依次为村镇沟渠（D4）、林地沟渠（D1）和旱地沟渠（D3）泥沙。这一结果与 Freundlich 方程的容量参数 K_f 反应的规律是一致的。

泥沙对磷的吸附容量是评价磷释放风险的指标之一，吸附容量越大其环境风险越小。上述结果表明，水田沟渠泥沙对磷的吸附能力较强，可能是磷的汇；而其他沟渠泥沙对磷的吸附能力较低，其环境风险值得重视。

2）泥沙对磷的等温解吸特征

土壤（泥沙）磷的解吸特征常用等温吸附-解吸实验中解吸量与吸附量的关系曲线来描述。图 2.2.3 给出沟渠泥沙磷的解吸量与吸附量之间的关系曲线。结果表明，沟渠泥沙的磷解吸曲线为一直线，即磷的解吸量随吸附量增加呈线性增长。因此，沟渠泥沙磷的等温解吸模式为直线型。

尽管沟渠泥沙磷的解吸量随吸附量增加而呈直线增加，但泥沙吸附的磷并没有全部解吸出来，而是部分解吸，这表明磷的吸附与解吸是不完全可逆反应。图 2.2.3 给出的回归直线方程中，斜率具有容量特征，表示单位吸附量中的解吸量，斜率越大，泥沙对外源磷的缓冲能力越差。不同来源泥沙的缓冲顺序为：水田沟渠泥沙（D2）＞林地沟渠泥沙（D1）＞综合沟渠泥沙（D5）＞旱地沟渠泥沙（D3）＞村镇沟渠泥沙（D4）。吸附容量高的泥沙（如 D2）解吸量较低，吸附容量低的泥沙（如 D3 和 D4）解吸量反而较高。

磷解吸量与吸附量的百分比表示泥沙磷的解吸率。解吸率是评价泥沙磷向环境释放风险的一个重要指标，即解吸率越小，向环境释放风险越小，反之，释放风险就大。由于不同泥沙吸附磷的能级存在差异，磷被解吸的难易程度必然有一定的差异。图 2.2.4 给出不同来源（沟渠）泥沙的解吸率。结果表明，村镇沟渠泥沙的磷解吸率最高，旱地和综合沟渠泥沙次之，水田和林地沟渠泥沙的磷解吸率显著低

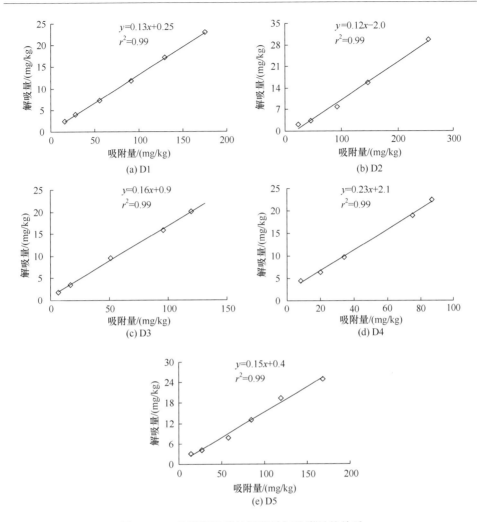

图 2.2.3 沟渠泥沙磷的解吸量与吸附量的关系

于另外三类沟渠。这就意味着,相同条件下,村镇沟渠泥沙磷的释放风险最大,水田和林地沟渠泥沙磷的释放风险最小。

3. 泥沙对磷的吸附-解吸动力学特征

1) 泥沙对磷的吸附动力学特征

泥沙对磷的吸附量随时间的动态变化过程如图 2.2.5 所示。由图可知,不同来源(沟渠)泥沙的磷吸附动力学曲线相似,即随反应时间延长,磷吸附量随之增加,在 8h 左右接近或达到了吸附平衡。但不同时间段内,泥沙对磷的吸附量差异明显,例如,开始反应的前 0.75h,磷吸附量约占了平衡(24h)吸附量的 70%,到 8h 时,磷吸附量占了平衡吸附量 95% 以上。

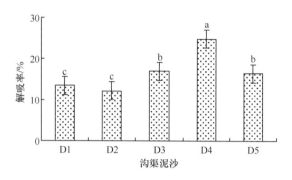

图 2.2.4　不同沟渠泥沙的磷解吸率

吸附动力学曲线的斜率大小反映了磷吸附速率的大小。在 0~0.75h 内,磷的吸附速率较快,随时间的延长,吸附速率减慢,在 8h 后,逐渐进入或达到吸附平衡阶段(图 2.2.5)。根据吸附速率的变化规律,泥沙对磷的吸附过程大体分为 3 个阶段:一是快速吸附阶段,即反应开始后的 0.75h 内;二是慢速吸附阶段,即 0.75~8h 吸附速率减慢;三是吸附动态平衡阶段,即在 8h 后吸附速率和吸附量都很小,接近或到达了吸附平衡,这时有的泥沙也会出现解吸现象,所以称为吸附动态平衡。吸附速率在三个阶段的明显差异,说明泥沙固相表面存在着高、中、低不同能态的吸附点位。也有研究者将土壤磷的吸附过程分为快反应(表面的吸附过程)和慢反应(进入土壤团聚体内的扩散过程)(Maguire et al.,2001)。根据吸附速率判断,本研究中 0~0.75h 内对磷的吸附属于泥沙颗粒表面的吸附过程,而 0.75h 后溶液中磷开始通过扩散进入土壤团聚体内,并逐渐达到吸附动态平衡。

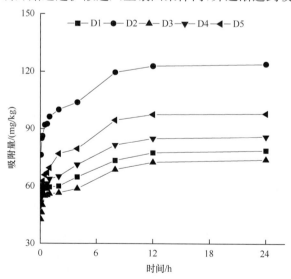

图 2.2.5　沟渠泥沙对磷的吸附动力学曲线

表 2.2.4 列出了不同来源(沟渠)泥沙在三个反应阶段对磷的平均吸附速率。可以看出,不同来源(沟渠)泥沙对磷的吸附速率存在显著差异,特别是 0~0.75h 内,水田沟渠(D2)泥沙对磷的吸附速率最快,其余依次为综合沟渠(D5)、旱地沟渠(D3)、村镇沟渠(D4)和林地沟渠(D1)。这种吸附速率主要取决于泥沙理化性质。研究表明,0~0.75h 内泥沙对磷的吸附速率与草酸铵提取的无定形 Fe、Al 氧化物含量之间呈显著正相关($r=0.84$, $p<0.05$;$r=0.83$, $p<0.05$),说明在快速吸附阶段主要是无定形 Fe、Al 氧化物对磷的吸附,其含量越高,吸附速率就越大。此外,0~0.75h 内磷的吸附速率还与泥沙黏粒呈显著正相关($r=0.66$, $p<0.05$),这可能因为无定形 Fe、Al 氧化物主要分布在黏粒上(Li et al., 2007),黏粒通过无定形 Fe、Al 氧化物吸附磷。

表 2.2.4 沟渠泥沙对磷的平均吸附速率 （单位：mg/(kg·h)）

沟渠样点	0~0.75h	0.75~8h	8~24h
D1($n=3$)	10.05[d]	2.02[c]	0.33[a]
D2($n=3$)	21.67[a]	3.72[a]	0.28[ab]
D3($n=3$)	17.60[b]	1.86[c]	0.33[a]
D4($n=3$)	15.04[c]	2.79[b]	0.27[b]
D5($n=5$)	18.67[b]	3.80[a]	0.22[c]

注:同列不同上标字母表示差异显著($p<0.05$)。

尽管不同来源(沟渠)泥沙磷吸附量随时间变化规律基本一致,但达到吸附平衡时(24h),不同来源泥沙磷吸附量存在明显差异,供试泥沙磷吸附量的大小顺序为:D2>D5>D4>D1>D3(图 2.2.5)。这与各沟渠泥沙磷的最大吸附量反映的规律是一致的(表 2.2.3),说明平衡吸附量可用来表征泥沙磷的最大吸附量。平衡吸附量差异与泥沙理化性质有密切关系(表 2.2.2),相关分析表明,磷的平衡吸附量与草酸铵提取的无定形 Fe、Al 氧化物含量呈极显著正相关($r=0.98$, $p<0.01$)。这说明,高含量的无定形 Fe、Al 氧化物是水田沟渠泥沙具有较高平衡吸附量的一个重要原因。

2) 泥沙对磷的解吸动力学特征

泥沙磷解吸量与时间的关系如图 2.2.6 所示。总体来看,泥沙磷解吸量随反应时间延长而增加,反应初期,解吸量增加较快,然后解吸量增加减缓,逐渐接近解吸平衡。但不同来源(沟渠)泥沙接近磷解吸平衡的时间差异很大,D1 和 D2 的泥沙在 8h 时接近解吸平衡,而 D3~D5 在 12h 左右才开始接近平衡。这可能与泥沙的解吸量和解吸速率有关,例如,相同解吸速率条件下,平衡解吸量小的泥沙就会在短时间内达到解吸平衡。

解吸动力学曲线的斜率大小反映了磷解吸速率的快慢。根据解吸动力学曲线的斜率变化特点(图 2.2.6),将泥沙磷解吸过程划分为三个阶段,一是快速解吸阶段,即 0~2h 内;二是慢速解吸阶段,即 2~8h 或 2~12h 内;三是解吸动态平衡阶段,即 8h 或 12h 以后。由于达到磷解吸平衡的时间不同,所以,不同来源泥沙的磷解吸过程在时间划分上不完全相同。夏瑶等(2002)在对几种水稻土的研究中也发现磷的解吸是分阶段进行的,他们将解吸过程分为快速、中速和慢速三个阶段。

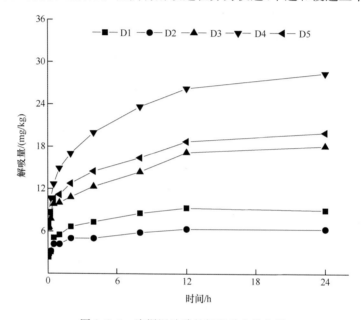

图 2.2.6　沟渠泥沙磷的解吸动力学曲线

表2.2.5 给出了泥沙在不同反应阶段的平均解吸速率。总体来看,解吸速率在三个反应阶段差异明显,快速阶段解吸速率分别是慢速阶段、动态平衡阶段解吸速率的 10~20 倍和 60~100 倍。这进一步证明了泥沙对磷的吸附具有不同吸附点位和能量。与进入团聚体内部的、结合能量高的磷相比,吸附在泥沙颗粒表面、结合能量低的磷,更容易在短时间(2h)内快速解吸下来。泥沙在快速阶段(0~2h)的磷解吸量占了平衡解吸量的 60%~79%,可见,泥沙磷在短时间内的释放量是不容忽视的。

表 2.2.5　沟渠泥沙对磷的平均解吸速率　　　　　(单位:mg/(kg·h))

沟渠样点	0~2h	2~8h	8~24h
D1($n=3$)	3.33[d]	0.32[c]	0.03[c]
D2($n=3$)	2.50[d]	0.14[d]	0.03[c]

续表

沟渠样点	0～2h	2～12h	12～24h
D3($n=3$)	5.43^c	0.63^b	0.08^b
D4($n=3$)	8.50^a	0.93^a	0.18^a
D5($n=5$)	6.38^b	0.60^b	0.10^b

注:同列不同上标字母表示差异显著($p<0.05$)。

从表 2.2.5 还可以看出,不同来源(沟渠)泥沙对磷的平均解吸速率差异显著。其中,村镇沟渠(D4)泥沙磷的平均解吸率最高,这与其较高的 Olsen P 水平(图 2.2.7)和较高的砂粒含量有关(表 2.2.2)。因为 Olsen P 代表了生物有效磷的数量,这部分磷主要是可溶解态或易释放态磷,因此,相同时间内,Olsen P 含量高的泥沙,其解吸速率较高。另有研究报道,与黏粒相比,砂粒吸附的磷更易释放出来(Li et al.,2007),本研究发现,0～2h 内的磷解吸速率与泥沙砂粒含量呈显著正相关($r=0.72$,$p<0.05$)。可见,砂粒含量高也是磷解吸速率较高的一个重要原因。

不同来源(沟渠)泥沙对磷的平衡解吸量存在明显差异,D1 和 D2 的平衡解吸量明显低于 D3～D5(图 2.2.6)。相关分析表明,平衡解吸量与 Olsen P 呈极显著正相关($r=0.93$,$p<0.01$)。这说明泥沙磷的平衡解吸量在一定程度上是由生物有效磷(Olsen P)含量所决定的。

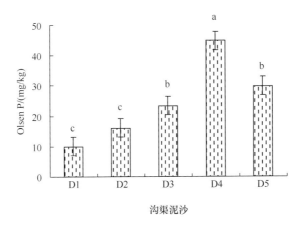

图 2.2.7　不同沟渠泥沙的 Olsen P 含量

3) 泥沙对磷的吸附-解吸动力学拟合方程

将泥沙磷吸附量和解吸量与反应时间进行拟合,得到反应动力学拟合方程,拟合效果均达到了极显著水平(表 2.2.6)。由表 2.2.6 可知,泥沙对磷的吸附和解吸动力学模式均为幂函数方程($Q_t = kt^a$，$0 < a < 1$）。幂函数方程意味着磷的吸附量或解吸量会随反应时间的延长而呈增加趋势，同时，各拟合方程的幂大于 0 而小于 1，表明泥沙磷的吸附速率或解吸速率（通过方程求导）将随反应时间延长而逐渐减小，这与前面从动力学曲线得到的结果是一致的。

表 2.2.6　沟渠泥沙磷吸附-解吸动力学拟合方程

沟渠样点	吸附方程	r^2	解吸方程	r^2
D1($n=3$)	$Q_t = 62.2t^{0.07}$	0.89**	$Q_t = 5.1t^{0.24}$	0.95**
D2($n=3$)	$Q_t = 96.5t^{0.08}$	0.98**	$Q_t = 4.3t^{0.14}$	0.96**
D3($n=3$)	$Q_t = 55.5t^{0.09}$	0.96**	$Q_t = 10.3t^{0.18}$	0.98**
D4($n=3$)	$Q_t = 64.5t^{0.09}$	0.97**	$Q_t = 14.6t^{0.22}$	0.99**
D5($n=5$)	$Q_t = 71.6t^{0.11}$	0.98**	$Q_t = 11.3t^{0.19}$	0.99**

注：Q_t 为磷吸附量或解吸量，mg/kg；t 为反应时间，h；** $p < 0.01$。

用表 2.2.6 所列的参数计算磷的吸附量和解吸量，计算值与实测值之间的 Pearson 相关系数分别为 $r = 0.99$（$p < 0.01$，$n = 60$）和 $r = 0.98$（$p < 0.01$，$n = 45$）。此外，将计算出的吸附量和解吸量与反应时间进行拟合，得到磷的吸附-解吸动力学拟合曲线。图 2.2.8 以水田沟渠泥沙为例（其他几条沟渠泥沙的分析结果与水田沟渠泥沙相似），给出磷的吸附-解吸动力学拟合曲线及实测曲线，可以看出拟合曲线与实测曲线基本吻合。因此，用幂函数方程（$Q_t = kt^a$，$0 < a < 1$）对沟渠泥沙磷吸附或解吸动力学过程进行描述和模拟是可行的。

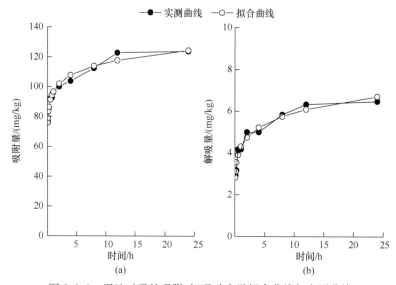

图 2.2.8　泥沙对磷的吸附、解吸动力学拟合曲线与实测曲线

4. 泥沙对磷的吸附容量和解吸率与泥沙理化性质的关系

1) 泥沙对磷的吸附容量与泥沙理化性质的关系

许多研究土壤磷吸附容量的文献报道(Harrell et al.,2006;Li et al.,2007),土壤对磷的吸附容量受到土壤物理化学性质的影响,不同类型土壤因其理化性质的差异而各具特殊性。与土壤一样,沟渠(或湿地、河流)泥沙理化性质不同,也会影响其对磷的吸附容量。为了更加深入地了解沟渠泥沙对磷的吸附机制,将有关泥沙理化性质与磷吸附容量的关系分别进行讨论。将 Langmuir 方程计算出的泥沙磷的最大吸附量 Q_m 与有关泥沙理化性质进行了统计分析,结果见表 2.2.7。

表 2.2.7 沟渠泥沙磷的吸附容量和解吸率与泥沙理化性质的相关性

	pH	砂粒	粉粒	黏粒	有机质	Fe_{ox}	Al_{ox}	$CaCO_3$
磷吸附容量 Q_m	-0.90^*	-0.67	0.63	0.78^{1*}	0.95^{2**}	0.97^{**}	0.98^{**}	-0.83^*
磷解吸率	0.85^*	0.90^{**}	-0.94^{**}	-0.7^*	-0.79^{**}	-0.55^{1*}	-0.59^{1*}	0.87^{2*}

1. 不含村镇沟渠泥沙(属偏离值);2. 不含林地沟渠泥沙(属偏离值);* $p<0.05$;** $p<0.01$。

草酸铵提取的无定形 Fe、Al 氧化物含量与最大吸附容量呈极显著正相关(表 2.2.7)。水田沟渠(D2)泥沙具有较高的吸附容量主要归因于其较高的无定形 Fe、Al 氧化物含量,而林地沟渠(D1)和旱地沟渠(D3)泥沙因无定形 Fe、Al 氧化物含量显著低于其他沟渠,所以它们对磷的吸附容量最低。这表明无定形 Fe、Al 氧化物在泥沙中对磷专性吸附的作用很强,它们的含量直接决定着泥沙对磷的吸附量(Giesler et al.,2005)。这一结果与许多土壤(泥沙)的研究结论相类似(Ji-Hyock et al.,2006;Li et al.,2007)。

尽管许多研究认为 $CaCO_3$ 是土壤(或泥沙)中重要的磷吸附基质(Bertrand et al.,2003),但本研究发现 $CaCO_3$ 含量($45.12\sim113.92g/kg$)与最大吸附容量和吸附能常数呈显著负相关(表 2.2.7)。Zhou 等(2001a)也发现 $CaCO_3$ 含量非常高($243\sim900g/kg$)的石灰性土壤和石灰岩中,磷的吸附容量与 $CaCO_3$ 含量呈显著负相关,而 Fe、Al 氧化物对磷吸附容量的贡献却大于 $CaCO_3$。另外,有人研究了沉积物对磷的吸附特性,结果显示磷的吸附容量与 $CaCO_3$ 含量之间没有明显的关系(Luo et al.,2009)。这说明泥沙中 $CaCO_3$ 含量过高或达到饱和后,$CaCO_3$ 不再增加磷的吸附容量。

对于大多数沟渠泥沙,有机质含量与泥沙磷吸附容量之间表现为显著正相关(表 2.2.7),同时,有机质分别与无定形 Fe、Al 氧化物含量呈显著正相关($r=0.86$,$p<0.05$;$r=0.84$,$p<0.05$),意味着有机质很可能与无定形 Fe、Al 氧化物作用,形成了有机-无机复合体,而这种有机-无机复合体通常被认为对磷的吸附容量起关键作用(Nguyen et al.,2002)。因此,有机质是通过有机-无机复合体而间

接作用于磷的吸附。

然而,目前有机质对磷吸附的作用机制还存在很大争议。一些研究认为,有机质与无定形 Fe、Al 氧化物形成有机-无机复合体,抑制了无定形 Fe、Al 氧化物的结晶化过程,从而提高土壤(泥沙)对磷的吸附容量(McDowell et al.,2001a)。另有研究认为,有机质分解的低分子量有机酸阴离子与磷酸根离子竞争吸附点位(Stevenson,1994),因而降低了土壤(泥沙)对磷的吸附容量。实际上,有机-无机复合体和有机酸往往同时存在于土壤(泥沙)中,由此推测,以上两种作用机制可能是同时存在的。

除村镇沟渠泥沙外(受人为活动影响大),泥沙黏粒含量与磷的最大吸附容量呈显著正相关(表 2.2.7),同时,黏粒含量分别与无定形 Fe、Al 氧化物含量之间表现为极显著正相关($r=0.96,p<0.01;r=0.93,p<0.01$),意味着无定形 Fe、Al 氧化物主要分布在黏粒上,而黏粒对磷吸附容量的作用是通过影响其中无定形 Fe、Al 氧化物含量实现的。

泥沙 pH 与最大吸附容量呈显著负相关(表 2.2.7)。这说明 pH 对泥沙磷的吸附有显著影响(Wang et al.,2005;Ji-Hyock et al,2006)。随 pH 升高($CaCO_3$ 含量增加),泥沙中无定形 Fe、Al 氧化物含量不断减少(表 2.2.2)。前面的研究已经表明,泥沙磷的吸附容量主要由无定形 Fe、Al 氧化物含量决定的,因此,在高 pH 或高 $CaCO_3$ 含量(实际上是因为无定形 Fe、Al 氧化物含量降低)条件下,泥沙磷的吸附容量显著低于低 pH 条件下磷的吸附容量。

2) 泥沙磷的解吸率与泥沙理化性质的关系

泥沙磷的解吸率是评价泥沙磷释放风险的一个重要指标,因此,分析磷解吸率的影响因素及其相关关系,有助于深入了解泥沙磷的解吸机制,查明不同土地利用方式下沟渠泥沙磷的释放风险。表 2.2.7 给出了磷解吸率与泥沙理化性质的关系。对于大多数沟渠泥沙,磷解吸率与泥沙 pH(7.0~8.0)、$CaCO_3$ 和砂粒含量呈显著正相关,与粉粒、黏粒、有机质和无定形铁铝氧化物含量呈显著负相关。这意味着 $CaCO_3$ 和砂粒含量高的泥沙释放磷的风险高,而细小颗粒多、有机质丰富、无定形铁铝氧化物含量高的泥沙则释放磷的风险较小。这种差异是由吸附基质对磷的吸附能量所决定的,通常 $CaCO_3$ 和砂粒吸附磷的结合能量低、易解吸,黏粒和有机-无机复合体吸附磷的结合能量高、不易解吸(Li et al.,2007)。但应注意到,泥沙是含有多种物质成分的综合体,因此,分析磷解吸率时,不能仅考虑某一种性质,例如,由于村镇沟渠受生活、生产影响明显,泥沙中无定形 Fe、Al 氧化物含量较高,但砂粒(55.5%,表 2.2.2)和生物有效磷(Olsen P;44.85mg/kg,图 2.2.7)含量也非常高,在解吸过程中,吸附在砂粒上的磷和生物有效磷都易解吸,最终导致磷的解吸率显著高于其他沟渠泥沙。统计分析表明,磷解吸率与泥沙 Olsen P 呈极显著正相关(图 2.2.9),表明泥沙 Olsen P 含量越高,其解吸率越高,磷释放风险就越大。

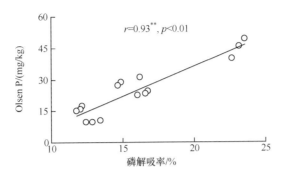

图 2.2.9　沟渠泥沙磷解吸率与 Olsen P 的相关关系

通过本节研究得到的主要结论有以下五点。

(1) 不同来源(沟渠)泥沙理化性质各异,泥沙对磷的吸附容量范围为 159.7～263.7mg/kg。水田沟渠泥沙对磷的吸附容量最大,其余沟渠(综合、村镇、林地和旱地沟渠)泥沙对磷的吸附容量相对较低。泥沙对磷的吸附取决于其中无定形 Fe、Al 氧化物的含量。泥沙对磷的吸附容量与无定形 Fe、Al 氧化物含量呈极显著正相关,而与 $CaCO_3$ 含量呈显著负相关。泥沙 pH、黏粒、有机质等性质通过 Fe、Al 氧化物而间接影响磷的吸附。

(2) 泥沙磷解吸模式为一直线,即磷解吸量随磷吸附量的增加而线性增加。不同来源(沟渠)泥沙的磷解吸率差异显著,村镇沟渠泥沙的磷解吸率最大,泥沙磷解吸率与 Olsen P 含量显著正相关。对于多数沟渠泥沙,磷解吸率与泥沙 pH、$CaCO_3$ 和砂粒含量显著正相关,与细粒、有机质和无定形 Fe、Al 氧化物含量显著负相关。

(3) 泥沙对磷的吸附和解吸过程均分为快、慢、动态平衡 3 个阶段;磷吸附速率在 0～0.75h 内最大,在 8h 左右接近或达到吸附动态平衡;磷解吸速率在 0～2h 内最大,在 8h 或 12h 左右接近或达到解吸动态平衡;磷吸附量和解吸量随反应时间而增加,均可用幂函数方程($Q_t = kt^a$, $0 < a < 1$)进行描述。

(4) 不同来源(沟渠)泥沙对磷的平均吸附速率存在显著差异,特别是 0～0.75h 内,水田沟渠泥沙对磷的吸附速率最快,其余依次为综合沟渠、旱地沟渠、村镇沟渠和林地沟渠。0～0.75h 内泥沙对磷的吸附速率分别与无定形 Fe、Al 氧化物和黏粒含量呈显著正相关。

(5) 不同来源(沟渠)泥沙磷的平均解吸速率差异显著。村镇沟渠泥沙的平均磷解吸率最快,其余依次为综合沟渠、旱地沟渠、林地沟渠和水田沟渠。村镇沟渠泥沙较高的 Olsen P 水平和砂粒含量是其磷解吸速率较高的重要因素。

2.3 泥沙对营养物质吸附-解吸的主要影响因素

2.3.1 实验材料与方法

1. 供试泥沙及其理化性质

供试泥沙及其理化性质测定见 2.2.1 节。

2. 环境因素对泥沙磷吸附-解吸的影响实验

环境因素包括温度（5℃、15℃、25℃和35℃），水土比（5∶1、10∶1、25∶1、50∶1和100∶1），水体 pH（酸性、中性、碱性），周期性干湿交替（淹水—落干）。

1) 环境温度

称取过 2mm 筛的风干泥沙沉积物 0.5g，置于 50mL 离心管中。然后加入 5mg P/L 溶液（0.01mol/L $CaCl_2$，pH 6.5）25mL 和 3 滴氯仿（防止微生物生长），分别在 5℃、15℃、25℃和35℃下，放入往复式振荡机（频率 150 次/min），振荡 24h，离心 15min（速率为 3500r/min），过滤（0.45μm），采用钼锑抗比色-分光光度计法，测定上清液中溶解性活性磷，计算磷吸附量。由此分析泥沙在不同环境温度条件下对磷吸附的变化特征。

同样，磷吸附饱和后，分别在 5℃、15℃、25℃和35℃时，用 0.01mol/L $CaCl_2$ 溶液，在水土比为 50∶1 条件下，振荡 24h，测定泥沙对磷的解吸量，由此分析泥沙在不同环境温度条件下对磷解吸的变化特征。

2) 水土比

控制磷溶液（5mg P/L，pH 6.5）和泥沙的水土比分别为 5∶1、10∶1、25∶1、50∶1 和 100∶1，在 25℃下振荡 24h，测定泥沙对磷的吸附量，由此分析泥沙在不同水土比条件下，对磷吸附的变异特征。同样，磷吸附饱和后，控制 0.01mol/L $CaCl_2$ 溶液和泥沙的水土比分别为 5∶1、10∶1、25∶1、50∶1 和 100∶1，在 25℃下振荡 24h，测定泥沙对磷的解吸量，由此分析泥沙在不同水土比条件下对磷解吸的变异特征。

3) 水体 pH

用 pH 分别为 4.5mg P/L、6.0mg P/L、7.0mg P/L、8.0mg P/L 和 9.5 的 5mg P/L 溶液（0.01mol/L $CaCl_2$），在水土比 50∶1 和 25℃下，振荡 24h，测定泥沙对磷的吸附量，由此分析不同水体 pH 条件下，泥沙对磷吸附的变化特征。同样，磷吸附饱和后，用 pH 分别为 3.0、4.5、6.5、7.5、9.5 和 11.0（事先调节 pH）的 0.01mol/L $CaCl_2$ 溶液，在水土比 50∶1 和 25℃下，振荡 24h，测定泥沙对磷的解吸量，由此分析不同水体 pH 条件下泥沙对磷解吸的变化特征。

4) 干湿交替

称取泥沙 300g 于 1000mL 烧杯中,加入 600mL 自来水(事先测定自来水中磷的浓度),淹水 30 天(若水蒸发,要适当补水)后,将水轻轻倒去,自然风干 30 天,再加入 600mL 自来水,保持淹水 30 天,然后再风干 30 天,如此反复 3 次。分别在淹水 30 天时和落干 30 天时取泥沙样,测定干湿交替过程中泥沙对磷的吸附量及解吸量(对于淹水后,要同时测定上覆水中磷浓度,结果计算时,要扣除泥沙对上覆水中磷的吸附量或解吸量),从而掌握泥沙对磷吸附和解吸的变化特征。

测定过程:取底泥 0.5～1g,置于 50mL 离心管中,加入浓度分别为 0mg P/L、1mg P/L、3mg P/L、5mg P/L、7mg P/L、10mg P/L、20mg P/L 、50mg P/L 溶液 25mL(0.01mol/L CaCl$_2$,pH 6.5)和 3 滴氯仿,进行等温吸附-解吸实验,测定泥沙对磷的吸附量和解吸量。

同时,用 0.2mol/L 草酸-草酸铵缓冲液(pH 3.0～3.2,土液比为 1∶50、25℃下暗处振荡 2h)分别提取淹水和落干泥沙中无定形 Fe、Al 氧化物含量,用紫外可见分光光度计测定(鲁如坤,2000)。

3. 人为调控因素对泥沙磷吸附-解吸的影响实验

人为调控因素包括添加硫酸亚铁、硫酸铝钾、碳酸钙、低分子量有机酸和去除泥沙部分有机质。

1) 添加硫酸铝钾(明矾)

用 5mg P/L 溶液(0.01mol/L CaCl$_2$),配制硫酸铝钾溶液的浓度梯度为 0.02g/L(Al-1)、0.04g/L(Al-2)、0.10g/L(Al-3)。以不含铝盐的 5mg P/L (0.01mol/L CaCl$_2$)溶液为对照(CK)。各溶液 pH 均为 6.5。在 25℃下,振荡 24h,然后静止平衡 24h,再振荡 2h,测定泥沙对磷的吸附量,由此分析泥沙在硫酸铝盐处理前后,对磷吸附的变异特征;然后用 0.01mol/L CaCl$_2$ 溶液 25mL 进行等温解吸实验,分析泥沙在硫酸铝盐处理前后对磷解吸的变异特征。

2) 添加硫酸亚铁(绿矾)

用 5mg P/L 溶液(0.01mol/L CaCl$_2$),配制硫酸亚铁溶液的浓度梯度分别为 0.02g/L(Fe-1)、0.04g/L(Fe-2)和 0.10g/L(Fe-3)。以不含铁盐的 5mg P/L (0.01mol/L CaCl$_2$)溶液为对照(CK)。各溶液 pH 均为 6.5。采用等温吸附-解吸实验,测定泥沙在硫酸亚铁处理后对磷的吸附和解吸的变异特征。

3) 添加低分子量有机酸

用 5mg P/L(0.01mol/L CaCl$_2$)溶液,配制:①柠檬酸(citric acid)浓度梯度分别为 0.5mmol/L(Cit-1)、1mmol/L(Cit-2)和 2mmol/L(Cit-3);②草酸(oxalic acid)浓度梯度分别为 0.5mmol/L(Oxa-1)、1mmol/L(Oxa-2)和 2mmol/L(Oxa-3)。以不含柠檬酸和草酸的 5mg P/L(0.01mol/L CaCl$_2$)溶液为对照(CK),各溶液 pH 均为

6.5。采用等温吸附-解吸实验,测定泥沙对磷的吸附量和解吸量,由此了解泥沙在柠檬酸和草酸处理后对磷的吸附和解吸的变异特征。

4）添加碳酸钙

称取过 2mm 筛的风干泥沙 0.5g,并向泥沙中添加 $CaCO_3$（CCE）,添加 $CaCO_3$ 的质量分别相当于泥沙质量的 1.0%（CCE-1）、2.0%（CCE-2）、3.0%（CCE-3）。将泥沙和 $CaCO_3$ 的混合样置于 50mL 离心管中,然后加入 5mg P/L 溶液 25mL（0.01mol/L $CaCl_2$,pH 6.5）和 3 滴氯仿,进行等温吸附-解吸实验。由此分析泥沙在 $CaCO_3$ 处理后对磷的吸附和解吸的变异特征。

5）去除泥沙部分有机质

（1）样品准备:称取过 2mm 筛的风干泥沙 100g 于 1000mL 耐热烧杯中,分别加入 30% H_2O_2（hydrogen peroxide）溶液 100mL（HP-1）和 200mL（HP-2）,混合均匀,然后把烧杯放在电砂浴上加热至 400℃,将 H_2O_2 蒸干。待冷却后,将烧杯中泥沙倒出,冷冻干燥,研磨（包括与未经 H_2O_2 处理的泥沙,CK）,过 0.25mm 筛,备用。

（2）有机质测定:称取过 0.25mm 筛的泥沙 CK、HP-1 和 HP-2 各 1g,采用重铬酸钾滴定法-稀释热法测定泥沙中有机质含量。各处理有机质含量见表 2.3.1。

表 2.3.1　H_2O_2 处理前后泥沙中有机质含量　　　　　（单位:%）

沟渠样点	CK	HP-1	HP-2
D1	4.46	2.47	0.45
D2	2.61	1.57	0.34
D3	1.58	0.92	0.19
D4	1.02	0.59	0.22
D5	2.47	1.45	0.31

注:HP-1 和 HP-2 分别为 100mL 和 200mL H_2O_2 处理过的泥沙。

（3）等温吸附-解吸测定:取各处理泥沙 0.5g,置于 50mL 离心管中,加入浓度分别为 0mg P/L、1mg P/L、3mg P/L、5mg P/L、7mg P/L、10mg P/L、20mg P/L 、50mg P/L 溶液 25mL（0.01mol/L $CaCl_2$,pH 6.5）和 3 滴氯仿,进行等温吸附-解吸实验,测定泥沙对磷的吸附量和解吸量。

4. 测定方法

实验测定方法同 2.2.1 节。

5. 数据处理与分析

数据处理与分析方法同 2.2.1 节。

2.3.2　结果与讨论

1. 环境因素对泥沙磷吸附-解吸特性的影响

1) 环境温度

在一定 pH(6.5)和水土比(50:1)条件下,模拟了不同环境温度(5℃、15℃、25℃、35℃)对泥沙磷吸附-解吸特性的影响。图 2.3.1(a) 给出了环境温度与泥沙磷吸附量的关系。实验结果表明,温度对泥沙磷吸附量有显著影响,随着温度升高,不同来源泥沙对磷的吸附量基本上均呈线性增加(表 2.3.2)。这说明,随着温度的升高,泥沙表面磷交换点位的有效性增强,同时磷酸盐开始在高能态点位上被吸附,从而提高了泥沙对磷酸盐的吸附量。此外,有研究者从热力学角度研究了温度对磷酸盐吸附的影响,发现磷的吸附过程是吸热反应,并且吸附反应速率随温度升高而增大(吕家垄等,1997)。可见,在相同反应时间内,磷酸盐吸附速率增大就必然导致磷酸盐吸附量的增加。

总体上,泥沙对磷的吸附量随温度增加而线性增加,但在不同温度阶段,磷吸附量增加比例差异明显。例如,环境温度从 25℃ 上升到 35℃ 时,泥沙磷吸附量增加比例,比从 5℃ 上升到 15℃ 和从 15℃ 上升到 25℃ 时增加比例要大。这说明,一定条件下,环境温度越高,泥沙磷吸附量增加越多。

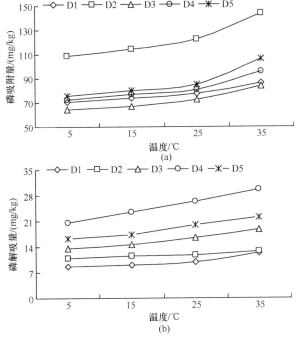

图 2.3.1　不同温度下泥沙磷的吸附量和解吸量

　　图2.3.1(b)显示了泥沙磷解吸量随温度变化情况。温度对泥沙磷解吸也有明显影响,随着温度升高,不同来源泥沙对磷的解吸量均呈线性增加(表2.3.2)。这可能是由于随着环境温度的升高,泥沙颗粒表面上吸附的磷的扩散性和溶解性增强,表现为磷解吸速率增大。但温度对不同来源(沟渠)泥沙磷解吸的影响略有差异。例如,与其他沟渠相比,温度升高,水田沟渠(D2)泥沙磷解吸量的增加比例最小,也就是说,水田沟渠泥沙磷解吸量受温度影响相对较小,这可能与水田沟渠泥沙磷的吸附结合能较高有关。

表 2.3.2　泥沙磷吸附量和解吸量随着温度变化的拟合方程

沟渠样点	吸附方程	r^2	解吸方程	r^2
D1($n=3$)	$Q_t = 5.1t + 64.5$	0.94^{**}	$Q_t = 1.2t + 6.9$	0.86^{**}
D2($n=3$)	$Q_t = 11.3t + 94.1$	0.91^{**}	$Q_t = 0.6t + 10.4$	0.92^{**}
D3($n=3$)	$Q_t = 6.3t + 56.3$	0.91^{**}	$Q_t = 1.7t + 11.5$	0.98^{**}
D4($n=3$)	$Q_t = 7.3t + 63.5$	0.97^{**}	$Q_t = 3.0t + 17.6$	0.999^{**}
D5($n=5$)	$Q_t = 9.7t + 62.5$	0.88^{**}	$Q_t = 2.0t + 13.9$	0.98^{**}

注:Q_t 为吸附量或解吸量,t 为摄氏温度;$**$ $p<0.01$。

　　2)水土比

　　在一定 pH(6.5)和温度(25℃)条件下,模拟了不同水土比(5:1、10:1、25:1、50:1 和 100:1)对泥沙磷吸附-解吸特性的影响。由图2.3.2(a)可见,泥沙对磷酸盐的吸附作用受水土比变化影响非常明显。总体上,水土比对不同来源泥沙磷的吸附量的影响具有相似性,即随着水土比增大(5:1～100:1),磷的吸附量呈幂函数曲线($Q_\lambda = k\lambda^a, 0<a<1$)增加(表2.3.3)。磷吸附量增加的原因,一是溶液体积增大,增强泥沙颗粒的分散性和磷交换点位有效性;二是相同磷酸盐浓度下,溶液体积大则有更多的磷可以供泥沙所吸附。

　　本研究中,幂函数方程意味着磷的吸附量会随着水土比增大而呈增加趋势,同时,各拟合方程的幂大于0而小于1,表明在较低水土比时,泥沙磷吸附量随水土比增大而增加的比例较高,而在较高水土比时,磷吸附量随水土比增大而增加的比例则相对较小。这也意味着,当水土比非常大时,磷吸附量随水土比增大而增加的比例将越来越小。而实际上,由于泥沙对磷的吸附容量是有限的(Ji-Hyock et al.,2006),当磷吸附逐渐饱和时,磷释放潜力就会增大(Jarvie et al.,2005),因此,当水土比增大到一定值时,单位质量泥沙对磷的吸附量可能逐渐趋于饱和。

　　图2.3.2(b)给出了泥沙磷解吸量与水土比的关系。研究结果表明,水土比对泥沙磷解吸量有显著影响,随着水土比增大,不同来源泥沙磷的解吸量均呈线性增加(表2.3.3)。这反映了水土比增大对离子浓度的稀释作用——泥沙表面更多的结合松弛、不稳定态磷向水体释放(李梅,2006)。

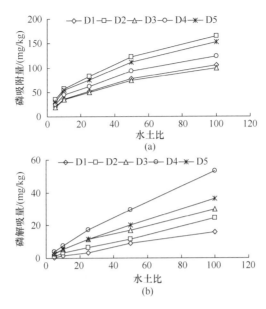

图 2.3.2　不同水土比条件下泥沙磷的吸附量和解吸量

虽然本研究结果表明泥沙磷解吸量与水土比（5∶1～100∶1）呈线性正相关，但是，当土水比继续增大时，泥沙磷的释放将受泥沙生物有效磷、吸附结合能和水体磷溶度等因素影响（Smith et al.，2005；Palmer-Felgate et al.，2009），因此，单位质量泥沙磷解吸量可能不会因水土比持续增大而一直增加。

表 2.3.3　泥沙磷吸附量和解吸量随着水土比变化的拟合方程

沟渠样点	吸附方程	r^2	解吸方程	r^2
D1($n=3$)	$Q_\lambda=9.5\lambda^{0.53}$	0.98**	$Q_\lambda=0.2\lambda-0.24$	0.99**
D2($n=3$)	$Q_\lambda=16.3\lambda^{0.51}$	0.99**	$Q_\lambda=0.2\lambda+0.26$	0.99**
D3($n=3$)	$Q_\lambda=9.2\lambda^{0.53}$	0.98**	$Q_\lambda=0.3\lambda+3.0$	0.99**
D4($n=3$)	$Q_\lambda=12.1\lambda^{0.51}$	0.98**	$Q_\lambda=0.5\lambda+2.9$	0.99**
D5($n=5$)	$Q_\lambda=14.7\lambda^{0.51}$	0.98**	$Q_\lambda=0.4\lambda+1.9$	0.99**

注：Q_λ 为吸附量或解吸量，λ 为水土比；$**$ $p<0.01$。

3）水体 pH

在一定环境温度（25℃）和水土比（50∶1）条件下，模拟了不同 pH（4.5、6.0、7.0、8.0 和 9.5）对泥沙磷吸附特性的影响。图 2.3.3 显示了泥沙磷吸附量与水体 pH 的关系。结果表明，水体 pH 对泥沙磷的吸附量有一定影响，不同来源泥沙磷的吸附量均随着 pH 增大而增加。回归分析表明，泥沙磷吸附量与水体 pH 呈显著线性相关（表 2.3.4），其可能原因是，随着水体 pH 增大，泥沙颗粒表面对磷酸根离子吸附活性增强,同时,泥沙颗粒表面的阴离子与溶液中磷酸根离子交换速率提高,因此泥沙对磷酸盐吸附量增加。

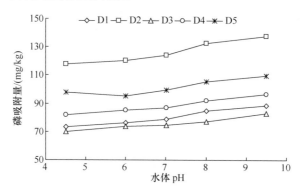

图 2.3.3   不同 pH 条件下泥沙磷的吸附量

表 2.3.4   泥沙磷吸附量随着水体 pH 变化的拟合方程

沟渠样点	吸附方程	r^2
D1($n=3$)	$Q_{pH}=3.2pH+58.3$	0.97**
D2($n=3$)	$Q_{pH}=4.3pH+96.7$	0.94**
D3($n=3$)	$Q_{pH}=2.5pH+58.5$	0.96**
D4($n=3$)	$Q_{pH}=3.1pH+67.1$	0.97**
D5($n=5$)	$Q_{pH}=2.7pH+82.4$	0.79*

注:Q_{pH}为吸附量;* 显著水平 $p<0.05$;** 显著水平 $p<0.01$。

此外,研究了不同 pH(3.0,4.5,6.5,7.5,9.5,11.0)对泥沙磷解吸特性的影响。图 2.3.4 给出了泥沙磷解吸量与水体 pH 的关系曲线。结果表明,不同来源泥沙磷的解吸量与水体 pH 均呈显著的二次曲线(抛物线)关系。在 pH 近中性(6.0~6.5)条件下泥沙磷的解吸量最小,而在酸性(pH<4)和碱性(pH>8)条件下泥沙磷的解吸量显著高于中性条件。有研究证实,偏酸或偏碱均促进泥沙中磷的释放(韩沙沙等,2004)。其作用机理可能是:水体 pH=6.0~6.5 时,主要是泥沙中水溶性、易解吸磷释放到水体;pH 降低,溶解性的 $H_2PO_4^-$ 含量增加,有利于泥沙中磷的释放,同时部分钙磷可能发生溶解;pH 升高,水体中 OH^- 与泥沙中铁、铝氧化物表面的磷发生配位交换,从而结合在铁铝氧化物(胶体)表面的磷被解吸下来,导致磷释放量增加。

4)干湿交替

在室内模拟了干湿交替条件(落干 30 天,然后淹水 30 天,再排水落干 30 天,连续交替 3 次)对泥沙磷吸附-解吸特性的影响。图 2.3.5 列出了干湿交替条件下不同来源泥沙磷的吸附量和解吸率。结果表明:淹水后,不同来源泥沙磷的吸附

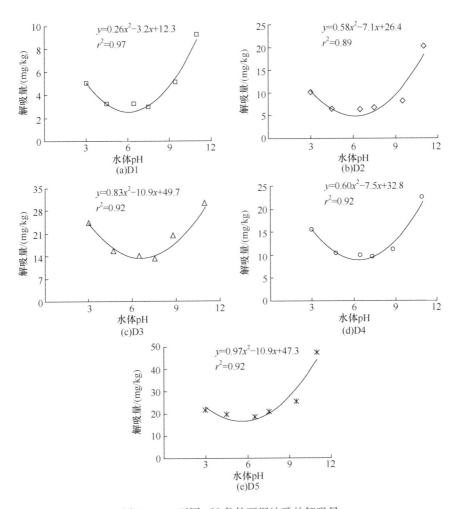

图 2.3.4　不同 pH 条件下泥沙磷的解吸量

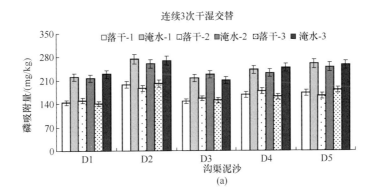

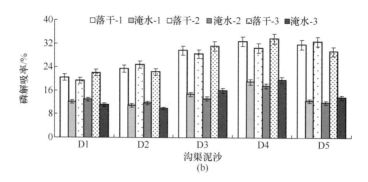

图 2.3.5　干湿交替条件下泥沙磷吸附量和解吸率

量均显著增加,解吸率均显著减小,淹水落干后,吸附量和解吸率分别发生相反变化。滕衍行(2006)对三峡库区消落带土壤进行的实验结果表明,淹水期间土壤对磷的吸附量比落干时高。这说明淹水期间泥沙对磷的吸持能力比落干时强,排水落干后泥沙磷的释放能力增大。这也意味着干湿交替过程可能会比连续淹水过程释放出更多的磷。

　　许多研究认为,干湿交替过程中泥沙或土壤磷吸附量和解吸率的变化与无定形 Fe、Al 氧化物含量有关(石孝洪,2004)。本研究中,测定了干湿交替过程中不同来源泥沙中无定形 Fe、Al 氧化物含量(图 2.3.6)。从图 2.3.6(a)可知,淹水期间,不同来源泥沙中无定形 Fe 氧化物含量均显著增加,而排水落干后,无定形 Fe 氧化物均显著减少,这与泥沙磷吸附量在干湿交替过程中的变化规律一致,而与磷解吸率完全相反。这说明无定形 Fe 氧化物是泥沙磷吸附量和解吸率变化的一个重要因素。图 2.3.6(b)显示,无定形 Al 氧化物在干湿交替过程中没有明显变化,这意味着干湿交替过程中泥沙磷吸附量和解吸率的显著变化与无定形 Al 氧化物没有直接关系。

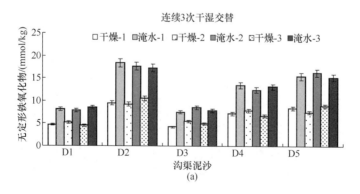

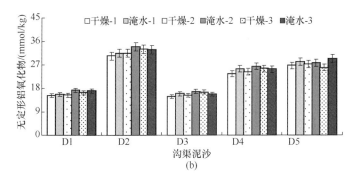

图 2.3.6　干湿交替条件下泥沙无定形铁氧化物和无定形铝氧化物

2. 人为调控因素对泥沙磷吸附-解吸特性的影响

1）添加硫酸铝钾和硫酸亚铁

在一定温度（25℃）和水土比（50∶1）条件下，分别模拟硫酸铝钾（明矾）和硫酸亚铁（绿矾）对泥沙磷吸附-解吸的影响。实验中所用明矾和绿矾溶液的浓度梯度均为：0.02g/L、0.04g/L、0.10g/L（分别用 Al-1、Al-2、Al-3 和 Fe-1、Fe-2、Fe-3 表示）。图 2.3.7和图 2.3.8分别给出了明矾和绿矾处理前后泥沙磷的吸附量和磷解吸率。

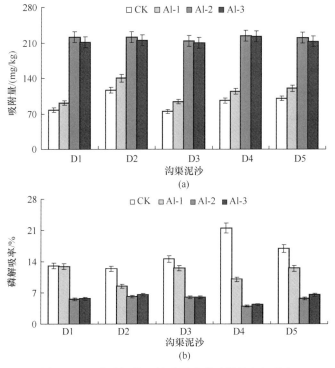

图 2.3.7　硫酸铝处理前后泥沙磷吸附量和解吸率

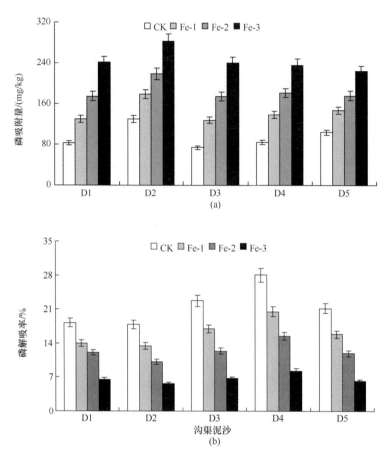

图 2.3.8　硫酸亚铁处理前后泥沙磷吸附量和解吸率

可以看出,明矾和绿矾处理对不同来源泥沙磷的吸附量和磷解吸率均有显著影响。与对照相比,明矾和绿矾处理均显著提高了泥沙磷吸附量,明显降低了泥沙磷解吸率,并且随着处理浓度的增加,磷吸附量逐渐增加,磷解吸率逐渐减小。磷吸附量增加的原因是,Al 离子和 Fe 离子分别与磷酸根离子生成溶解度较低的磷酸铝盐和磷酸铁盐,即 Al 离子和 Fe 离子与磷酸根离子产生了沉淀反应(Smith et al.,2005)。由此看见,向泥沙中添加铝盐或铁盐对溶液中磷具有显著的去除作用(Smith et al.,2005),而且泥沙磷的解吸率显著降低。因此,这种添加铝盐或铁盐的方法对于处理高浓度磷的污废水具有重要的实际意义。

2) 添加低分子量有机酸

在一定温度(25℃)和水土比(50∶1)条件下,以柠檬酸和草酸为例,模拟低分子量有机酸对泥沙磷吸附-解吸的影响。实验中所用柠檬酸和草酸溶液的浓度均为 0.5mmol/L、1.0mmol/L 和 2.0mmol/L（分别用 Cit-1、Cit-2、Cit-3 和 Oxa-1、Oxa-2、Oxa-3 表示）。图 2.3.9 和图 2.3.10 分别给出柠檬酸和草酸处理前后不同来源泥沙磷的吸附量和解吸率。研究结果表明：添加柠檬酸和草酸后，不同来源泥沙对磷的吸附量均显著降低，磷的解吸率均显著增大，并且随着柠檬酸和草酸的浓度增大，磷的吸附量逐渐降低，磷的解吸率逐渐增大。

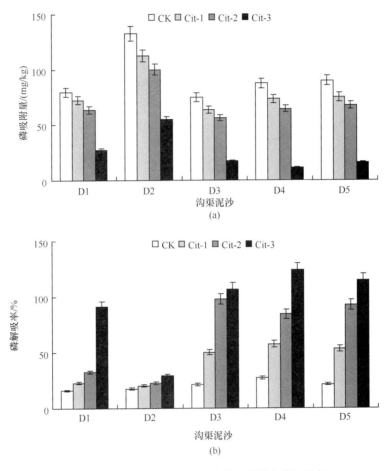

图 2.3.9　柠檬酸处理前后泥沙磷吸附量和磷解吸率

　　磷吸附量减少，表明柠檬酸和草酸抑制了磷酸根离子的吸附。这是因为柠檬酸根和草酸根都具有两个以上羧基离子，而羧基是一种活性官能团，致使这些有机酸阴离子能够被专性吸附在泥沙颗粒表面的金属离子（如 Fe、Al）上，从而与磷酸根竞争吸附点位。低分子量有机酸也可能与磷形成可溶性有机磷，从氧化物中溶解。此外，柠檬酸根、草酸根等有机酸阴离子还通过其他方式对磷吸附产生影响，例如，络合或溶解土壤（泥沙）固相表面 Fe 离子和 Al 离子、改变吸附基质的表面电荷、通过与 Fe 离子和 Al 离子结合并产生新的吸附点位、抑制无定形 Fe 和 Al 氧化物的结晶化过程等(Filius et al.,2003)。由此可见,有机酸阴离子对泥沙磷吸附的影响比较复杂,本研究中,外源低分子量有机酸对泥沙磷吸附的影响,综合表现为强烈抑制作用。

磷解吸率显著增大,说明柠檬酸和草酸处理对泥沙吸附的磷具有一定的活化作用,进而增强泥沙中磷的溶解性(Wang et al.,2008),所以有利于泥沙磷的解吸或释放(介晓磊等,2005)。当磷的解吸量大于其吸附量时,磷解吸率便超过100%(图 2.3.9(b)和图 2.3.10(b))。

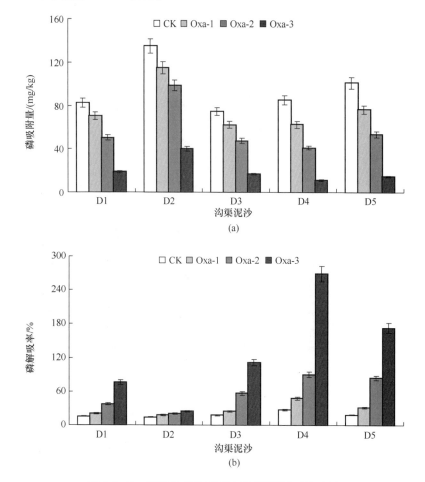

图 2.3.10　草酸处理前后泥沙磷吸附量和磷解吸率

3) 添加碳酸钙

在一定温度(25℃)和水土比(50∶1)条件下,模拟 $CaCO_3$ 对泥沙磷吸附-解吸的影响。向泥沙中添加的 $CaCO_3$ 的质量分别相当于泥沙质量的 1.0%(CCE-1)、

2.0％(CCE-2)、3.0％(CCE-3)。图 2.3.11 给出 $CaCO_3$ 处理前后,不同来源泥沙磷的吸附量和解吸率。结果表明:与对照相比,添加 $CaCO_3$ 的(不同来源)泥沙磷吸附量(图 2.3.11(a))和磷解吸率(图 2.3.11(b))均没有显著差异。这说明添加 $CaCO_3$ 对泥沙磷吸附-解吸的影响不显著。然而,也有研究认为 $CaCO_3$ 具有吸持固定磷的作用,其作用机制包括吸附反应和沉淀反应(Berg et al.,2005;Smith et al.,2005)。本书的研究结果与文献报道不同,主要原因可能在于所用 $CaCO_3$ 的表面积较小($0.65m^2/g$),对磷酸盐吸附能力较弱。王里奥等(2009)通过对方解石($CaCO_3$ 含量 99％)比表面积和磷吸附测定实验,发现 $CaCO_3$ 因其比表面积($0.87m^2/g$)小而对磷的吸附能力很弱,吸附作用不是固定磷的主要机制。

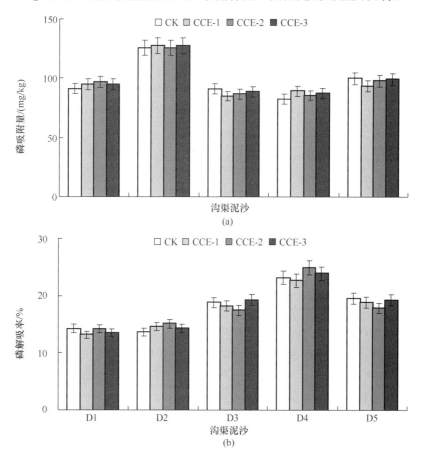

图 2.3.11　碳酸钙处理前后沟渠泥沙磷吸附量和磷解吸率

4) 去除泥沙部分有机质

采用 H_2O_2 去除部分有机质,然后测定泥沙磷吸附量和磷解吸率,与未经 H_2O_2 处理的泥沙进行比较,探讨有机质对泥沙磷吸附-解吸的影响。表 2.3.5 列出了有机质含量差异明显的泥沙的磷吸附量及其解吸率。研究结果表明,去除部分有机质后,不同来源泥沙磷的吸附量显著增加,而磷解吸率明显降低。去除部分有机质,泥沙磷吸附量增加的作用机理可能是:①有机质(特别是高分子有机物,如腐殖质)与无定形 Fe、Al 氧化物结合形成有机-无机复合胶体,对磷进行吸附作用(McDowell et al.,2001a;Nguyen et al.,2002),所以,有机质含量高且无定形 Fe、Al 氧化物含量也高的泥沙对磷吸附作用强,吸附量大,当去除部分有机质后,无定形 Fe、Al 氧化物对磷的吸附作用没有减弱;②有机质分解产生的低分子量有机酸阴离子与磷酸阴离子竞争吸附点位,降低了泥沙对磷的吸附(Stevenson,1994),当去除部分有机质(酸)后,磷的吸附点位增多。

表 2.3.5　H_2O_2 处理前后(去除部分有机质)泥沙磷的吸附量和解吸率

沟渠样点	OM/%	最大吸附量/(mg/kg)	磷解吸率/%
	4.46	169.67	13.8
D1	2.47	400.07	12.1
	0.45	1101.20	9.0
	2.61	266.53	12.7
D2	1.57	344.83	10.9
	0.34	476.19	8.2
	1.58	155.69	16.6
D3	0.92	188.68	14.3
	0.19	294.12	12.5
	1.02	194.67	24.3
D4	0.59	238.68	17.4
	0.22	370.37	14.8
	2.47	224.96	15.9
D5	1.45	277.27	14.2
	0.31	401.48	11.4

以上两种作用机理在泥沙中可能同时存在,但它们在不同来源的泥沙中所起作用不完全相同。林地沟渠泥沙有机质含量高,而无定形铁铝含量低,这样形成有机-无机复合体就可能较少,而有机质解离的低分子量有机酸就可能多,因此第二种机理在林地沟渠泥沙中可能将起主导作用。

去除部分有机质,泥沙对磷的吸附量增加,表明磷吸附量不是取决于有机质。同时,也验证了 2.2 节所得"有机质通过 Fe、Al 氧化物而间接作用于磷的吸附"的结论。

通过本节研究得到的主要结论有以下几点。

环境因素和人为调控因素对泥沙磷吸附-解吸特性影响显著。

(1)一定条件下,泥沙磷吸附量和解吸量,随温度升高(5~35℃)而线性增加。随着水土比增大(5∶1~100∶1),泥沙磷吸附量呈幂函数($Q_λ = kλ^a, 0 < a < 1$)增

加,而磷解吸量呈线性增加。泥沙磷吸附量随 pH 增加(4.5~9.5)而线性增加,而磷解吸量与 pH(3~11)呈抛物线关系,即水体 pH 近中性时,泥沙磷解吸量最低,而在偏酸、偏碱时,磷解吸量明显增加。淹水条件下泥沙磷的吸附量显著增加,解吸率显著减小,淹水落干时,磷吸附量和解吸率分别发生相反变化。无定形 Fe 氧化物含量在淹水时增加,落干时减少,是干湿交替过程中泥沙磷吸附量和解吸率发生变化的一个重要因素。

(2) 明矾和绿矾处理后,泥沙磷吸附量显著增加,磷解吸率则显著降低。碳酸钙处理后,泥沙磷吸附量和解吸率没有明显变化。柠檬酸和草酸处理后,泥沙磷吸附量显著降低,磷解吸率显著增加。去除部分有机质(H_2O_2 处理),泥沙磷吸附量显著增加,磷解吸率显著降低。

2.4　泥沙营养物质的形态分配特征及其转化规律

2.4.1　实验材料与方法

1. 供试泥沙及其理化性质

供试泥沙及其理化性质测定见 2.2.1 节。

2. 实验方法与测定

1) 泥沙磷形态分级提取

磷形态分级提取采用在欧洲标准测试委员会框架下发展的 SMT 分离法(Ruban et al.,2001)。SMT 法在操作上含有三个独立的提取步骤:①称取 0.2g 风干泥沙样品,加入 1mol/L NaOH 溶液 20mL,振荡 16h,离心,取 10mL 上清液加入 3.5mol/L HCl 4mL,静置 16h,离心,过滤,测定上清液中的溶解态活性磷,得到非磷灰石无机磷(non-apatite inorganic P,NAIP);提取后的残渣用 1mol/L NaCl 溶液 12mL 洗涤两次后,加入 1mol/L HCl 20mL,振荡 16h,离心,过滤,测定上清液中磷浓度,得到磷灰石 AP(apatite P);②称取 0.2g 风干泥沙样品,加入 1mol/L HCl 20mL,振荡 16h,离心,过滤,测定上清液中磷浓度,得到无机磷(inorganic P,IP);残渣用 1mol/L NaCl 溶液 12mL 洗涤两次,在 450℃下灰化 3h,冷却后,加入 1mol/L HCl 20mL,振荡 16h,离心,过滤,测定上清液中磷浓度,得到有机磷(organic P,OP);③称取 0.2g 沉积物样品,在 450℃条件下灰化 3h,冷却后,加入 3.5mol/L HCl 20mL,振荡 16h,离心,过滤,测定上清液中磷浓度,得到总磷 TP (total P)。

2) 吸附-解吸过程中泥沙磷形态测定

分别对风干泥沙、磷吸附饱和泥沙及磷解吸后的泥沙进行磷形态分级测定,通过对比分析,查明泥沙对磷的吸附-解吸过程中各形态磷的转化特征。

　　3）持续淹水和干湿交替(淹水—落干)过程中泥沙磷形态测定

　　称取泥沙沉积物 300g 于 1000mL 烧杯中,加入 600mL 自来水(事先测定自来水中磷的浓度),淹水 30 天(若水蒸发,要适当补水)后,将水轻轻倒去,自然风干 30 天,再加入 600mL 自来水,保持淹水 30 天,然后再风干 30 天,如此反复 3 次。分别在淹水 30 天时和落干 30 天时,取泥沙鲜样,测定淹水-落干过程中泥沙各形态磷的含量(对于淹水后,要同时测定上覆水中磷浓度,结果计算时,要扣除泥沙对上覆水中磷的吸附量或解吸量),由此分析干湿交替条件下泥沙磷形态转化特征,以及磷释放特征。

　　同时,进行持续淹水实验:称取泥沙沉积物 300g 于 1000mL 烧杯中,加入 600mL 自来水,淹水 90 天(若水蒸发,要适当补水),分别在淹水后的第 2 天、5 天、10 天、15 天、25 天、35 天、50 天、70 天和 90 天时,取泥沙鲜样和水样,分别测定泥沙各形态磷含量及水体中溶解性磷浓度,由此分析持续淹水条件下泥沙磷形态转化特征,以及磷释放特征。

　　3. 数据处理与分析

　　数据处理与分析方法见 2.2.1 节。

2.4.2　结果与讨论

　　1. 泥沙磷素形态分配特征及其与理化性质的关系

　　表 2.4.1 列出了不同来源(沟渠)泥沙的各形态磷含量。总磷(TP)、非磷灰石无机磷(NAIP)、磷灰石磷(AP)、无机磷(IP)和有机磷(OP)的含量范围分别为 427.21～717.49mg/kg、14.98～104.45mg/kg、326.02～581.73mg/kg、343.93～658.57mg/kg 和 44.79～86.20mg/kg。泥沙中非磷灰石无机磷、磷灰石磷和有机磷的总和约等于总磷($\pm 3.1\%$),其回收率为 $97\%\sim 102\%$,说明总磷主要由非磷灰石无机磷、磷灰石磷和有机磷组成。从图 2.4.1 可知,泥沙中非磷灰石无机磷、磷灰石磷和有机磷占总磷百分比分别为 $3.5\%\sim 21.5\%$、$67.2\%\sim 81.1\%$ 和 $7.2\%\sim 20.3\%$,显然磷灰石磷是该地区泥沙中含量最高的磷形态。

表 2.4.1　泥沙中各形态磷的含量

沟渠样点	TP /(mg/kg)	NAIP /(mg/kg)	AP /(mg/kg)	IP /(mg/kg)	OP /(mg/kg)	NAIP+AP+OP /(mg/kg)	回收率 /%
D1($n=3$)	427.21[c]	14.98[d]	341.02[c]	343.93[d]	86.20[a]	430.13[c]	101
D2($n=3$)	589.28[b]	62.29[b]	444.99[b]	503.96[b]	67.01[b]	570.97[b]	97
D3($n=3$)	717.49[a]	46.85[c]	581.73[a]	658.57[a]	51.91[c]	710.48[a]	99
D4($n=3$)	486.06[c]	104.45[a]	326.82[c]	444.98[c]	44.79[d]	489.77[c]	101
D5($n=5$)	578.04[b]	68.94[b]	431.12[b]	521.06[b]	64.98[b]	586.04[b]	102

注:同列不同上标字母表示差异显著($p<0.05$)。

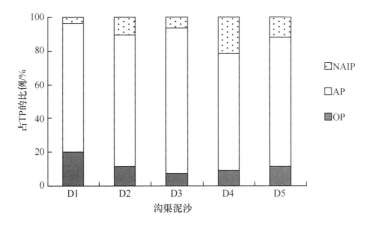

图 2.4.1　泥沙中各形态磷占总磷的比例

　　非磷灰石无机磷是与铁、铝、锰等化合物结合的磷,此外可溶解态、不稳定性磷也包括在其中,该部分磷被认为可以被生物利用。本研究中,非磷灰石无机磷分别与泥沙黏粒含量(除村镇沟渠泥沙)和草酸铵提取 Fe、Al 氧化物呈显著正相关(表 2.4.2)。这表明非磷灰石无机磷与无定形 Fe、Al 氧化物有关、并很可能赋存在黏粒部分。尽管村镇沟渠(D4)泥沙黏粒很低,但其非磷灰石无机磷含量却显著高于其他沟渠泥沙(表 2.4.1)。由于村镇沟渠泥沙主要受含高浓度磷的村镇生活排污影响,因此,生活排污很可能是造成泥沙非磷灰石无机磷含量较高的原因。这也意味着非磷灰石无机磷可能是外源性磷,受人为影响强烈(Ruban et al. ,2001)。磷灰石磷主要为钙结合态磷,磷灰石磷与泥沙 $CaCO_3$ 含量呈非显著性负相关($r=$ $-0.41, p>0.05$),这可能与泥沙 $CaCO_3$ 比表面积小有关。有机磷是与有机质结合的磷(Ruban et al. ,2001)。本研究中,有机磷与泥沙有机质含量呈高度正相关关系,与其他理化性质无显著相关性。

表 2.4.2　泥沙磷形态与泥沙理化性质的相关关系

	NAIP	AP	IP	OP	TP
pH	−0.39	−0.24	−0.39	0.15	−0.41
Sand	−0.67	0.14	0.02	−0.26	−0.04
Silt	0.44	0.22	0.11	0.43	0.23
Clay	0.90[1]*	0.06	0.23	−0.06	0.25
OM	−0.62	−0.12	−0.15	0.94*	−0.02
$CaCO_3$	−0.42	−0.41	−0.52	0.08	−0.54
Fe_{ox}	0.80*	−0.16	0.02	0.17	0.04
Al_{ox}	0.83*	−0.15	0.04	0.18	0.07

* $p<0.05$;1. 不包括村镇沟渠泥沙数据(属偏离值)。

2. 泥沙磷素形态的生物有效性和水溶性

为分析泥沙磷素形态的生物有效性和溶解性,将各形态磷与泥沙生物有效磷Olsen P 和水体溶解性活性磷(soluble-reactive P,SRP)进行相关分析,见表 2.4.3。非磷灰石无机磷与 Olsen P 和水体 SRP 显著正相关,这意味着非磷灰石无机磷可以为生物所利用,并具有较强水溶性。可初步判断非磷灰石无机磷为泥沙磷解吸或释放量的来源。磷灰石磷与 Olsen P 和水体 SRP 无显著相关性,这意味着磷灰石磷的生物有效性和水溶性较弱,不易为生物所利用。有机磷与 Olsen P 和水体 SRP 显著负相关,这暗示着有机磷不具有生物有效性和水溶性。

表 2.4.3 泥沙各形态磷与 Olsen P 和水体 SRP 的相关关系

	NAIP	AP	IP	OP	TP
Olsen P	0.94**	0.20	0.26	−0.74*	0.17
SRP	0.79*	−0.35	−0.13	−0.66*	−0.24

* $p < 0.05$;** $p < 0.01$。

3. 吸附-解吸过程中磷形态转化特征

1)吸附过程中磷形态转化特征

图 2.4.2 给出了吸附反应前后,不同来源(沟渠)泥沙的各形态磷含量。结果表明,泥沙吸附磷后,总磷(TP)和非磷灰石无机磷(NAIP)增加,而磷灰石磷(AP)和有机磷(OP)没有明显变化。泥沙对磷的吸附量(总磷增加量)约等于非磷灰石无机磷的增加量。这说明磷吸附过程中,泥沙总磷增加主要与非磷灰石无机磷增加有关,泥沙吸附的磷主要转化为非磷灰石无机磷,而磷灰石磷和有机磷没有显著影响。由于非磷灰石无机磷是与铁、铝、锰等氧化物结合的磷(Kaiserli et al.,2002),因此,上述结果表明,吸附过程中,磷主要被泥沙中无定形 Fe、Al 氧化物所吸附,生成了非磷灰石无机磷。从另一个角度也说明该地区沟渠泥沙的无定形 Fe、Al 氧化物十分活跃,而有机质、钙化合物比较稳定。

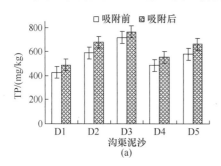

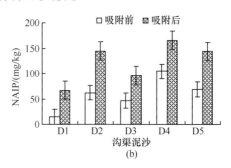

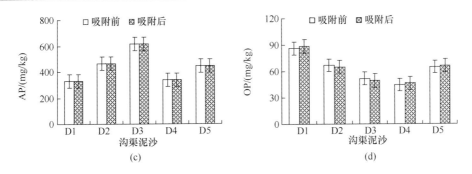

图 2.4.2　吸附前后泥沙磷形态的含量变化

2）解吸过程中磷形态转化特征

图 2.4.3 给出解吸反应前后,不同来源(沟渠)泥沙的各形态磷含量。结果表明,泥沙磷解吸后,总磷和非磷灰石无机磷减少,而磷灰石磷和有机磷没有明显变化。这说明,磷解吸过程中,泥沙总磷减少主要与非磷灰石无机磷减少有关,磷解吸量约等于是非磷灰石无机磷的释放量,而磷灰石磷和有机磷没有明显减少。这表明,泥沙解吸的磷主要是非磷灰石无机磷,而磷灰石磷和有机磷在短时间解吸过程中很难释放出来。这与前面研究得到的结论"非磷灰石无机磷具有较强生物有效性和水溶性,而磷灰石磷和有机磷不具有生物有效性和水溶性"是一致的。

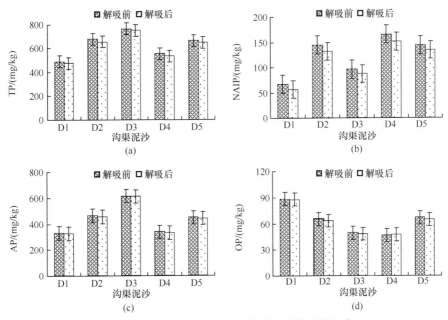

图 2.4.3　解吸前后沟渠泥沙各形态磷的含量变化

4. 持续淹水和干湿交替条件下磷形态转化特征

由于不同来源(沟渠)泥沙在持续淹水和干湿交替过程中磷形态变化特征相似,本研究仅以综合沟渠泥沙为例,分析各形态磷在持续淹水和干湿交替条件下的变化特征,并比较泥沙磷释放量是否存在差异。

1) 持续淹水条件下磷形态变化特征

持续淹水过程中,泥沙中各形态磷含量见图 2.4.4。淹水初期(前 10 天),非磷灰石无机磷(NAIP)含量显著减少,降低了约 5mg/kg,在此后的持续淹水中,非磷灰石无机磷含量呈逐渐减少趋势,到 90 天时,非磷灰石无机磷含量比淹水前减少了 9.5mg/kg(图 2.4.4(a));而磷灰石磷(AP)和有机磷(OP)在整个淹水过程中没有显著变化(图 2.4.4(b)和图 2.4.4(c)),但总磷是降低的,约减少了 11.0mg/kg(图 2.4.4(d))。这说明,持续淹水过程中,泥沙磷向上覆水中有一定的释放,且释放的磷源主要来自非磷灰石无机磷。同时,这意味着泥沙中非磷灰石无机磷具有较强释放性,而磷灰石磷和有机磷释放性较差,在这与前面研究各形态磷生物有效性的结论是一致的。

持续淹水条件下,泥沙中非磷灰石无机磷(Fe/Al 结合态磷)减少的机制,可能是淹水厌氧条件下部分 Fe^{3+} 还原转化为 Fe^{2+} 溶解,同时与 Fe 结合的磷被活化,从而导致非磷灰石无机磷向上覆水释放。

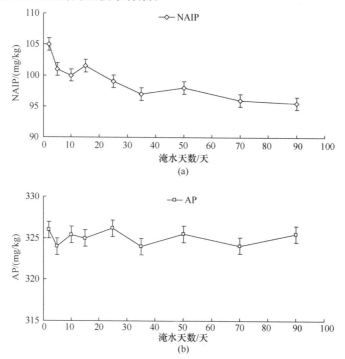

(a)

(b)

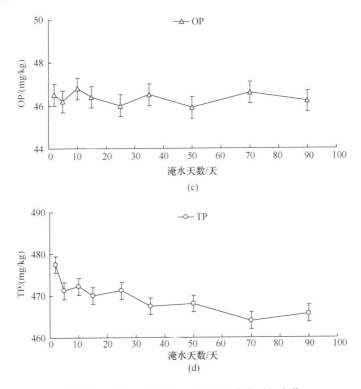

图 2.4.4　泥沙中各形态磷含量随淹水时间变化

2）干湿交替（淹水-落干）条件下磷形态转化特征

周期性干湿交替（淹水-落干）条件下，泥沙中各形态磷的含量见图 2.4.5。从图中可以看出：①非磷灰石无机磷（NAIP）含量在每次淹水时显著降低，3 次淹水时的减少量分别为 8.0mg/kg、12.8mg/kg 和 13.5mg/kg（图 2.4.5(a)），这说明干湿交替过程中非磷灰石无机磷的释放量略有增加，但未达到显著水平。非磷灰石无机磷含量在淹水落干时又显著增加，3 次落干时的增加量分别为 10.0mg/kg、11.8mg/kg 和 11.5mg/kg（图 2.4.5(a)），这意味着落干时泥沙中其他形态磷转化为非磷灰石无机磷。②磷灰石磷（AP）含量在淹水时没有显著变化，而在淹水落干时显著降低，3 次落干时的减少量分别为 8.0mg/kg、6.5mg/kg 和 12.8mg/kg（图 2.4.5(b)），这说明干燥过程中磷灰石磷可能转化为其他形态磷。总体来看，磷灰石磷在淹水-落干交替过程中是持续减少的。③有机磷（OP）含量在淹水-落干交替过程中没有显著变化（图 2.4.5(c)），这意味着有机磷在淹水-落干交替过程中既没有释放到水体中，也没有转化为其他形态的磷。④总磷（TP）含量在每次淹水时降低，3 次淹水时的减少量分别为 8.2mg/kg、11.1mg/kg 和 10.4mg/kg（图 2.4.5(d)）；总磷含量在淹水落干时没有显著变化（图 2.4.5(d)）。总体来看，总磷在淹水-落干交替过程中是持续减少的，说明泥沙中部分磷释放到水体中。

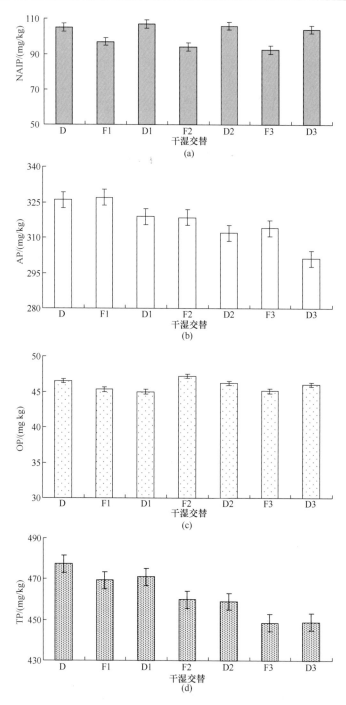

图 2.4.5 周期性淹水-落干条件下泥沙中各形态磷含量的变化

图中横坐标中 D 表示初始风干,F1 和 D1,F2 和 D2、F3 和 D3 表示连续 3 次淹水、落干

　　从上面分析发现,每次淹水时,泥沙总磷减少量与非磷灰石无机磷减少量相当,说明淹水时泥沙磷释放量来源于非磷灰石无机磷;每次落干时,磷灰石磷减少量与非磷灰石无机磷增加量相当,这意味着落干时泥沙中磷灰石磷转化为非磷灰石无机磷,并在淹水时以非磷灰石无机磷形式释放出来。

　　依据本研究结果,干湿交替过程中泥沙磷形态变化的机制,可能是淹水(30天)后泥沙处于厌氧还原条件下,泥沙中部分 Fe^{3+} 还原转化为 Fe^{2+} 溶解,与 Fe 结合的磷被活化,从而导致非磷灰石无机磷向上覆水释放;当落干干燥(30天)时,泥沙处于氧化条件下,Fe^{2+} 被氧化为 Fe^{3+} 而重新沉淀,同时,部分磷灰石磷转化为非磷灰石无机磷,从而使非磷灰石无机磷含量增加,并在下次淹水时释放。

　　与持续淹水(90天)条件下泥沙磷释放量(11.0mg/kg)相比,周期性淹水-落干条件下(淹水 30 天,再落干 30 天,如此反复 3 次)泥沙磷释放量(28.5mg/kg)显著增加,这说明泥沙在周期性干湿交替条件下比连续淹水能释放更多的磷。

　　通过本节研究得到的主要结论有以下三点。

　　(1) 泥沙总磷(TP)主要由非磷灰石无机磷(NAIP)、磷灰石磷(AP)和有机磷(OP)组成;NAIP 具有生物有效性和水溶性,是可释放磷源,占 TP 的 3.5%～21.5%;AP 和 OP 都是稳定态磷,分别占 TP 的 67.2%～81.1% 和 7.2%～20.3%。

　　(2) 泥沙磷吸附过程中,磷主要被无定形 Fe、Al 氧化物所吸附,生成了非磷灰石无机磷;解吸过程中,主要是与铁铝结合的非磷灰石无机磷释放出来,而磷灰石磷和有机磷不易释放。

　　(3) 泥沙磷形态在周期性干湿交替中有明显的转化过程,表现为落干时磷灰石磷转化为非磷灰石无机磷;不管是持续淹水,还是干湿交替,泥沙磷都是以非磷灰石无机磷向水体中释放;与持续淹水条件相比,周期性干湿交替条件下泥沙磷释放量显著增加。

2.5　不同土地利用方式下泥沙营养物质释放风险评价

2.5.1　实验材料与方法

1. 供试泥沙和水样

供试泥沙的采集和测定见 2.2.1 节。

供试水样为研究区的降雨径流水样。2009 年 4～9 月监测了不同沟渠(林地沟渠、水田沟渠、旱地沟渠、村镇沟渠和综合沟渠)3 次典型的降雨径流水样。水样采集点与泥沙采样点的位置一致。水样采集过程:降雨产流后即开始采样,采样时间间隔视流量变化在 1min～1h 内变化,直至降雨产流结束。采样时,统一用秒表精确记录采样时刻和采样历时,并记录采样时间内的流量。取均匀混合水样约

500mL 装入聚乙烯瓶中,带回实验室后量取水样的准确体积,贮存 4℃冰箱中待分析。

2. 实验方法与测定

1) 水样溶解性活性磷测定

水样经 0.45μm 微孔滤膜过滤后,采用钼锑抗比色-分光光度法,测定溶解性活性磷 SRP。

2) 泥沙磷释放风险指标测定

(1) 生物有效磷(Olsen P)。

在水土比 20:1 和 25℃下,用 0.5mol/L NaHCO$_3$ 溶液 20mL(pH 8.5),振荡 30min,离心、过滤、测定上清液磷浓度,磷提取量即为 Olsen P。

(2) 磷吸持指数(phosphorus sorption index,PSI)。

称取过 2mm 筛的风干沟渠泥沙 0.5g,置于 50mL 离心管中。然后加入 50mg P/L 溶液 25mL(0.01mol/L CaCl$_2$,水土比 50:1)和 3 滴氯仿,在(25±1)℃下振荡 24h,离心、过滤(0.45μm),测定上清液中溶解性活性磷,计算得到磷吸附量。PSI 为泥沙对磷的吸附量与平衡液中磷浓度的对数值之比:PSI$=Q/\lg C$。

(3) 磷吸持饱和度(DPS)。

本研究中,泥沙样品为石灰性紫色土侵蚀泥沙,故 DPS 采用 Olsen P/PSC(Börling et al.,2004)。磷吸附容量 PSC 采用简便快捷的单点磷吸持指数 PSI 来估算。

(4) 磷平衡浓度 EPC$_0$。

磷的初始浓度为 0mg P/L、1mg P/L、3mg P/L、5mg P/L、7mg P/L、10mg P/L(0.01mol/L CaCl$_2$)。在水土比为 50:1 和 25℃条件下,振荡平衡 24h,离心过滤,钼蓝比色法测定振荡平衡液中磷浓度(C),用差减法计算泥沙对磷的吸附量(Q)。将 Q 对 C 作图,EPC$_0$ 即为曲线在 x 轴上截距(Hoffman et al.,2008)。

3. 数据处理与分析

(1) 流量加权平均浓度(flow-weighted mean concentration,FWMC)用来评价降雨径流事件中 SRP 的平均浓度(Little et al.,2007),可按式(2.5.1)计算:

$$\text{SRP FWMC} = \frac{\sum C_t Q_t \Delta t}{\sum Q_t \Delta t} \qquad (2.5.1)$$

式中,C_t 为水样中 SRP 浓度(mg/L);Q_t 为流量(m³/min);Δt 为取样时间间隔(min)。

(2) 径流水体 SRP 平均浓度 FWMC 与泥沙 Olsen P(或 DPS)的关系用折线

模型来描述(Nair et al.,2004),即两条斜率有显著差异($p<0.05$)的直线分别从两侧相交于拐点(d_0)。参数值用非线性最小二乘法估计。为了确保两条直线在拐点处连接,把左边直线的斜率用方程(2.5.3)中的其他参数表示。方程采用 SAS 8.1(SAS Institute Inc.,2001)统计分析软件的 NLIN 程序计算。

$$SRP\ FWMC=\begin{cases}a_0+b_0 \cdot Olsen\ P, & Olsen\ P \leqslant d_0 \\ a_1+b_1 \cdot Olsen\ P, & Olsen\ P \leqslant d_0\end{cases} \qquad (2.5.2)$$

$$b_0=\frac{(a_1-a_0)+b_1 \cdot d_0}{d_0} \qquad (2.5.3)$$

式中,a_0、a_1、b_0、b_1 为常数;d_0 为拐点。

(3) 所有数据的方差分析(ANOVA)、相关分析及方程拟合等由 Excel 2003 和 SPSS 12.0 完成;由 Origin 8 和 Excel 2003 完成作图;不同来源泥沙间差异采用最小显著差异(LSD)法进行多重比较。

2.5.2　结果与讨论

1. 泥沙磷释放风险评价指标体系与依据

土壤(泥沙)磷的释放能力主要与生物有效磷、磷吸附容量 PSC、磷吸持饱和度 DPS、磷平衡浓度 EPC_0 以及磷解吸率等有关(Nguyen et al.,2002;Casson et al.,2006;Li et al.,2007)。因此,泥沙磷释放风险评价指标主要涉及上述 5 个因素。在查阅大量文献资料基础上,结合实际的实验操作,将常见的磷释放风险评价指标,及其测定方法、适合土壤类型和优缺点列于表 2.5.1。

Olsen P 适合于碳酸钙含量高的土壤,而且测定方法简便、快捷。磷吸持指数 PSI 仅用一组等温吸附实验就可以测定出来,操作简单,并可用来估算土壤磷的最大吸附容量 Q_m(Börling et al.,2004)。草酸铵提取法和 Mehlich-3 提取法测定磷吸持饱和度仅适用于酸性土壤(Vadas et al.,2005;Casson et al.,2006),而以 Olsen P 为分子,以 PSI 为分母,求得的 $DPS_{Olsen\ P}$ 更适合于石灰性土壤(Westermann et al.,2001)。在磷释放风险评价中,由于 DPS 既包含了生物有效磷指标,又融合了吸附容量的信息,因此,DPS 优于单独的生物有效磷或吸附量指标(Hooda et al.,2000)。磷解吸率虽然能较好地评价不同类型土壤磷的释放风险(Li et al.,2007),但因等温吸附解吸实验测定起来较烦琐、耗时,使其在分析评价中受到一定限制。磷平衡溶度 EPC_0 是评价土壤(泥沙)磷的源、汇关系的一个常用指标(Smith et al.,2005;Luo et al.,2009)。在评价土壤(泥沙)磷释放风险时,要把 EPC_0 与上覆水体溶解性活性磷 SRP 对比分析,例如,当 $EPC_0>SRP$ 时,土壤(泥沙)吸附的磷就会向水体释放,土壤(泥沙)则成为磷源,相反,土壤(泥沙)则成为磷汇。由此可见,评价土壤(泥沙)磷向水体释放潜力,不仅要测定土壤(泥沙)的各种指标,而且还要分析这些指标同水体中 SRP 的关系,例如,土壤(泥沙)DPS 与水体

SRP 的关系,进而确定土壤(泥沙)磷释放风险增大时的 DPS 临界值(Börling et al.,2004;Vadas et al.,2005;Little et al.,2007)。

表 2.5.1　土壤(泥沙)磷释放风险评价指标

因素	常见指标	提取剂或测定方法	适合的土壤类型	优、缺点	参考文献
生物有效磷	草酸铵提取磷	0.2mol/L 草酸铵	酸性、中性	简单;需暗处提取	Breeuwsma et al.,1995; Hooda et al.,2000
	Mehlich-3 提取磷	Mehlich-3	酸性、中性、碱性	试剂配制烦琐	Sharpley,1995;Sims et al.,2002
	Olsen P	0.5mol/L NaHCO$_3$	钙质(石灰性)	简便、快捷	Heckrath et al.,1995; McDowell et al.,2001
磷吸附容量	最大吸附容量 Q_m	(多组)等温吸附	酸性、中性、碱性	准确;烦琐	Sharpley,1995;Li et al.,2007
	磷吸持指数 PSI	(一组)等温吸附	酸性、中性、碱性	简便、快捷	Bache et al.,1971
磷吸持饱和度	$DPS_{ox}=P_{ox}/[\alpha(Fe_{ox}+Al_{ox})]$	0.2mol/L 草酸铵	酸性	需在暗处提取	Maguire et al.,2002
	$DPD_{M3}=P_{M3}/(Fe_{M3}+Al_{M3})$	Mehlich-3	酸性	试剂配制烦琐	Khiari et al.,2000; Sims et al.,2002
	$DPS_{Olsen\,P}=$ Olsen P/PSI	0.5mol/L NaHCO$_3$	钙质(石灰性)	简便、快捷	Westermann et al.,2001; Börling et al.,2004
磷平衡浓度	EPC_0	(多组)等温吸附	酸性、中性、碱性	准确;烦琐	Nguyen et al.,2002; Smith et al.,2005
磷解吸率	解吸量/吸附量	(多组)等温吸附解吸	酸性、中性、碱性	准确;烦琐	Li et al.,2007

注:P_{ox}、Fe_{ox} 和 Al_{ox} 分别为 0.2mol/L 草酸铵提取的 P、Fe 和 Al 氧化物含量;P_{M3}、Fe_{M3} 和 Al_{M3} 分别为 Mehlich-3 提取的 P、Fe 和 Al 氧化物含量。

2. 泥沙磷释放风险阈值

本研究采集了 3 次典型的沟渠降雨径流过程样品,测定了径流 SRP 流量加权平均浓度 FWMC,并把径流 SRP FWMC 与沟渠泥沙 Olsen P、DPS(DPS 为 Olsen P 与 PSI 的比值)和非磷灰石无机磷 NAIP 进行了拟合(图 2.5.1),拟合模型的参数值和相关系数见表 2.5.2。结果表明,径流 SRP FWMC 与沟渠泥沙 Olsen P 之间呈显著的折线关系(图 2.4.1(a))。显然,泥沙 Olsen P 值 32mg/kg 是径流 SRP FWMC 发生较大转变的临界值或转折点(图 2.5.1(a))。当 Olsen P 值低于

32mg/kg 时,径流 SRP 浓度低于 0.066mg/L(水体 SRP 临界溶度,见表 2.5.2),当 Olsen P 值高于 32mg/kg 时,径流 SRP 浓度则显著增加。目前,许多研究报道了土壤 Olsen P 和水体 SRP 的密切关系,通过折线模型找到了 Olsen P 的临界值,并建议把该临界值作为当地土壤磷释放风险的评价指标(Heckrath et al.,1995; McDowell et al.,2001a;2001b)。McDowell 等(2001b)用蒸馏水或 0.01mol/L CaCl$_2$ 提取土壤磷来模拟径流 SRP,然后与土壤 Olsen P 建立关系,他们得到的 Olsen P 临界值是 33～36mg/kg,与本研究结果相似。Heckrath 等(1995)在英国洛桑实验站研究了径流水体 SRP 与土壤 Olsen P 之间的关系,发现 56mg/kg 是 Olsen P 的临界值,该值约为本研究的两倍。可见,不同研究得到的 Olsen P 临界值是有差异的。这种差异与所研究的土壤(泥沙)Olsen P 水平有关。本研究中泥沙 Olsen P 范围 9～49mg/kg,与 McDowell 等(2001b)所研究土壤 Olsen P 值(4～60mg/kg)接近,约是 Heckrath 等(1995)所研究土壤 Olsen P 值(7～90mg/kg)的一半。这与 Olsen P 临界值的差异正好一致。

一般情况下,土壤中 Olsen P 值 20～30mg/kg 足够满足作物生产对磷素的需求(Westermann et al.,2001)。一旦土壤或泥沙中磷素累积超过植物生长需求,多余的磷素就可能通过降雨径流释放到水体中。显然,本研究中 Olsen P 临界值(32mg/kg)略高于植物对磷素的需求,这也意味着超过临界值的磷素不再被植物所吸收利用,就可能释放到水体中。

与 Olsen P 一样,沟渠泥沙 DPS 与径流 SRP FWMC 之间呈显著的折线关系(图 2.5.1(b)),其折线模型的参数值和相关系数见表 2.5.2。从图 2.5.1(b)可看出,28% 是泥沙 DPS 的临界值。当泥沙 DPS 低于 28% 时,径流 SRP 浓度低于 0.061mg/L(水体 SRP 临界溶度,见表 2.5.2),当 DPS 高于 28% 后,径流 SRP 浓度显著提高。许多研究表明 DPS 与径流 SRP、土壤水溶性磷或 CaCl$_2$-P 之间存在显著的线性或非线性关系(Hooda et al.,2000;Börling et al.,2004;Vadas et al.,2005)。例如,Börling 等(2004)发现非石灰性土壤的 DPS(Olsen P/PSI)与 CaCl$_2$-P 之间呈显著的线性关系;Westermann 等(2001)对石灰性土壤的研究结果表明,DPS(Olsen P/PSI)与沟渠灌溉水 SRP 浓度呈极显著的线性关系,但他们没有发现 DPS 临界值。Pautler 等(2000)认为通常条件下,土壤 DPS 达到 25%～40% 时,意味着土壤磷存在较大释放风险。另有研究发现,DPS 值 25%～30% 是区分泥沙中强结合态磷和弱结合态磷的阈值(Palmer-Felgate et al.,2009)。也就是说,泥沙 DPS 值低于 25%～30%,表明泥沙吸附的磷是与泥沙结合能量较强的磷,不容易解吸或释放;若 DPS 值高于 25%～30%,则意味着泥沙中高于阈值的这部分磷是与泥沙结合能量较弱的磷,很容易解吸或释放。显然,本研究中泥沙 DPS 值 28% 代表了这一阈值。泥沙 DPS 低于 28% 的这部分磷吸附能量高,不易释放,DPS 高于 28% 的这部分磷吸附能量较弱,则容易解吸或释放。

　　此外,沟渠径流 SRP FWMC 与沟渠泥沙 NAIP 也呈显著的折线关系 (图 2.5.1(c))。从图中可知,NAIP 值 90mg/kg 是水体 SRP FWMC 发生突变的转 折点。当 NAIP 值低于 90mg/kg 时,径流 SRP FWMC 小于 0.073mg/L;当 NAIP 值超过 90mg/kg 时,径流 SRP FWMC 急剧增加,意味沟渠泥沙磷向上覆水体释 放的风险增大。这表明 NAIP 值 90mg/kg 是沟渠泥沙磷释放风险增大的临界值。

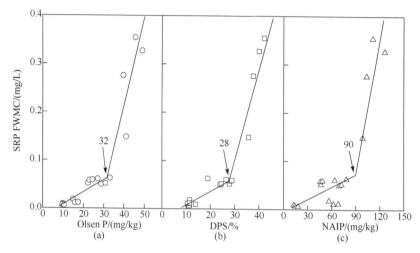

图 2.5.1　沟渠径流 SRP FWMC 与泥沙 Olsen P、DPS 和 NAIP 的关系(箭头标出临界值)

　　本研究中,与 Olsen P、DPS 以及 NAIP 临界值相对应的径流 SRP 浓度是 0.061～0.073mg/L(表 2.5.2)。目前,国际上(如美国、荷兰等国家)制定的地表水 富营养化临界浓度的上限值为 0.10mg/L。显然,本研究得出的径流 SRP 临界浓度 值(0.061～0.073mg/L)尚低于引起水体富营养化的磷浓度上限值(0.10mg/L)。但 是,如果沟渠泥沙中磷的状态(或水平)超了其临界值(如 Olsen P 值 32mg/kg、 DPS 值 28%、NAIP 值 90mg/kg),沟渠径流 SRP 浓度就可能会接近甚至超过 0.10mg/L,从而导致水体富营养化风险增大。因此,可以将这些临界值(Olsen P 值 32mg/kg、DPS 值 28%、NAIP 值 90mg/kg)作为评价沟渠泥沙磷释放风险的 阈值。

表 2.5.2　折线模型的参数值及沟渠径流 SRP 的临界值

参数	拟合方程	r^2	沟渠径流 SRP 临界浓度/(mg/L)
Olsen P	SRP=−0.0204+0.0027Olsen P, Olsen P≤32	0.83**	0.066
	SRP=−0.4871+0.0173Olsen P, Olsen P>32	0.81**	

参数	拟合方程	r^2	沟渠径流 SRP 临界浓度/(mg/L)
DPS	$SRP=-0.0201+0.0029DPS$，$DPS \leqslant 28$	0.87^{**}	0.061
	$SRP=-0.5179+0.0207DPS$，$DPS>28$	0.96^{**}	
NAIP	$SRP=0.0013+0.0008NAIP$，$NAIP \leqslant 90$	0.34^{*}	0.073
	$SRP=-0.6643+0.0082NAIP$，$NAIP>90$	0.80^{**}	

$* p<0.05$；$** p<0.01$。

尽管上述三个指标(Olsen P、DPS 和 NAIP)与沟渠径流 SRP FWMC 均呈显著的折线关系,它们的临界值也均可用于评价磷的释放风险,但三个指标并不相同,而是各具特性。Olsen P 是测定石灰性土壤有效磷的一个常规方法,具有简单、方便等优点,在磷释放风险评价中应用广泛(Heckrath et al.,1995；McDowell et al.,2001b)。DPS 是一个融合了生物有效磷和磷吸附容量的综合指标,它在磷释放风险评价中的优势更加明显(Hooda et al.,2000)。NAIP 为泥沙中具有生物有效性和水溶性的磷形态,因此在磷的释放风险评价中,测定和分析 NAIP 值可能要优于 TP。显然,Olsen P、DPS 和 NAIP 反映了泥沙磷的不同特性,将这三个指标联合起来进行综合分析和比较,可能会对泥沙磷释放风险作出更准确的评价。

3. 不同来源泥沙的磷释放风险评价

表 2.5.3 列出了不同沟渠泥沙中 Olsen P、DPS、NAIP 和 EPC_0 以及沟渠径流 SRP FWMC 的平均值。总体上,五种土地利用方式的沟渠泥沙 Olsen P 水平顺序为:村镇沟渠 D4＞综合沟渠 D5＞旱地沟渠 D3＞水田沟渠 D2＞林地沟渠 D1；DPS 值顺序为:村镇沟渠 D4＞旱地沟渠 D3＞综合沟渠 D5＞林地沟渠 D1＞水田沟渠 D2。

表 2.5.3　泥沙平均 Olsen P、DPS、NAIP 和 EPC_0 及径流水体 SRP FWMC

沟渠样点	Olsen P /(mg/kg)	DPS /%	NAIP /(mg/kg)	EPC_0 /(mg/L)	SRP FWMC /(mg/L)
D1($n=3$)	10.02^c	12.2^c	14.98^d	0.005^c	0.009^c
D2($n=3$)	16.12^c	11.1^c	62.29^b	0.009^c	0.014^c
D3($n=3$)	23.34^b	26.4^b	46.85^c	0.029^b	0.056^b
D4($n=3$)	44.85^a	39.9^a	104.45^a	0.447^a	0.319^a
D5($n=5$)	29.96^b	22.9^b	68.94^b	0.034^b	0.053^b

注:同列不同上标字母表示差异显著($p<0.05$)。

村镇沟渠(D4)泥沙 Olsen P 和 DPS 值最高,分别为 44.85mg/kg 和 39.9%,显著高于泥沙 Olsen P 和 DPS 临界值。同时,村镇沟渠泥沙 EPC_0(0.447mg/L)高于径流 SRP 浓度(0.319mg/L,表 2.4.3)。这表明村镇沟渠泥沙是磷源,将不断向水体释放磷,直到径流 SRP 浓度接近泥沙的 EPC_0(Nguyen et al.,2002)。村镇沟渠泥沙较高的磷释放潜力可能与其较高的非磷灰石无机磷(NAIP)含量有关(表 2.5.3),而 NAIP 通常被看做易释放性磷。因此,当泥沙表面大量吸附点位被 NAIP 占据时,必然导致泥沙具有较高 DPS 值。前面分析已表明,村镇生活排污是泥沙 NAIP 的来源,由此可见,村镇生活排污是造成沟渠泥沙磷释放的最终原因。

Olsen P 和 DPS 值在其他沟渠(D1、D2、D3 和 D5)泥沙中都低于临界值,此外,这些沟渠泥沙的 EPC_0 也都低于各自径流 SRP 浓度(表 2.5.3)。这意味着这四条沟渠的泥沙是水体的磷汇,还有吸附径流 SRP 的潜力。D1 的较低 DPS 值主要与其较低的 NAIP 有关(表 2.5.3),而 D2 的较低 DPS 值很可能与泥沙较高的无定形铁铝氧化物及黏粒含量有关(表 2.2.2)。因为磷的吸附容量主要决定于无定形铁铝氧化物含量,并与颗粒表面积呈正比(Ji-Hyock et al.,2006;Luo et al.,2009)。因此,相同磷素水平条件下,泥沙中无定形铁铝氧化物和黏粒含量越高,磷吸附容量就越高,则 DPS 值就越低。相对于 D1 和 D2 中泥沙的较低 Olsen P 和 DPS 值来说,D3 的 DPS 值(26.4%)和 D5 的 Olsen P(29.86mg/kg)已经接近临界值,这表明 D3 和 D5 中泥沙泥沙将成为潜在的磷释放源。D3 的较高 DPS 可能与其较低的无定形铁铝氧化物含量有关(表 2.2.2)。D5 的较高 Olsen P 主要与其较高 NAIP 含量有关(表 2.5.3),而 D5 的较高 NAIP 含量可能要归因于村镇生活排污,因为 D4 排放的径流和泥沙最终要进入 D5,所以村镇生活排污将会影响到 D5 中泥沙磷形态分配及其含量。

村镇沟渠泥沙 Olsen P 水平超过释放临界值,相差 13mg/kg,这部分磷将会释放到水体中。林地和水田沟渠泥沙 Olsen P 水平均低于释放临界值,分别相差 22mg/kg 和 16mg/kg,因此,林地和水田沟渠泥沙还具有较大固持磷的空间,分别占其吸附容量的 16% 和 17%。旱地和综合沟渠泥沙略低于释放临界值,分别相差 9mg/kg 和 2mg/kg,它们能够固持磷的空间已很少,分别占其吸附容量的 2% 和 5%。

从上面的分析和比较可知,目前村镇沟渠泥沙是径流水体的磷源,需要进行控制和管理;林地和水田沟渠泥沙是径流水体的磷汇,可以起到吸附、截留磷的作用;旱地和综合沟渠属于潜在的磷释放源,需要引起注意,并给予合理的管理。

4. 泥沙磷素管理措施初步探讨

对于磷吸附容量高、释放风险小的沟渠泥沙,应加以合理利用,最大化地吸附水体中的磷,达到控制农业非点源磷素流失的目的;对于磷吸附容量低、释放风险大的沟渠泥沙,应给予有效的管理,尽量降低泥沙磷的释放潜力。下面就降低泥沙磷释放风险的管理措施进行初步探讨。

首先,控制泥沙磷释放风险的最有效措施是减少农业源头非点源磷素投入。例如,减少农田磷肥的过量施用,将土壤的生物有效磷(Olsen P)控制在其释放风险临界值(32mg/kg)以下,即便这些土壤被侵蚀进入沟渠,也不会将磷素迅速释放到水体。

其次,沟渠疏浚和清淤被认为可以清除或降低泥沙中易解吸态磷(如 Olsen P),从而降低泥沙磷的吸持饱和度 DPS(Nguyen et al.,2002)。本研究区,村镇沟渠经常淤积大量泥沙,目前每年进行 2～3 次清淤,但 Olsen P 和 DPS 值仍高于临界值,这说明磷在泥沙中沉淀和累积的速度非常快。提高村镇沟渠清淤频率(如每年增加到 6～7 次),以期控制和减少磷在泥沙中累积量,可能会降低 Olsen P 和 DPS 值,但这需要进一步深入研究。

最后,在沟渠泥沙中添加铁、铝化合物可以显著提高泥沙磷吸附容量,降低磷的解吸率(2.3 节)。目前,国际上已有文献报道,用硫酸铝和氯化铝对沟渠泥沙处理后,泥沙易解吸态磷和 EPC_0 明显降低,而磷吸附容量显著增加(Smith et al.,2005)。这说明一些化学处理方法可以控制沟渠泥沙磷的释放风险。因此,对于释放风险较大的沟渠泥沙(如村镇沟渠泥沙等),可以向泥沙中添加硫酸铁盐(如绿矾)或硫酸铝盐(如明矾)来降低泥沙磷的释放风险。

通过本节研究得到的主要结论有以下几点。

(1) 适合于石灰性土壤(泥沙)磷释放风险评价的指标主要有 Olsen P、单点磷吸持指数 PSI、DPS(Olsen P/PSI)和磷平衡浓度 EPC_0 等;评价土壤(泥沙)磷释放潜力时,不仅要测定土壤(泥沙)的各种指标,而且要分析这些指标与水体中溶解性活性磷 SRP 的关系。

(2) 泥沙 Olsen P、DPS 和 NAIP 与沟渠径流 SRP FWMC 呈显著的折线关系。通过折线模型计算出沟渠泥沙磷释放风险增大的临界值为 Olsen P 32mg/kg、DPS 28% 和 NAIP 90mg/kg。当泥沙 Olsen P、DPS 或 NAIP 大于临界值时,磷向水体释放的风险大大增加。此外,DPS 28% 也是区分泥沙中强结合态磷与弱结合态磷的阈值。

(3) 不同来源(沟渠)泥沙的磷释放潜力差异较大。村镇沟渠泥沙的磷释放风险大,是径流水体的磷源,需要进行控制和管理;林地和水田沟渠泥沙是径流水体的磷汇,可以起到吸附、截留磷的作用;旱地和综合沟渠属于潜在的磷释放源,需要引起注意,并给予合理的管理。

(4) 目前,减少农业源头非点源磷素投入、沟渠清淤和化学处理对控制农业非点源磷素流失可能起到一定的作用。更多泥沙管理办法和处理措施尚需要进一步的研究。

2.6 小　　结

本研究通过野外监测和室内模拟实验,研究了农业源头区沟渠泥沙磷吸附-解吸特征,分析了沟渠泥沙磷在吸附-解吸、干湿交替等过程中的转化规律,探讨了沟渠泥沙磷的释放阈值,评价了不同土地利用方式下沟渠泥沙磷的释放风险。主要研究结论如下。

(1) 泥沙对磷的吸附容量与无定形 Fe、Al 氧化物含量呈极显著正相关,而与碳酸钙含量呈显著负相关。泥沙 pH、黏粒、有机质等性质通过铁铝氧化物而间接影响磷的吸附。泥沙对磷的吸附容量范围为 159.7~263.7mg/kg。泥沙对磷的吸附量随反应时间增加,可用幂函数方程($Q_t = kt^a$,$0 < a < 1$)进行描述。泥沙对磷的吸附过程可分为快速、慢速、动态平衡三个阶段。磷吸附速率在 0~0.75h 最大,在 8h 左右接近或达到吸附动态平衡。0~0.75h 泥沙对磷的吸附速率分别与无定形 Fe、Al 氧化物含量和黏粒含量呈显著正相关。

(2) 泥沙磷的解吸量随吸附量增加呈线性增加,泥沙磷解吸模式为一直线。泥沙磷的解吸率(解吸量与吸附量的百分比)与 Olsen P 含量显著正相关。此外,对于多数沟渠泥沙,磷解吸率与泥沙 pH、$CaCO_3$ 和砂粒含量显著正相关,与细粒、有机质和无定形铁铝氧化物含量显著负相关。泥沙磷的解吸量随反应时间增加,可用幂函数方程($Q_t = kt^a$,$0 < a < 1$)进行描述。泥沙磷解吸过程可分为快、慢、动态平衡三个阶段。磷解吸速率在 0~2h 最大,在 8h 或 12h 左右接近或达到解吸动态平衡。村镇沟渠泥沙较高的 Olsen P 水平和砂粒含量是磷解吸速率较高的重要因素。

(3) 环境因素(温度、水土比、水体 pH、干湿交替等)和人为调控因素(如添加明矾、绿矾、低分子量有机酸、碳酸钙,以及去除有机质等)对泥沙磷吸附-解吸特性影响显著。一定条件下,泥沙磷吸附量和解吸量,分别随温度(5~35℃)、水土比(5∶1~100∶1)增大而增加。泥沙磷吸附量随 pH 增加(4.5~9.5)呈线性增加,而磷解吸量与 pH(3~11)呈抛物线关系,即水体 pH 近中性时,泥沙磷解吸量最低,而在偏酸、偏碱时,磷解吸量明显增加。淹水条件下泥沙磷的吸附容量显著增加,解吸率显著减小,淹水落干时,磷吸附容量和解吸率分别发生相反变化。无定形铁氧化物含量在淹水时增加,落干时减少,是干湿交替过程中泥沙磷吸附容量和解吸率发生变化的一个重要因素。明矾和绿矾处理后,泥沙磷吸附容量显著增加,磷解吸率则显著降低。碳酸钙处理后,泥沙磷吸附容量和解吸率没有明显变化。柠檬酸和草酸处理后,泥沙磷吸附容量显著降低,磷解吸率显著增加。去除部分有机质(H_2O_2 处理后),泥沙磷吸附容量显著增加,磷解吸率显著降低。

（4）泥沙总磷主要由非磷灰石无机磷、磷灰石磷和有机磷组成。非磷灰石无机磷具有生物有效性，是可释放磷源，占总磷的 3.5%～21.5%。磷灰石磷和有机磷均为稳定态磷，不易释放，分别占总磷的 67.2%～81.1% 和 7.2%～20.3%。

（5）泥沙磷吸附过程中，磷主要被无定形 Fe、Al 氧化物所吸附，生成了非磷灰石无机磷；解吸过程中，主要是与铁铝结合的非磷灰石无机磷释放出来，而磷灰石磷和有机磷不易释放。泥沙磷形态在周期性干湿交替中有明显的转化过程，落干时部分磷灰石磷转化为非磷灰石无机磷，并在淹水时以非磷灰石无机磷形式向水体释放。与持续淹水相比，周期性干湿交替条件下泥沙磷释放量显著增加。

（6）泥沙 Olsen P、DPS 和 NAIP 与沟渠径流中溶解活性磷 SRP FWMC 呈显著的折线关系。通过折线模型计算出泥沙磷释放风险增大的临界值为 Olsen P 32mg/kg、DPS 28% 和 NAIP 90mg/kg。当泥沙 Olsen P、DPS 和 NAIP 超过临界值时，泥沙磷向水体释放的风险大大增加。

（7）不同来源（沟渠）泥沙的磷释放潜力差异较大。依据磷素释放风险临界值，明确了不同来源泥沙对磷的源、汇关系。村镇沟渠泥沙的磷释放风险大，是径流水体的磷源，需要进行控制和管理；林地和水田沟渠泥沙是径流水体的磷汇，可以起到吸附、截留磷的作用；旱地属于潜在的磷释放源，需要引起注意，并给予合理的管理。

（8）农业源头沟渠泥沙磷素管理的措施建议：①减少农业源头非点源磷素投入。例如，减少农田磷肥的过量施用，将土壤生物有效磷（Olsen P）控制在其释放风险临界值（32mg/kg）以下，即便这些土壤被侵蚀进入沟渠，也不会将磷素迅速释放到水体中。②重点做好村镇沟渠泥沙的管理和控制。由于村镇排污的磷浓度高，磷在泥沙中沉淀和累积的速度快，经常对沟渠清淤可能会降低泥沙生物有效磷和磷吸持饱和度，减少泥沙磷释放风险。③对于释放风险较大的沟渠泥沙，必要时可以采用化学处理的方法，如向泥沙中添加硫酸铁盐（绿矾）或硫酸铝盐（明矾）来降低泥沙磷的释放风险。

第3章　陆域污染水体营养物质的人工湿地强化去除

3.1　研究背景

3.1.1　研究意义

城市内的湖泊、河渠等景观水体是城市生态系统的重要组成部分。景观水体洁净程度不仅事关水体生态健康,而且影响城市形象提升。随着城市人口增加、污染负荷不断增大,城市景观水体的整治与改善问题日益受到人们的关注,例如,地块景观水体的水质情况往往和该地块房地产价值及居民幸福指数提升密切相关。目前国内外城市景观水体的处理或径流污染控制技术越来越多倾向于采用与景观改善相结合的一系列生态处理技术,如砂石过滤、土壤渗滤、氧化塘、人工湿地等。与常规水处理技术如活性污泥法、曝气生物滤池法、膜处理方法相比,这些生态处理技术更着重依赖于自然界"自然净化系统(阳光、砂石、土壤、微生物、动植物)"的生态循环作用,强调自然界生态修复能力。这种观点削弱了人为的强化过程而注重生态的再循环,是当今环保领域一种极为流行的观点。

上述"自然净化系统"突出了水体净化过程中的生态循环价值,通过系统内动植物、微生物的同化吸收,将部分污染物摄入作为自身生长的营养源,同时还借助其生命活动极大提高污染物特别是氮磷营养盐的生物去除效率。此外,生态系统中的生物体活动能够给非生物体基质(如砂石、土壤等)创造条件(增加吸附点位,提高污染物沉淀、滞留能力等),促进进入系统内的污染物有效降解和去除。除污染去除外,生态污水处理工艺能够最大限度得满足城市景观娱乐需求,将污染治理与景观欣赏有机结合,这些"公园式"或"花园式"污水处理系统在愉悦视觉的同时还能达到水质改善的目的。总体来说,与传统城市污水处理工艺相比,注重生态再循环的污水净化方法操作简单、投资少、费效比高、运行管理和维护费用低、景观效果突出,对城市景观水体改善具有较好的现实需要和潜在应用价值。

国内许多城市景观河流如上海的苏州河、北京的护城河、天津的津河、成都的阜河等都投入了巨额资金来治理,但由于水体流动性差,外源或内源营养盐的积累,这些整治后的河流出现了日益严重的水体富营养化现象,这样不仅造成了经济上的浪费,在环境效益方面也是极其不合理的。实践证明依靠单纯的河道整治工程不能够解决景观水体水质恶化的问题。城市景观水体的改善,应遵循生态治理原则,采用与景观改善相结合的一系列生态处理技术治理、修复污染城市景观娱乐用水。景观水体修复对城市环境质量改善和提升具有重大意义。

城郊水体是陆域营养物质传输进入城域河流、湖泊和水库的重要环节,城郊湖泊、河渠等水体是陆域营养物质的重要蓄积库和中转站。城郊污染水体营养物质的强化去除能够有效削减入湖(库)污染负荷,是维系湖库生态系统健康的重要技术保障。近年来,随着人口增加、外源或内源营养物质输入负荷不断增大,导致流动性差的城郊水体出现日益严重的水体富营养化。目前国内外城郊污染水体的处理或径流污染控制越来越多倾向于采用生态处理技术,如砂石过滤、土壤渗滤、氧化塘、人工湿地等(Tang et al.,2012)。人工湿地一般通过基质(填料)、植物、寄居在基质和植物根系的微生物之间的相互作用有效去除进入系统的各种污染物质,具备管理维护方便、建设和运行费用低廉等优点,在城郊污染水体营养物质去除方面表现出较大潜力(汤显强等,2007a)。

3.1.2　研究进展

1. 人工湿地技术及去污机理

人工湿地污水处理技术起源于德国。1953 年,德国 Max Planck 研究所首次采用人工湿地净化污水,该所 Seidel 博士在研究中发现芦苇能有效地去除无机和有机污染物。20 世纪 60 年代中期,Seidel 与 Kickuth 合作开发"根区法",并由 Kickuth 于 1972 年提出根区理论。该理论推动人工湿地污水处理技术研究,引发湿地研究的"热潮"。随后 30 年内,人工湿地在生活污水及纺织、石油等工业废水处理方面取得良好的污染去除效果。随着对湿地去污机理研究的深入及水体生态修复的发展,近年来,人工湿地在富营养化水体处理和水源保护上也表现出巨大潜力,成为受损景观水体的重要生态修复方法。

目前,根据湿地植被人工湿地可分为漂浮植物、浮叶植物、挺水植物、沉水植物湿地四类。按照水流形态,人工湿地又可分为表面流和潜流湿地两种,潜流湿地根据流向不同分为水平潜流湿地和垂直潜流湿地(上行流、下行流及复合垂直流)。总体来看,表面流湿地复氧能力强、床体不易堵塞,曾在湿地工艺发展早期被广泛使用,但污染物去除率较低、卫生条件差、易滋生蚊蝇等缺点限制其大规模推广应用。与表面流湿地相比,潜流湿地内部填料、污染物质和溶解氧直接接触、污染物去除效率较高且污水在填料内部流动可避免蚊蝇滋生,卫生条件相对较好,因此潜流湿地成为当今人工湿地工艺研究和应用的主流。

水平潜流湿地和垂直潜流湿地各有优缺点。例如,在水平潜流湿地内部,溶解氧随着有机物降解、氨氮硝化等过程逐渐被消耗,通常在床体长度约 1/3 处降至为零,溶解氧的供给不足常导致部分水平潜流湿地污染物去除效率低下。垂直潜流湿地通风条件较好,通过污水在床体内自重力流动带动大气复氧,增加填料内部溶解氧利用率,有效改善有机物好氧降解及氨氮硝化。然而,较好的有氧条件抑制硝态氮反硝化去除,氮的总体去除效果相对较差。目前,一些提高溶解氧利用率的湿地设计及运行措施得到广泛应用,如通过跌水曝气的方式增加水平潜流湿地中进水溶解氧浓度,提高悬浮物(SS)、氨氮(NH_4^+-N)、总氮(TN)及总磷(TP)去除率等。近年来,填料内部直接曝气的方式被用于寒冷地区垃圾渗滤液处理,湿地植物根区曝气结果表明改善水平潜流湿地溶解氧供给可保证冬季有机物、氮、磷等营养性污染物出水达标。水位循环波动、"潮汐流"等运行方式在垂直潜流湿地设计改良中备受关注,其通过连续进水、抽干循环在填料内部创造良好的好氧、缺氧、厌氧交替环境,有效促进有机物及氮磷去除。此外,当进水污染负荷较高时,出水回流等方式可提高污染物去除效率及改善出水水质。

　　人工湿地自问世以来,被广泛用于去除细菌、悬浮物(SS)、有机物(如生化需氧量(BOD)和化学需氧量(COD))、营养盐(氮、磷)、藻类及金属离子、持久性有机污染物等。一般来说,各种污染物去除是植物、微生物、填料共同作用的结果。人工湿地除污机理比较复杂,具体过程仍需进一步实验研究。下面简要介绍有机物、氮、磷等营养性污染物的去除机理及影响因素。

　　1) 有机物的去除及其影响因素

　　有机物(BOD 和 COD)可分为颗粒态和溶解态两种,颗粒态有机物一般先被填料及植物根系沉降和滞留,然后被湿地内的微生物降解。溶解态有机物一部分被填料、植物根系及附着在填料和植物表面的微生物吸附,然后再进行生物降解,另一部分溶解态有机物被湿地内微生物直接降解。人工湿地内,BOD 和 COD 的去除通过物理沉降、渗滤和根区好氧细菌降解实现,湿地植物的出现为微生物提供适宜的栖息附着环境,进而能提高人工湿地 BOD 去除效率。通常来讲,当填料内部颗粒态有机物的积累超过分解时,湿地床体便会出现堵塞。然而,植物根系释放氧气及人工曝气等措施可增加溶解氧供给,提高有机物降解速率和降低堵塞。总体来看,微生物降解有机物主要通过微生物好氧降解与厌氧降解完成(图 3.1.1)。

　　微生物降解有机物过程中不易确定好氧细菌与厌氧细菌之比。Ottová 实验观测得知湿地入流中好氧细菌占主体,出流厌氧细菌占较大比例,不利的缺氧或厌氧条件导致好氧细菌通过填料植物床时大量死亡。有机物的去除依靠自养菌和异养菌共同作用。异养生物新陈代谢速率远大于自养生物,在有机物去除过程中起主导作用。当湿地床体发生好氧降解反应时,溶解性有机物一般通过反应式(3.1.1)去除:

$$(CH_2O) + O_2 \longrightarrow CO_2 + H_2O \tag{3.1.1}$$

　　据反应式(3.1.1)得知,有机物去除过程中两个决定性因素是有机物含量和溶解氧供应量。有机物充足时,溶解氧缺乏将大大降低有机物去除效果;溶解氧供给充足时,好氧降解过程主要受有机物供应限制。大多数人工湿地有机物供应充足,有机物去除常受到溶解氧限制,采取人工曝气及其他富氧措施均可提高床体溶解氧水平,满足有机物降解需求。

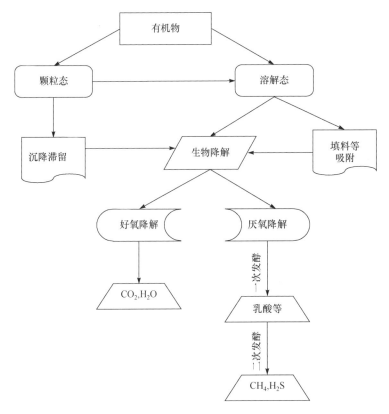

图 3.1.1　人工湿地有机物的迁移转化及去除

除了好氧降解,有机物在人工湿地的缺氧和厌氧区域被去除主要通过厌氧降解实现。有机物厌氧降解是个多步反应,涉及一些专门厌氧自养细菌。有机物厌氧降解发生较多的是发酵反应,发酵第一阶段主要产物主要是脂肪酸如乙酸、丁酸、乳酸、乙醇及 CO_2 和 H_2 等:

$$C_6H_{12}O_6 \Longrightarrow 3CH_3COOH + H_2 \qquad (3.1.2)$$

$$C_6H_{12}O_6 \Longrightarrow 2CH_3CHOHCOOH \qquad (3.1.3)$$

$$C_6H_{12}O_6 \Longrightarrow 2CO_2 + 2CH_3CH_2OH \qquad (3.1.4)$$

发酵产物形成后,一些硫化细菌和产甲烷菌利用这些发酵终端产物进一步发生反应,见方程(3.1.5)～方程(3.1.7):

$$CH_3COOH + H_2SO_4 \Longrightarrow 2CO_2 + 2H_2O + H_2S \qquad (3.1.5)$$

$$CH_3COOH + 4H_2O \Longrightarrow 2CH_4 + 2H_2O \qquad (3.1.6)$$

$$4H_2 + CO_2 \Longrightarrow CH_4 + 2H_2O \qquad (3.1.7)$$

厌氧自养细菌主要包括产酸菌和产甲烷菌。两类细菌在有机物降解和碳循环中具有重要意义,产酸菌适应性较强,产甲烷菌对酸碱度较敏感,比较适合的 pH

范围是 6.5～7.5。厌氧发酵中,产酸菌比较活跃时,产生的酸性产物导致 pH 迅速下降,抑制产甲烷菌活性并产生带气味的有机物,使卫生状况变坏。尽管厌氧降解速率比好氧降解小,有机物降解以好氧降解为主,但当湿地处理有机负荷较高的污水且溶解氧供给不足时,厌氧降解起主导作用。

人工湿地去除有机物的影响因素包括湿地类型、床体填料、植物种类、气候、进水水质、运行条件(如水力负荷和污染负荷)等。与水平潜流湿地相比,垂直潜流湿地有机物去除效果较好且能在冬季维持高去除率。操作条件如水力负荷、进水浓度和预处理程度影响湿地有机物去除效果。尽管人工湿地对有机物的去除通常可达到 70%～90%,但当污染负荷较高时,有限的溶解氧供给水平常常制约和影响有机物去除。研究表明采取合适的工艺运行方式如"潮汐流"、出水循环、延长水力停留时间等均可直接或间接提高有机物去除效率。

2) 氮的去除及其影响因素

进入湿地床体中的氮分有机氮和无机氮,也可根据溶解性分为可溶态氮和颗粒氮。按照氮的存在形态又可将其分为有机氮、氨氮、硝酸盐氮、亚硝酸盐氮、凯氏氮等。氮素去除是一个复杂的生物化学过程,涉及不同形态氮素间的相互转化(图 3.1.2),这种转化通过湿地植物、微生物及填料间相互作用完成。人工湿地内,氮的主要迁移转化过程包括氮气的固定、氨氮挥发、有机氮氨化、氨氮的硝化、硝态氮的反硝化、湿地植物和湿地内微生物吸收等。

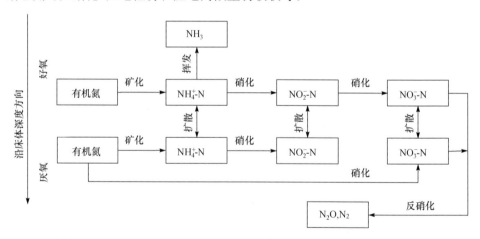

图 3.1.2　人工湿地氮素相互转化

湿地进水中的氮含量远高于气态氮的固定量,因此气态氮的固定过程常忽略不计。氨氮挥发量受 pH 影响较大,当 pH 低于 8.0 时,人工湿地氨挥发较弱,可不予考虑。有机氮在湿地微生物的矿化作用下常转化为氨氮,转化速率受温度、pH、C/N 比、湿地内营养物供给及湿地填料结构影响,大致位于 $0.004～0.53g\ N/(m^2 \cdot$ 天)。有机氮氨化过程的产物氨氮在有氧条件下硝化,生成亚硝酸盐,继而再在硝化细菌的作用下转化为硝酸盐氮。氨氮的硝化过程受温度、pH、碱度、无机碳源、湿度、微生物数量、氨氮浓度及溶解氧水平影响,文献报道氨氮的硝化速率(0.01～2.15g N/(m² · 天))远高于有机氮氨化速率。氨化及硝化改变了氮的存在形态,但没有将氮素从湿地系统内彻底去除。硝化过程的产物硝态氮在厌氧及缺氧条件下发生反硝化并以气态的 N_2O 和 N_2 从湿地床体逸出,由此可见,硝化-反硝化的顺利彻底进行是人工湿地氮去除的关键。影响湿地内硝态氮反硝化去除的因素很多,主要包括溶解氧、氧化还原电位、湿度、温度、pH、反硝化细菌数量、填料类型、有机质、硝酸盐浓度等。反硝化过程条件苛刻,反硝化速率相对硝化速率较低,通常在 0.003～1.02g N/(m² · 天)。湿地植物在氮去除过程中具有重要意义,一方面通过地下组织对进入根系周围的无机氮(主要是氨氮)进行吸收转化,促进自身生长;另一方面还利用根区为硝化和反硝化过程提供适宜环境。植物除氮在氮素总去除中占多大比例,不同研究者给出不同数据,受湿地植物种类、气候、地上组织与地下组织间氮素转移及释放、收割时间等因素影响,湿地植物氮去除量介于0.6～250g N/m²,植物氮积累量占湿地总氮去除的 6%～48%。总氮的去除效率可用来比较不同湿地氮去除能力,受进水负荷及湿地类型的影响,当进水氮负荷为250～630g N/(m² · 年)时,人工湿地总氮去除效率介于 40%～50%。湿地类型影响湿地植物氮去除效率,垂直流湿地植物贡献大约 50% 的总氮去除;表面流人工湿地植物可去除 43% 的总氮。

水力停留时间、季节性温度变化、溶解氧水平、碳源等也是影响湿地氮去除效率的重要因素。水力停留时间对氮的去除效果影响较大,氮素污染负荷较高时,将水力停留时间由 5 天增加到 8 天,总氮去除率能从 33.4% 增加到 43.4%;除水力停留时间外,气温下降导致植物生长停滞,微生物活性降低也影响氮素去除。季节性温度变化对氮素去除影响明显,寒冷地区总氮去除率在冬季大约比夏季低10%,适当延长水力停留时间可弥补季节性温度下降对总氮去除的不利影响。此外,碳源的供给影响湿地氮去除,大部分有机物在床体前端的有效降解造成床体后端微生物的碳源供给不足,进而影响湿地氮去除效果,将垂直流湿地出水回流和向系统投放外加碳源甲醇,总氮去除率可提高 31%。随着对氮去除机理认识的不断深入,人工曝气、污水回流、"潮汐流运行"、改变填料结构等方式也被用于改善人工湿地氮去除效果。

3) 磷的去除及其影响因素

进入湿地床体中的磷根据存在形态分为有机磷和无机磷,按溶解性则分为溶解态磷和颗粒态磷。湿地磷去除效果通常以正磷酸盐磷或总磷去除率来量化。随着湿地研究的不断深入,提高湿地除磷效率成为研究的热点和难点。

如图 3.1.3 所示,磷在湿地内的转化去除过程主要包括有机磷矿化为无机磷、无机磷的吸附、植物组织和根际微生物吸收等。有机磷常存在于湿地腐殖质中,部分成熟湿地内,有机磷含量构成总磷的 40% 以上。好氧条件下,有机磷经矿化作用转化为无机磷并以营养物质形式被生物组织吸收利用;厌氧条件下,有机磷酶解受抑制并导致磷的沉积。死亡的植物或微生物组织一方面通过酶解造成磷的重新释放;另一方面这些生物残体在自身分解过程中又形成部分新的湿地土壤和腐殖质,提供新的磷吸附点位。湿地中的无机磷部分来源于进水,部分则通过有机磷矿化形成。无机磷在酸性条件下容易滞留于含 Fe 或 Al 填料中,碱性条件下则常滞留于含 Ca 矿物中。酸性环境中,无机磷通常被 $Fe(OH)_3$ 吸附或沉降,在填料和水界面的氧化区形成磷酸铁。碱性环境中,增加 pH 则有利于无机磷与 Ca 结合形成磷酸钙沉淀。除 pH 外,填料的磷吸附速率还受填料类型、有机质含量、氧化还原电位及温度等因素的影响,不同填料的最大平衡吸附量均需具体实验来确定。

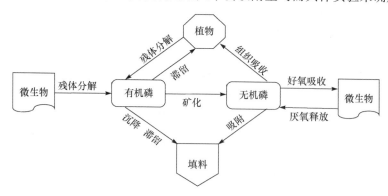

图 3.1.3　人工湿地磷的转化及去除

　　填料吸附、微生物吸收和植物积累是人工湿地的主要磷去除途径。其中,填料吸附最为重要,磷的吸附去除效果与填料中金属元素含量有关,Fe、Al、Ca、Mg 等元素含量越高,磷的吸附量越大,去除效果越好。对给定的填料,磷吸附容量有限,当吸附达到饱和后,需更换填料或采取填料再生等措施维持人工湿地磷去除效率。与填料吸附相比,微生物吸收磷的量较小,在通风条件良好的情况下,微生物吸收除磷最多可占总去除的 10%。此外,湿地植物在生长过程中,通过根系吸收将水体中的无机磷储存在根、茎和叶中,湿地植物的有效吸收能极大促进磷去除效率。然而,为防止植物吸收储存的磷再释放,一般在秋季对植物地上组织进行收割,把吸收的磷连同植物体一起移出湿地系统。

　　对目前得到广泛应用的潜流湿地来说,污水及所含污染物直接与湿地填料接触,填料吸附滞留对磷的去除极为重要。为描述湿地填料的磷吸附性能,研究人员用 Freundlich 和 Langmuir 吸附等温式模拟各填料的磷吸附特性。其中 Freundlich 吸附模型基本表达式为

$$N = k_f c_w^{1/n} \tag{3.1.8}$$

式中,N 为平衡吸附量(mg/kg);k_f 为吸附强度参数(mg/kg);c_w 为溶液中磷的平衡浓度(mg/L);n 为常数(kg/L),将上式取对数可得到:

$$\lg N = \lg k_f + \frac{1}{n} \lg c_w \tag{3.1.9}$$

可以看出 $\lg N$ 与 $\lg c_w$ 之间呈线性关系。对于某些填料,磷的吸附过程满足单分子层吸附理论,此时 Langmuir 吸附等温式可用来确定填料的最大磷吸附量。其表达式具体如下:

$$N = \frac{abc_w}{1 + bc_w} \tag{3.1.10}$$

式中,a 为填料的理论磷吸附量(mg/kg);b 是表面吸附亲和常数(1/mg)。

人工湿地填料种类很多,每种填料由于理化性质不同各自符合一定的吸附模式。如土壤和卵石填料适合用 Freundlich 吸附等温式描述,砂石和钢渣等填料则符合 Langmuir 吸附模型。不同填料通过其物理化学特性(pH,Fe、Al 含量及存在形态等)影响填料吸附性能,Pant 等(2001)用 Langmuir 吸附等温式计算白云石,砂岩及砂的最大磷滞留容量,提出将最大磷吸附平衡浓度作为是否对湿地系统停床休作或更换填料的依据。除确定填料最大吸附量外,Drizo 等(1999)还计算了钢渣的再生吸附容量、填料中 Ca、Al、Fe 磷含量及其结合紧密度,结果发现 Al 与磷的结合最稳定。

湿地植物可通过自身组织吸收积累去除部分无机磷,植物种类、气候、湿地类型、地上组织向地下组织磷的转移及释放等影响磷的植物吸收去除效果,湿地植物磷去除量介于 $0.1 \sim 45 \text{g P/m}^2$,植物磷积累量占湿地总磷去除的 5% $\sim$ 20%。湿地植物生长成熟后,植物体吸收贮存的磷逐渐从地上的茎、叶向地下的根转移,为来年植株发芽提供营养物质。当植物成长成熟后,应及时进行收割以提高湿地磷去除效果。除直接吸收储存外,植物的存在还影响无机磷在湿地床体内的分布,研究发现无植物床湿地内,磷的积累沿床体分布较均匀,而植物床内,无机磷在污水进口端很高。湿地植物产生的有机质积累提供新的磷吸附点位,此外,植物床内较高的氧化还原电位为磷的吸附和共沉淀也提供有利条件,这些都是植物床比无植物床无机磷积累量高的重要原因。

2. 人工湿地应用研究现状

1) 国内应用研究状况

我国"七五"期间开始人工湿地研究,早期北京昌平建造的自由水面流人工湿地处理 500t/天的生活污水和工业废水,占地 2ha,设计水力负荷(HLR)4.7cm/天,水力停留时间(HRT)4.3 天,BOD 负荷为 59kg/(ha·天)。随后国家环保局华南环境科研所与深圳东深供水局在深圳白泥坑建立实验基地,占地 8400m²,处理 3100t/天的城镇综合污水。1989 $\sim$ 1990 年,天津环保科研所建立 11 个实验单元研究芦苇湿地对城市污水的处理能力,并对水力负荷、有机污染负荷、水力停留时间及季节等因素进行探索。结果发现芦苇湿地具有较高且稳定的脱氮除磷效果,实验期间出水优于二级处理标准且季节性差异不显著。

在国内,除生活污水处理外,人工湿地还广泛应用于处理农业面源污染、垃圾场渗滤液、富营养化水体、采油废水等。随着研究的不断深入,人工湿地还被用于改善饮用水源水质如利用人工湿地改善北京官厅水库入水,出水基本满足地面水Ⅲ类标准。景观水体修复方面,2001 年杭州植物园内建立复合垂直流湿地系统改善园内微富营养化水体,筛选出具有较高氮磷积累能力的美人蕉和菖蒲,在进水总氮和总磷浓度分别为 1.71mg/L 和 0.08mg/L 时,处理后的出水总氮,总磷浓度可降至 0.95mg/L 和 0.02mg/L。为全面了解人工湿地在国内应用现状,本书从处理污水类型、处理量、填料、植物、水力负荷或水力停留时间等进行分类总结,详见表 3.1.1。

表 3.1.1　国内人工湿地应用研究状况

污水类型	处理量/ (m³/天)	水力负荷(HLA)或 停留时间(HRT)	填料	植物	去除污染物种类
超稠油废水	—	HLR=3.33cm/天	土壤	芦苇	COD、BOD、TN、石油类
金属废水	—	HRT=5 天	—	宽叶香蒲	Pb、Zn、Cd、Hg、As、酸度
水库入水	—	HRT=50～60min	土壤、沙、砾石	芦苇、蒲草	COD、BOD、TN、TP、NH_4^+-N
化粪池出水	—	HLR=21,14,7m/天	砾石、人工土	美人蕉	COD、BOD、NH_4^+-N、TP
生产废水	200	HRT=5.1 天	碎石	芦苇	BOD、COD
微污染地表水	—	HLR=0.25～0.45m/天	砾石、沙砾、沙质土壤	芦苇、蒲草	BOD、COD、氮、磷
猪场污水	85	HLR=0.375、0.5、0.75m/天	高炉煤渣、砾石、沸石	芦苇、香蒲	BOD、COD、TN、TP
富营养化湖水	1000	HLR=1m/天	碎石	—	NH_4^+-N、叶绿素 a、蓝藻
富营养化湖水	60	—	粉煤灰、砾石、沸石	草皮	COD、NH_4^+-N、TN、TP
农田排水	—	HRT=3 天	卵石、天然土壤	芦苇、香蒲	TN、TP
人工配制污水	—	HRT=3 天	碎石、沸石、页岩陶粒	芦苇	BOD、COD、NH_4^+-N、TP
河道污水	15000	—	特殊填料、砂砾	芦苇、美人蕉等	SS、COD、BOD、NH_4^+-N、TP
生活污水	1500	—	卵石和沙砾	芦苇、美人蕉、灯心草	SS、COD、BOD

续表

污水类型	处理量/ (m³/天)	水力负荷(HLA)或 停留时间(HRT)	填料	植物	去除污染物种类
河道污水	100	HLR＝0.12m/天	碎石	香蒲、水葱、 芦苇等	BOD,COD,TN,TP
富营养化河水	—	HLR＝0.8m/天	页岩、砾石、生 物填料	香蒲	NH_4^+-N,NO_3^--N,TN,TP
生活污水	—	HRT＝3、5、7 天	—	香蒲、美人蕉等	COD,NH_4^+-N,TP
富营养化湖水	—	HLR＝0.8m/天	砂	香蒲、美人蕉	NO_3^--N,NO_2^--N,KN

2) 国外应用研究状况

在国外,人工湿地广泛用于处理各种类型污水,如城市生活污水、酸性矿山废水、农业污水、淡水回用水深度处理、净化富营养化水体、自然保护、处理硝酸盐污染的地下含水层等。人工湿地在细菌去除中也取得成功,并发现水力停留时间较长、填料性质较好的植物床细菌去除效果明显好于水力停留时间较短的无植物床。

为提高湿地处理效果,延长湿地使用寿命,国外对湿地去污原理、床体流态及操作参数进行模拟并取得一定成果。去污机理上,对磷吸附过程进行模拟,通过比较吸附线性相关系数发现铝的吸附作用比铁大,吸附不均匀造成 Langmuir 吸附等温式不适合描述磷在填料表面的等温吸附过程。此外,一些学者还进行湿地床体流态模拟,结果表明潜流湿地水流状况既不符合简单推流模型,也不符合推流-耗散模型,水体流动状况与很多因素均有关。模拟垂直流湿地时发现水流方向影响湿地流态,水流向上时符合混合流,向下时却近似推流。湿地床体中植物根的密度对水流影响很大,当上、下层根的密度相差 40% 时容易造成水流分层导致死水区和水流短路。操作参数模拟在近年来得到重视,湿地进水、出水污染物浓度、pH、温度等参数常用来确定最佳污染物去除率常数。

具体去污过程中,一阶动力学模型应用最为广泛,其形式如下:

$$R=QC_{in}\left(1-\exp\left(-\frac{k_A}{q}\right)\right) \tag{3.1.11}$$

式中,R 为去除负荷(mg/天);Q 为湿地流量(L/天);C_{in} 为进水浓度(mg/L);k_A 为面积去除率常数(cm/天);q 为水力负荷(cm/天)。

湿地结构的复杂性导致湿地去污模型以一阶动力学方程为主,该方程在大多数情况下能够较好地拟合进出水浓度、流量及水力负荷间的关系。但是该方程也存在不足,R 与 Q 和 C_{in} 均呈正比,即随着进水负荷和进水浓度的增加,污染去除也呈线性增加趋势,这显然与实际情况不符。考虑到人工湿地是一个生态处理系统,微生物是湿地内污染物质去除的主要驱动力,Mitchele 等(2001)引入莫诺动力学方程综合考虑温度、溶解氧、pH、光照等因素对污染物去除的影响,方程具体形式如下：

$$\frac{\mathrm{d}C}{\mathrm{d}z} = -\frac{k_{0,A}}{qZ}\frac{C}{K+C} \tag{3.1.12}$$

式中,C 为特征污染物浓度（mg/L）；$k_{0,A}$ 为最大面积去除率常数；q 为水力负荷（cm/天）；Z 为湿地长度（水平潜流湿地）或深度（垂直潜流湿地）（m）；K 为半饱和常数（mg/L）。与一阶动力学方程相比,莫诺动力学模型能够较好地反映湿地内污染物的生物去除过程。此外,神经网络在人工湿地污染物去除与预测中应用越来越广泛,特别是自组织神经网络,这种网络以无教师示教的方式进行训练,具有自组织功能,通过自身训练,自动对输入模式进行分类和输出。这种自组织、自适应网络符合湿地各要素（填料、植物、微生物）有机联系的特点,已在预测重金属和营养盐去除中得到应用并体现出其他机理模型不可比拟的优势。

3. 提高人工湿地运行效能的方法

1) 改善有机物及氮、磷去除

有机物在人工湿地床体中的去除效果取决可利用有机物数量和溶解氧水平,进水中有机物充足时,污染物去除效率受溶解氧水平高低限制。溶解氧供给充足是高效去除有机物的保证,若系统供氧不足,可采取人工回流或鼓风充气提高床体溶解氧含量；反之,溶解氧富足时,有机碳源的缺乏也影响人工湿地去污能力,当污水中 C/N 大于 2.86 时,反硝化正常,低于此值时,反硝化不完全,TN 去除率降低,此时可通过提高有机负荷或投加甲醇等满足微生物生长对碳源的需求。湿地床体内部分厌氧区域使有机物发生厌氧降解,厌氧过程中,pH 对有机物的去除影响较大,较适宜的 pH 范围是 6.5～7.5。整个有机物降解过程中,碳源供给通常可满足微生物生长需求且降解过程以好氧为主,若提高有机物去除率,关键是提供充足溶解氧。

分析氮、磷去除影响因素发现应优化选择植物和填料、延长水力停留时间等增强人工湿地脱氮除磷效果。人工湿地植物选择趋向从当地天然湿地中选择抗污能力强、净化效果好、较好抗病虫害能力、适应周围环境、美化景观的物种。实际运行结果表明芦苇去除氮的能力较强,香蒲除磷的效果比较突出。填料筛选过程中,可用单一或组合填料达到污染去除的目的,砾石和沸石填料湿地 COD、TN、TP 平均去除率分别为 87.13％、97.33％、77.29％,说明砾石、氟石对污染物的去除效果相当不错。采用人工合成填料除磷也是很好的选择,Shall 等研究以 Maerl（钙化海藻）为基质的潜流型人工湿地系统磷去除效果,结果发现磷的去除率高达 98％。此外,还应根据污染负荷对水力停留时间进行选择。高效除氮在硝化较完全,反硝化时间较长时才能实现,要求处理初期系统溶解氧和有机物供应充足,为硝化提供有利条件,厌氧处理阶段需要较长水力停留时间来满足反硝化细菌世代周期且系统有机物含量不能过低,否则碳源的供给不足将导致反硝化细菌无法将 NO_3^- 转化

成 N_2,达不到彻底除氮的目的。

2)冬季管理维护

冬季气温较低容易造成湿地处理能力下降,出水水质不达标,为此有必要采取措施减小或消除气温下降的不利影响,维持系统正常运行。常见的措施包括对污水进行预处理等,预先去除部分污染物,降低进水污染负荷,弥补处理能力下降的同时也可预防床体堵塞。寒冷地区的人工湿地越冬可通过将水位上升到冰冻面形成一层冰冻层,然后降低水位在水面与冰冻层之间形成绝缘空气层,水生植物密实的地上茎对冰层的形成能起到支撑作用,枯死湿地植物上积累的雪层为湿地提供一层绝缘雪毯,使系统达到保温目的。在潜流湿地表面覆盖一层易生物降解物质如树皮、树干、木屑、复合肥等也可起到保温作用。此外,还可采用改善微生物活性等办法进一步降解污染物,实现人工湿地冬季出水达标排放。

3)优化湿地运行效率展望

根据有机物、氮、磷去除机理及影响因素,可从以下几方面提高人工湿地运行效率。

核算人工湿地溶解氧供需平衡,明确系统溶解氧供给状况,当供给不足时采取措施提高湿地床体溶解氧水平,满足有机物好氧降解对溶解氧的需求。

氮去除受水力停留时间、溶解氧、植物、污染物浓度影响较大,建立氮去除效果与植物的定性关系及同溶解氧含量、污染负荷、水力停留时间的定量关系,通过选择高效除氮植物,维持适宜溶解氧水平,污染负荷及水力停留时间获得稳定的氮去除效果。

各类填料吸附特性不同,通过填料理化性质测定选取合适的湿地填料,计算吸附平衡浓度及最大吸附量,确定填料使用年限,为湿地系统的维护管理提供科学依据。

湿地床体内水流较复杂,易通过布水不均、植物生长、填料结构等因素的影响造成水流短路或滞水,利用数学模型模拟床体水流状况,优化水力参数,使污染物、填料、溶解氧充分接触实现高效去污。

3.1.3　成果结构及技术思路

1. 研究思路

以上分析讨论发现人工湿地构成要素如填料、植物、微生物在各目标污染物去除中起到重要作用。通过对不同填料、植物及其组合的污染去除性能比较筛选成本低、易获得且具备较好污染物去除能力的填料、生长周期长、生物量大、抗病虫害能力强、具备较好景观效果的本土湿地植物;然后采用选定的湿地填料和植物构建人工潜流湿地进行津河水体修复研究,探讨其对有机物、氮、磷等营养盐污染物的去除。考虑到人工潜流湿地氮磷去除效率相对较低的不足,采纳曝气生物滤池的优点,在湿地内部引入间歇曝气提高溶解氧供给,改善污染物去除性能。生物填料常用于生物接触氧化池并且通过提高微生物的活性来促进氮磷去除,基于此,本书利用部分生物填料替换传统填料提高人工湿地氮磷去除效率。除研究间歇曝气和生物填料对污染物去除的单独作用外,在构建的曝气生物填料人工湿地中也观察了二者的交互作用。

2. 研究内容及技术路线

本章依托天津市科学技术委员会重大基金项目"城市水环境改善和水源保护"子课题,围绕人工湿地构成要素(填料、植物和微生物),系统研究湿地填料和植物强化去除城郊污染水体营养物质的机理及影响因素,通过借鉴其他水处理工艺的优点对传统潜流人工湿地进行改良,改善湿地营养物质去除性能,提高湿地运行效率。具体技术路线见图 3.1.4,主要的研究内容包括以下几点。

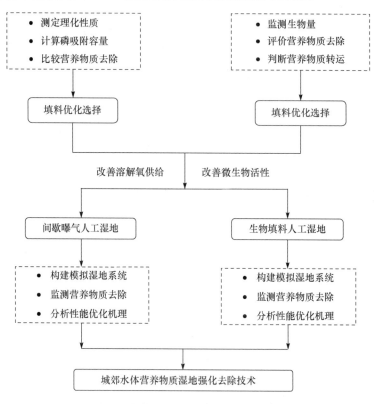

图 3.1.4　城郊水体营养物质湿地强化去除技术路线图

(1)测定填料(粗砾石、铁矿石、麦饭石和页岩)物理性质,在此基础上结合单一填料和组合填料的去污性能选择人工湿地去污主填料和支撑滤料;考虑填料在潜流湿地磷去除中的重要性,研究填料类型、粒径及水力停留时间等因素对磷去除的影响。

（2）完成湿地填料选择后，采用室外盆栽实验比较 7 种本土植物（香蒲、水葱、黄花鸢尾、芦苇、千屈菜、石菖蒲和美人蕉）的生长适应性和污染去除效果，选择生长周期长、生物量高、氮磷去除能力强的目标植物。

（3）采用筛选的填料和植物构建人工潜流湿地，研究间歇曝气对人工湿地净化富营养化津河水体的影响；研究生物填料对人工湿地净化富营养化津河水体的影响。采用筛选的填料、植物构建生物填料人工潜流湿地，研究间歇曝气对生物填料人工湿地净化富营养化津河水体的影响。

（4）统计分析间歇曝气、生物填料对人工潜流湿地净化富营养化水体的单独作用及二者的交互作用；总结上述研究工作取得的结果和不足，提出需要进一步讨论的问题和建议。

3.2 人工湿地填料选择及综合评价

3.2.1 实验材料与方法

考虑到填料的来源及成本等因素，选用本地页岩、粗砾石、铁矿石、麦饭石作为实验材料。测定其干容重、孔隙率、水力渗透系数、颗粒粒径级配等部分物理性质。所用的实验仪器包括电子秤、土壤筛、DH-101 电热恒温干燥箱、自制的达西渗透仪等。

完成填料理化性质测定后，进行无植物条件下湿地填料的污染物去除性能模拟实验。实验装置共 8 套，每套装置由污水配给箱，下行柱和上行柱（按污水流向）等构成，上行柱和下行柱材质为有机玻璃，具体尺寸相同（内径 15cm，高 120cm）。进水管位于上行柱 100cm 处，下行柱的出水管比进水管低 10cm。1#、2#、3#、4#、5#、6#、7#、8#分别代表装填单一填料或组合填料的实验装置（填料组合情况见表 3.2.1）。

表 3.2.1 各实验装置填料使用情况

实验装置	1#	2#	3#	4#	5#	6#	7#	8#
填料（上层）	麦饭石	页岩	页岩	铁矿石	粗砾石	铁矿石	麦饭石	麦饭石
填料（下层）	页岩	页岩	粗砾石	粗砾石	粗砾石	铁矿石	粗砾石	麦饭石

注：各装置同一填料柱的上、下层填料均为 50cm（上行柱）和 45cm（下行柱）。

系统自 2006 年 1 月中旬于室内运行（中央空调控制室温于 25℃），抽取津河河水作为进水水源（贮于室内污水混合储存箱（图 3.2.1），容积为 3m³），主要水质参数 COD：115～140mg/L，TN：7.8～9.5mg/L，TP：1.4～1.6mg/L，pH：8.32～8.64。工作日每日上午 8 点向各装置加水 3L，下午 4 点加水 4L，工作日期间每日日光灯照明 8h；周末及节假日采取上午 8 点一次性加水 7L 和室内熄灯操作。调节流量控制阀使各装置流量接近，最大限度近似连续 24h 运行。设计实验周期为一个月,每隔两天在进水口、出水口采集水样,测定 COD、TN 和 TP 浓度。

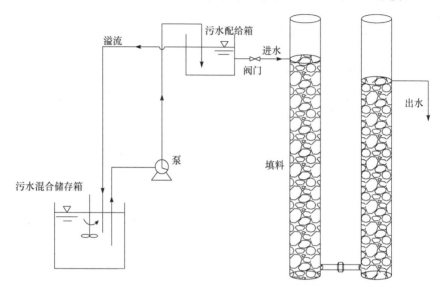

图 3.2.1　人工湿地室内填料去污性能实验装置简图

TN、TP 分析方法分别为过硫酸钾氧化-紫外分光光度法和过硫酸钾消解-钼锑抗分光光度法,仪器为 UV-7504c 紫外分光光度计(上海),COD 采用 COD 快速测定仪(HE-9906,德国)测定。

3.2.2　结果与讨论

1. 填料物理性质

四种待测填料的干容重、孔隙率和水力渗透系数测定结果见表 3.2.2。从表中可看出,粗砾石孔隙率最大,其次是页岩、麦饭石和铁矿石,铁矿石干容重最大,页岩最小。综合考虑发现页岩是一种轻质疏松,持水性较好填料,适合用作污染物吸附去除,而铁矿石质地密实,持水性相对较差,不宜作为吸附填料。粗砾石的水力渗透系数最大,其次为铁矿石、麦饭石、页岩。水流方向不同,水力渗透系数也不同,水流向上的水力渗透系数比水流向下时大,这可能因为水流方向不同,水流与填料颗粒的接触情况不同所致。页岩和铁矿石颗粒分布较均匀(图 3.2.2),麦饭石与粗砾石大约 70% 的颗粒分别分布在 7～10mm 与 10～20mm。将填料粒径级配曲线与水力渗透系数和孔隙率进行对比,结果发现,颗粒分布越均匀,粒径越小,水力渗透系数越小;粒径分布越均匀,颗粒粒径越大,填料孔隙率越高。

表 3.2.2 　填料的部分物理性质

湿地填料	粗砾石	麦饭石	铁矿石	页岩
干容重/(g/cm³)	1.48	1.38	1.65	1.40
孔隙率/%	48.4	35.8	41.0	46.0
水力渗透系数/(cm/s)[1]	59	8	38	9
水力渗透系数/(cm/s)[2]	48	6	35	8

1. 水流方向向上;2. 水流方向向下。

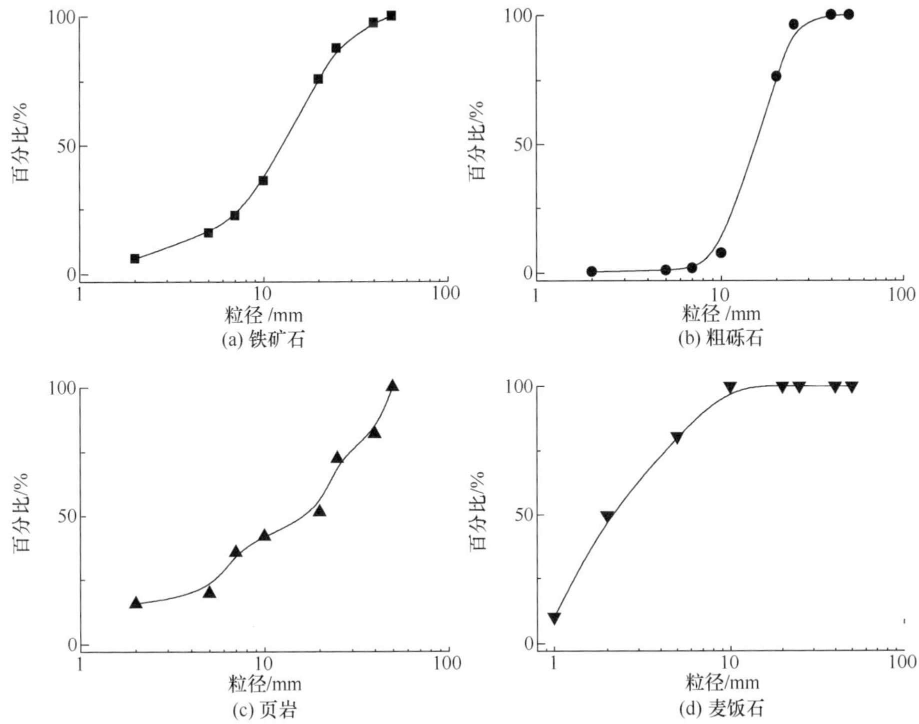

图 3.2.2 　人工湿地填料粒径分布曲线

2. COD 去除

实验期间 COD 去除率变化见图 3.2.3 和图 3.2.4。从图可看出,无论单一填料还是组合填料,COD 去除率均随时间推移呈现出周期性波动,但波动趋势大体一致,工作日 COD 去除率高于周末和节假日。造成这种现象的原因可能是周末和节假日与工作日进水方式、室内灯光照射条件不同(汤显强等,2007b)。采用 One-way ANOVA(Prochaska et al. ,2007)检验单一填料及其组合的 COD 去除率均值差异,具体结果见表 3.2.3。从表可看出,单一填料 COD 去除率差异显著,页岩 COD 去除效果最好,其次是麦饭石、粗砾石,铁矿石最差,平均去除率仅为约

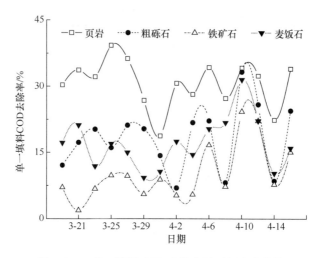

图 3.2.3　单一填料 COD 去除率随时间变化曲线

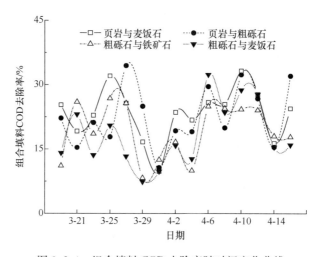

图 3.2.4　组合填料 COD 去除率随时间变化曲线

10%。相比单一填料,组合填料 COD 去除效果接近,差异不显著,平均去除率在
19%～24%浮动。在室内无植物床湿地内,COD 去除主要通过填料吸附和微生物
降解实现,水力渗透系数低、孔隙率高的页岩和麦饭石具备较长的污水、填料接触
时间和较大接触面积,提供较好的吸附沉降条件和相对适宜的微生物生长条件,
COD 去除率相应比粗砾石和铁矿石高(汤显强等,2007b)。

表 3.2.3　填料 COD 平均去除率比较($p<0.05$)

填料	页岩	粗砾石	铁矿石	麦饭石
去除率/%	30.72±5.34[c]	18.21±7.32[b]	10.27±6.45[a]	17.10±5.79[b]
填料	页岩与麦饭石	页岩与粗砾石	粗砾石与铁矿石	粗砾石与麦饭石
去除率/%	23.37±6.05[b]	22.78±7.06[a,b]	19.31±6.44[a,b]	18.29±7.38[a]

注:不同上标字母表示存在 Duncan 显著性差异。

3. TN 去除

本研究填料去污实验中,湿地床体无植物栽种且缺乏阳光照射,生长繁殖不利的微生物对 TN 去除的贡献不大(汤显强等,2007b)。水力负荷为 0.2m/天的条件下,较低的水力停留时间(约 2.4 天)达不到反硝化细菌的生长周期(水力停留时间最低为 5 天(吴丽娜等,2003)),微生物硝化-反硝化去除 TN 无法顺利实现,这说明室内无植物填料床 TN 去除主要靠填料吸附沉降完成(汤显强等,2007b)。

TN 去除率变化如图 3.2.5 和图 3.2.6 所示,影响湿地 TN 去除的因素包括植物、温度、溶解氧供给、填料类型、水力负荷等。进水水质和操作环境相同条件下,填料类型可能是造成 TN 去除率产生差异的主要原因。采用 One-way ANO-VA 检验单一填料及组合填料 TN 去除率的均值差异,具体结果见表 3.2.4。从表可看出,单一填料 TN 去除率差异显著,页岩 TN 去除率最高,其次是麦饭石、铁矿石、粗砾石;组合填料中页岩与粗砾石 TN 去除率稍高于页岩与麦饭石组合,但差异不显著。粗砾石与铁矿石组合 TN 去除率较低,均值介于 20%~50%。孔隙率高、水力渗透系数低的页岩具备较好的填料和污染物接触效果,TN 去除率最高;麦饭石 TN 去除率随时间推移下降较快,从处理初期的 75% 下降至 40%,麦饭石的吸附能力随着处理时间的增加将趋于饱和。

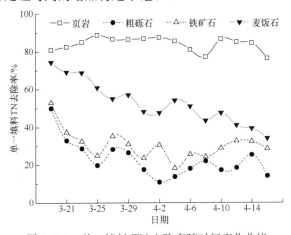

图 3.2.5　单一填料 TN 去除率随时间变化曲线

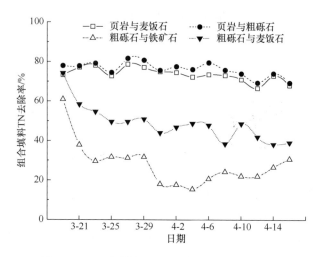

图 3.2.6　组合填料 TN 去除率随时间变化曲线

表 3.2.4　填料 TN 平均去除率比较($p < 0.05$)

填料	页岩	粗砾石	铁矿石	麦饭石
去除率/%	84.18±3.71[d]	22.95±9.78[a]	30.66±7.95[b]	52.85±11.72[c]
填料	页岩与麦饭石	页岩与粗砾石	粗砾石与铁矿石	粗砾石与麦饭石
去除率/%	73.69±3.42[c]	76.29±3.62[c]	28.09±11.12[a]	48.78±9.12[b]

注:不同上标字母表示存在 Duncan 显著性差异。

4. TP 去除

TP 去除率变化如图 3.2.7 和图 3.2.8 所示,不同填料湿地的 TP 去除率差异较大。金属元素含量高、较大孔隙率、污水滞留能力的填料可显著改善人工湿地 TP 去除率,页岩床湿地磷去除率显著高于砾石床湿地。采用 One-way ANOVA 检验单一填料及组合填料 TP 去除率的均值差异,具体结果见表 3.2.5。从表可看出,单一填料页岩磷去除性能优异,TP 去除率最高,达到 85% 以上,其次是麦饭石、粗砾石,铁矿石磷去除能力最差,TP 平均去除率不足 10%。组合填料 TP 去除率差异明显,页岩与粗砾石的组合 TP 去除率最高,高于其他组合填料及单一填料,粗砾石与铁矿石组合 TP 去除率最低。铁矿石具有较高的金属元素含量,其较低的 TP 去除率可能与环境有关,湿地系统的 pH 介于 8.02～8.26,在此碱性条件下,铁矿石中的 Fe 元素不易与磷结合,因此磷去除效果不佳(汤显强等,2007b)。

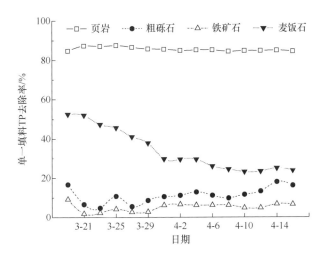

图 3.2.7　单一填料 TP 去除率随时间变化曲线

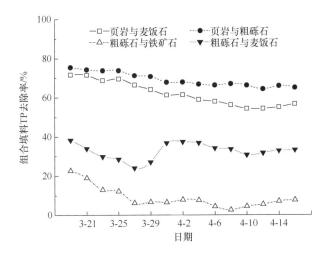

图 3.2.8　组合填料 TP 去除率随时间变化曲线

表 3.2.5　填料 TP 平均去除率比较（$p < 0.05$）

填料	页岩	粗砾石	铁矿石	麦饭石
去除率/%	85.68±1.16[d]	10.79±1.71[b]	6.24±1.03[a]	28.65±4.02[c]
填料	页岩与麦饭石	页岩与粗砾石	粗砾石与铁矿石	粗砾石与麦饭石
去除率/%	61.91±6.37[c]	69.13±3.80[d]	8.82±5.59[a]	32.55±4.08[b]

注：不同上标字母表示存在 Duncan 显著性差异。

此外，从图 3.2.7 和图 3.2.8 可看出，TP 去除率随时间变化趋势反映出填料的磷吸附特征。填料对磷的吸附包括物理吸附、化学吸附和微生物吸附（Arias et al.,2005)。物理吸附时间短,吸附量小,易饱和;化学吸附通过填料中金属元素Al、Fe、Ca等与磷生成沉淀或络合物实现,吸附较稳定也是湿地除磷的长期可靠途径(Arias et al.,2001)。实验前期填料对磷的快速吸附以表面物理吸附为主,这种可逆的吸附容易在短期内达到饱和,随之磷去除率出现下降。此后,化学吸附便成为 TP 去除的关键因素,TP 去除率随之呈现出较稳定的趋势。但部分填料及其组合 TP 去除率随时间推移逐渐下降,其中麦饭石 TP 去除率下降最快,从实验初期的 55% 减少到结束时的 30%。可见,随着实验周期延长,麦饭石的磷吸附去除能力渐渐趋于饱和,因此麦饭石不宜用作潜流湿地长期除磷填料。

通过对湿地填料选择和综合评价,主要得出以下几点结论。

(1)页岩质轻多孔、颗粒分布均匀、水力渗透系数较小,COD、TN、TP 去除性能突出,是理想的人工湿地去污填料。

(2)麦饭石颗粒均匀、水力渗透性好,具有优越的物理性质,但其 TP 去除率在短期内便随吸附能力的减弱而降低,不能满足人工湿地长期运行净化污水的要求。

(3)粗砾石污染物去除率不高,但其颗粒较粗,透水性好,强度高,可作为人工湿地支撑滤料使用,用作分布和收集污水。

3.3　人工湿地填料除磷效果及影响因素分析

3.3.1　实验材料与方法

1. 等温磷吸附实验

选取页岩、粗砾石、铁矿石、麦饭石进行等温磷吸附实验,确定各填料的最大平衡磷吸附量。将 20mL 含磷浓度分别为 0.0mg/L、1.0mg/L、2.5mg/L、5.0mg/L、10.0mg/L、25.0mg/L、50.0mg/L、100.0mg/L、200.0mg/L 的 KH_2PO_4 溶液加入100mL 具塞离心管中。在上述初始磷溶液中分别准确加入 105℃下干燥 2h 粒径为 0.5～1.0mm 四种填料各 1g,并各加入 1 滴甲苯抑制微生物活动,等温磷吸附实验每种填料重复 3 次。将准备就绪的磷溶液在水浴恒温振荡器上连续振荡 24h(25℃,175r/min),完毕后在 5000r/min 下离心 15min,上清液经过充分稀释后用钼锑抗比色法测定磷含量。吸附实验中溶液磷含量减小量即填料的平衡磷吸附量(N,mg/kg)。实验结束时溶液中的磷浓度为平衡磷浓度(C_e,mg/L)。为了解各填料的磷吸附特性,分别采用 Linear(式(3.3.1))、Freundlich(式(3.3.2)和式(3.3.3))和 Langmuir(式(3.3.4))等温吸附曲线对磷吸附过程进行模拟。

$$N = pC_e + q \qquad\qquad (3.3.1)$$

式中,p 用来量化 N 与 C_e 的关系(L/kg);q 为填料本底磷浓度(mg/kg)。

$$N = KC_e^{\frac{1}{n}} \qquad (3.3.2)$$

$$\ln N = \ln K + \frac{1}{n}\ln C_e \qquad (3.3.3)$$

式中,K(mg/kg)和n(kg/L)均为常数,K可用来比较填料的磷吸附性能。

$$\frac{C_e}{N} = \frac{1}{ab} + \frac{C_e}{a} \qquad (3.3.4)$$

式中,a为填料的最大理论磷吸附量(mg/kg);b为吸附键能(L/mg)。

为确定填料颗粒粒径与磷吸附之间的关系,选用0.0~0.5mm、0.5~1.0mm、1.0~2.0mm的页岩进行等温磷吸附实验,每种粒径重复3次,具体实验步骤同上。

2. 柱状填料磷去除实验

实验装置共4套,分别装填页岩、麦饭石、粗砾石和铁矿石,具体实验条件同3.1.2节。完成3.1.2节实验内容后,将HRT从2.2天增加至3.1天,其他实验条件不变。采用线性经验方程(式(3.3.5))和一阶动力学模型(式(3.3.6))对磷去除过程进行计算。式中,C_i和C_e(mg/L)分别为进水和出水磷浓度;k和b(mg/L)为线性斜率和截距;C^*(mg/L)湿地本底磷浓度;HRT(天)为水力停留时间;h(m)湿地填料有效深度;k(m/天)为一阶动力学常数。对新建湿地来说,本底磷浓度很低,可忽略不计。此时式(3.3.6)可简化为式(3.3.7)。本研究可用式(3.3.7)研究水力停留时间变化对一阶动力学反应常数k的影响。

$$C_e = kC_i + b \qquad (3.3.5)$$

$$C_e = (C_i - C^*)\exp\left(\frac{-k\text{HRT}}{h}\right) + C^* \qquad (3.3.6)$$

$$C_e = C_i\exp\left(\frac{k\text{HRT}}{h}\right) \qquad (3.3.7)$$

3.3.2　结果与讨论

1. 填料类型、粒径对磷吸附的影响

图3.3.1为四种填料等温磷吸附曲线,从图可见,不同填料的磷吸附性能差异较大。页岩磷吸附效果最好,最大平衡磷吸附量为619.7mg/kg,粗砾石磷吸附量较小,仅为89.05mg/kg。已有研究表明页岩和粗砾石的最大磷吸附量分别为650mg/kg和50mg/kg,这些研究结果与本节类似。

图3.3.2为不同粒径下页岩的等温磷吸附曲线,当页岩颗粒粒径从0.0~0.5mm,0.5~1.0mm增加至1.0~2.0mm时,其最大磷吸附量分别从953.8mg/kg,619.7mg/kg下降至383.8mg/kg,随着颗粒粒径不断增大,页岩最大磷吸附量逐渐变小。填料粒径的减小有助于表面积增大和吸附点位增加,进而提高填料的磷吸附潜能(Drizo et al.,2000)。

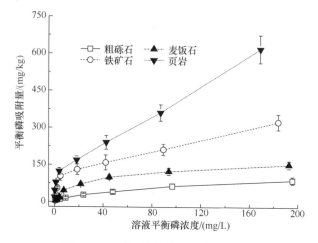

图 3.3.1　不同填料的等温磷吸附曲线

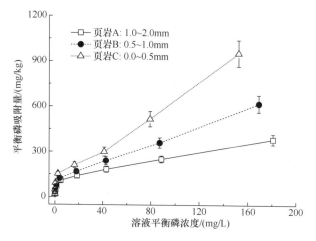

图 3.3.2　不同粒径下页岩等温磷吸附曲线

四种填料的等温磷吸附过程模拟结果见表 3.3.1。从表可看出，各种填料吸附参数如 p、K、a 和 b 变化差异较大。为便于比较，采用相关系数（r^2）进行模拟效果评价。结果发现 Linear 拟合结果相对较差，Langmuir 吸附模型适合模拟表面相对均匀的矿物材料如页岩、铁矿石与麦饭石的磷吸附过程，且能直接计算填料最大理论磷吸附量（Seo et al.，2005）。粗砾石的等温磷吸附过程符合 Freundlich 吸附模型，这说明粗砾石磷吸附键能 b 并非固定不变。

表 3.3.1 填料等温吸附曲线拟合参数表(粒径:0.5~1.0mm)

湿地填料	Linear		
	$p/(L/g)$	$q/(mg/kg)$	r^2
页岩	74.87±2.17	3.29±0.54	0.97±0.06
粗砾石	12.08±0.89	0.43±0.11	0.94±0.04
铁矿石	63.28±1.78	1.52±0.37	0.89±0.05
麦饭石	31.94±1.24	0.74±0.25	0.80±0.07
湿地	Freundlich		
	$K/(mg/kg)$	n	r^2
页岩	69.16±3.98	2.626±0.46	0.97±0.04
粗砾石	5.29±1.26	1.888±0.14	0.99±0.03
铁矿石	29.72±2.05	2.101±0.37	0.94±0.05
麦饭石	7.75±1.47	1.579±0.18	0.95±0.05
湿地	Langmuir		
	$a/(L/g)$	$b/(mg/kg)$	r^2
页岩	0.54±0.07	619.70±23.41	0.98±0.04
粗砾石	3.60±0.23	89.05±5.27	0.85±0.05
铁矿石	5.57±0.11	324.90±14.98	0.99±0.03
麦饭石	14.97±0.72	153.10±7.86	0.98±0.04

注:p 为斜率;q 为截距;r^2 为相关系数;K、n、a、b 均为常数。

2. 进水浓度、水力停留时间对磷吸附性能的影响

不同 HRT 下四种填料的 TP 去除率变化曲线见图 3.3.3。从图可看出,填料磷吸附性能影响 TP 去除率,各种填料 TP 去除效果顺序与磷吸附实验相同,这说明填料磷吸附量越大,TP 去除率越高。采用 One-way ANOVA 检验 HRT 变化对湿地填料 TP 去除效率的影响,结果见表 3.3.2。从表可看出,当 HRT 从 2.2 天增至 3.1 天时,粗砾石、铁矿石 TP 去除率分别显著增加约 10% 和 19%。根据测定进出水 pH 发现(图 3.3.4),铁矿石填料出水 pH 从 8.26(HRT=2.2 天)降低至 8.02(HRT=3.1 天),说明随着 HRT 增加,铁矿石可能受微生物及其他因素的作用除磷效果不断改善。但碱性环境下,钙磷是磷的主要结合形态(Prochaska et al.,2007),铁矿石填料 TP 去除率不断上升是否还受其他因素影响尚需进一步研究(汤显强等,2007b)。

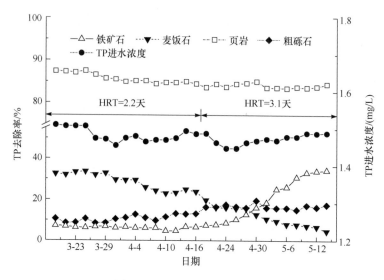

图 3.3.3　柱状填料 TP 去除率

表 3.3.2　HRT 对各柱状填料 TP 平均去除率的影响($p < 0.05$)

湿地填料	TP 平均去除率/%			
	HRT=2.2 天	N_1	HRT=3.1 天	N_2
页岩	85.68±1.16	15	84.91±0.51	13
粗砾石	10.79±1.71[a]	15	16.58±1.11[b]	13
铁矿石	6.24±1.03[a]	15	20.30±9.61[b]	13
麦饭石	28.65±4.02[b]	15	11.51±4.70[a]	13

注:不同上标字母表示存在显著性差异;N_1 和 N_2 为样本数。

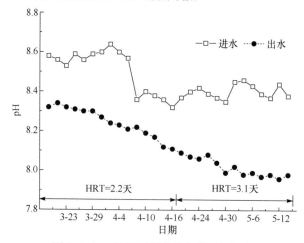

图 3.3.4　pH 随时间变化曲线(铁矿石)

从表 3.3.2 和图 3.3.3 可看出,当 HRT 从 2.2 天增至 3.1 天后,页岩 TP 去除率保持相对稳定,麦饭石 TP 去除率下降明显。页岩磷吸附量较大(图 3.3.1),当进水磷浓度较低且稳定时,填料磷吸附稳定且不易饱和(汤显强等,2007b),因此 TP 去除率保持相对较稳定并处于 80% 以上。麦饭石 TP 去除率随着 HRT 的增加而降低的原因可能是填料吸附渐近饱和。麦饭石最大磷吸附量较小且符合 Langmuir 吸附模式(表 3.3.1)。Langmuir 吸附为表面单分子层吸附,具有饱和吸附量,当麦饭石吸附逐渐饱和后,填料表面不再提供新的磷吸附点位(汤显强等,2007b),此时降低水力负荷并不能提高填料的 TP 去除效率。表 3.3.3 总结 HRT 和 TP 进出水浓度间相互关系。从表可看出,随着 HRT 增加,TP 出水浓度受进水浓度的依赖减小。填料磷吸附量越大,r^2 越小,这说明磷吸附性能决定柱状填料 TP 去除效率,延长 HRT 能改善湿地填料磷吸附性能,进而降低进水浓度对填料磷去除的影响。

表 3.3.3　人工湿地进水、出水 TP 浓度间的关系

填料	$HRT_1 = 2.2$ 天			$HRT_2 = 3.1$ 天		
	关系式	r^2	N_1	关系式	r^2	N_2
页岩	$C_o = 0.32C_i - 0.25$	0.63	15	$C_o = 0.23C_i - 0.16$	0.21	13
粗砾石	$C_o = 1.10C_i - 0.31$	0.72	15	$C_o = 1.07C_i - 0.34$	0.49	13
铁矿石	$C_o = 2.56C_i - 2.79$	0.78	15	$C_o = 0.71C_i - 0.19$	0.19	13
麦饭石	$C_o = 1.01C_i - 0.46$	0.92	15	$C_o = 0.92C_i - 0.41$	0.55	13

注:HRT 为水力停留时间(天);C_i、C_o 为进出水浓度(mg/L);r^2 为相关系数;N_1、N_2 为样本数。

在已知进、出水浓度和 HRT 前提下,表 3.3.4 给出了不同 HRT 时 k 的均值。一般来说,延长 HRT 可增加 k(Kadlec,2000)。然而,Braskerud 发现 SRP 含量过高能造成 TP 去除中 HRT 对 k 无显著影响(Braskerud,2002),津河水体中 SRP 约占 TP 的 86.3%(汤显强等,2007b),较高的 SRP 的含量可能导致 k 的增加随 HRT 的延长不显著(表 3.3.4)。尽管各种填料的 k 值差异较大,但其大小顺序和磷吸附实验相同,这说明 k 可用来比较不同填料的磷去除性能。

表 3.3.4　不同 HRT 条件下一阶动力学反应常数 k 的均值　　　(单位:m/天)

HRT	N	湿地填料			
		页岩	粗砾石	铁矿石	麦饭石
2.2 天	15	0.85	0.05	0.18	0.16
3.1 天	13	0.67	0.06	0.18	0.17

注:HRT 为水力停留时间(天);N 为样本数。

通过对人工湿地填料除磷效果及影响因素分析,获得以下主要结论。

(1) 填料类型和粒径影响等温磷吸附效果,在 0.5～1.0mm 的粒径范围和 0.0～200mg/L 初始磷浓度范围内,磷吸附容量顺序为:页岩＞铁矿石＞麦饭石＞粗砾石;填料颗粒粒径的增加导致最大磷吸附量迅速减小。

(2) Langmuir 吸附等温线适合页岩、铁矿石与麦饭石磷吸附过程拟合,Freundlich 模型对砾石的磷吸附模拟结果最优。

(3) TP 出水浓度随着进水浓度的增加而上升,延长 HRT 会降低出水 TP 浓度对进水 TP 浓度的相关性。

(4) HRT 对 TP 去除的影响因填料类型而异,粗砾石、铁矿石 TP 去除率随 HRT 增加呈现出显著上升趋势;页岩 TP 去除率保持相对稳定,麦饭石接近饱和吸附后 TP 去除率随 HRT 的增加下降显著。

(5) 延长 HRT 导致填料 TP 去除常数 k 非显著增加,但其大小顺序和等温磷吸附容量相同,这说明 k 可用来比较不同填料的磷去除性能。

3.4　人工湿地植物营养物质去除性能及综合评价

3.4.1　实验材料与方法

湿地植物采用天津本地芦苇(*Phragmites communis*)、香蒲(*Typha latifolia* L)、石菖蒲(*Acorus tatarinowii* S)、千屈菜(*Lythrum salicaria* L)、黄花鸢尾(*Iriswilsonii* C. H. W)、美人蕉(*Canna generalis*)和水葱(*Scirpus validus* V)。将上述水生植物带回实验室,洗净泥土后待栽培使用。湿地填料采用页岩,具体物理性质见表 3.3.2。

1. 实验装置

湿地模拟实验装置如图 3.4.1 所示。选用尺寸相同的塑料桶(上部内径 30cm,下部内径 26cm,高 30cm)实验容器,在底部中央安装直径 1cm 的进水硬管并与软管相连,用以布施污水。每只桶内装填 14kg 页岩并在其表面设置内径 1cm 的出水管。为减少水分蒸发损失,在页岩表面覆盖 5cm 细沙。同时设置无植物空白。

2. 实验设计和运行

选择株型基本一致,生物量相当的芦苇(3 株)、香蒲(3 株)、石菖蒲(3 株)、千屈菜(2 株)、黄花鸢尾(2 株)、美人蕉(2 株)、水葱(4 株)栽种于湿地填料中,每种植

物重复 3 次。植物栽种后,加生活污水驯化
培养两周。此后,取津河河水作为进水水源,
设计 HRT 为 3 天,定期测定进、出水 TN、
SRP、TP 浓度,根据式(3.4.1)计算污染物去
除效率:

$$R = \frac{100(C_i - C_o)}{C_i}\%　\quad (3.4.1)$$

式中,C_i、C_o 分别为进水、出水浓度(mg/L);R
为百分去除率(%)。

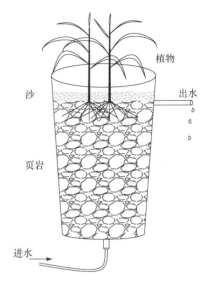

图 3.4.1　人工湿地实验装置简图

实验在天津市水利科学研究所院内进
行,每周测量和记录一次植物的株高、叶长和
叶宽。水样采集从 6 月上旬开始,频率为每
周一次。实验结束后(8 月底),对植物地上与
地下组织进行收割,并洗净分为根、茎和叶三
部分,自然晾干后在 DH-101 电热恒温干燥箱
中烘至恒重(80℃),然后测定根、茎和叶的总氮、总磷含量。

3. 污染物测定及数据分析

采集的水样主要分析 SRP、TP 和 TN,其中水样通过 $0.45\mu m$ 滤膜过滤后,用
钼锑抗比色法测定 SRP。TN、TP 分别采用碱性过硫酸钾消解-紫外分光光度法和
过硫酸钾消解-钼锑抗比色法测定(中国国家环境保护总局,2002)。运用 One-way
ANOVA 检验和比较不同湿地植物组织的生物量、氮磷含量及氮磷去除率之间的
差异($p < 0.05$)(汤显强等,2007b)。

3.4.2　结果与讨论

1. 湿地植物生长状况

实验期间,各种植物生长正常,株高、叶长和叶宽随时间变化曲线如图 3.4.2、
图 3.4.3 和图 3.4.4 所示。从图 3.4.2 可看出,芦苇、水葱、千屈菜和香蒲株高显
著高于美人蕉、石菖蒲和黄花鸢尾。香蒲、水葱、千屈菜和芦苇株高在短期(30 天
左右)内便可达到最大值,美人蕉、石菖蒲和黄花鸢尾的株高在整个观测过程中无
明显增加。香蒲和黄花鸢尾叶长呈不断增加趋势;石菖蒲、美人蕉、千屈菜和芦苇
的叶长基本维持不变;水葱的叶长在开始阶段增长并在 6 月底达到最大,然后逐渐
减小(图 3.4.3)。美人蕉叶片最宽(可达 10cm 以上),水葱叶片最窄(低于 1cm)

（图 3.4.4）。香蒲、芦苇、石菖蒲、黄花鸢尾的叶宽在实验期间基本无变化；水葱的叶宽呈倒"U"形变化；美人蕉的叶宽在 6 月底达到最大值后无明显变化。千屈菜叶片生长至最宽后逐渐变窄，在实验结束时降至最低。

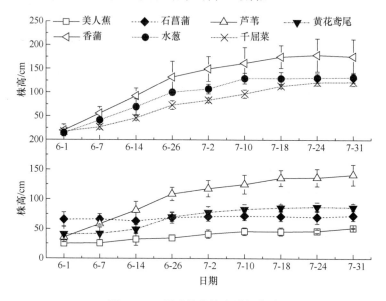

图 3.4.2　湿地植物株高增长曲线

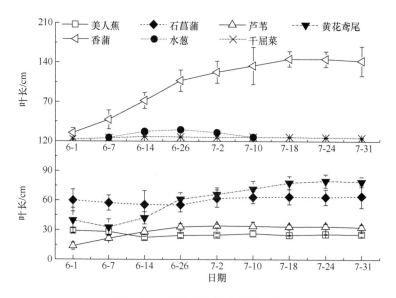

图 3.4.3　湿地植物叶长增长曲线

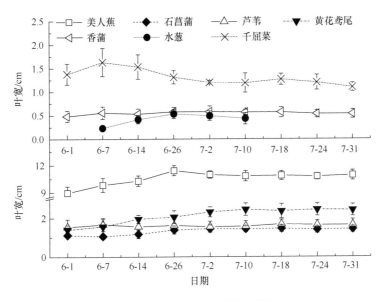

图 3.4.4　湿地植物叶宽增长曲线

　　7 种湿地植物的根、茎和叶干重分布见图 3.4.5。从图可看出,美人蕉、芦苇和千屈菜的根系生物量较低($<1.5\text{kg/m}^2$),其次为石菖蒲和黄花鸢尾,水葱根系较发达,香蒲根系生物量最高。美人蕉、石菖蒲和黄花鸢尾的茎生物量较低,介于 $0.8\sim1.1\text{kg/m}^2$,芦苇和水葱的茎生物量相似,千屈菜最高,可达 4.25kg/m^2。水

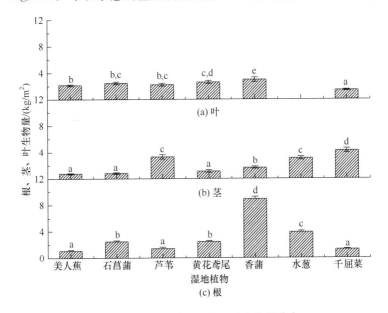

图 3.4.5　湿地植物根、茎和叶生物量分布

葱的叶片生物量可忽略不计,千屈菜叶生物量最低(约 0.1kg/m²),其次是美人蕉,石菖蒲和芦苇叶生物量相似,香蒲的叶生物量最高(2.97kg/m²)。此外,对同种湿地植物来说,美人蕉、石菖蒲和黄花鸢尾的叶生物量高于茎和根;千屈菜和芦苇的茎生物量高于根和叶;香蒲的根生物量高于茎和叶(图 3.4.5)。

　　较高根系生物量的植物可提高湿地氮磷去除效率,湿地植物地上组织(茎和叶)是氮磷的主要积累场所(汤显强等,2007a)。表 3.4.1 中香蒲总生物量最高,为其他植物的 2～3 倍。美人蕉的根、茎和叶生物量相对较低,总生物量显著低于另外 6 种湿地植物。从表 3.4.1 可看出,芦苇、千屈菜和美人蕉的主要生物量分布在地上,香蒲和水葱的大部分生物量分布在地下,石菖蒲和黄花鸢尾地上的生物量稍高于地下。Tanner 报道过相似的结论,不同水生植物地上/地下生物量比值为 0.29～2.80。

表 3.4.1　Duncan 多重比较检验湿地植物地上(茎＋叶)和地下(根)生物量

湿地植物	生物量/(kg/m²)			
	地下(根)	地上(茎＋叶)	总量(根＋茎＋叶)	地上/地下
美人蕉	1.07 ± 0.13^b	2.92 ± 0.22^a	3.99 ± 0.35^a	2.73 ± 0.13^e
石菖蒲	2.47 ± 0.15^b	$3.30\pm0.30^{a,b}$	5.78 ± 0.45^b	1.33 ± 0.04^c
芦苇	1.41 ± 0.21^a	5.54 ± 0.56^c	6.96 ± 0.77^c	3.94 ± 0.19^f
黄花鸢尾	2.43 ± 0.16^b	3.71 ± 0.45^b	$6.14\pm0.61^{b,c}$	1.52 ± 0.09^d
香蒲	8.93 ± 0.32^b	5.63 ± 0.51^c	14.56 ± 0.83^d	0.63 ± 0.04^a
水葱	3.91 ± 0.19^b	$3.12\pm0.24^{a,b}$	7.04 ± 0.43^c	0.80 ± 0.03^b
千屈菜	1.28 ± 0.09^a	5.66 ± 0.46^c	6.93 ± 0.55^c	4.42 ± 0.05^g

注:不同上标字母表示存在显著性差异($p<0.05$)。

2. 湿地植物氮磷去除效果

　　各种湿地植物 TN 去除效果如图 3.4.6 所示。整个实验期间,无植物空白 TN 平均去除率为 70.08%,水葱、香蒲、芦苇、美人蕉、石菖蒲、黄花鸢尾、千屈菜使 TN 平均去除率分别提高 18.19%、17.84%、16.00%、14.85%、12.60%、7.93% 和 7.56%。各湿地植物 TN 去除性能间存在显著性差异,芦苇、香蒲和水葱 TN 去除性能优于其他 4 种植物(表 3.4.2),具有作为北方人工湿地氮去除植物的潜力。

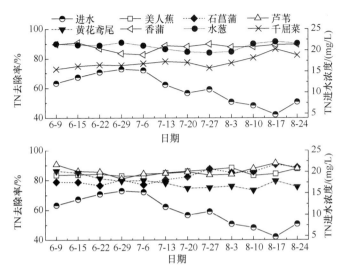

图 3.4.6 不同湿地植物 TN 去除效果

表 3.4.2 不同湿地植物的 TN 去除率比较($p<0.05$)

植物种类	N	Mean	S. D	S. E	Min	Max
美人蕉	12	84.93[c,d]	1.92	0.55	82.96	88.31
石菖蒲	12	82.68[c]	4.73	1.36	76.54	90.55
芦苇	12	86.05[d,e]	2.99	0.86	80.97	91.43
黄花鸢尾	12	78.71[b]	4.06	1.17	73.31	86.26
香蒲	12	87.92[d,e]	2.49	0.72	82.71	90.73
水葱	12	88.27[e]	2.65	0.76	84.02	91.43
千屈菜	12	77.64[b]	3.85	1.11	72.84	86.48
空白	12	70.08[a]	4.31	1.24	63.43	76.60

注：N 为样本总数；Mean、S. D、S. E、Min、Max 分别为均值、标准偏差、标准误差、最小值和最大值；不同上标字母表示均值间存在 Duncan 显著性差异。

湿地植物可强化填料内部微生物活动,促进根际微生物吸收、根系滞留、根际周围硝化反硝化等作用,提高人工湿地氮去除效果(汤显强等,2007a)。湿地植物去除 TN 约为 6%～48%(Kadlec et al.,2005)。植物收割可去除砾石湿地大约 5%～10%的 TN。与砾石相比,页岩较好的物理性质有利于植物根际微生物去除 TN,本研究各湿地植物贡献 TN 总去除的 9.73%～20.60%,稍高于砾石床湿地植物 TN 去除性能。为防止植物体吸收累积的氮素从地上组织向地下转移,应在植物成熟后及时进行收割,防止植物体中氮素再释放(汤显强等,2007b)。

从图 3.4.7 中可看出,实验期间 SRP 进水浓度波动起伏较大,但各种植物的

SRP 去除率仍保持相对稳定。实验期间无植物空白 SRP 平均去除率为 77.69%，栽种植物后，千屈菜、水葱、石菖蒲、香蒲、美人蕉、黄花鸢尾和芦苇分别使 SRP 平均去除率提高 12.15%、11.87%、10.60%、9.29%、9.12%、8.47% 和 7.32%。千屈菜、水葱和石菖蒲 SRP 去除效果较好且物种间无显著性差异（表 3.4.3）。

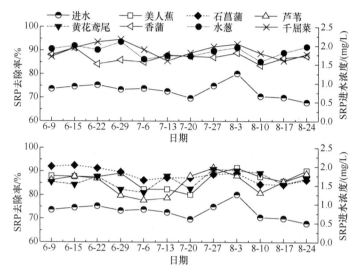

图 3.4.7　不同湿地植物 SRP 去除效果

表 3.4.3　不同湿地植物的 SRP 去除率比较（$p < 0.05$）

植物种类	N	Mean	S. D	S. E	Min	Max
美人蕉	12	86.81[b, c , d]	3.49	1.01	80.04	91.47
石菖蒲	12	88.29[c, d, e]	2.74	0.79	84.48	92.48
芦苇	12	85.01[b]	4.56	1.32	77.71	91.46
黄花鸢尾	12	86.16[b, c]	3.26	0.94	81.08	90.96
香蒲	12	86.98[b,c,d]	2.08	0.60	83.65	91.04
水葱	12	89.56[d, e]	2.49	0.72	85.22	93.61
千屈菜	12	89.84[e]	2.97	0.86	85.48	94.63
空白	12	77.69[a]	4.68	0.48	73.59	83.22

注：N 为样本总数；Mean、S. D、S. E、Min、Max 分别为均值、标准偏差、标准误差、最小值和最大值；不同上标字母表示均值间存在 Duncan 显著性差异。

吸附滞留（Drizo et al.，2000）、填料内部微生物吸收（汤显强等，2007a）等过程贡献了无植物空白较高的 SRP 去除率（77.69%）。湿地植物不仅通过自身组织提取和根系微生物吸收不断去除进水中的 SRP,还可利用根系及根际微生物与填料相互作用提高湿地填料对 SRP 的吸附去除效果(Vymazal,2007)。植物体磷含量一般为干重的 0.15%～1.05%,湿地植物吸收对人工湿地磷去除影响不大,但 Hadada 等研究表明芦苇可使人工湿地 SRP 平均去除率提高 27%(Hadada et al.,2006)。本节 SRP 的进水浓度较低(0.5～1.25mg/L),植物去除 SRP 约占总去除的 8.61%～13.52%,收割植物可去除进水 10%左右的 SRP。

　　各植物 TP 去除率随进水浓度变化趋势与 SRP 相一致(图 3.4.8)。根据 SPSS 均值分析结果(表 3.4.4),无植物空白 TP 平均去除率为 71.85%,千屈菜、水葱、石菖蒲、香蒲、美人蕉、黄花鸢尾和芦苇使 TP 平均去除率分别提高 14.36%、14.21%、12.61%、12.15%、11.86%、11.53% 和 6.73%,均值差异显著性分析表明芦苇 TP 去除性能较差,不宜用作北方人工湿地 TP 去除植物。湿地植物根系对颗粒态磷的滞留、根际微生物对有机磷的矿化吸收对湿地植物 TP 去除贡献较大。湿地植物可强化根系和填料对颗粒态磷的滞留、根际微生物对有机磷的矿化吸收、湿地植物自身组织吸收及填料对磷的吸附滞留等过程,进而提高 TP 去除率。本书的研究表明各种植物去除 TP 占总去除的 8.56%～16.66%,7 种湿地植物中千屈菜的 TP 去除效果最好。随着植物生长成熟,植物吸收贮存的磷会从地上组织向地下转移,此时应对成熟植物及时收割,最大限度将植物吸收累积的磷移出人工湿地。

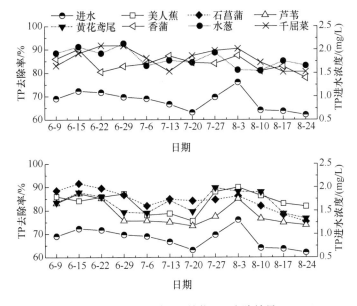

图 3.4.8　不同湿地植物 TP 去除效果

表 3.4.4　不同湿地植物的 TP 去除率比较($p<0.05$)

植物种类	N	Mean	S. D	S. E	Min	Max
美人蕉	12	83.71[c]	4.40	1.27	75.47	89.93
石菖蒲	12	84.46[c]	4.63	1.34	75.32	91.58
芦苇	12	78.58[b]	5.05	1.46	73.39	87.28
黄花鸢尾	12	83.38[c]	4.55	1.31	76.62	89.74
香蒲	12	84.00[c]	3.39	0.98	77.92	90.15
水葱	12	86.06[c]	3.79	1.10	80.95	92.60
千屈菜	12	86.21[c]	4.28	1.24	80.46	91.70
空白	12	71.85[a]	2.68	0.77	68.06	75.26

注:N 为样本总数;Mean、S. D、S. E、Min、Max 分别为均值、标准偏差、标准误差、最小值和最大值;不同上标字母表示均值间存在 Duncan 显著性差异。

3. 湿地植物组织氮磷累积性能

7 种湿地植物根、茎和叶氮、磷含量见图 3.4.9。从图中可看出,石菖蒲根的氮磷含量最高,黄花鸢尾最低;石菖蒲茎的氮含量最高,黄花鸢尾茎的磷含量最高,千屈菜茎的氮磷含量较低;美人蕉和香蒲的叶分别具有最高和最低氮含量,石菖蒲和千屈菜的叶分别具有最高和最低磷含量。对同一湿地植物来说,地上组织氮磷含量一般高于地下。对累积的氮磷含量而言,地上组织叶的氮含量高于茎,叶的磷含量和茎相似。相似的现象在其他文献中也有报道,例如,太湖富营养水体净化实验中,香蒲茎的氮含量约为叶的 5~7 倍,茎的磷含量则与叶无显著差异(Cui et al. ,2012)。

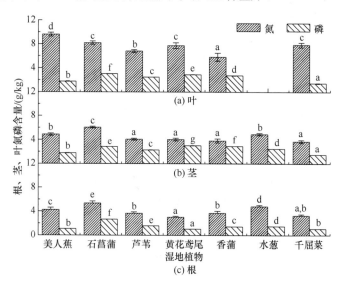

图 3.4.9　湿地植物根、茎、叶的氮磷含量(不同字母表示存在显著性差异,$p<0.05$)

图 3.4.10 给出 7 种湿地植物根、茎和叶的氮磷累积量。从图中可看出,受益

于较高的根系生物量,香蒲根系氮磷累积量显著高于其余植物;水葱和千屈菜茎的氮磷累积量最高,香蒲和水葱磷的累积能力最为突出;美人蕉、石菖蒲和黄花鸢尾叶的氮累积量显著高于芦苇和香蒲,千屈菜最低;叶的磷累积量差异较大,石菖蒲、黄花鸢尾和香蒲较高且物种间无显著性差异,千屈菜叶的磷累积量显著低于芦苇和美人蕉。7 种湿地植物地上和地下组织氮磷累积量见表 3.4.5,从表可看出,除水葱外,其余 6 种植物的地上组织氮累积量无显著性差异;香蒲地下组织氮累积量最高,美人蕉、芦苇和千屈菜相对较低。7 种湿地植物的氮累积总量差异较大,香蒲最高(>60g/m²),美人蕉、黄花鸢尾和千屈菜较低(<32g/m²)。地上/地下反映植物贮存氮磷的分布,美人蕉、芦苇、黄花鸢尾和千屈菜的氮累积主要集中在地上的茎和叶中,根系发达的香蒲和水葱则把氮素贮存在根系(表 3.4.5)。

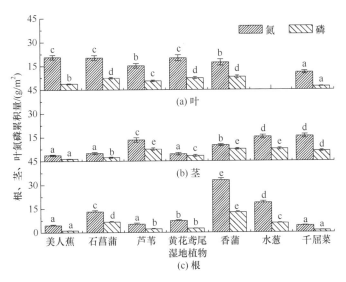

图 3.4.10　湿地植物根、茎、叶的氮磷累积量(不同字母表示存在显著性差异,$p < 0.05$)

与氮相比,7 种湿地植物的地上组织磷累积量间差异显著,香蒲地下组织磷含量最高,美人蕉和千屈菜最低(表 3.4.5)。总量的大小反映出湿地植物磷累积能力的差异,香蒲磷的总累积量是其余植物的 4~6 倍,美人蕉和千屈菜的磷累积量相对较低,不足 10g/m²。地上/地下>1(表 3.4.5)说明湿地植物提取的磷主要储存在地上组织,可通过收割去除。本节各湿地植物地上组织的氮和磷累积量分别为 15.32~28.69g N/m² 和 5.17~15.83g P/m²,符合报道的 0.6~250g N/m² 和 0.1~45g P/m²(Mitsch et al.,2000)。然而,7 种湿地植物的氮磷累积能力和相应的水体氮磷净化效果不尽相同,根系微生物群落及其活性差异可能造成植物体氮磷吸收性能与水体氮磷去除效果间不同的重要原因(Garnett et al.,2001)。

通过对人工湿地植物营养物质去除性能分析及综合评价,得到以下主要结论。

表 3.4.5　Duncan 多重比较检验不同湿地植物氮磷累积量（$p<0.05$）

变量	单位	湿地植物						
		美人蕉	石菖蒲	芦苇	黄花鸢尾	香蒲	水葱	千屈菜
氮累积								
地上(茎+叶)	g N/m²	24.41 ± 1.74^{b}	25.28 ± 2.20^{b}	28.69 ± 2.86^{b}	24.53 ± 2.70^{b}	27.39 ± 2.62^{b}	15.32 ± 1.18^{a}	26.76 ± 2.20^{b}
地下(根)	g N/m²	4.54 ± 0.55^{a}	13.21 ± 0.80^{c}	5.20 ± 0.78^{a}	7.40 ± 0.49^{b}	32.98 ± 1.18^{e}	18.81 ± 0.92^{d}	4.21 ± 0.30^{a}
总量(地上+地下)	g N/m²	28.96 ± 2.29^{a}	38.49 ± 3.00^{b}	$33.89\pm3.62^{a\cdot b}$	31.93 ± 3.19^{a}	60.37 ± 3.81^{c}	$34.12\pm2.09^{a\cdot b}$	30.97 ± 2.50^{a}
地上/地下	—	5.40 ± 0.27^{d}	1.91 ± 0.05^{b}	5.55 ± 0.28^{d}	3.31 ± 0.15^{c}	0.83 ± 0.05^{a}	0.81 ± 0.03^{a}	6.35 ± 0.08^{e}
磷累积								
地上(茎+叶)	g P/m²	5.17 ± 0.39^{a}	$9.82\pm0.89^{c\cdot d}$	13.15 ± 1.32^{e}	10.86 ± 1.33^{d}	15.83 ± 1.42^{f}	7.74 ± 0.60^{b}	$8.48\pm0.69^{b\cdot c}$
地下(根)	g P/m²	1.16 ± 0.14^{a}	6.61 ± 0.40^{d}	2.22 ± 0.33^{b}	2.52 ± 0.17^{b}	12.81 ± 0.46^{e}	5.87 ± 0.29^{c}	1.38 ± 0.10^{a}
总量(地上+地下)	g P/m²	6.33 ± 0.53^{a}	16.43 ± 1.29^{d}	$15.37\pm1.66^{c\cdot d}$	13.38 ± 1.49^{c}	28.64 ± 1.89^{e}	13.62 ± 0.88^{c}	9.86 ± 0.79^{b}
地上/地下	—	4.49 ± 0.21^{b}	1.49 ± 0.05^{a}	5.95 ± 0.29^{d}	4.30 ± 0.25^{c}	1.24 ± 0.07^{a}	1.32 ± 0.04^{a}	6.15 ± 0.07^{c}

注：不同上标字母表示存在显著性差异。

(1) 香蒲、水葱、千屈菜和芦苇生长迅速,株高在 30 天左右便可达到最大值。香蒲和黄花鸢尾的叶长呈不断增加趋势但叶宽基本无变化;水葱的叶长和叶宽呈倒"U"形变化,增加到极大值后再降低。

(2) 湿地植物的根、茎和叶生物量差异显著。香蒲根系最发达,生物量接近 9kg/m^2,千屈菜的茎生物量最高(4.25kg/m^2),香蒲的叶生物量最大(2.97kg/m^2)。芦苇、千屈菜和美人蕉的主要生物量分布在地上,香蒲和水葱的大部分生物量分布在地下,石菖蒲和黄花鸢尾的地上生物量与地下相似。

(3) 千屈菜、水葱和香蒲 SRP 和 TP 去除性能较好,芦苇、香蒲和水葱 TN 去除性能突出。石菖蒲根的氮和磷含量最高;石菖蒲、黄花鸢尾茎的氮、磷含量分别最高;美人蕉和石菖蒲的叶分别具有最高的氮和磷含量。

(4) 香蒲根系氮磷累积量显著高于其余植物;水葱和香蒲茎的氮、磷累积分别最高;美人蕉叶的氮累积量最高,石菖蒲、黄花鸢尾和香蒲磷累积能力较强。香蒲氮的累积总量最高,磷的总累积量也是其余植物的 4～6 倍。

(5) 综合考虑湿地植物生物量、水体净化效果和氮磷累积能力发现香蒲适合用作北方人工湿地氮磷去除植物。

3.5 间歇曝气人工湿地的营养物质去除性能

3.5.1 实验材料与方法

1. 湿地设计

垂直潜流湿地系统包括一个下行潜流湿地单元和一个上行潜流湿地单元(图 3.5.1),两个湿地单元尺寸相同,具体为内径 0.5m,高 1.3m。实验装置共 3 套(A:底部曝气,B:中部曝气,C:无曝气对照),每套装置内填料设置情况完全相同。以 A 为例,下行潜流湿地单元填充 30cm 粗砾石为底料,粗砾石上充填 60cm 页岩作为主填料层,最后为防止进水管堵塞,在页岩表面填充 15cm 粗砾石。上行潜流湿地单元填充 50cm 页岩为主填料,其余填料设置情况与下行潜流湿地单元相同。下行潜流湿地进水管高度为 1.0m,上行潜流湿地出水管高度为 0.9m,0.1m 的高度差保证污水自重力流动。在 A 的下行流和上行流单元的底部(距底 10cm)和 B 的下行流和上行流单元的中部(距页岩填料上表面 30cm)均匀设置 3

图 3.5.1 人工垂直潜流湿地流程图

个曝气头(同一水平面上)。在各下行潜流湿地填料深度为30cm、70cm和100cm(底部)处和上行潜流湿地填料深度30cm、60cm和90cm(底部)处设置水平采样口。采用小型空气压缩机(ACQ-007型,最大供气量100L/min)向A、B间歇曝气(每天8:30~16:30曝气8h,其余时间不曝气)。

2. 植物种植及驯化

2006年5月初,在每个潜流湿地单元内种植8株生物量相似的香蒲(*T. latifolia*)作为湿地植物,此时下行潜流湿地和上行潜流湿地单元内香蒲平均株高分别为40±3cm和39±3cm(A)、40±2cm和38±3cm(B)、35±3cm和40±2cm(C)。为防止死亡的植物地上组织脱落入潜流湿地,将所有地上植物组织清除。经过约两周的维护,新的幼株高度达到约0.3m。在5月底,香蒲开始分蘖发新芽,基本完成驯化。

3. 湿地运行及取样

采用津河河水作为间歇曝气湿地进水。实验正常运行期间(2006年6~11月)津河水质情况如表3.5.1所示。设计水力负荷0.8m/天,水力停留时间约12h。从2006年6~11月,在各湿地系统进水口和出水口分别采集水样分析COD、NH_4^+-N、NO_3^--N、TN、SRP和TP浓度,频率每周一次。在进水口、下行潜流湿地水平采样口(30cm、70cm)和上行潜流湿地水平采样口(30cm、60cm)采集水样测定溶解氧(DO)浓度,频率每周一次。

表3.5.1 人工湿地实验期间主要进水水质参数(样本数 $N=6×4$)

水质指标	COD	NH_4^+-N	NO_3^--N	TN	SRP	TP	DO	pH	T
单位	mg/L	mg/L	mg/L	mg/L	mg/L	mg/L	mg/L	—	℃
平均值	106.02	5.74	1.19	7.34	0.40	0.52	3.42	7.73	24.56
标准偏差	13.7	3.03	0.23	3.61	0.25	0.28	1.69	0.39	3.69

2006年8月的月平均气温最高(31.5℃),香蒲株高达到最大值,分别为242cm(A)、238cm(B)和250cm(C),在这个月每周从进水口、水平采样口和出水口采集水样一次,测定NH_4^+-N、NO_3^--N、TN、SRP和TP浓度。下行和上行潜流湿地底部相连,因此只采集一个底部水样。这些样品分别代表距湿地进水口0m(进水)、0.3m、0.7m、1.0m(底部)、1.3m、1.6m和1.9m(出水)处的水样。除DO采用美国YSI 52溶解氧测定仪分析外,其他指标的测定参照文献。

4. 植物收割及分析

为防止茎、叶中的氮、磷向根系转移,在2006年11月(月平均气温最低,仅为7.8℃)对香蒲地上植物组织进行收割。将收割后的植物组织洗净,分割为茎和叶,自然晾干水分后在 DH-101 电热恒温干燥箱中烘至恒重(80℃,大约 48h),然后测定香蒲茎和叶的总氮、总磷含量。

3.5.2　结果与讨论

1. 间歇曝气对湿地去污性能的影响

从图 3.5.2 可看出,间歇曝气湿地 COD 月平均去除率高于无曝气系统。2006年 8 月,各湿地系统 COD 去除率最高,与无曝气系统 C 相比,间歇曝气使 A 和 B的 COD 月平均去除率分别提高 5.01% 和 1.80%。随着气温下降,A 和 B 的 COD去除率逐渐降低但降幅不大,C 降低显著,在 2006 年 11 月各湿地系统 COD 去除率降至最低,此时间歇曝气使湿地 A 和 B 的 COD 月平均去除率分别提高 9.64%和 6.00%(图 3.5.2)。

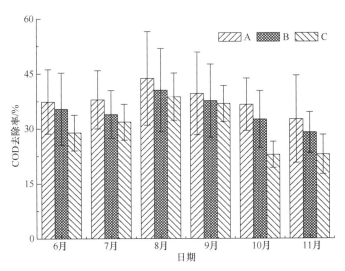

图 3.5.2　COD 月平均去除率

引入间歇曝气后,A 和 B 填料内部各取样口处溶解氧(DO)浓度均高于 C(表 3.5.2)。好氧生物降解是有机物去除的主要途径(Vymazal,2007),提高湿地溶解氧供给可增加填料内部微生物数量,改善微生物活性,进而促进 COD 去除(Ouellet-Plamondon et al.,2006),因此 A 和 B 的 COD 月平均去除率高于 C。实验期间,各湿地系统 COD 去除率不足 50%,显著低于文献报道的 70%~90%(Gómez et al.,2001)。造成这一结果的原因包括:<50mg/L 的 COD 去除较困难(Korkusuz et al.,2005),较短 HRT 条件下,湿地内部有机物、溶解氧和微生物接触和去除不充分。

表 3.5.2　潜流湿地 A(底部曝气)、B(中部曝气)和 C(无曝气)内不同采样点溶解氧(DO)浓度　　（单位:mg/L）

距离/m	6月			7月			8月		
	A	B	C	A	B	C	A	B	C
0.0	2.97±1.23	2.97±1.23	2.97±1.23	3.10±0.42	3.10±0.42	3.10±0.42	2.37±0.51	2.37±0.51	2.37±0.51
0.3ᵃ	3.33±1.26	3.33±2.47	2.27±1.04	3.20±0.14	4.10±2.12	1.80±0.42	3.63±1.55	2.97±1.00	1.50±0.53
0.7ᵃ	4.00±1.40	1.67±1.31	2.30±0.95	4.35±0.35	2.45±0.21	2.00±0.57	4.53±1.91	1.93±0.15	1.60±0.46
0.3ᵇ	4.37±0.80	3.80±1.77	2.33±1.00	4.35±0.35	4.30±1.70	1.65±0.49	4.53±1.52	2.17±0.32	1.63±0.42
0.6ᵇ	3.50±0.78	1.87±0.97	2.27±1.06	3.15±0.07	3.35±0.21	2.60±0.57	3.87±1.93	1.87±0.12	2.37±0.47

距离/m	9月			10月			11月		
	A	B	C	A	B	C	A	B	C
0.0	2.45±1.06	2.45±1.06	2.45±1.06	2.65±0.86	2.65±0.86	2.65±0.86	2.37±0.76	2.37±0.76	2.37±0.76
0.3ᵃ	3.10±0.97	2.80±0.85	1.20±0.28	3.17±1.01	2.80±0.87	1.18±0.24	2.60±1.13	3.17±1.09	1.00±0.33
0.7ᵃ	3.75±0.81	2.15±0.21	1.45±0.49	3.70±0.33	2.15±0.31	1.32±0.42	2.75±1.20	2.20±0.35	1.27±0.41
0.3ᵇ	3.35±1.02	3.55±1.20	1.51±0.28	3.87±0.57	3.15±1.12	1.41±0.32	2.85±1.06	2.87±0.52	1.33±0.52
0.6ᵇ	3.30±0.72	2.60±0.42	1.90±0.57	3.70±0.15	2.30±0.52	1.70±0.47	2.35±1.20	1.70±0.13	1.57±0.37

a 采样点距离下行潜流湿地进水口距离;b 采样点距离上行潜流湿地进水口距离;采样点距离进水口距离;样本总数 $N=6×4$。

从图 3.5.3(a)可看出,整个实验运行期间,间歇曝气系统 NH_4^+-N 月平均去除率均高于无曝气系统。2006 年 8 月,A、B 和 C 的 NH_4^+-N 月平均去除率达到最大,分别为 92.21%、77.97% 和 67.07%。与无曝气系统相比,底部曝气和中部曝气使 NH_4^+-N 月平均去除率分别增加 25.04% 和 10.09%。随着气温下降,A 和 B 的 NH_4^+-N 月平均去除率呈逐渐降低趋势,在 11 月份达到最低,分别为 86.92% 和 73.83%。

间歇曝气可有效增加湿地内溶解氧的可利用性(表 3.5.2)。湿地植物根际通常寄居大量微生物如氨硝化细菌等(汤显强等,2007a)。人工曝气提高了湿地溶解氧可利用性,有利于这些微生物生长繁殖和活性增强。尽管挥发、植物吸收、填料吸附等过程影响潜流湿地氨氮去除效果,但硝化才是 NH_4^+-N 去除的主要途径(Sun et al.,2005)。间歇曝气有利于氨氮硝化过程顺利进行,进而提高 NH_4^+-N 的去除效率。此外微生物的活性增强可强化 NH_4^+-N 生物吸收,改善 NH_4^+-N 的去除效果。

NO_3^--N 去除如图 3.5.3(b)所示,间歇曝气不利于 NO_3^--N 去除。C 的 NO_3^--N 月平均去除率高于 70%,并在 2006 年 8 月达到最大(78.55%)。湿地植物根际生物吸收和反硝化是 NO_3^--N 去除的主要途径(Kuschk et al.,2003)。研究发现微生物吸收去除 NH_4^+-N 优先于 NO_3^--N,NH_4^+-N 的存在严重抑制微生物吸收去除 NO_3^--N(Mayo et al.,2004)。进水中 TN 主要组成部分是 NH_4^+-N(表 3.5.1),对生物吸收去除 NO_3^--N 不利。引入间歇曝气后,A 和 B 内溶解氧水平高于 C(表 3.5.2),较高的溶解氧供给无法提供硝态氮反硝化所需厌氧环境,反硝化进程受阻导致 A 和 B 的 NO_3^--N 月平均去除率低于 C。

TN 去除是 NH_4^+-N 去除和 NO_3^--N 去除的综合体现。根据表 3.5.1,NH_4^+-N 约占 TN 的 78.34%,TN 去除主要取决于 NH_4^+-N 去除。从图 3.5.3(c)可看出,整个实验运行期间,间歇曝气湿地 TN 月平均去除率高于无曝气湿地。在 2006 年 8 月,TN 月平均去除率达到最大值,与 C 相比,间歇曝气使 TN 月平均去除率分别增加 10.04%(A)和 4.73%(B)。人工潜流湿地去除 TN 主要通过硝化-反硝化、水生植物和湿地微生物吸收。间歇曝气导致 A 和 B 溶解氧水平较高(表 3.5.2),不利于硝化-反硝化过程彻底进行,湿地植物及其根际微生物吸收(微生物对 NH_4^+-N 的吸收(Mayo et al.,2004))可能是间歇曝气提高 TN 去除的重要原因。

SRP 和 TP 去除如图 3.5.4 所示。从图 3.5.4(a)可看出,间歇曝气有利增强垂直潜流湿地 SRP 去除效率。进水 SRP 是 TP 的主要组成部分,因此 TP 去除[图 3.5.4(b)]呈现出与 SRP 去除类似趋势。SRP 和 TP 的月平均去除率在 2006 年 8 月达到最大,与 C 相比,间歇曝气使 SRP 和 TP 去除率分别增加 8.78% 和 7.42%(A)和 10.18% 和 7.68%(B)。人工潜流湿地磷主要通过吸附沉降、水生植物和微生物吸收等过程被去除(Kuschk et al.,2003)。磷在潜流湿地内直接与填料接触,吸附滞留成为湿地除磷的主要途径(汤显强等,2007a)。湿地内部间歇曝气强化了磷与湿地填料的接触,有利于增强填料磷吸附去除效果,进而提高潜流湿

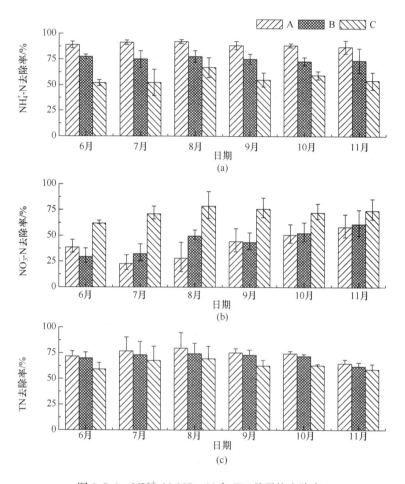

图 3.5.3　NH_4^+-N、NO_3^--N 和 TN 月平均去除率

地磷去除效率。湿地生物除磷是一个好氧吸收—厌氧释放的交替过程（De-Bashan et al.，2004），采用间歇曝气后，B 的 DO 浓度高低交替变化强于 A（表 3.5.2），较高的溶解氧可利用性有利于生物除磷的顺利进行。

2. 间歇曝气对氮、磷浓度分布的影响

从图 3.5.5(a)和(c)可看出，间歇曝气湿地 A 和 B 的 NH_4^+-N 和 TN 浓度下降速度快于无曝气系统 C，但 C 中 NH_4^+-N 和 TN 浓度随填料深度的增加下降比 A 和 B 均匀。潜流湿地 NH_4^+-N 和 TN 浓度在 0.0～0.3m 填料深度范围内下降最快（图 3.5.5），这是因为植物根系的生物量主要分布在表层填料深度 0.3m 的区域（Scholz et al.，2002）。此外与 B 相比，A 在各填料深度处的 NH_4^+-N 和 TN 浓度低于 B，这说明底部曝气比中部曝气更加有利于 NH_4^+-N 和 TN 去除。

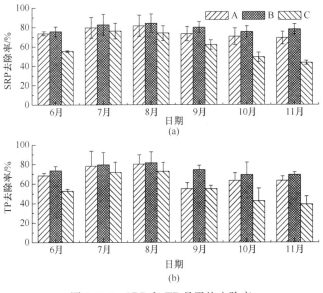

图 3.5.4　SRP 和 TP 月平均去除率

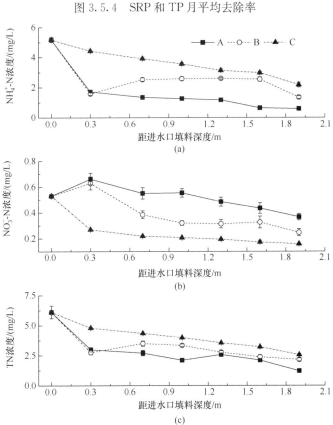

图 3.5.5　NH_4^+-N、NO_3^--N 和 TN 的浓度分布

从图 3.5.5(c)可看出,无论是底部曝气还是中部曝气,$NO_3^- $-N 在各填料深度处的浓度高于无曝气,间歇曝气不能改善 $NO_3^- $-N 去除。研究表明植物床湿地表层 0.3m 填料深度区域内有机物供给充足,微生物活跃,有助于反硝化顺利进行。间歇曝气增加了溶解氧浓度,不利于创造 $NO_3^- $-N 反硝化所需的缺氧和厌氧环境,进而抑制 $NO_3^- $-N 去除。与无曝气系统相比,曝气可增加湿地填料内部微生物数量和活性,但是较高的溶解氧浓度没有提高 $NO_3^- $-N 去除,相反 A 和 B 的 $NO_3^- $-N 浓度下降比 C 慢,并偶尔高于进水(图 3.5.5(c))。

SRP 和 TP 浓度分布(图 3.5.6)相似且在表层 0.3m 填料深度内去除效率最高。间歇曝气改善了磷的去除,间歇曝气湿地各填料深度的 SRP 和 TP 浓度降低速度快于无曝气湿地。曝气位置影响磷的浓度分布,从图 3.5.6 可看出,A 中 SRP 和 TP 浓度高于 B,这说明中部曝气比底部曝气更有利于磷的去除,这可能因为中部曝气湿地内填料(磷)的接触及生物磷去除效果优于底部曝气。

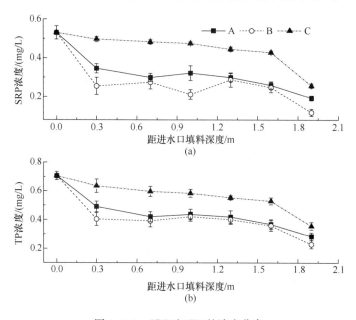

图 3.5.6　SRP 和 TP 的浓度分布

3. 间歇曝气对湿地植物的影响

香蒲地上组织生物量及其氮磷含量分析结果如表 3.5.3 所示。A 和 B 的香蒲地上植物组织生物量低于 C,可见间歇曝气不利于香蒲地上组织生物量的增加。香蒲茎和叶中的 TN 含量分别为 4.47mg/g 干茎和 8.08mg/g 干叶(A),4.50mg/g 干茎和 9.37mg/g 干叶(B)和 2.47mg/g 干茎和 4.53mg/g 干叶(C),间歇曝气可

显著提高香蒲茎、叶中的 TN 含量。香蒲茎、叶中 TP 含量与 TN 类似,也是 A 和
B 高于 C。间歇曝气有利于增强湿地微生物活性(Stottmeister et al.,2003),并且
可有效提高氮磷在根系周围的传质效率,进而改善植物氮磷吸收能力,增加香蒲
茎、叶中氮磷含量。

与无曝气系统相比,收割香蒲地上组织可使 TN 去除分别增加 12.61g/m²
(A)和 11.61g/m²(B)。湿地植物贮存的氮磷在春季从根系向茎叶转移,在秋季从
茎叶向根系转移导致茎、叶中氮磷含量在春季高于秋季(汤显强等,2007a)。为防
止植物吸收的氮、磷从茎、叶向根系转移,应当在秋季及时收割湿地植物,最大限度
移出植物吸收的氮磷(Hadada et al.,2006)。

表 3.5.3　香蒲地上组织 TN 和 TP 含量及植物收割去除 TN 和 TP 的量

湿地系统	茎干重 /g	茎 TN 含量 /(mg/g)	TN 去除 /(g/m²)	叶干重 /g	叶 TN 含量 /(mg/g)	TN 去除 /(g/m²)	总干重 /g	总去除(TN) /(g/m²)
A	390	4.47	8.90	610	8.08	25.16	1000	34.06
B	295	4.50	6.77	550	9.37	26.29	845	33.06
C	455	2.47	5.73	680	4.53	15.72	1135	21.45
种植前	—	8.50	—	—	19.37	—	—	—

湿地系统	茎干重 /g	茎 TP 含量 /(mg/g)	TP 去除 /(g/m²)	叶干重 /g	叶 TP 含量 /(mg/g)	TP 去除 /(g/m²)	总干重 /g	总去除(TP) /(g/m²)
A	390	4.58	9.11	610	4.66	14.50	1000	23.62
B	295	4.66	7.01	550	4.83	13.57	845	20.58
C	455	2.55	5.92	680	2.55	8.85	1135	21.45
种植前	—	4.46	—	—	4.83	—	—	—

注:A 为底部曝气;B 为中部曝气;C 为无曝气;—表示 2006 年 5 月初,香蒲原有地上组织在适应期内几
乎全部枯死并得到及时清除,因此将种植前香蒲地上组织忽略不计

通过对间歇曝气人工湿地营养物质去除性能的分析和评价,得到以下研究
结论。

(1)间歇曝气人工潜流湿地出水水质优于无曝气湿地。人工间歇曝气能有效
改善有机物和氮、磷去除性能。

(2)间歇曝气产生的富氧环境不利于 NO_3^--N 去除,无论底部曝气还是中部
曝气,NO_3^--N 月平均去除率均低于无曝气湿地。

(3)曝气位置影响潜流湿地营养物质去除性能,底部曝气湿地 COD、NH_4^+-N、
TN 去除率高于中部曝气。中部曝气湿地 NO_3^--N、SRP 和 TP 去除效果优于底部

曝气。

（4）底部曝气和中部曝气湿地各填料层深度处 NH_4^+-N、TN、SRP 和 TP 浓度均低于无曝气湿地。湿地氮磷去除主要发生在深度为 0.3m 的表层填料内。

（5）间歇曝气后抑制香蒲地上组织生物量增加，却有助于提高香蒲茎、叶的氮磷含量。与无曝气系统相比，间歇曝气使香蒲地上组织 TN 富集量分别增加 $12.6g/m^2$（底部曝气）和 $11.6g/m^2$（中部曝气）。

3.6　生物填料人工湿地营养物质去除性能

3.6.1　实验材料与方法

实验装置共 3 套（A：生物填料＋页岩＋植物，B：页岩＋植物，C：页岩＋无植物对照），湿地设计方面将 3.4.2 节中 60cm 页岩替换为 20cm 聚丙烯空心多面小球（表 3.6.1）和 40cm 页岩，其余植物种植与驯化、湿地运行于取样，以及植物收割和分析，步骤与方法同 3.4.2 节。

表 3.6.1　生物填料的主要性能参数

填料名称	直径/mm	比表面积/(m²/m³)	孔隙率/(m³/m³)	堆积系数/(个/m³)	堆积密度/(kg/m³)	材质
多面空心球	25	460	0.81	85000	210	聚丙烯

3.6.2　结果与讨论

1. 生物填料对湿地去污性能的影响

从图 3.6.1 可看出，植物床湿地 COD 月平均去除率高于无植物湿地，湿地植物通过表层填料根区内的微生物活动，极大促进了有机物降解，提高 COD 去除效率（Ragusa et al. ，2004）。2006 年 8 月，各湿地系统 COD 去除率最高，与 B 相比，生物填料使 A 的 COD 月平均去除率提高 8.44％。随着气温下降，COD 去除率逐渐降低，在 2006 年 11 月降至最低。此时生物填料对 COD 去除影响不明显，A 和 B 的 COD 月平均去除率相似，略高于无植物湿地 C。

生物降解是人工湿地 COD 去除的主要途径（Vymazal，2007）。聚丙烯多面空心小球孔隙率高，生物亲和性好，能促进微生物的生长繁殖，进而改善 COD 去除（Yu et al. ，2005）。然而较低的进水浓度限制 COD 高效去除（＜50mg/L 的 COD 去除较困难（Korkusuz et al. ，2005）），较短的 HRT 也不利于微生物、有机物和填料有效接触，这些因素导致各湿地系统 COD 去除率低于文献报道的 70％～90％（Gómez et al. ，2001）。

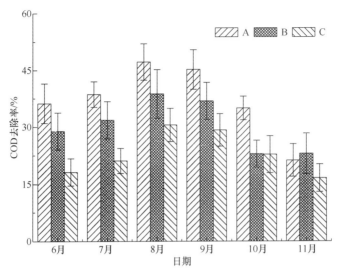

图 3.6.1　COD 月平均去除率

从图 3.6.2 可看出,实验期间,A,B 的 NH_4^+-N、NO_3^--N、TN 月平均去除率均高于 C,湿地植物通过自身组织提取、根际微生物吸收、根系滞留、根际硝化-反硝化等作用有效提高人工湿地 NH_4^+-N、NO_3^--N、TN 去除性能(汤显强等,2007a)。从图 3.6.2(a)可看出,2006 年 6～7 月,生物填料对湿地氮去除性能影响不显著。随着实验进行,在 2006 年 8 月,湿地填料可能已完成挂膜(Ragusa et al.,2004),植物和微生物通过组织吸收、硝化-反硝化等作用有效提高潜流湿地 NH_4^+-N 去除性能(Ragusa et al.,2004),生物填料使 NH_4^+-N 月平均去除率增加 13.38%。此后随着气温下降,NH_4^+-N 月平均去除率呈逐渐降低趋势,在 2006 年 11 月份达到最低,此时生物填料对 NH_4^+-N 月平均去除率贡献 9.70%。这说明,聚丙烯多面空心小球孔隙率高,比表面积大,有利于增加湿地填料内部微生物浓度及其活性,促进 NH_4^+-N 的生物吸收及硝化去除。

整个实验运行期间,A 和 B 的 NO_3^--N 去除效果好于 C,湿地植物通过根系释放氧气,在根际周围形成好氧、缺氧和厌氧区,有力促进 NO_3^--N 反硝化去除(汤显强等,2007a)。2006 年 6～11 月,A 的 NO_3^--N 月平均去除率略低于 B,生物填料对 NO_3^--N 去除无明显促进作用。生物填料虽然有利于增加填料内部微生物浓度及活性,强化微生物的 NH_4^+-N 吸收,但 NH_4^+-N 的存在抑制 NO_3^--N 吸收效果,因此生物填料对 NO_3^--N 去除无显著贡献。各取样口处相似的溶解氧浓度(表 3.6.2)说明吸附等作用而非硝化-反硝化造成 B 的 NO_3^--N 月平均去除率高于 A。

表 3.6.2　潜流湿地 A(生物填料+页岩+植物)、B(页岩+植物)和 C(页岩+无植物)内不同采样点溶解氧(DO)浓度

(单位:mg/L)

距离/m	6月			7月			8月		
	A	B	C	A	B	C	A	B	C
0.0	2.97±1.23	2.97±1.23	2.97±1.06	3.10±0.42	3.10±0.42	3.10±0.42	2.37±0.51	2.37±0.51	2.37±0.51
0.3[a]	2.43±2.47	2.37±1.04	1.47±1.04	2.10±2.12	2.00±0.42	1.40±0.42	1.97±1.00	1.70±0.53	1.30±0.53
0.7[a]	2.27±1.31	2.30±0.95	1.30±0.95	1.65±0.21	1.80±0.57	1.30±0.57	1.73±0.15	1.60±0.46	1.20±0.46
0.3[b]	2.17±1.77	2.23±1.00	1.33±1.00	1.50±1.70	1.65±0.49	1.35±0.49	1.57±0.32	1.63±0.42	1.23±0.42
0.6[b]	2.40±0.97	2.37±1.06	1.57±1.06	2.35±0.21	2.30±0.57	1.50±0.57	1.87±0.12	1.77±0.47	1.37±0.47

距离/m	9月			10月			11月		
	A	B	C	A	B	C	A	B	C
0.0	2.45±1.06	2.45±1.06	2.45±1.06	2.65±0.86	2.65±0.86	2.65±0.86	2.37±0.76	2.37±0.76	2.37±0.76
0.3[a]	1.80±0.85	1.70±0.28	1.30±0.28	1.30±0.87	1.48±0.24	1.18±0.24	1.37±1.09	1.30±0.33	1.12±0.33
0.7[a]	1.60±0.21	1.45±0.49	1.25±0.49	1.25±0.31	1.32±0.42	1.12±0.42	1.30±0.35	1.27±0.41	1.07±0.41
0.3[b]	1.50±1.20	1.51±0.28	1.21±0.28	1.35±1.12	1.41±0.32	1.01±0.32	1.27±0.52	1.33±0.52	1.03±0.52
0.6[b]	2.00±0.42	1.90±0.57	1.40±0.57	1.80±0.52	1.70±0.47	1.30±0.47	1.70±0.13	1.57±0.37	1.27±0.37

a 采样点距离下行潜流湿地进水口距离;b 采样点距离上行潜流湿地进水口距离;样本总数 $N=6×4$。

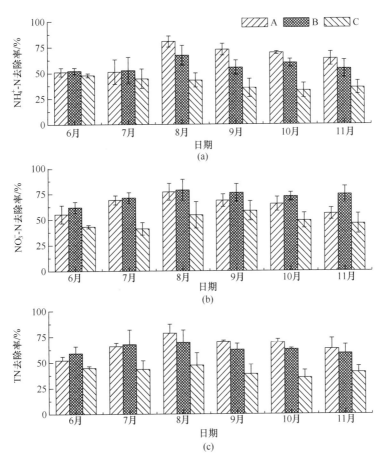

图 3.6.2　NH_4^+-N、NO_3^--N 和 TN 月平均去除率

TN 去除是 NH_4^+-N 和 NO_3^--N 去除的综合体现,A 和 B 的 TN 月平均去除率高于 C(图 3.6.2),湿地植物有助于提高 TN 去除效率。在 2006 年 8 月,A 和 B 的 TN 月平均去除率达到最大值,分别为 78.46% 和 69.56%,生物填料使 TN 月平均去除率增加 8.90%。TN 去除主要通过硝化-反硝化、湿地植物和湿地微生物吸收实现,但垂直潜流湿地较好的通风供氧条件不利于硝化-反硝化过程顺利进行(Sun et al.,2005),湿地植物及其根际微生物吸收(主要是微生物对 NH_4^+-N 的吸收(Mayo et al.,2004))可能是生物填料提高 TN 去除效率的主要原因。

湿地植物通过根系组织吸收、根际微生物吸收、根系对颗粒态磷的滞留和根际微生物对有机磷的矿化吸收等作用显著提高磷去除性能(Hadada et al.,2006),植物床湿地 A 和 B 的 SRP 和 TP 月平均去除率均高于无植物床湿地 C(图 3.6.3)。2006 年 6~8 月,生物填料对潜流湿地磷去除影响不显著。随着实验进行,湿地填料表面微生物活动逐渐加强,微生物吸收同化除磷性能不断改善,页岩填料中 Al、Fe 等金属元素受微生物活动影响逐渐释放并形成 Al-P、Fe-P 等,导致 A 的 SRP 和 TP 去除能力逐渐增强并超过 B。在 2006 年 8 月份,使用生物填料使 SRP 和 TP 月平均去除率提高约 9.27% 和 8.95%。除填料吸附除磷外,微生物同化吸收也是潜流湿地磷去除的重要途径(汤显强等,2007a),采用孔隙率高,比表面积大的聚丙烯多面空心小球有利于增加湿地填料内部微生物浓度及其活性,微生物除磷性能的增强也是实验期间 A 的 SRP 和 TP 月平均去除率均高于 B 的另外一个重要原因。

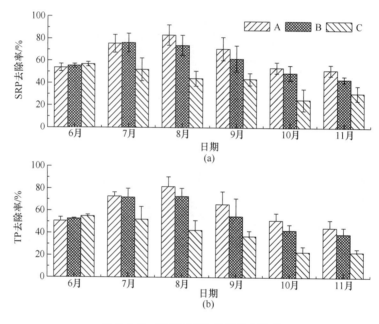

图 3.6.3　SRP 和 TP 月平均去除率

2. 间歇曝气对氮、磷浓度分布的影响

从图 3.6.4(a)和(c)可看出,A 和 B 的 NH_4^+-N 和 TN 浓度下降速度快于 C,且 NH_4^+-N 和 TN 浓度均在 0.0~0.3m 填料深度范围内下降最快,这是因为植物根系的生物量主要分布在表层填料深度 0.3m 的区域,是人工湿地氮去除的活性区(Scholz et al.,2002)。湿地植物提高了填料内部溶解氧可利用性(表 3.6.2),这是 A,B 的 NH_4^+-N 和 TN 去除效果优于 C 的另一原因。生物填料能促进氮的去除,湿地 A 在各填料深度处的 NH_4^+-N 和 TN 浓度均低于 B。

从图 3.6.4(b)可看出,A、B 在各填料深度处的 NO_3^--N 浓度低于 C,湿地植物能有效改善 NO_3^--N 去除。植物床湿地表层 0.3m 填料深度区域内有机物供给充足,微生物活跃,有助于反硝化顺利进行。生物填料可增加湿地填料内部微生物数量和活性,但微生物对 NH_4^+-N 的吸收优先于 NO_3^--N(Mayo et al.,2004),使用生物填料并未提高 NO_3^--N 去除,A 的 NO_3^--N 浓度下降速度比 B 慢。

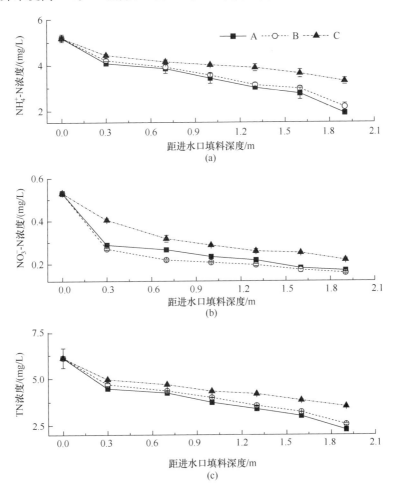

图 3.6.4　NH_4^+-N、NO_3^--N 和 TN 的浓度分布

　　进水中 SRP 为 TP 的主要组成部分(77.1%),SRP 和 TP(图 3.6.5)浓度分布相似且在表层 0.3m 填料深度内去除效率最高。湿地植物改善了磷的去除,A 和 B 在各填料深度处的 SRP 和 TP 浓度降低速度快于 C。生物填料影响磷的浓度分布,从图 3.6.5 可看出,A 中 SRP 和 TP 浓度低于 B,这说明生物填料比传统页岩填料更有利于磷的去除,其可能的原因是生物填料与磷的接触及生物磷去除效果优于页岩。此外,使用生物填料后,湿地内的微生物活动可能改善页岩填料表面特性,促进磷的吸附去除。

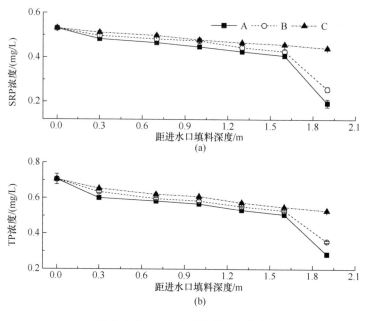

图 3.6.5　SRP 和 TP 的浓度分布

3. 生物填料对湿地植物的影响

香蒲地上组织生物量及氮磷含量分析结果如表 3.6.3 所示。香蒲茎、叶的干重分别为 390g 和 625g（A）和 455g 和 680g（B）。A 的地上植物组织生物量（1015g）低于 B（1135g），使用生物填料不利于香蒲地上组织生物量的增加。香蒲茎和叶中的 TN 含量分别为 3.96mg/g 干茎和 13.47mg/g 干叶（A）、2.47mg/g 干茎和 4.53mg/g 干叶（B），生物填料的使用可显著提高香蒲茎、叶中的 TN 含量。香蒲茎、叶中 TP 含量与 TN 类似，也是 A 高于 B。采用聚丙烯空心多面小球有利于增加植物根际以及填料内部微生物浓度及其活性，改善氮、磷在香蒲根系周围的传质效率，提高植物组织吸收氮磷的能力，进而增加香蒲茎、叶中氮磷含量。

表 3.6.3　香蒲地上组织 TN 和 TP 含量及植物收割去除 TN 和 TP 的量

湿地系统	茎干重 /g	茎 TN 含量 /(mg/g)	TN 去除 /(g/m²)	叶干重 /g	叶 TN 含量 /(mg/g)	TN 去除 /(g/m²)	总干重 /g	总去除(TN) /(g/m²)
A	390	3.96	7.88	625	13.47	42.95	1015	50.83
B	455	2.47	5.73	680	4.53	15.72	1135	21.45
种植前	—	8.50	—	—	19.37	—	—	—

续表

湿地系统	茎干重 /g	茎 TP 含量 /(mg/g)	TP 去除 /(g/m²)	叶干重 /g	叶 TP 含量 /(mg/g)	TP 去除 /(g/m²)	总干重 /g	总去除(TP) /(g/m²)
A	390	5.44	10.82	625	5.46	17.41	1015	28.24
B	455	2.55	5.92	680	2.55	8.85	1135	14.77
种植前	—	4.46	—	—	4.83	—	—	—

注:A 为生物填料＋页岩;B 为页岩;—表示 2006 年 5 月初,香蒲原有地上组织在适应期内几乎全部枯死并得到及时清除,因此将种植前香蒲地上组织忽略不计。

植物收割是湿地去除氮磷的重要途径(汤显强等,2007a)。与 B 相比,通过收割香蒲地上组织可使 A 的 TN、TP 去除分别增加 29.38g/m² 和 13.47g/m²。湿地植物贮存的氮磷在春季从地下组织(主要是根系)向地上组织(茎和叶)转移(Vymazal,2007),在秋季从地上向地下转移为来年新的植株生长提供营养,因此地上组织茎和叶中的氮磷含量在春季高于秋季(汤显强等,2007a)。为防止植物吸收累积的营养从地上组织向地下转移,应当在植物生长成熟后及时收割,最大限度移出植物吸收的氮磷(Hadada et al.,2006)。

通过对生物填料人工湿地营养物质去除性能分析和评价,得到以下研究结论。

(1) 生物填料(聚丙烯多面空心小球)可改善垂直潜流湿地污水净化效果,提高 COD、NH_4^+-N、TN、SRP 和 TP 去除率,但生物填料对 NO_3^--N 去除影响不显著。

(2) 生物填料湿地各填料深度处的 NH_4^+-N、TN、SRP 和 TP 浓度均低于页岩湿地。生物填料湿地氮磷的去除主要发生在深度为 0.3m 的表层填料内。

(3) 生物填料一定程度上抑制香蒲地上组织生物量增加,但有助于香蒲茎、叶氮磷含量提高。收割生物填料人工湿地的香蒲地上组可使 TN 和 TP 去除分别增加 29.38g/m² 和 13.47g/m²。

3.7　小　　结

本章系统研究人工湿地构成要素(填料和植物)对营养物质去除的影响,探索和讨论间歇曝气人工湿地和生物填料人工湿地改善营养物质去除的可行性,得出如下几点结论。

(1) 质轻多孔、颗粒分布均匀、水力渗透系数较小的页岩较宜作为人工湿地营养物质去除主填料,质地密实,持水性较差的粗砾石适合作为支撑滤料用来分布和收集污水。水力负荷 0.2m/天条件下,页岩 COD、TN、TP 去除率最高,分别可达40%、88.9% 和 87.5%。

(2) 颗粒粒径为 0.5～1.0mm 时,页岩、粗砾石、铁矿石和麦饭石的最大磷吸附量分别为 619.7mg/kg、89.1mg/kg、324.9mg/kg 和 153.1mg/kg。填料的最大磷吸附量随着颗粒粒径的增加而减小。页岩、铁矿石与麦饭石的等温磷吸附 Langmuir 拟合性能优于 Freundlich，粗砾石等温磷吸附过程符合 Freundlich 吸附模型。

（3）当水力停留时间从 2.2 天增加到 3.1 天时，粗砾石总磷去除率增加大约 10%；麦饭石因为吸附渐进饱和总磷去除率呈现出不断下降趋势；页岩受 HRT 变化影响较小，总磷去除率无明显变化。延长水力停留时间后，填料磷去除受进水浓度影响减小，却更加依赖填料的磷吸附性能。

（4）芦苇、千屈菜和美人蕉主要生物量分布在地上，香蒲和水葱的大部分生物量分布在地下，石菖蒲和黄花鸢尾的地上组织生物量与地下相似。香蒲地下组织氮累积量最高；磷吸收贮存能力突出。综合考虑植物生物量、水体净化效果和氮磷累积能力发现香蒲适合用作人工湿地氮磷去除目标植物。

（5）间歇曝气能够有效提高人工潜流湿地 COD、NH_4^+-N、TN、SRP 和 TP 去除效率，但曝气产生的有氧环境不利于硝酸盐氮（NO_3^--N）去除。间歇曝气抑制香蒲地上组织生物量的增加，但能够有效提高茎、叶中氮磷含量。

（6）生物填料（聚丙烯多面空心小球）能够有效提高人工潜流湿地 COD、NH_4^+-N、TN、SRP 和 TP 去除效率，但对硝酸盐氮（NO_3^--N）去除影响不显著。生物填料抑制香蒲地上组织生物量的增加，但能够有效提高茎、叶中氮磷含量。

（7）人工湿地填料选择中还应从污染物去除的角度出发，研究污水类型、微生物活动、植物、溶解氧及外部气象条件如温度、光照等因素的影响。

（8）限于工程现象观测，本章对间歇曝气人工湿地和生物填料人工湿地内的污染净化过程及相关影响因素重视不够，在将来的研究中有必要观测湿地内部填料表面吸附吸能、生物膜的附着和活性变化及湿地植物根系的生长发育等。

第4章　库湾养殖水体营养物质输移规律及生态调控

4.1　研究背景

4.1.1　研究意义

国际经济合作发展组织(OECD)将水体由于营养物质的增加导致藻类和水生植物生产力的增加、水质下降等一系列的变化,从而使水的用途受到影响的状态定义为富营养化。在全球范围内,30%～40%湖泊和水库不同程度地受富营养化问题困扰。在我国,湖泊富营养化呈加速发展趋势,从20世纪80年代后期的41%上升到20世纪90年代后期的77%,水库也受富营养化威胁,调查显示处于富营养化状态的水库数量和库容分别占样本的30.8%和11.2%。湖泊和库湾水体相对静止,水体发生富营养化现象频于河流。富营养化的一个显著特征是:藻类和浮游植物的过度繁殖。某些具有浮力和运动能力的藻类,利用自身的优势,过度生长,形成水华。通常水体中的叶绿素a的浓度高于$10\mu g/L$时就认为该水体容易发生水华。

随着人们对鱼类等水产品需求的增加,湖泊和库湾养殖规模和强度急剧膨胀。库湾多为封闭或半封闭水域,水体交换能力差,养殖导致的富营养化现象尤为严重。目前国内关于库湾养殖的水质影响已有大量研究,但大多是理论上的定性描述,实验研究也只限于养殖区与非养殖区以及养殖前后的对比,对于养殖过程中的营养物质释放及藻类生长动态变化更是少有涉及。除养殖过程的外源营养物质输入外,沉积物营养物质释放也是引起库湾营养盐含量增加及水体富营养化的重要源头。对于库湾养殖水体而言,在"外源"营养物质得到控制的情况下,沉积物及养殖过程引入的营养物质成为不可忽视的"内源"污染,直接影响水体氮、磷等营养物质的分布、释放,以及藻类群落动态变化。为了维系健康库湾生态系统,控制水体富营养化,有必要开展库湾养殖水体营养物质释放及藻类生长规律研究,以期为库湾养殖水体生态修复提供理论依据。

本章以潘家口水库库湾养殖水域为对象,系统研究沉积物及鱼饵的氮磷释放过程及影响因素;分析鱼饵对养殖水体优势藻类生长的贡献;探讨养殖过程中营养物质动力学变化规律;最后,揭示不同养殖模式下水体藻类群落结构及优势种群演变趋势。

4.1.2　研究现状

1. 氮磷营养物质与水体富营养化关系

维持藻类正常生长繁殖的营养元素包括 C、N、P、S 等,所需浓度为 $10^{-3} \sim 10^{-4}$ mol/L。淡水水体藻类生长所需其他营养元素基本能够满足,氮和磷容易成为水体中藻类生长限制性元素。氮是构成初级生产力和食物链最重要的生源要素之一,参与合成藻细胞体内磷脂、蛋白质和叶绿素等的基本元素。自然状态下,有机氮可以通过微生物氨化作用降解成氨氮,氨氮在有氧条件下发生硝化作用生成亚硝氮和硝氮,而硝氮和亚硝氮在厌氧条件下发生反硝化作用形成 N_2O 和 N_2 重回大气中(图 4.1.1)。藻类存在最适氮浓度生长范围,过高或过低的氮浓度都会抑制藻类生长。氮的形态也影响藻类对其吸收利用速率。研究证实,藻类优先利用 $NH_4^- \text{-N}$,$NH_4^+ \text{-N}$ 存在会抑制 $NO_3^- \text{-N}$ 的吸收。从氮的循环转化来看,与硝态氮相比,还原态氨氮便于藻类利用,这可能是藻类优先利用 $NH_4^+ \text{-N}$ 的重要原因。

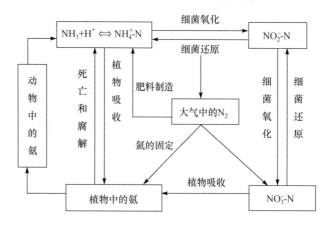

图 4.1.1　水生生态系统氮循环

磷是水生生态系统中重要营养元素,也是藻类水华形成和爆发的关键性因子,水体磷营养状态与细胞营养状态以及浮游植物群落结构变化紧密相关(图 4.1.2)。水体磷浓度较高有利于藻类生长,当 TP$\leqslant$0.045mg/L 时,微囊藻的生长会受到磷限制,然而过高的磷含量(TP 微囊藻的 5mg/L)对藻类生长影响不显著。细胞内营养盐直接作用藻类生长,当藻细胞处于饥饿状态时,可以在 2~3h 内吸收大量的磷,一直达到自身质量的 2%。藻类对不同形态磷存在选择性吸收,不同磷源对铜绿微囊藻生长影响研究发现,单位时间内培养基中磷酸氢二钾的浓度下降最快,说明该形态的磷酸盐最有利于藻类生长,正磷酸盐是最容易被吸收且对浮游植物生长促进作用最显著的形态磷。

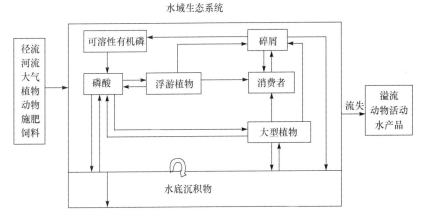

图 4.1.2　水生生态系统磷循环

除氮、磷浓度及形态外,氮磷比(N/P)常被用作预测藻细胞密度变化的关键因子。N/P 直接影响藻类生长、细胞组成及对营养摄取能力。藻细胞原子比率为 C∶N∶P=106∶16∶1,如果 N/P 超过 16∶1,磷被认为是限制性因素;反之氮通常被考虑为限制性因素。藻类的经验分子式说明藻类健康生长及维持生理平衡所需的氮磷原子比为 16∶1,但不同种类藻细胞的元素组成存在着差异,对各类营养物质的需求也不尽相同。

2. 沉积物营养物质释放及影响因素

沉积物是水生生态系统重要组成部分,既是营养物质的"汇",又是"源"。当地表水体污染较重的时候,水体部分污染物通过沉淀或者颗粒物吸附而蓄积于沉积物中,成为水体营养物质重要蓄积库。随着养殖年限增加,沉积物中营养物质逐渐富集,极有可能成为营养物质的"源"。云南滇池中 80% 的氮和 90% 的磷都分布在沉积物中。在一定条件下,如微生物分解作用、扰动等,沉积物中污染物会再次释放出来,影响上覆水体。影响沉积物与上覆水体间氮、磷的"源"和"汇"转化的因素可归结为沉积物物理化学特征和外界环境条件如溶解氧、微生物、pH、温度、扰动等。

氮素在沉积物和上覆水之间迁移转化过程非常复杂,包括物理、化学和生物等作用。沉积物氮释放一方面取决于有机氮分解;另一方面与环境因子密切有关。溶解氧控制着水体氧化还原电位,决定有机污染物的矿化过程和速率。好氧条件下,硝化细菌将水体中氨态氮转化成硝态氮,同时改善沉积物透气性,增强沉积物硝态氮吸附,共同降低上覆水氨氮浓度;厌氧条件下,硝化作用受到抑制,反硝化作用强烈,促进沉积物氨氮释放,使上覆水氨氮浓度升高。

温度决定微生物酶反应活性。温度升高后,底栖生物的扰动可促进沉积物氮释放,同时也可增强沉积物-水界面的氨化,当水温从 10℃ 增加到 30℃,沉积物中氨氮释放速率增加了两倍。静态作用下,沉积物氮释放由浓度梯度扩散。随着沉积物深度增加,孔隙率下降,氮的释放速度放缓。扰动破坏了泥水界面,可能造成沉积物氮、磷爆发性释放,释放量远大于静态释放。

偏酸和偏碱条件都利于沉积物氮释放。pH 越低,H^+ 离子浓度越大,沉积物上所吸附的 NH_4^+ 同 H^+ 离子竞争吸附点位而被释放。碱性条件下,水中 OH^- 能与 NH_4^+ 结合,以 NH_3 的形式逸出,降低水体氮浓度。此外,pH 还影响沉积物微生物活动,从而间接促进沉积物氮释放。一方面,有机质影响沉积物氮释放,有机氮是有机质重要组成部分,有机质微生物降解释放大量氨氮;另一方面,有机质降解过程消耗大量溶解氧,造成缺氧及厌氧环境,从而促进沉积物反硝化过程,增大氨氮释放量。

沉积物磷来源于土壤颗粒物、悬浮污染物的絮凝沉淀、水生生物残骸堆积及颗粒物吸附。根据磷与沉积物中矿物质的结合形态不同,将其分为钙磷(Ca-P)、铝磷(Al-P)、铁磷(Fe-P)、闭蓄态磷(Ol-P)、可还原态磷(Res-P)、有机磷(Org-P)。沉积物释磷机制包括生物释放、物理释放和化学释放,影响因素包括沉积物磷形态和环境因子。

可交换态磷,即不稳态磷,主要以吸附结合方式附着于碳酸盐、氧化物或黏土矿物表面,极易从沉积物释放到上覆水体,具有生物可利用性。铁铝磷,在氧化还原条件或 pH 改变时易转化成可溶性磷进入水体,也是生物可利用性磷的重要组成部分。钙磷和闭蓄态磷相对稳定,较难被分解,但在弱酸环境中,也可能部分分解。钙磷包括原生碎屑磷、自生钙结合态磷灰岩磷、生物磷灰岩磷、非磷灰岩磷等,在沉积物总磷含量中占有相当大的比例。有机磷多以磷脂和磷脂化合物存在。有机质降解时,有机磷也随着释放到水体中。

溶解氧是影响磷释放的重要因素,好氧条件抑制沉积物磷释放,厌氧条件加速沉积物中磷的释放。沉积物可交换态磷与铁磷是沉积物中容易释放的磷形态。好氧条件利于 Fe^{2+} 向 Fe^{3+} 转化,使 Fe^{3+} 与磷酸盐结合形成难溶的磷酸铁;缺氧条件下,Fe^{3+} 向 Fe^{2+} 转化,PO_4^{3-} 从沉积物中释放出来,进入上覆水。PO_4^{3-} 释放进入水体后,极易被藻类等浮游生物吸收,加速藻类生长繁殖,死亡藻类分解时消耗大量溶解氧,这种缺氧环境将加速沉积物磷释放。酸性或碱性 pH 均有利于沉积物磷释,pH 减小导致铝结合态磷和部分钙结合态磷释放;pH 增大,沉积物表面 OH^- 离子交换能力逐渐大于 PO_4^{3-},进而促进磷释放。

沉积物磷释放量随着温度升高而上升。温度升高,有机质分解活动加剧,水体溶解氧消耗增加,使 Fe^{3+} 向 Fe^{2+} 转变,有利于沉积物中磷的释放;此外,生物活动还可使沉积物中的有机磷向无机磷转化,然后得以释放。Liikanen 研究表明,无论是好氧还是厌氧环境,温度每升高 1～3℃,沉积物磷释放量增加 9%～57%。水体扰动能加速沉积物向上覆水扩散,并导致颗粒态磷再悬浮,增加沉积物—水界面磷的交换。此外,沉积物磷释放量与光照水平呈负相关,光照通过改变水体温度和pH 间接影响沉积物磷的释放。

3. 养殖过程营养物质输出及其环境影响

我国淡水精养从 20 世纪 70 年代初开始出现,利用湖泊、库湾中浮游生物,培育鲢、鳙等鱼种,20 世纪 70 年代后期,逐渐从依靠天然饵料粗放式养殖向投喂人工合成饲料的精养式养殖转变。库湾养殖具有投资少、产量高、见效快等优点,能够最经济和最大程度利用水资源,设施简易、捕捞灵活方便。然而,随着养殖规模和强度无节制的增加,养殖水域生态环境恶化的不利影响逐步凸显,严重威胁水体生态健康和水资源安全持续利用。

投喂过多、投喂方式不当、粉末状的干饲料被风吹走等,导致库湾养殖饵料利用率低。研究表明,水库养鱼,每投喂 100kg 饲料,有 13～15kg 直接散失于水体。黑龙滩水库养鱼过程中,通过饵料进入水体的 TN 为 96.27t、TP 为 34.04t,分别占饵料 TN 和 TP 的 73.38% 和 94.81%。鱼类所摄食的饵料有 20%～30% 以粪便的形式进入养殖水域。鱼类排便量由鱼类对饲料的消化率决定,杂食性鱼类的消化率约 80%,肉食性鱼类消化率高于 90%;且鱼类排便量和排泄量与水温和摄食率呈函数关系。鲑鳟鱼对典型商品饲料的消化率约 74%,消耗 100g 饲料排便量大约是 25～30g 干重。

残饵、粪便中所含营养物质以及悬浮颗粒物和有机物成为养殖水域水体富营养化的重要来源。养殖鲤鱼采用蛋白质含量为 36% 的粗饵料,其排放的氮、磷分别占投放饵料的 62.3% 和 22%。精养虾池中的物质平衡表明不足 10% 的氮和 7% 的磷被收获。Hall 等调查指出,每生产 1t 鲑鱼,溶失到环境中的氮以溶解性无机氮为主,占总输入氮的 58%～78%。多数研究表明,养殖区水体无机氮主要以氨氮为主,另外很大一部分氮素以有机氮形式存在。南京东太湖水质监测结果表明,养殖区内总氮和氨氮浓度比区外高 22.8% 和 37%,比非养殖区高 219% 和 300%,而硝态氮和亚硝态氮则差异很小。与对照区相比,养殖区总磷高 162%,溶解性正磷酸盐高 150%,绝大部分磷是以非溶解态形式存在于水体环境中。

水体养殖改变了沉积物的沉积方式。养殖过程中,部分未食饵料和鱼的排泄物因重力作用沉降到沉积物表层,导致沉积物 C、N、P 含量和耗氧量明显增加,沉积物中经常可见残饵。底部沉积物有机物含量逐渐增高导致底泥表层向缺氧状态改变。随着养殖时间延长,大量残留的饵料、鱼类排泄物等无法得到及时的分解,不断沉积在底部。残饵和排泄物的堆积,丰富了底质中微生物的营养源,促使微生物活动加强,加强了营养盐重新释放进入上层水体,成为养殖水域重要内源污染。随着养殖年限增加,沉积物释放造成水质污染的比重有增大趋势。

库湾养殖提高了水体营养化程度,导致水体藻类过量繁殖,但随着养殖时间延长和规模不断扩大,水质恶化,光照下降,浮游植物数量反而减少。非投饵养殖遏藻研究发现,养殖鲢鱼和鳙鱼 7 天可减少藻类 82%~88%,显著抑制硅藻门直链藻、针杆藻;蓝藻门鱼腥藻、微囊藻;绿藻门衣藻、小球藻等的生长。水体养殖影响底栖动物总量,福建湄洲湾海水养殖由滩涂逐渐转向浅海后,底栖生物中棘皮动物、软体动物和甲壳类等敏感生物物种显著减少;大连鲍鱼养殖区的大个体底栖生物逐步消失,小个体、生命周期短的沉积食性和有机碎屑食性的底栖动物在种类和数量上逐渐占绝对优势。

4.1.3　成果结构及技术思路

1. 研究内容

以典型养殖水体潘家口水库为对象,采用室内模拟实验和现场围隔实验相结合的方式,研究库湾养殖对水体营养物质负荷和对藻类生长的影响,分析沉积物和饵料中营养盐的释放规律、监测评价饵料及投饵养殖模式对淡水藻生长的影响,提出基于营养物质管理的生态养殖方案。主要研究内容包括以下几点。

(1) 分析沉积物中氮、磷、有机质等营养物质分布特征,探讨沉积物深度、光照等因子对营养物质释放的影响。

(2) 研究鱼饵理化性质及不同粒径、投放模式下的营养盐释放规律,初步模拟投饵养鱼条件下沉积物营养盐释放特点。

(3) 以铜绿微囊藻和四尾栅藻为对象,研究鱼饵输入营养物质与藻生长动力学过程之间的响应关系。

(4) 探讨不同养殖模式下水体中氮、磷等营养物质迁移转化特征。

(5) 分析不同养殖模式下水体藻生长动力学过程及群落结构变化趋势。

(6) 总结上述研究工作的成果和不足,提出需进一步讨论的问题和建议。

2. 技术路线

以养殖水体营养物质输入源头为出发点,研究沉积物和鱼饵中营养物质的释放规律,在测定鱼饵理化性质基础上,以鱼饵为藻类生长培养基的氮、磷营养源,培养水华常见藻种铜绿微囊藻和四尾栅藻,分析其生长动力学特征。最后,通过潘家口水库现场围隔实验,研究不同投饵养殖模式下水体营养物质动态变化及浮游植物数量和群落结构的演变。该研究的开展将为库湾养殖水体营养物质管理和"水华"防控提供一定理论依据。具体技术路线如图 4.1.3 所示。

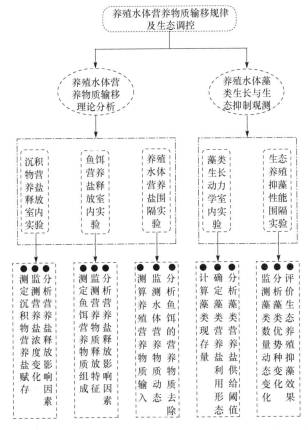

图 4.1.3　库湾养殖水体营养物质输移规律及生态调控技术路线

4.2　沉积物营养物质释放行为及影响因素

4.2.1　实验材料与方法

1. 沉积物采集与营养物质测定

利用自制的泥芯采样器在海河干流渔业水域邢家圈处采集沉积物样品。考虑到表层浮泥含水率高，流动性强，与下部样显著不同，将其分隔为表层样，其余样品每 5～10cm 为一层。分隔后的样品用密实袋封装，采样完毕后运回实验室。样品自然风干后，分离动植物残体、石块等杂物后，分别过 20 目、100 目和 200 目泰勒筛，获得的颗粒粒径分别为 0.147～0.246mm、0.074～0.147mm 和黏 0.074mm，筛分后的样品用密实袋贮存于 4℃冰箱内备用。参照 GB7845—87 的分级标准，将沉积物粒径分级为细砂(0.147～0.246mm)、极细砂(0.074～0.147mm)、粉黏粒

（黏 0.074mm）。测定沉积物样品中有机质、总氮、总磷以及各形态磷。

沉积物中磷形态分析采用欧洲标准测试委员会框架下发展的 SMT 测试方法，将总磷（TP）分为无机磷（IP）包括可交换态磷（Ex-P）、铁铝结合态磷（Fe/Al-P）、钙结合态磷（Ca-P）和有机磷（Org-P），进行分析，具体步骤见图 4.2.1。磷的测定采用钼锑抗分光光度法。每个样品平行测定 2 次，数据用测定的平均结果表示。

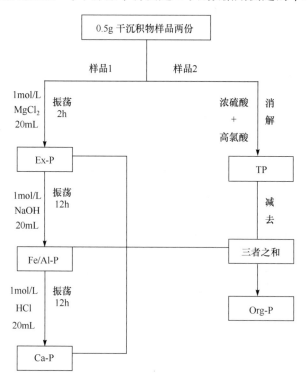

图 4.2.1 沉积物磷形态连续提取流程图

2. 沉积物营养物质释放模拟实验

取内径 10cm，高 50cm，容积为 2L 的量筒 6 根（装置见图 4.2.2），分别加入 0cm、5cm、10cm 混合均匀的表层沉积物，每个深度设计两个平行，同时设置 6 个避光组进行对比（外壁用铝箔纸覆盖避光）。沉积物填充完毕后，沿量筒壁缓缓加入自来水至液面距量筒口约 2～3cm。实验从 2007 年 7 月 21 日至 2008 年 1 月 5 日，共 6 个月。实验初期取样频率 2 天一次（7 月 20 日至 8 月 20 日），此后根据监测分析结果，采样频率分别降至 5 天一次、7 天一次、14 天一次等。为使采集的水样具有代表性及减小取样对沉积物扰动的影响，在距离沉积物上表面 10cm 处采用虹吸法取样，每次取样 80mL，取样结束后及时补入同体积的自来水。采集的水样测定氨氮和总磷,具体测定方法参考《水和废水环境监测》第四版。

4.2.2 结果与讨论

1. 沉积物中营养物质分布

沉积物有机质、总氮、总磷及各形态磷含量随深度分布状况如表 4.2.1 所示。沉积物中有机质(OM)含量在 2.12%~3.72%,总氮(TN)含量在 401.17~811.93mg/kg,TP、Ex-P、Fe/Al-P、Ca-P 和 Org-P 含量分别介于 555.20 ~ 744.87mg/kg、14.93~29.23mg/kg、42.23 ~ 80.80mg/kg、404.67 ~486.90mg/kg 和 88.67~162.10mg/kg。根据加拿大安大略省环境和能源部发布的指南,沉积物中引起最低级别生态风险效应的总氮和总磷浓度分布为 550mg/kg 和 600mg/kg,因此,沉积物中总氮和总磷已具有生态风险效应。从表可看出,有机质和总氮含量随深度增加呈先增加后减小的趋势;总磷和其他形态磷在 0~30cm 含量逐渐增加,30cm 至底部呈减少趋势。

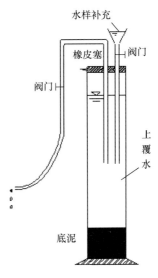

图 4.2.2 表层沉积物营养物质释放实验装置

表 4.2.1 沉积物中氮、磷和有机质随深度分布

参数	深度/cm						
	0~10	10~20	20~30	30~40	40~50	50~60	60~75
Ex-P /(mg/kg)	24.15 (1.02)	26.60 (1.64)	29.23 (1.83)	23.83 (1.93)	19.30 (1.06)	16.13 (0.35)	14.93 (1.03)
Ca-P /(mg/kg)	480.29 (24.16)	486.90 (7.88)	483.87 (24.35)	454.43 (46.82)	430.40 (76.82)	404.67 (72.51)	421.93 (31.02)
Fe/Al-P /(mg/kg)	55.59 (3.70)	69.27 (14.27)	80.80 (13.75)	69.37 (10.75)	46.90 (4.06)	43.23 (4.08)	52.30 (7.55)
Org-P /(mg/kg)	118.23 (2.40)	162.10 (11.07)	148.70 (36.84)	112.43 (70.84)	99.80 (31.95)	91.17 (4.75)	88.67 (43.52)
TP /(mg/kg)	678.25 (19.06)	744.87 (16.61)	742.60 (46.15)	660.07 (60.65)	596.40 (67.05)	555.20 (65.68)	577.83 (37.61)
TN /(mg/kg)	791.10 (88.95)	634.90 (83.25)	724.93 (98.82)	811.93 (44.58)	532.13 (66.27)	401.17 (89.67)	479.23 (245.25)
OM /%	3.30 (0.11)	3.51 (0.39)	3.72 (0.20)	3.08 (0.49)	2.34 (0.46)	2.12 (0.65)	2.64 (1.03)

2. 沉积物深度对氨氮释放影响

表层沉积物氮磷含量高,且与上覆水体直接接触,因此采用表层沉积物进行营养盐释放影响因素模拟。氨氮是无机氮主要形式(岳维忠等,2007),也是水生生物尤其是浮游植物较为容易利用的氮素形态。沉积物深度对上覆水氨氮浓度变化的影响见图4.2.3。无论光照与否,受挥发、硝化和反硝化作用等因素影响,随实验进行各组氨氮浓度总体呈下降趋势。沉积物深度对上覆水氨氮浓度影响不显著(表4.2.2),整个实验期间,无论光照与否,沉积物深度0cm和5cm组上覆水氨氮浓度均低于沉积物深度10cm组。类似的氨氮浓度变化在玄武湖沉积物营养盐释放实验中也出现(徐洪斌等,2004)。

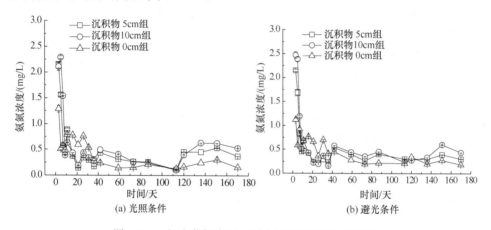

图 4.2.3　沉积物深度对上覆水氨氮浓度变化的影响

表 4.2.2　沉积物深度对氨氮和总磷浓度的影响　　　　　　（单位:mg/L）

参数	光照			无光照		
	0cm	5cm	10cm	0cm	5cm	10cm
NH_4^+-N	0.48±0.27	0.55±0.51	0.66±0.66	0.44±0.31	0.53±0.51	0.64±0.63
TP	0.02±0.01[a]	0.20±0.05[b]	0.27±0.07[c]	0.03±0.02[a]	0.21±0.04[b]	0.41±0.27[c]

注:$p<0.05$,不同上标字母表示存在显著性差异。

表层0~5cm是沉积物含氮化合物释放作用最强的区域(邢亚圐等,2006),实验初期,进入上覆水的氨氮主要来自表层沉积物的释放,随着实验进行,当表层间隙水与上覆水之间的氨氮浓度达到平衡之后,部分底层沉积物中的氨氮也通过浓度差扩散至上覆水。进入11月份(大约115天后),室内暖气的开通促进了微生物扰动,在沉积物—水界面出现大量的颤蚓,沉积物10cm组氨氮浓度出现小幅增加,但室温上升也加快了微生物硝化-反硝化作用对氨氮的消耗,二者综合作用下,实验后期沉积物深度 10cm 组上覆水氨氮浓度呈现先上升再下降的现象。

3. 沉积物深度对总磷释放的影响

磷是造成水体富营养化的重要限制性因子(孙淑娟等,2008)。不同沉积物深度条件下上覆水总磷浓度变化见图 4.2.4。从图中可看出,沉积物深度显著影响上覆水总磷浓度,无论光照与否,实验期间沉积物深度 0cm 组总磷浓度一直保持在较低浓度水平,沉积物深度 5cm 组总磷浓度维持在 0.2mg/L 且波动幅度很小,沉积物深度 10cm 组总磷随时间推移大致呈上升趋势,在避光条件下趋势表现更为明显。沉积物深度影响磷释放,五里湖疏浚后,表层沉积物减少后削减了水体 40%溶解性总磷(DTP)。Zhong 等模拟太湖五里湖疏浚,去除表层底泥 30cm 后,显著降低了总磷以及易释放态磷的含量。上述实例与本实验结果一致(Zhong et al.,2008)。

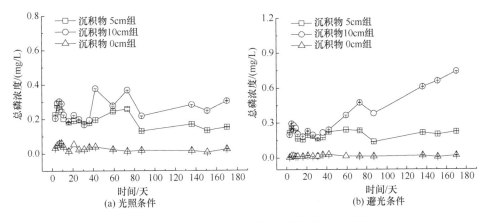

图 4.2.4　沉积物深度对上覆水总磷浓度变化的影响

由表 4.2.2 可知,沉积物深度对上覆水总磷平均浓度影响显著($p<0.05$),总磷浓度从大到小依次为 10cm>5cm>0cm。沉积物磷释放在实验初期仅与上覆水和间隙水之间浓度差有关,且释放区域限于表层沉积物,此时沉积物深度对上覆水总磷浓度的影响不大。进入实验后期(115 天后),室温的维持(约 20℃)有利于微生物及底栖生物活动,泥水界面出现大量的颤蚓不停地扰动表层沉积物。颤蚓的出现是沉积物及水体有机污染严重的表现,此条件下微生物对有机污染物的分解消耗大量的溶解氧,其产生的厌氧环境有利于沉积物磷释放(Hu et al.,2001)。

4. 光照对氨氮释放的影响

光照对上覆水氨氮浓度随时间变化的影响见表 4.2.3。实验期间,沉积物 0cm 组氨氮浓度变化受光照影响较小。光照对沉积物 5cm 组和沉积物 10cm 组氨氮释放的影响分为三个阶段:光照组与对应避光组氨氮浓度相差不大(前 40 天);避光组氨氮浓度显著高于光照组($p<0.05,40\sim120$ 天)和光照组氨氮浓度显著高于避光组($p<0.05,120$ 天~实验结束)。

表 4.2.3　光照对氨氮释放的影响　　　　　　(单位:mg/L)

时间/天	沉积物 0cm		沉积物 5cm		沉积物 10cm	
	光照	避光	光照	避光	光照	避光
0~40	0.68±0.23	0.66±0.27	0.69±0.66	0.72±0.67	0.87±0.79	0.84±0.80
40~120	0.28±0.09	0.27±0.09	0.30±0.12a	0.37±0.09b	0.32±0.14a	0.39±0.12b
120~170	0.22±0.05	0.23±0.07	0.45±0.08b	0.33±0.05a	0.60±0.06b	0.46±0.14a

注:$p<0.05$,不同上标字母表示存在显著性差异。

　　实验初期,沉积物间隙水与上覆水之间的浓度差可能是氨氮迁移转化的主要驱动力。海河透光性较差,沉积物及上覆水中部分微生物适宜在弱光环境中生存,且对沉积物扰动干扰作用较强,因此 40~120 天避光条件下氨氮浓度高于光照条件。此后随着实验进行,光照组底栖动物适应光照条件且数量增加较大并通过对底泥的扰动促进了氨氮释放,导致实验后期光照条件下上覆水氨氮浓度高于避光条件。

　　5. 光照对沉积物磷释放的影响

　　光照对上覆水中总磷浓度随时间变化的影响见表 4.2.4。从表可看出,光照对上覆水总磷浓度的影响因沉积物深度而异。无论光照与否,沉积物 0cm 组总磷浓度一直处于很低浓度水平,光照条件对其变化影响较小(表 4.2.4)。实验初期(0~40 天),光照对沉积物 5cm 和沉积物 10cm 组上覆水总磷浓度影响不明显,光照和避光条件下总磷浓度相差较小,此后它们之间的浓度差逐渐扩大,特别是沉积物 10cm 组,避光条件几乎是光照条件下浓度的 2 倍(表 4.2.4)。

表 4.2.4　光照对总磷释放的影响　　　　　　(单位:mg/L)

时间/天	沉积物 0cm		沉积物 5cm		沉积物 10cm	
	光照	避光	光照	避光	光照	避光
0~40	0.03±0.01	0.02±0.01	0.21±0.04	0.20±0.04	0.24±0.06	0.23±0.04
40~170	0.02±0.01	0.02±0.00	0.17±0.05a	0.22±0.03b	0.28±0.05a	0.54±0.15b

注:$p<0.05$,不同上标字母表示存在显著性差异。

　　研究表明沉积物磷释放与照度呈负相关,而与底栖藻类的生长量呈正相关。实验期间光照装置中有藻类等浮游植物存在,藻类在生长过程中需要吸收大量营养盐,当上覆水营养盐浓度较低时,沉积物向上覆水释放的营养盐是藻类生长的主要营养源。底栖藻类间接成为阻挡沉积物磷释放的一个生物"屏障"（姚杨等，2004），导致光照条件下上覆水总磷浓度低于避光对照。实验后期，暖气使室内温度升高，微生物以及底栖动物（如颤蚓）对沉积物的扰动作用较实验前期明显，微生物活动促进了沉积物磷释放。范成新等（2002）的研究也表明在生物促进环境下，有机磷的矿化作用明显增强。

通过研究沉积物营养物质释放行为及影响因素，获得如下主要结论。

（1）沉积物深度对上覆水氨氮浓度影响不显著，但沉积物深度越大，上覆水总磷浓度越高。

（2）光照可有效降低上覆水总磷浓度，但光照对氨氮的影响较小，同一沉积物深度，光照组的氨氮浓度略高于避光组。

（3）除沉积物深度和光照外，温度和微生物包括底栖动物对沉积物氮磷释放具有一定影响。

4.3　鱼饵及投饵养鱼的营养物质释放规律

4.3.1　实验材料与方法

1. 鱼饵氮磷营养盐释放实验

鱼饵采用库区管理处提供的当地渔民常用养鱼饲料。研磨鱼饵过孔径为 0.85mm 和 0.15mm 泰勒筛，相应粒径（d）分别为：$0.15mm < d \leqslant 0.85mm$ 和 $d \leqslant 0.15mm$。称取 0g、0.1g、0.2g、0.5g 和 1.0g 原状、过筛鱼饵，分别加入到 400mL 经过高温灭菌无氮磷 M-11 培养基中，每组做 2 个平行。M-11 无氮磷培养组成（以 ρ 计）：$MgSO_4 \cdot 7H_2O$ 75mg/L，$CaCl_2 \cdot 2H_2O$ 40mg/L，Na_2CO_3 20mg/L，柠檬酸铁（$Fe \cdot citrate \cdot xH_2O$）6mg/L，$Na_2EDTA \cdot 2H_2O$ 1mg/L。采用 NaOH 和 HCl 调节培养基 pH 为 8.0（胡小贞等，2004）。

从投加鱼饵后的第 2 天开始监测，实验持续 12 天，每天早晨 8：00～8：30 用移液管取出 10mL 水样分析，依据《水和废水监测分析方法》测定总磷（TP），总氮（TN），溶解性正磷酸盐（DOP）和氨氮（NH_4^+-N）等水质指标。

2. 鱼饵及投饵养鱼对沉积物氮磷营养盐的释放影响实验

取规格为 45cm×45cm×50cm 编号为 1# ～4# 的玻璃缸，其中 1# 不加沉积物，2# ～4# 均加入 3.55kg 混合均匀的水库附近采集沉积物（密度为 1.07g/L），沉积物平铺于玻璃缸底部，待沉积物填充完毕后，沿缸壁缓缓加入人工配制的上覆水（TN：4.5mg/L；TP：0.05mg/L），液面距玻璃缸底部 35cm，然后在距离沉积物表面 5cm 处固定孔径为 2mm 的白色网（图 4.3.1）。稳定两天后于 3# 和 4# 缸分别加入重量为 18g 左右的鲤鱼 3 条，并每隔一天投加 0.6g 鱼饵，投喂时保证鱼饵

充分被鲤鱼摄食。每天早上 8:00 打开日光灯,光照周期 12h:12h,光照强度为

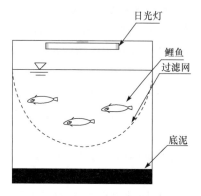

图 4.3.1　水库沉积物营养
盐释放实验装置

2000lx。实验期间,采样频率为 2~3 天/次,依据《水和废水监测分析方法》测定 TP、溶解性总磷(DTP)、DOP、TN、NH_4^+-N、硝态氮(NO_3^--N)和溶解性总氮(DTN)。

4.3.2　结果和讨论

1. 鱼饵粒径、投加量对氮、磷的释放影响

理化性质分析结果表明,实验所用鱼饵的有机质、TN 和 TP 质量浓度高达(85±2)%、(5.32 ± 0.16)% 和 (0.83 ± 0.04)%。图 4.3.2 显示鱼饵粒径、投加量与水体 TP、DOP、TN 和 NH_4^+-N 平衡浓度间的相互关系。

从图中可看出,鱼饵释放氮磷能力巨大,水体氮、磷质量浓度达到富营养标准阈值

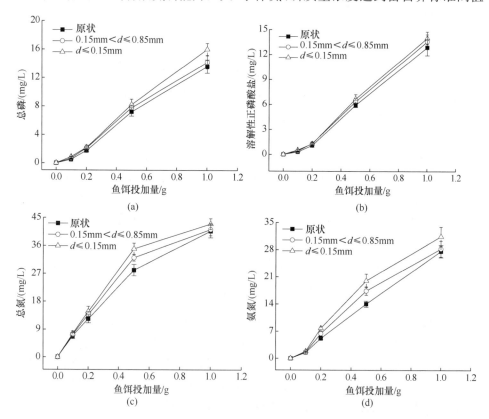

图 4.3.2　鱼饵粒径、投加量对 TP、DOP、TN 和 NH_4^+-N 平衡质量浓度影响

$[\rho(\text{TN}) \leqslant 0.2\text{mg/L}, \rho(\text{TP}) \leqslant 0.02\text{mg/L}]$数十倍甚至数百倍;相同粒径条件下,水体 TP、DOP、TN 和 NH_4^+-N 平衡质量浓度随着鱼饵投加量增加基本呈线性增长。鱼饵粒径对营养盐释放影响较小,在任一投加水平下,水体氮磷平衡质量浓度间无显著差异($p > 0.05$)。随着鱼饵投放量的增加,氮磷释放量占鱼饵氮磷总量的比例基本呈递减趋势,单位质量鱼饵释放氮磷能力下降(表 4.3.1)。营养盐释放结果表明,投加量是制约鱼饵氮磷释放行为的关键因素,而粒径对氮磷释放过程影响不显著。

表 4.3.1 鱼饵中氮磷释放比例

鱼饵质量 (a)/g	N 素				P 素			
	鱼饵含量 (a_1)/mg	释放量 (a_2)/mg	释放比例 (a_2/a_1)/%	单位质量鱼饵释放量 (a_2/a)	鱼饵中含量 (b_1)/mg	释放量 (b_2)/mg	释放比例 (b_2/b_1)/%	单位质量鱼饵释放量 (b_2/a)
0	0	0	0	0	0	0	0	0
0.1	5.32	2.27	42.67	22.70	0.83	0.31	37.35	3.10
0.2	10.64	4.42	41.54	22.10	1.66	1.30	78.31	6.50
0.5	26.60	10.50	39.47	21.00	4.15	2.96	71.33	5.92
1.0	53.20	15.96	30.00	15.96	8.30	5.77	69.52	5.77

注:鱼饵释放氮磷量是以培养液中氮磷释放达到平衡时质量浓度平均值计算得到。

2. 养鱼及投饵对沉积物氮释放的影响

不投饵养鱼以及投饵养鱼情况下,上覆水体中各形态氮浓度变化见图 4.3.3。无沉积物条件下,水体各项氮素指标在实验期间始终保持相对稳定状态。在沉积物存在情况下,不同形态氮素浓度随时间变化差异很大。单一沉积物玻璃缸内,溶解性总氮是总氮主要组成成分,二者浓度变化趋势较为一致,实验前两周,它们浓度略有小幅下降,随后浓度急剧下降;氨氮浓度先上升后下降最后趋于稳定;硝氮与氨氮相反,先下降后上升最后下降。无论投饵与否,养鱼玻璃缸上覆水体中氮素浓度随时间变化接近,实验前两周内,养鱼上覆水中总氮和溶解性总氮均呈上升趋势;实验初期,氨氮和硝态氮浓度先上升,随后逐渐下降。

沉积物能降低氮浓度。实验前两周沉积物 2#缸上覆水中总氮、溶解性总氮浓度均高于无沉积物 1#缸,但随后 2#缸浓度继续下降,到实验结束时浓度仅是 1#缸一半;2#缸氨氮浓度在实验前期高于 1#缸,但随着实验进行氨氮浓度逐渐降至接近于 1#缸。比较 2#缸与 3#缸氮浓度曲线可发现,养鱼不能改变氮浓度变化趋势,但大大提高了各形态氮浓度,尤其是硝态氮。比较 3#缸与 4#缸,投加鱼饵对水体中总氮、溶解性总氮和硝态氮的浓度影响不显著,可提高氨氮浓度,但

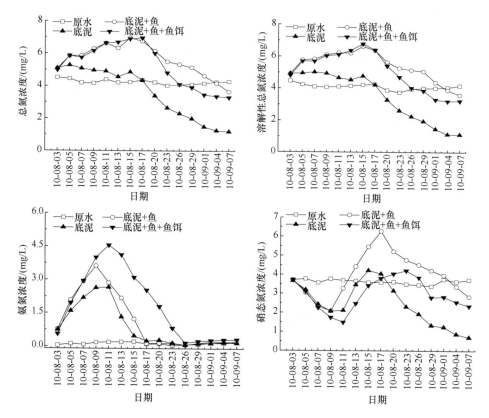

图 4.3.3　上覆水总氮、溶解性总氮、氨氮和硝态氮浓度随时间变化

在实验结束时氨氮也降至接近原水。

　　实验配制的水体氮以硝态氮为主,氨氮占很小比例。沉积物间隙水与上覆水之间氨氮、硝态氮存在浓度差,导致氨氮从沉积物向上覆水体扩散,硝态氮则从上覆水向沉积物扩散。研究表明,泥水界面间,氨氮主要向上覆水扩散,硝态氮主要向间隙水中扩散,间隙水中硝态氮45%被吸附,30%因反硝化作用离开水体。因此,硝态氮被沉积物吸附以及反硝化可能是2♯缸总氮和溶解性总氮均低于1♯缸的主要原因。鱼的活动对沉积物有一定扰动作用,能促进沉积物中营养元素的释放(李一平等,2004),但作用有限,不能改变氮浓度变化趋势。本实验由于投饵料量很小(0.6g/2天),且被鱼充分摄食,因此对总氮和溶解性总氮浓度影响较小,但鱼排粪和排泄量较无投饵组高,导致投饵组氨氮浓度较高;与此同时,排泄物分解导致水体中溶解氧下降,反硝化作用增强,因此硝态氮浓度相对较低。

　　3. 养鱼及投饵对沉积物磷释放的影响

　　图 4.3.4 给出上覆水体中各种浓度随时间变化情况。从图中可看出,溶解性

正磷酸盐是溶解性总磷主要成分,溶解性总磷是总磷主要成分。与无沉积物对照相比,沉积物鱼缸内上覆水各形态磷浓度均呈现上升趋势,然后保持相对稳定或略有下降。

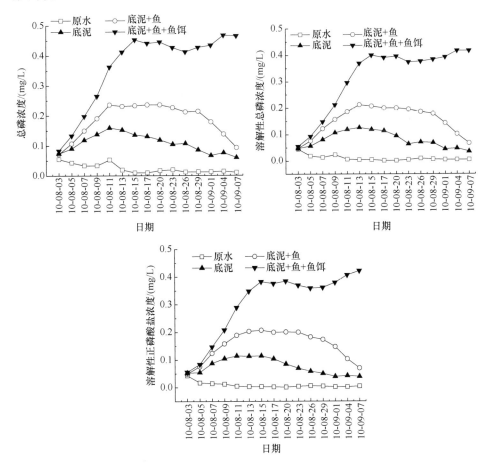

图 4.3.4　上覆水总磷、溶解性总磷和溶解性正磷酸盐浓度随时间变化

　　本实验配制水体的磷本底很低,沉积物磷通过浓度差沿间隙水向上覆水扩散,导致磷浓度逐渐升高。鱼的游动促进了沉积物磷释放,且落到沉积物表面的排泄物在微生物作用下分解,也释放出部分磷;排泄物的分解消耗溶解氧,降低泥水界面溶解氧浓度,有助于沉积物磷释放;在上述因素共同作用下,投饵养鱼玻璃缸上覆水各形态磷浓度显著高于其他玻璃缸(图 4.3.4)。

　　通过研究鱼饵及投饵养鱼的营养物质释放规律,获得如下主要结论。

　　(1) 影响鱼饵营养释放的唯一因素是投加量,与粒径无关;鱼饵氮磷释放能力随着投加量的增加基本呈降低趋势。

（2）引入沉积物促进总磷、溶解性总磷、溶解性正磷酸盐和氨氮释放；但降低了上覆水总氮、溶解性总氮和硝态氮浓度。

（3）沉积物吸附和微生物的硝化与反硝化可显著降低水体氮浓度。鱼的扰动和投饵，能够一定程度上提高水体营养物质浓度。

4.4　鱼饵对铜绿微囊藻和四尾栅藻生长的影响

4.4.1　实验材料与方法

1. 铜绿微囊藻在鱼饵培养基中生长动力学实验

铜绿微囊藻和四尾栅藻购自中国科学院武汉水生生物研究所，采用 M-11 培养基在光照培养箱中进行培养。实验前铜绿微囊藻扩大培养 1 周。取一定体积藻液在 3000r/min 下离心 10min，弃掉上清液，用 15mg/L NaHCO$_3$ 溶液洗涤后离心，重复 2 次，用无菌水稀释后接种于无氮磷培养基中进行饥饿培养，2 天后用于实验。实验起始藻密度为 5×10^4 个/mL 左右。

实验分两组进行，称取 0g、0.05g、0.10g、0.20g 和 0.50g 的原状鱼饵，加入装有 400mL M-11 无氮磷培养基的锥形瓶中，其中一组（1♯～5♯）不接入藻种作为对照，另外一组（6♯～10♯）接入铜绿微囊藻。实验在光照培养箱中进行，光照强度为 3000lx，温度为 28℃；光照强度为 0lx，温度为 20℃，光照周期为 12h∶12h，每日定时摇动锥形瓶并随机变换位置。接入藻种后第 2 天开始，每天早晨 8:00 取出部分水样，测定藻细胞数量以及 TP、TN、DOP、NH$_4^+$-N 和 pH 等指标，每组实验均设 2 个平行样。

2. 铜绿微囊藻和四尾栅藻在鱼饵培养基竞争性生长实验

实验前铜绿微囊藻和四尾栅藻均扩大培养 1 周，方法同上。

实验分三组进行，准确称取 0g、0.05g、0.10g 和 0.20g 的原状鱼饵，加入装有 400mL M-11 无氮磷培养基的锥形瓶中，其中一组单独接入铜绿微囊藻，另外一组单独接入四尾栅藻，第三组接入铜绿微囊藻和四尾栅藻（数量各占一半）。实验起始藻密度为 5×10^4 个/mL 左右。具体实验条件与前面一致。

4.4.2　结果与讨论

1. 投饵时铜绿微囊藻生长与氮浓度关系

铜绿微囊藻生长过程中氮浓度随时间变化趋势见图 4.4.1。由图可见，除空白对照（1♯）外，无藻组 TN 和 NH$_4^+$-N 浓度随时间推移呈上升趋势；有藻组除空白对照（6♯）和鱼饵投加量 0.5g 组（10♯）外，TN 浓度在 10 天后逐渐下降并趋于稳定，NH$_4^+$-N 浓度呈小幅上升趋势。对比图 4.4.1 (a) 和 (b) 可发现，NH$_4^+$-N 是

TN 的主要组成部分。有藻组和无藻组的 TN 和 NH_4^+-N 浓度差可以衡量藻类的氮利用水平，在鱼饵投加量为 0.05～0.50g 水平下，TN 浓度比值分别为 62%、85%、75% 和 77%，NH_4^+-N 浓度比值为 21%、26%、35% 和 74%，说明藻类生长过程中 NH_4^+-N 是主要的氮利用形态。

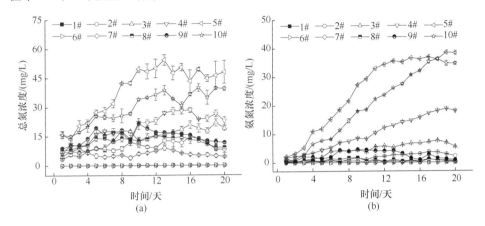

图 4.4.1　TN 和 NH_4^+-N 浓度的时间动态

1♯～5♯ 为无藻组和 6♯～10♯ 为有藻组，鱼饵投加量：1♯、6♯：0g；2♯、7♯：0.05g；
3♯、8♯：0.1g；4♯、9♯：0.2g；5♯、10♯：0.5g

选择藻类生长情势最好的 0.05g、0.10g 和 0.20g 组进行模拟分析，探讨氮利用与藻生长之间的关系，结果见图 4.4.1。从图可看出，TN 利用量与藻生长呈弱相关性，而 NH_4^+-N 利用量与藻生长之间呈显著线性关系（r^2 分别为 0.93、0.64 和 0.84）。NH_4^+-N 是藻类生长比较容易吸收的氮形态，NH_4^+-N 被藻类利用时能量消耗低（刘春光等，2006），除 0.5g 鱼饵投加组外，铜绿微囊藻的引入导致鱼饵培养基氨氮浓度降低 65% 以上。NH_4^+-N 利用量与藻类现存量之间呈正线性相关关系意味着 NH_4^+-N 利用量越大，藻类现存量越大，但随着投加量增加，线性斜率减小，这说明 NH_4^+-N 对铜绿微囊藻生长的促进作用减弱（图 4.4.1）。

鱼饵有机质含量高，矿化过程消耗大量溶解氧，导致缺氧或厌氧条件下积聚还原态 NH_4^+-N（刘春光等，2006），促使实验期间无藻组 NH_4^+-N 累积和浓度逐渐上升（图 4.4.2）。藻类生长能够吸收利用部分 NH_4^+-N，同时光合作用产生的氧气利于 NH_4^+-N 硝化，从而将部分 NH_4^+-N 转化成硝态氮（Hargreaves，1998），因此随着实验进行有藻组与无藻组之间氨氮浓度差值呈现逐渐增加的趋势（图 4.4.2）。

2. 投饵时铜绿微囊藻与磷浓度关系

图 4.4.3 显示藻类培养期间 TP 和 DOP 浓度随时间变化趋势。由图可看出，除空白对照（1♯ 和 6♯）外，TP 浓度在前 3 天逐渐上升，随后逐渐保持稳定。对比

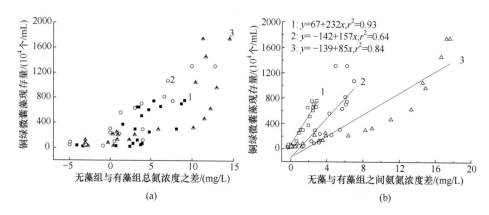

图 4.4.2　铜绿微囊现存量与 TN 和 NH_4^+-N 浓度相关性

鱼饵投加量:1:0.05g;2:0.10g;3:0.20g

图 4.4.3(a)和(b)可发现,DOP 是 TP 的主要组成部分。有藻组和无藻组 TP 和
DOP 浓度差可以衡量藻类磷利用水平,在鱼饵投加量为 0.05~0.50g 水平下,TP
浓度比值分别为 96%、77%、73% 和 76%,DOP 浓度比值为 65%、55%、52% 和
82%,这说明藻类生长过程中 DOP 是主要的磷利用形态。

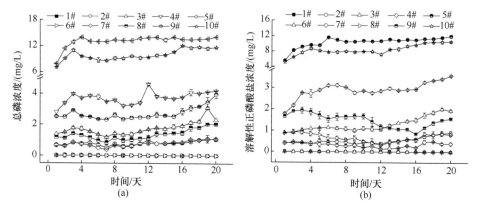

图 4.4.3　TP 和 DOP 浓度时间动态

1#~5# 为无藻组和 6#~10# 为有藻组,鱼饵投加量:1#、6#:0g;2#、7#:0.05g;

3#、8#:0.1g;4#、9#:0.2g;5#、10#:0.5g

选择藻类生长情势最好的 0.05g、0.10g 和 0.20g 组进行模拟分析,探讨磷利
用与藻生长之间的关系,结果见图 4.4.4。从图可看出,TP 利用量与藻生长无明
显相关性,而 DOP 利用量与藻生长之间呈显著指数函数关系(r^2 分别为 0.83、
0.95 和 0.67)。鱼饵释放 TP 的平衡时间较长,达到 3 天,高于报道的 0.05~0.20
(刘立鹤等,2006),实验采用原状鱼饵且水饵比高可能是重要原因。DOP 是鱼饵
TP 主要组成部分,说明磷溶失主要是可溶性磷释放所致(刘立鹤等,2006)。伴随

着藻的衰亡,部分铜绿微囊藻沉积到水体底部,损失部分磷,导致有藻组 TP 浓度低于无藻组(刘春光等,2004)。DOP 是藻类生长的最佳磷利用形态,能被藻直接吸收(金相灿等,2006),导致有藻组 DOP 浓度低于无藻组。在生长延缓期,藻大量吸收水体 DOP,并以可溶性磷、聚磷和磷脂等形式储存于细胞质内,促进藻的快速生长(姚波等,2010),这可能是导致 DOP 浓度差与现存量之间呈显著的指数函数关系的重要原因。

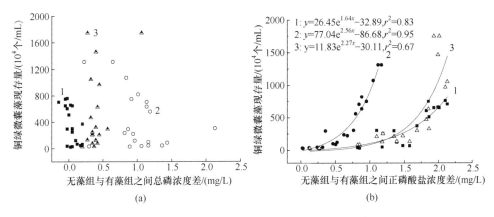

图 4.4.4 铜绿微囊藻现存量与 TP 和 DOP 浓度相关性

鱼饵投加量:1:0.05g;2:0.10g;3:0.20g

3. 投饵时铜绿微囊藻生长动力学特征

由图 4.4.5 可见,鱼饵可有效促进铜绿微囊藻生长,最大现存量最高可达 107

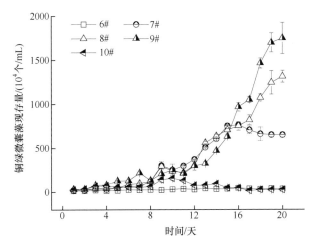

图 4.4.5 不同鱼饵投加量下铜绿微囊藻的生长曲线

鱼饵投加量:6♯:0g;7♯:0.05g;8♯:0.1g;9♯:0.2g;10♯:0.5g

个/mL。藻类生长期间水质状况见表 4.4.1。由表可见，鱼饵投加量低于 0.2g 时，藻类最大现存量随投饵量升高逐渐增加，但投饵量为 0.5g 时最大现存量相对较低。鱼饵溶失过程消耗溶解氧，过高的鱼饵投加量严重消耗水体溶解氧，进而抑制藻的呼吸代谢，导致藻过早衰亡。鱼饵造成铜绿微囊藻生长滞后，相比纯培养基藻生长延缓期 2～4 天(胡小贞等，2004)，鱼饵培养基中藻的延缓期较长。

表 4.4.1　铜绿微囊藻生长状况和水质指标

鱼饵投加量/g	藻生长情况		ρ/(mg/L)								pH	
	μ/(1/天)	X_{max}/(个/L)	TN		TP		NH_4^+-N		DOP			
			有藻组	无藻组	有藻组	无藻组	有藻组	无藻组	有藻组	无藻组	有藻组	无藻组
0	0.14	$4.75×10^5$	0.10	0.10	0.01	0.01	0.01	0.02	0.00	0.00	7.76	7.79
0.05	0.31	$7.60×10^6$	5.90	9.50	0.78	0.81	0.51	1.72	0.32	0.53	8.06	7.42
0.10	0.29	$1.31×10^7$	12.20	14.30	1.35	1.76	0.83	4.52	0.68	1.29	7.80	7.32
0.20	0.31	$1.75×10^7$	14.80	19.80	2.73	3.74	2.50	10.11	1.48	2.91	8.14	7.53
0.50	0.34	$1.58×10^6$	29.80	38.80	9.99	13.15	10.11	19.78	8.46	10.40	7.02	6.91

注：μ 为比增长速率；X_{max} 为最大现存量；其他指标为实验期间平均值。

鱼饵含有大量氮磷营养盐，以及浮游植物生长需要的丰富碳源，可持续促进藻类生长繁殖，增加现存量。在以 β-甘油磷酸为磷源培养基中，铜绿微囊藻的指数增长期和最大现存量均大于以 K_2HPO_4 为磷源的培养基(金相灿等，2006)。此外，投加鱼饵提高了水体氮磷浓度，但并未立刻引起藻类增殖，而是延长了生长延缓期，说明藻的生长对饵料溶失环境需要适应。最后，藻类生长过程光合作用消耗水体 CO_2，导致水体 pH 上升(Lopez-Archilla et al.，2004)，这可能是有藻组 pH 普遍大于相应无藻组的主要原因(表 4.4.1)。

4. 铜绿微囊藻和四尾栅藻生长竞争关系

铜绿微囊藻和四尾栅藻在鱼饵培养基中单独培养和共培养条件下的生长曲线如图 4.4.6 所示。无论何种培养方式，藻密度均随着鱼饵投加量的增加呈上升趋势。与铜绿微囊藻相比，四尾栅藻生长延缓期较短，为 2～3 天；四尾栅藻单独培养时的最大现存量远低于铜绿微囊藻。铜绿微囊藻和四尾栅藻在鱼饵培养基中共培养时，铜绿微囊藻生长延缓期延长的现象消失；相同鱼饵投加量条件下，两种藻最大现存量较各自单独培养时低。

铜绿微囊藻细胞体积远小于四尾栅藻，所需营养盐也相应较少，因此，不论单独培养还是共培养，相同鱼饵投加量条件下，铜绿微囊藻藻密度远大于相应鱼饵投加量的四尾栅藻，它们之间最大现存量差异达 4～5 倍。类似实验结果在以无机氮

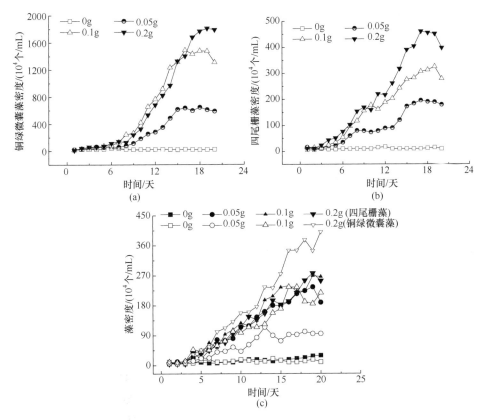

图 4.4.6　铜绿微囊藻和四尾栅藻在单独培养和共培养条件下藻密度

磷无营养源的培养中也出现,采用 MA、M-11、BG-11 和 HGZ 培养基培养铜绿微囊藻和四尾栅藻,相同营养盐条件下,以藻密度作为衡量藻多少的指标,铜绿微囊藻最大现存量是四尾栅藻 2 倍左右(胡小贞等,2004)。

　　从图 4.4.7 可看出,不论是单独培养还是共培养,随着鱼饵投加量增加,各实验组的叶绿素 a 含量均呈现上升趋势。与藻密度不同,相同投加量条件下,四尾栅藻的叶绿素 a 含量高于铜绿微囊藻。以投饵量 0.2g 组为例,各组氨氮和溶解性正磷酸盐浓度随时间变化情况见图 4.4.8。从图中不难看出,单养四尾栅藻和混养四尾栅藻组氨氮和溶解性正磷酸盐浓度下降幅度和速率高于单养铜绿微囊藻组,说明四尾栅藻对氮、磷吸收能力高于铜绿微囊藻。以单个细胞而言,四尾栅藻叶绿素 a 含量大于铜绿微囊藻,相应的对氮、磷需求量也远高于铜绿微囊藻。采用 663nm 处的吸光度作为衡量藻生物量指标,结果发现在相同营养盐条件下,斜生栅藻生物量高于铜绿微囊藻(许海等,2006)。在磷丰富的环境中,栅藻容易占据优势,在磷匮乏情形下,微囊藻容易形成优势(许海等,2006)。因此,在实际水体监测中,衡量优势藻种时需综合考虑叶绿素 a 和藻密度两个指标。

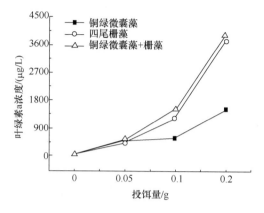

图 4.4.7　铜绿微囊藻和四尾栅藻在单独培养和共培养条件下叶绿素 a

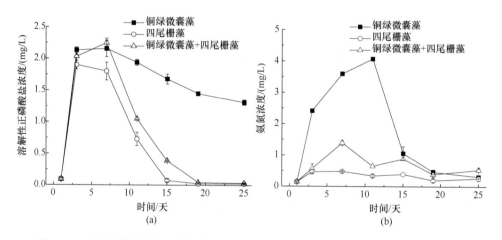

图 4.4.8　铜绿微囊藻和四尾栅藻在单独培养和共培养条件下氨氮和溶解性正磷酸盐
浓度随时间变化(以投饵量 0.2g 为例)

通过研究鱼饵对铜绿微囊藻和四尾栅藻生长的影响,获得如下主要结论。

(1) 0～0.2g 投饵量范围内,藻的最大现存量随着投饵量增加而增加;作为有机营养源,鱼饵释放和转化形成的 DOP 与 NH_4^+-N 是铜绿微囊藻吸收利用的主要氮磷形态。

(2) 铜绿微囊现存量增长与利用的溶解性正磷酸盐呈指数关系,采用缓慢溶失型饵料控制磷的释放效率,有助于抑制藻类生长和防治水体富营养化。

(3) 单养和共培养铜绿微囊藻和四尾栅藻时,相同鱼饵投加量条件下,铜绿微囊藻的密度高于四尾栅藻,而四尾栅藻的叶绿素含量高于铜绿微囊藻。

4.5　不同养殖模式下藻类群落及组成动力学变化

4.5.1　实验材料与方法

围隔主体支撑架构为钢管焊接而成,用不透水聚乙烯膜做围隔袋,围隔外面加一层聚乙烯编织布以保护聚乙烯膜,围隔上方敞开。鱼饵购于河北省廊坊市长虹饲料有限公司,其有机质、氮和磷质量分数分别为 78 主体支、2.46 支撑架构为钢和 0.83 支撑架构为钢。实验用鱼由库区管理处提供,花鲢和鲤鱼平均体重分别为 250 验用鱼由库和 630 验用鱼,实验前一周进行驯化。

2009 年 8 月 18 日利用水泵将周围库水泵入围隔,稳定两天后投鱼开始正式实验,其中 0♯ 为空白对照,1♯ 投加饵料,2♯ 投饵养殖花鲢,3♯ 投饵养殖鲤鱼,4♯ 投饵混养花鲢和鲤鱼。具体实验设计见表 4.5.1。每隔 2 天采样一次,采样和监测时间为上午 9 点半到 10 点之间,采集围隔中间区域水面以下 0.5m 处水样,同时采集围隔附近的水库水样。参照《水和废水环境监测》第四版总氮、溶解性总氮、氨氮、硝态氮、总磷、溶解性总磷、溶解性正磷酸盐、COD_{Mn}。其他水质参数如温度、溶解氧、pH、电导率、矿化度、藻密度、叶绿素和浊度等,采用 YSI 6600 多参数水质监测仪监测围隔中心水面下 0.5m 处水样。

表 4.5.1　围隔实验设计

水库水体		水库背景水体			
围隔设计	围隔体积/m³	养鱼情况			鱼食投加 /(3 次/天)
		尾数	质量/kg	密度/(g/m³)	
0♯	12.5	0	0	0	0
1♯	12.6	0	0	0	16.7g
2♯	12.6	花鲢 4	1.200	95.24	16.7g
3♯	15.1	鲤鱼 16	1.015	67.22	20g
4♯	15.1	花鲢 2+鲤鱼 7	1.000	66.23	20g

围隔实验采用 FluoroProbe 藻分析仪,监测水体中蓝、绿、硅和隐四门的藻以及总量。此外,2009 年 9 月 1 日后,每次采样后取 500mL 水样,加入 7.5mL 鲁格试剂固定藻类,沉淀 24h 后,浓缩到 30mL 左右,参照《中国淡水藻志》做藻属的鉴别,每个水样做 3 组平行。

实验结束后,将围隔中的鱼捕获称重,预处理后测定鱼肉中氮磷含量。

4.5.2　结果与讨论

1. 不同养殖模式下藻类总量变化

实验期间,水温基本呈下降趋势(图 4.5.1)。空白围隔和水库水体中总藻密度基本保持稳定,分别为 3.39 围隔和 6 个/L 和 2.60 围隔和 6 个/L,投饵围隔总藻密度均比空白围隔和水库高 1~2 个数量级(图 4.5.2)。鱼饵含有丰富有机质、氮和磷等营养物质(李苏等,2008),进入水体后为浮游藻类生长提供了足够的营养盐,导致 1♯ 只投饵围隔藻密度最高。藻类数量与总氮、总磷、氮磷比都显著相关,水体中总磷和总氮每增加 0.01mg/L,藻类密度分别增加 35.3 个/L 和 10.6 个/L。从图 4.5.2 可看出,与 1♯ 围隔相比,养殖花鲢与鲤鱼均可以抑制藻类总量的增

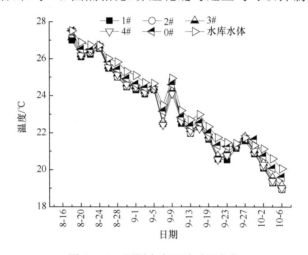

图 4.5.1　围隔中水温随时间变化

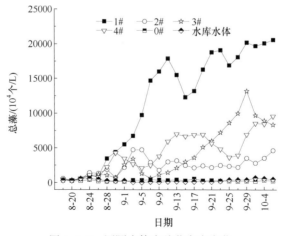

图 4.5.2　围隔水体中总藻密度变化

加。花鲢和白鲢同属滤食性鱼类,花鲢可直接捕食大于 $30\mu m$ 浮游植物,对以蓝绿藻为主的总藻控制效果最为显著。此外,花鲢对藻类摄食效率与藻密度正相关(Radke et al.,2002),较高的藻密度和蓝绿藻为主的藻类分布是花鲢有效抑制总藻量的重要原因。鲤鱼属于吃食性鱼类,对藻类滤食相对较少,其对藻类的作用机理和花鲢不尽一致。大多研究者认为鲤鱼通过捕食浮游动物刺激藻类生长,但赵玉宝研究发现,鲤鱼能够同时增加藻类和浮游动物数量,且导致藻类大型化和浮游动物小型化。此次实验数据显示,鲤鱼主要靠捕食鱼饵生长,围隔中藻类可利用营养盐水平低于只投饵围隔(表 4.5.2),因此间接抑制了藻类总量的增加,且藻密度与单养花鲢相当(图 4.5.3)。

表 4.5.2　实验期间围隔及库水水质状况　　　　　　　（单位：mg/L）

水质参数	0#	1#	2#	3#	4#	水库水体
COD	3.72±0.32	14.09±7.57	11.80±5.27	12.67±7.40	11.50±5.04	3.49±0.33
TN	3.44±0.30	4.05±0.52	3.02±0.97	3.51±0.88	3.21±1.08	4.48±0.27
TP	0.04±0.08	0.66±0.48	0.44±0.33	0.29±0.21	0.40±0.31	0.04±0.01

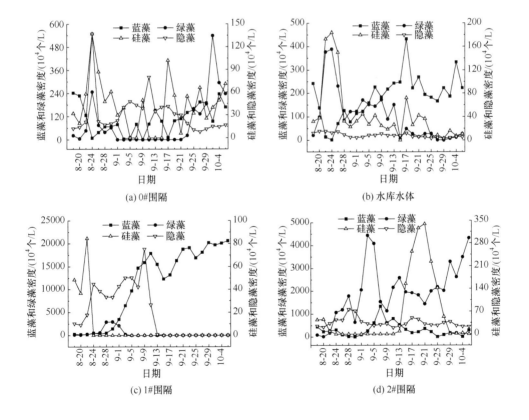

(a) 0#围隔　　　　　　　　(b) 水库水体

(c) 1#围隔　　　　　　　　(d) 2#围隔

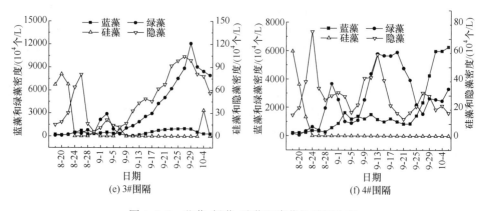

图 4.5.3　蓝藻、绿藻、硅藻和隐藻的时间动态

2. 不同养殖模式下主要藻门生物量变化

围隔中蓝、绿、硅、隐四门藻的密度-时间动态见图 4.5.3。从图中可看出,实验初期围隔和水库中蓝藻和绿藻是主要优势藻。随着实验进行,水库水体中蓝藻基本保持稳定;绿藻在实验初期和后期出现,中间相当长一段时间未检出;硅藻则呈先下降后上升趋势;隐藻很稳定地保持在低密度水平。投饵养殖造成主要藻门发生变化,1#围隔中绿藻、硅藻和隐藻等逐渐被蓝藻取代,蓝藻成为唯一藻种持续直至实验结束。2#围隔中蓝藻呈下降—上升—下降的变化趋势;而绿藻呈上升—下降—上升趋势;硅藻密度 6 天后鲜有检出;隐藻比较稳定。3#围隔中蓝藻密度上升到最大值后急剧下降;绿藻密度稳定上升后略有下降;硅藻仅在早期检出;隐藻波动幅度较大。4#围隔蓝藻密度早期稳定后大幅增长;绿藻密度呈现波动;硅藻与3#围隔类似。

投饵和养鱼不仅影响藻总量,而且改变水体主要藻种组成和演变。一般而言,水体富营养化会使不适应高营养的藻种灭亡,降低藻类多样性(朱伟等,2010)。与不投饵围隔比,投饵后 1#围隔营养盐的增加促使藻种向单一蓝藻门演变,一定程度上验证了营养盐增加与蓝藻生长呈正相关的研究结论(Radke et al. 2002)。鲢鱼对蓝藻的滤食效果明显,养殖鲢鱼能够造成主要藻门大个体蓝藻向小个体绿藻转变(Fukushima et al. ,1999),受花鲢对蓝藻滤食的影响,2#围隔蓝藻逐渐减少,绿藻和硅藻渐增且以绿藻为主要藻门(图 4.5.3)。鲤鱼不直接滤食蓝藻,其造成主要藻门也由蓝藻向绿藻演替可做如下解释:①鲤鱼对饵料的捕获造成营养盐水平较低,不利于蓝藻生长;②鲤鱼增加了浮游动物多样性(刘毅等,2006),浮游动物对藻类的竞争捕食和结构优化造成蓝藻向绿藻转化。

3. 不同养殖模式下优势藻属变化

优势藻属生物量占总藻生物量的百分比为优势度,实验期间藻类优势度变化情况见图 4.5.4。实验期间,水库水体中蓝藻门的鱼腥藻是唯一优势藻属,基本达到 90% 以上,绿藻门的衣藻和栅藻为第二优势属。只投饵围隔中,蓝藻门的鱼腥藻是优势藻属,平均比例约 57%,第二优势种为绿藻门的丝藻和衣藻,不足 20%。投饵能改变优势藻属,1♯围隔中的优势藻属由最初蓝藻门的鱼腥藻和绿藻门的芒锥藻演变为鱼腥藻单一优势属。2♯围隔中初始藻属有蓝藻门的鱼腥藻和隐藻门的隐藻,演变为绿藻门的栅藻为主要优势藻属。3♯围隔中优势藻由蓝藻门的鱼腥藻和绿藻门的依藻,演变为绿藻门的空心藻和丝藻为优势属。4♯围隔中最初绿藻门的芒锥藻所占比例较大,发展到后期为蓝藻门的鱼腥藻和绿藻门的栅藻成优势藻。

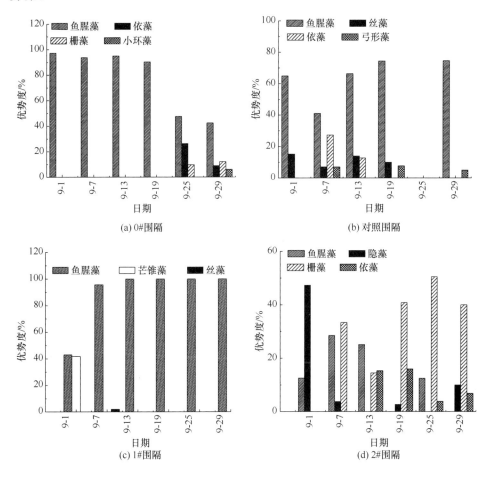

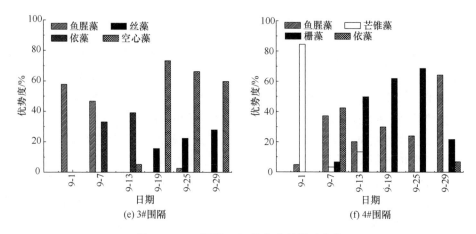

图 4.5.4　不同处理组优势藻种沿时变化

较高营养物质含量导致水库水体蓝藻门的优势地位和鱼腥藻的优势种（Domagalski et al.，2007）。鱼饵持续投放造成藻种多样性降低且鱼腥藻优势地位愈发明显（图 4.5.4），花鲢通常能够直接滤食大于 $30\mu m$ 的蓝藻，间接促进小于 $10\mu m$ 的绿藻生长（Radke et al.，2002），因此 2♯围隔中鱼腥藻优势地位逐渐减弱，而个体较小的绿藻门的栅藻、空星藻和芒锥藻逐渐增多。鲤鱼能够促进藻类多样性增加，在无饵条件下裸藻、隐藻等大型藻能够发展成优势种。然而，鲤鱼围隔中，绿藻门的空星藻和丝藻成为主要优势种（图 4.5.4），这可能因为水体原始藻种、浮游动植物结构、营养盐水平、外界环境因素如气温、水质以及采样时间等的差异造成。

通过研究不同养殖模式下藻类群落及组成动力学变化，获得如下主要结论。

（1）投饵显著促进藻类生长，藻向单一化方向演替，蓝藻门鱼腥藻成为唯一优势藻种。投饵养鱼水体硅藻和隐藻量低，竞争力显著低于蓝藻和绿藻。

（2）花鲢滤食的抑藻效率达到 80%，并促进绿藻在藻种竞争中占据优势，能够直接用于藻类数量控制和优势度调控。

（3）鲤鱼通过有效摄食鱼饵削减藻总量，且藻类的优势种也由蓝藻向绿藻演替。与花鲢相比，养殖鲤鱼在营养盐控制和藻类调控中具有较大潜在优势。

（4）养殖花鲢和鲤鱼均能抑制藻类生长，但与水库未养殖水体相比，投饵养殖水体总藻量有明显增加。

4.6 不同养殖模式下营养物质动态分析

4.6.1 实验材料与方法

具体见 4.5.2 节。

4.6.2 结果与讨论

1. 不同形态氮的动态变化

围隔水体初始 TN 平均浓度高达 4.6mg/L,是典型的"富氮"型水体。从图 4.6.1 和表 4.6.1 中可看出,实验期间对照围隔和水库水体 TN 浓度基本保持稳定并显著高于 1#~4# 围隔。投饵养鱼围隔中 TN 浓度降低是因为:①藻体中的氮随着藻的衰老沉降暂时离开上层水体。②氮的反硝化作用最终产物 N_2 和 N_2O 逸出水体(Hargreaves,1998),氮反硝化作用也是投饵围隔水体中 TN 浓度降低的重要原因。③围隔壁上底栖藻类生长对氮素消耗。④鱼体组织吸收利用。

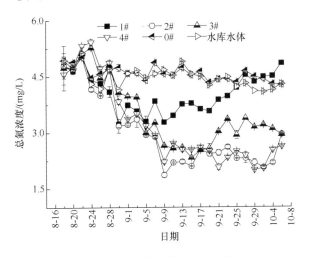

图 4.6.1 总氮浓度随时间变化

表 4.6.1 不同围隔水体之间的环境因子差异性分析

水质参数	围隔					水库水体
	1#	2#	3#	4#	0#	
藻密度/(个/L)	$(1.17 \times 10^8)^c$	$(2.40 \times 10^7)^{ab}$	$(4.07 \times 10^7)^b$	$(4.37 \times 10^7)^b$	$(3.39 \times 10^6)^a$	$(2.60 \times 10^6)^a$
COD/(mg/L)	14.1 ± 1.5^b	11.8 ± 1.1^b	12.7 ± 1.5^b	11.5 ± 1.0^b	3.7 ± 0.1^a	3.5 ± 0.1^a

续表

水质参数	围隔					水库水体
	1#	2#	3#	4#	0#	
TN/(mg/L)	4.1±0.1[b]	3.0±0.2[a]	3.5±0.2[ab]	3.2±0.2[a]	4.6±0.0[c]	4.5±0.1[c]
PTN/(mg/L)	1.8±0.2[c]	1.0±0.1[b]	1.27±0.1[b]	1.2±0.1[b]	0.4±0.1[a]	0.4±0.1[a]
DTN/(mg/L)	2.2±0.2[a]	1.9±0.2[a]	2.1±0.2[a]	1.9±0.3[a]	4.2±0.1[b]	4.0±0.1[b]
NH_4^+-N/(mg/L)	0.3±0.0[b]	0.3±0.0[b]	0.3±0.0[b]	0.3±0.0[b]	0.1±0.0[a]	0.1±0.0[a]
NO_3^--N/(mg/L)	0.9±0.2[a]	0.8±0.2[a]	1.11±0.24[a]	1.0±0.2[a]	3.0±0.1[b]	3.0±0.1[b]
TP/(mg/L)	0.66±0.10[c]	0.44±0.07[b]	0.29±0.04[b]	0.40±0.06[b]	0.04±0.00[a]	0.04±0.00[a]
PP/(mg/L)	0.27±0.02[d]	0.15±0.01[b]	0.22±0.03[cd]	0.18±0.01[bc]	0.01±0.00[a]	0.01±0.00[a]
DTP/(mg/L)	0.44±0.08[c]	0.32±0.07[bc]	0.09±0.01[a]	0.25±0.05[b]	0.03±0.00[c]	0.03±0.00[a]
DOP/(mg/L)	0.34±0.07[c]	0.24±0.06[bc]	0.04±0.01[a]	0.19±0.05[b]	0.01±0.00[a]	0.01±0.00[a]
TP/(mg/L)	0.66±0.10[c]	0.44±0.07[b]	0.29±0.04[b]	0.40±0.06[b]	0.04±0.00[a]	0.04±0.00[a]
pH	8.3±0.1[a]	8.2±0.1[a]	8.2±0.1[a]	8.2±0.1[a]	8.8±0.0[b]	8.4±0.0[a]
EC/(μs/cm)	517±3[b]	513±4[b]	517±1[b]	517±3[b]	505±4[a]	542±1[c]
TDS/(μg/L)	336±2[b]	334±2[b]	336±1[b]	336±2[b]	328±3[a]	352±1[c]

注:$p<0.05$,不同上标字母表示存在 Duncan 显著性差异。

从表 4.6.1 可看出,水库水体以溶解性氮为主,占到总氮含量 85% 以上。实验期间溶解性总氮与总氮浓度变化趋势类似(图 4.6.2),投饵围隔的溶解性总氮

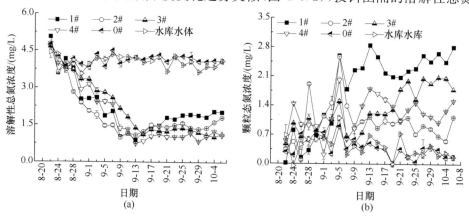

图 4.6.2　溶解性总氮与颗粒态氮浓度随时间变化

显著低于水库水体和对照围隔,而颗粒态氮浓度显著高于水库水体和对照围隔(表 4.6.1)。氨氮和硝态氮是溶解性总氮的主要组成部分,这两种氮是藻类常吸收利用的形态。1♯~4♯围隔藻不断生长、繁殖或维持较高生物量,势必吸收水体中的溶解性氮,导致其浓度下降。颗粒态氮包括水体悬浮物氮以及藻体氮,表 4.6.1 中显示各围隔中藻密度的高低排序与颗粒态氮浓度基本保持一致,且与水体浊度变化保持一致(图 4.6.3)。

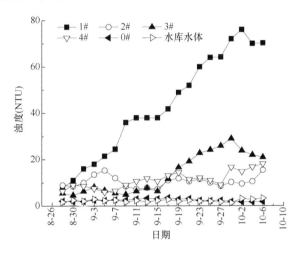

图 4.6.3　浊度随时间变化

围隔水体硝态氮和氨氮分别占初始溶解性总氮的 70% 和 4.5%,硝态氮占主导地位。从图 4.6.4 和表 4.6.1 中看出,投饵围隔氨氮浓度显著高于水库水体和围隔对照,而硝态氮则显著低于水库水体和对照围隔($p < 0.05$)。投饵和投饵养

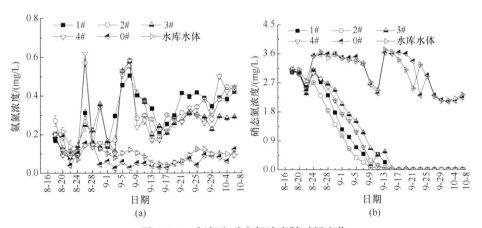

图 4.6.4　氨氮和硝态氮浓度随时间变化

殖对水体硝态氮和氨氮影响较小,1♯～4♯围隔硝态氮和氨氮浓度差异不显著($p<0.05$)。

鱼饵进入水体后,有机氮逐渐矿化形成氨氮,导致投饵围隔水体氨氮浓度升高。养殖水体氨氮浓度和硝态氮浓度分别高于和低于周边水体。氨氮是藻类优先利用形态,氨氮的存在会抑制藻类对硝态氮吸收。特殊条件下,硝态氮也能取代氨氮成为藻类偏好利用氮素形态,这可能是硝态氮浓度逐渐下降并最终低于检测限的主要原因。此外,氨氮矿化、挥发和吸附、浮游植物吸收、硝化反硝化综合作用也是影响硝态氮和氨氮浓度变化的重要因素。

2. 不同形态磷的动态变化

水库水体总氮浓度约为 4.50mg/L,总磷为 0.04mg/L,氮磷质量浓度比高达112。实验期间,水库水体与对照围隔中总磷浓度始终保持低水平状态,平均值分别为 0.036mg/L 和 0.040mg/L(表 4.6.1)。投饵和投饵养鱼围隔总磷浓度随时间变化趋势较为接近,基本上经历了两个阶段:缓慢增长(实验初始至 2009 年 9 月中上旬)和快速增长(2009 年 9 月中上旬至 10 月初),快速增长阶段总磷日增加质量浓度是缓慢增长阶段的 3～7 倍不等(图 4.6.5)。统计分析结果显示(表 4.6.1)只投饵的 1♯围隔总磷质量浓度显著高于 2♯～4♯投饵养鱼围隔,且有饵围隔总磷浓度均显著高于对照围隔和水库水体($p<0.05$)。

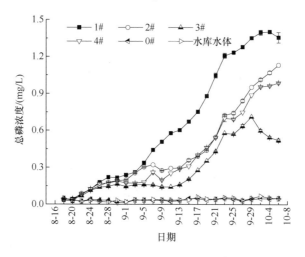

图 4.6.5　总磷浓度随时间变化

颗粒态磷吸附沉降(刘春光等,2004)导致对照围隔总磷平均浓度略低于水库水体。与对照围隔和水库水体相比,围隔中的磷主要来源于鱼饵及排泄物。鱼饵进入水体后,并没有立即引起水体中磷浓度迅速上升,而是经过 20 天左右的缓慢增长阶段,这与饲料的营养盐溶失密切相关(李苏等,2008)。投饵养鱼影响总磷浓度,鲤鱼摄食鱼饵,导致 3# 围隔水体总磷处于最低水平。

　　DTP 和 DOP 浓度随时间变化表现较为一致。实验期间水库水体和对照围隔中 DTP 和 DOP 质量浓度保持稳定的低值状态,1#～4# 围隔中 DTP 和 DOP 浓度则呈上升趋势。1#、2# 和 4# 围隔 DTP 和 DOP 浓度显著高于 3#、对照围隔以及水库水体($p<0.05$),投饵养殖鲤鱼未能引起水体 DTP 和 DOP 质量浓度显著性增加(图 4.6.6)。

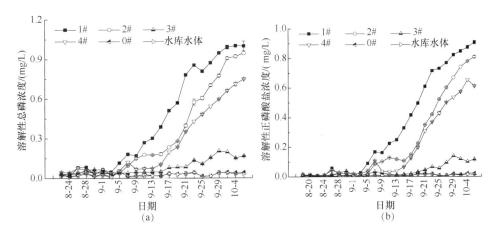

图 4.6.6　溶解性总磷和溶解性正磷酸盐浓度随时间变化

　　DOP 是浮游植物最容易吸收利用的磷形态(金相灿等,2006),也是 DTP 的主要形态,因此 DOP 和 DTP 浓度变化趋势基本一致。鱼饵中磷的溶失主要是由可溶性磷所致(刘立鹤等,2006),这是 1#～4# 围隔中 DTP 和 DOP 浓度上升的主要原因。此外,鱼饵中营养盐的释放促进藻的生长,衰亡藻类残体降解形成的胶体颗粒物,能够引起 DTP 和 DOP 浓度大幅增加,太湖蓝藻死亡分解产生的胶体态磷浓度是原水的 5 倍。衰亡藻体磷的再释放是投饵围隔中 DTP 逐渐上升的另一个重要原因。

　　PP 是指 TP 中除 DTP 后剩下的部分(薛金凤等,2005),主要包括悬浮物质所吸附的磷以及藻体中的磷。水库水体和对照围隔中 PP 浓度较低,实验期间的平均值分别为 0.013mg/L 和 0.008mg/L(图 4.6.7)。1# 和 3# 围隔浓度显著高于 2# 和 4# 围隔,而后者显著高于对照围隔以及水库水体($p<0.05$)。

　　实验期间,水库水体和对照围隔中悬浮物浓度与藻密度较低,相应的 PP 处于稳定低浓度水平。随着鱼饵投加,其含有的磷逐渐释放进入水体,一方面可与悬浮物结合形成 PP;另一方面促进藻迅速繁殖和生成藻细胞内磷,同一围隔中总藻密度与 PP 变化趋势一致验证了这点(吴敏等,2010)。除此之外,藻类分解过程也会释放形成 PP,蓝藻死亡后释放的 PP 是水体中初始浓度的 6.6 倍。

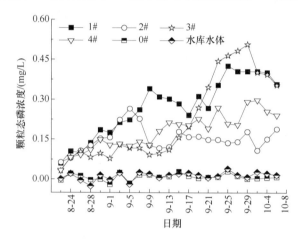

图 4.6.7　颗粒态磷浓度随时间变化

3. 氮磷与环境因子之间相关性

养殖水体氮的迁移转化受众多环境因素的影响,如浮游植物、pH、温度和溶解氧等。表 4.6.2 以 4# 围隔为例,总结各种形态氮彼此之间以及与环境因子的相关性。从表可看出,TN、$NO_3^- $-N 和 DTN 与 T、DO 和 pH 均呈正相关关系,与 COD_{Mn}、NH_4^+-N、TDS、EC 和 Chl-a 呈负相关关系。NO_3^--N 主要受微生物氨化和硝化作用影响,而微生物作用的强弱很大程度上依赖环境温度,在 20~30℃适宜微生物生长温度范围内,环境温度越高,微生物活动能力越强,因此 NO_3^--N 与温度之间呈正相关;较高的 DO 有利于硝化作用,因此 NO_3^--N 与 DO 呈正相关(Antileo et al.,2013)。NH_4^+-N 通过微生物硝化作用生成 NO_3^--N,这是 NH_4^+-N 与 NO_3^--N 负相关的主要原因。随着鱼饵投加和藻类生物量的增加,藻和鱼的呼吸作用以及鱼饵有机质矿化造成 pH 降低和 DO 消耗,导致 NH_4^+-N 浓度上升和 pH、DO 逐渐下降,所以 NH_4^+-N 与 pH 与 DO 呈负相关(表 4.6.2)。NO_3^--N 与 Chl-a 的负相关关系证实了藻生物量越大,NO_3^--N 消耗越多的现象。

表 4.6.2　实验期间不同形态氮与环境因子相关性(以 4# 围隔为例)

水质参数	COD	NH$_4^+$-N	NO$_3^-$-N	DTN	TN	T	DO	TDS	EC	pH	Chl-a
COD	1.000	(0.029)	(<0.001)	(<0.001)	(<0.001)	(<0.001)	(0.052)	(0.001)	(0.001)	(0.053)	(<0.001)
NH$_4^+$-N	0.436	1.000	(0.015)	(0.165)	(0.011)	(0.003)	(<0.001)	(0.003)	(0.003)	(<0.001)	(0.606)
NO$_3^-$-N	−0.922	−0.480	1.000	(<0.001)	(<0.001)	(<0.001)	(0.008)	(<0.001)	(<0.001)	(0.014)	(<0.001)
DTN	−0.845	−0.300	0.867	1.000	(<0.001)	(<0.001)	(0.144)	(0.018)	(0.018)	(0.183)	(0.001)
TN	−0.849	−0.502	0.868	0.816	1.000	(<0.001)	(0.028)	(0.007)	(0.007)	(0.034)	(0.003)
T	−0.937	−0.574	0.948	0.812	0.848	1.000	(0.004)	(<0.001)	(<0.001)	(0.005)	(0.002)
DO	−0.401	−0.717	0.530	0.322	0.447	0.568	1.000	(<0.001)	(<0.001)	(<0.001)	(0.507)
TDS	0.643	0.585	−0.685	−0.512	−0.544	−0.738	−0.738	1.000	(<0.001)	(<0.001)	(0.339)
EC	0.642	0.584	−0.678	−0.510	−0.545	−0.732	−0.732	0.999	1.000	(0.001)	(0.351)
pH	−0.399	−0.727	0.495	0.295	0.434	0.556	0.978	−0.672	−0.665	1.000	(0.452)
Chl-a	0.686	0.111	−0.669	−0.679	−0.575	−0.609	0.142	0.209	0.204	0.161	1.000

注:括号里显示 p 值,$p < 0.05$ 表示显著相关;$p < 0.001$ 表示极显著相关。

养殖水体中磷素迁移转化受浮游植物、pH、温度、硝态氮和溶解氧等(Hemond et al. ,2010)。从表4.6.3可看出,各形态磷之间具有显著正相关性,它们基本上与COD_{Mn}、TDS、EC和藻密度呈显著正相关性,与T、DO和pH负相关。围隔水体中磷主要来源于鱼饵释放,所以COD_{Mn}与各形态磷显著正相关;鱼饵的氮、磷营养物质溶失引起藻密度大幅度上升(吴敏等,2010),根据藻的经验分子式$C_{106}H_{263}O_{11}N_{16}P$,推断出藻生长对氮素质量需求是磷素的7倍,部分死亡藻体离开上层水体大大降低了氮磷比,从而更适合藻类生长,而藻体死亡产生胶体颗粒物营养盐以及溶解态营养盐,引起水体TDS和EC增加。TP、DTP和DOP浓度增加促进了水体藻类的生长繁殖,进而提高PP浓度。各形态磷与pH和DO呈显著负相关性,这是因为鱼饵中有机物的氧化分解过程势必消耗溶解氧,生成小分子和有机酸等产物,导致pH和溶解氧降低。实验期间水温下降,而投饵导致磷质量浓度的持续增加,因此各形态磷浓度与T显著负相关(表4.6.3)。

4. 氮磷归趋分析

投饵养鱼围隔中,水体中的氮主要源于饵料释放,而氮离开水体除了反硝化作用产生的N_2和N_2O逸出水体以及NH_3挥发外,鱼的吸收利用是重要方面。实验期间投放鱼饵在2♯围隔引入107.1g TN,3♯和4♯围隔引入约128.5g TN。从表4.6.4中可看出,花鲢与鲤鱼捕捞可使2♯、3♯、4♯围隔分别去除TN3.54g、38.47g和27.21g,分别占进入水体中饵料TN的3.31%、30.05%和21.18%。参照养殖水体的反硝化除氮速率7.4mg/(m^2·天),实验期间反硝化去除的TN约为2.92g。通过鱼体收获和反硝化共可去除饵料TN的5.97%、32.71%和23.84%,这和报道的11%~36%相近。鲤鱼属于吃食性鱼类,体重增加较快;花鲢属滤食性鱼类,体重增加较慢,花鲢除氮效果弱于鲤鱼。

磷在生态系统中单向循环,除了部分磷被鱼体吸收同化外,其余部分磷最终沉积于底部(刘毅等,2006),鱼体收获是磷彻底离开水体的重要途径。实验期间投放鱼饵在2♯围隔引入19.58获是磷彻底离开,3♯和4♯围隔引入约23.49获是磷彻底离开水。从表4.6.4中可看出,花鲢与鲤鱼捕捞可使2♯、3♯、4♯围隔分别去除TP92.4mg、999.5mg和714.7mg,分别占进入水体中饵料TP的0.5%、4.1%和3.1%。花鲢和鲤鱼对磷去除效果差异较大,这与鱼的食性、生长速度以及鱼体中磷的含量有关(Sterner et al. ,2000)。花鲢属于滤食性鱼,投饵对其生长促进作用不明显,主要通过滤食藻类间接除磷。鲤鱼属吃食性鱼类,投饵可直接促进其生长。

表 4.6.3　实验期间不同形态磷与环境因子相关性（以 4# 围隔为例）

水质参数	COD_{Mn}	DOP	DTP	PP	TP	T	DO	TDS	EC	pH	Algae
COD_{Mn}	1.000	(<0.001)	(<0.001)	(<0.001)	(<0.001)	(<0.001)	(0.052)	(0.001)	(0.001)	(0.053)	(<0.001)
DOP	0.855	1.000	(<0.001)	(<0.001)	(<0.001)	(<0.001)	(<0.001)	(<0.001)	(<0.001)	(<0.001)	(0.049)
DTP	0.815	0.975	1.000	(<0.001)	(<0.001)	(<0.001)	(0.001)	(<0.001)	(<0.001)	(<0.001)	(0.232)
PP	0.931	0.820	0.812	1.000	(<0.001)	(<0.001)	0.064	(<0.001)	(<0.001)	(0.054)	(<0.001)
TP	0.952	0.945	0.927	0.926	1.000	(<0.001)	(0.004)	(<0.001)	(<0.001)	(0.004)	(0.002)
T	-0.937	-0.921	-0.891	-0.908	-0.973	1.000	(0.004)	(<0.001)	(<0.001)	(0.005)	(0.002)
DO	-0.401	-0.716	-0.674	-0.401	-0.566	0.568	1.000	(<0.001)	(<0.001)	(<0.001)	(0.507)
TDS	0.643	0.767	0.893	0.694	0.757	-0.738	-0.738	1.000	(<0.001)	(<0.001)	(0.339)
EC	0.642	0.765	0.896	0.695	0.751	-0.732	-0.732	0.999	1.000	(0.001)	(0.351)
pH	-0.399	-0.711	-0.692	-0.417	-0.570	0.556	0.978	-0.672	-0.665	1.000	(0.452)
Algae	0.686	0.405	0.265	0.888	0.594	-0.609	0.142	0.209	0.204	0.161	1.000

注：括号里显示 p 值，$p < 0.05$ 表示显著相关，$p < 0.001$ 表示极显著相关。

表 4.6.4 围隔中鱼收获对氮磷的去除

围隔	鱼种	鱼体增重/g	鱼体 TN 含量 /(mg N/g)	TN 去除量 /(g N)	鱼体 TP 含量 /(mg P/g)	TP 去除量 /(mg P)
2#	花鲢	165	21.46±0.83	3.54±0.71	0.56±0.04	92.4±6.6
3#	鲤鱼	1632	23.57±0.76	38.47±1.29	0.61±0.03	995.5±49.0
4#	花鲢	83	21.46±0.83	1.78±0.23	0.56±0.04	46.5±3.3
	鲤鱼	1079	23.57±0.76	25.43±1.10	0.61±0.03	658.2±32.4

氮磷归趋分析表明,围隔中饵料在短期内并未引起 TN 和 TP 浓度上升,但随着时间推移,未食用的鱼饵、衰亡的藻体及污染的沉积物将造成氮磷释放,构成养殖水体营养物质负荷上升和水体富营养化的潜在污染源。

通过研究不同养殖模式下营养物质的动态变化,获得如下主要结论。

(1) 投饵和投鱼养鱼围隔水体中总氮、溶解性总氮以及硝态氮浓度下降,氨氮和颗粒态氮浓度增加。

(2) 饵料投加改变了水体氮磷比,促进了藻的生长,从而加剧了水体中硝态氮的消耗。

(3) 养殖鲤鱼的氮素利用率远高于花鲢,相似养殖密度下,鲤鱼对氮的利用率是花鲢的 10 倍。

(4) 饵料造成养殖水体总磷、溶解性总磷、溶解性正磷酸盐和颗粒态磷浓度显著上升,鱼体捕捞除磷比例很小。

(5) 适宜比例养殖花鲢和鲤鱼,可达到削减水体营养盐负荷和控藻双重目标。

4.7 小 结

(1) 沉积物深度和光照显著影响上覆水体总磷浓度,沉积物深度越大,上覆水总磷浓度越高。同一沉积物深度,光照可有效降低上覆水总磷浓度。

(2) 鱼饵富含营养物质,进入水体后其释放潜能巨大。鱼饵投加量显著影响培养基中氮、磷浓度,但鱼饵营养物质释放潜力随着投加量的增加逐渐降低。鱼扰动作用和投饵,均能提高水体营养物质浓度。

(3) 一定投饵量范围内,藻的最大现存量随着投饵量的增加而增加。相同鱼饵投加量条件下,铜绿微囊藻的密度高于四尾栅藻,而叶绿素浓度却低于四尾栅藻。

(4) 铜绿微囊藻现存量与被吸收的正磷酸盐和氨氮的量呈指数关系,表明采用缓溶型饵料有利于控制磷的释放及抑制藻类生长。

(5) 投饵养鱼显著促进藻类生长,且藻的多样性降低,蓝藻门容易成为唯一优势藻种。花鲢滤食作用对藻密度的抑制率达到 80%，且绿藻占据优势地位，养殖花鲢可直接用于藻类数量控制和优势度调控。鲤鱼通过有效摄食鱼饵实现藻类控制，且优势种也由蓝藻向绿藻演替。

（6）受藻吸收利用以及鱼体生长吸收影响，投饵养鱼围隔水体中总氮、溶解性总氮和硝态氮逐渐下降。饵料投放改变了水体氮磷比，促进了藻生长，有利于水体硝态氮消耗。与此同时，饵料溶失和藻密度增加提高了养殖水体氨氮与颗粒态氮浓度。

（7）投加饵料造成围隔水体中总磷、溶解性总磷、溶解性正磷酸盐和颗粒态磷浓度显著上升。

（8）鱼体捕捞可去除部分氮磷，养殖鲤鱼对氮磷的利用率远高于花鲢。鲤鱼和花鲢既不相互捕食，也不相互竞争，适宜比例的混养将达到削减水体营养物质和控藻双重目标。

（9）建议沉积物及饵料营养物质释放过程中考虑温度、pH、溶解氧、扰动和微生物等因素的影响；现场围隔实验周期较短且属于降温过程，建议延长周期并探讨升温过程的库湾养殖对水体营养物质动态及藻类生长的影响。

（10）鱼类放殖密度、排泄物以及长期养鱼环境下沉积物对藻类生长及营养物质输移有待进一步研究。

第 5 章　库湾藻类水华水动力学特征及生态调度

5.1　研究背景

5.1.1　研究意义

水体富营养化是当代许多国家政府和公众最为关注的环境问题之一,随着现代工业的发展和人口增多,越来越多的水体富营养化问题随之出现。

目前的富营养化问题主要是发生在湖泊水域和河口水体,自然河流由于流速较快,有很强的自净能力而较少发生水华,但当河流处于特殊状态下,也会发生水华。例如,2003 年 6 月 1 日三峡水库开始蓄水,至 6 月 10 日完成 135m 初期蓄水,开始发挥经济效益。由于河道水流条件发生显著变化,库区内一些支流出现了富营养化的问题,在部分支流回水区及库湾发生了"水华",2007 年 4 月 14 日,由国家自然基金会、中国科学院、长江水利委员会等单位共同主编公布的《长江保护与发展报告 2007》指出,三峡工程回水区水流减缓,严重的只有 1.2cm/s,几乎不再流动,引起水流扩散能力减弱,使水库周围近岸水域及库湾水体纳污能力下降。2003 年三峡库区蓄水至 135m 之后,监测结果显示,12 条长江一级支流,在回水区不同程度地出现了水华。据不完全统计,2004 年库区支流库湾累计发生"水华"6 起,2005 年 19 起,2006 年仅 2、3 月份累计发生"水华"10 余起,随着三峡水库的运行,水华发生的时间、程度和频率等有不断增加的趋势。其中香溪河、大宁河、小江等支流回水库湾水域的水质发生变化较为显著,蓄水后的每年春夏季节均出现水华(叶绿,2006)。

根据我国近年的水资源公报的数据显示(图 5.1.1 和图 5.1.2),在进行富营养化评价的湖泊和水库当中,富营养化湖泊的个数在 2005 年最多,达 30 个(占70%),之后由于治理工作的开展,富营养化湖泊所占比例有所下降,向中营养化状态转变。而评价的水库当中富营养化和中营养化水库的个数逐年上升,中营养化水库个数上升最快,可见我国的水库富营养化问题日趋严重。根据长江流域的水资源公报数据(图 5.1.3),污水的排放量从 1998 年的 200 亿 t 上升到 2006 年的300 亿 t,其中大部分为工业废水。这些污水对长江流域的水环境产生了严重威胁。李重荣等(2003)指出泥沙颗粒对氮磷污染物具有吸附作用,特别是库区的细颗粒泥沙吸附作用更强,因此输沙量与污染物的输移有明显的相关关系(图 5.1.4),近年三峡水库进出库的输沙量监测数据显示,每年有大约 1 亿 t 的泥沙滞留在三峡库区,因此三峡库区的污染物负荷也随之增大。

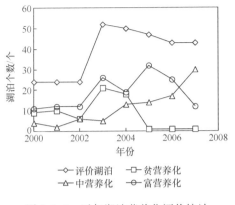

图 5.1.1　近年湖泊营养化评价统计

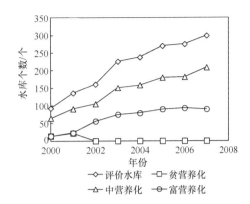

图 5.1.2　近年水库营养化评价统计

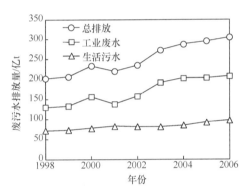

图 5.1.3　长江流域污水排放量变化图

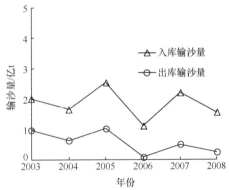

图 5.1.4　三峡水库入库、出库输沙量

　　目前针对湖泊富营养化问题进行的研究较多,针对河流及库区富营养化的研究较少,而河流富营养化问题日益突出,因此有必要对其进行深入研究。水库类似于人类为了蓄水发电等目的而建造的人工湖泊,其状态介于湖泊和河流之间,生态系统比较特殊(Strakraba et al.,1993),水库在很多方面与湖泊有显著差异,其中水库的地形较复杂,水流滞留时间比湖泊要短,水库的水位波动较大,这些因素对河流及水库的富营养化研究影响很大。因此本书将综合考虑河流的特征及诸多因素对富营养化而引起的水华的影响,以三峡库区支流香溪河为例开展数值模拟研究,以期为三峡库区及支流的水质和水环境治理提供科学依据。

5.1.2　相关数值模拟研究进展

1. 山区河流模拟研究

由于人类活动面积的扩大,山区河流的水质问题也日益凸显,Wohl(2006)指出人类对山区河流的影响包括渠化、建坝、开矿等,这些活动将改变河道水流、泥沙及进入河道的污染物输移过程。因此需要对山区河流的水流水质进行研究,特别是山区河流数值模拟的研究。

由于山区河流地形变化较大,水流中的污染物输移具有特殊性。Bruce(1999)将三种水质模型的计算结果与观测数据对比,发现山区河流中污染物的扩散系数沿下游方向增大,原因是在污染物团的首部和尾部边界处的流速剪切力造成较大的扩散。山区河流弯道水流现象明显,数学模型需要考虑弯道水流对污染物输移的影响,Meier 等(2005)指出目前广泛使用的一维水质模型应用于山区河流模拟将有较大误差,是小尺度的床面粗糙度影响、床面形态的不规则性和急流深潭等引起的,为解决这些问题,引入了一个考虑深潭的河段摩阻评估因子,取得了较好的模拟效果。Lorenzo 等(2010)的研究表明弯道水流中的浓度扩散系数与弯道的曲率有关,浓度断面纵向扩散在顺直段被高估,而在弯曲段则被低估,Lorenzo 建立了横向扩散系数与弯曲度的关系式,改善了模型的计算精度。国外的山区河流的水质情况较好,因此这方面的水质模拟研究也较少。

我国针对山区河流模拟的数学模型研究也已开展。程根伟(2001)开发了垂向分层的准三维水沙数学模型,该模型对于河流比降、水面曲线、断面流速分布、弯道水流速度矢量等具有较强的跟踪能力。李艳红等(2003)采用跟踪河道中心线走向的正交曲线坐标系、直接从控制方程中分离出水位变量来求解水位值的平面二维数学模型,模拟了嘉陵江重庆金刚碑—朝阳桥河段,水位及流速验证结果较好。王志力等(2005)采用 Roe 格式的近似 Riemann 解的界面通量计算格式,对地形变化源项采用特征分解,对摩擦源项采用隐式或半隐式求解以增加格式的稳定性,模型应用于具有险滩和深潭河段的模拟,计算结果与实验结果符合良好。张永祥等(2007)采用时空守恒元和解元方法开发了无结构网格的水流数学模型,模拟了嘉陵江草街至嘉陵江河口段的水流取得了较好的结果。总体来说,我国的山区河流数值模拟研究较少,国内的数学模型多采用数值传热学中的 SIMPLE 系列算法,难以适应水流及水质变化剧烈的山区河流,因此,此方面的研究亟须加强。本书将采用具有空气动力学高性能格式的二维模型和海洋动力学研究中常用的欧拉-拉格朗日法(Euler Lagrange method,ELM)的数学模型,对三峡库区支流香溪河进行模拟研究,以探讨山区河流数值模拟的有效方法。

2. ELM 数值模拟研究

物质输移对流扩散方程属于非线性的微分方程,数学特性复杂,对其精确地数值求解造成一定的困难。当对流和扩散作用均较明显的情况下,物质输移方程求解将面临诸多困难,因为对于对流问题,物质浓度沿着水流方向的特征线传播(仅与过去时刻值相关),而对于扩散问题具有两束特征线(与过去和现在的数值均相关），这就意味着要用时处理双曲型问题（对流相关）和抛物型问题（扩散相关），目前并没有一种数值方法可以完全克服此问题。

因此可将求解物质浓度输移方程的方法分为以下 3 种：欧拉法（EM）、拉格朗日法（LM）和 ELM。EM 是最先开始研究且一直是解决物质输移问题的主流方法，特别是对流作用相对扩散作用占优的自然流动现象，以上文献中的数学模型均为基于固定网格离散的 EM，但 EM 模拟有较高浓度梯度（如靠近污染物附近）的问题时存在缺陷，目前的数值方法主要有有限差分法、有限体积法、伽辽金有限单元法等，有限差分和有限体积法离散时常采用中心格式近似求解对流和扩散项，会产生比较强的模拟值空间振荡（特别是在较大的 Courant 数下），当 Peclet 数（＝对流项/扩散项，衡量对流扩散相对强弱程度的参数）超过 2 时，这会影响整个计算域，研究者往往会在数学模型中加上人工黏性项来抑制这种不利影响。为弥补这个缺陷，研究者也有分别采用中心差分离散扩散项和迎风差分格式离散对流项的数值方法，但又会引入数值扩散的问题，数值扩散往往会超过真实的物理扩散，关于此方面有大量的研究文献，在此不再赘述。而 LM 对解决纯对流输移问题表现很好，但需要大量的粒子群计算。计算量巨大并且边界条件难以处理、拉格朗日向欧拉浓度场的转换也需要大量的计算，因此目前还难以应用于实际问题的研究，实际问题中扩散作用也很明显，造成 LM 质量不守恒的缺陷。ELM 综合了 EM 和 LM 两者的优点，可以较为精确地求解对流-扩散输移问题，目前大量地应用于海洋动力学的模拟（White et al.，2008；Zhang et al.，2008；2004），本书将其引入山区河流的水质模拟当中。

Giraldo 分析了 ELM 求解二维对流-扩散方程的稳定性，时间项离散采用半隐格式离散对流项，θ 为半隐格式因子。对所有 θ 值半 LM 无条件稳定，EM 仅当 θ 值等于 1/2 时是稳定的。研究表明半隐格式（$\theta＝1/2$）是最佳算法，半隐格式的半 LM 比半隐格式的 EM 计算结果要好。当扩散系数较大时半 LM 失去优势（Giraldo，1999）。Fringer 等对自由表面和垂向扩散进行半隐格式离散，可避免表面重力波和垂向扩散项造成的稳定性限制。动量方程中的时间采用二阶精度的 Adams-Bashforth 法显式离散，非静水压强采取压力校正法计算以达到空间上的整体二阶精度，非静水压力场使用块 Jacobi 预处理法计算，因此稳定性受到内部重力波速度和动量的垂向对流的限制，需要采取较小的时间步长，采用 MPI 形式的并行计算增强了模型的实用性（Fringer et al.，2006）。Anabela 等分析了 ELM 求解物质输移方程中逆向跟踪误差对求解精度和稳定性的影响。数值实验表明这种影响较大，中等程度的跟踪误差会影响浓度方程求解的守恒性，导致 ELM 的不稳定，推荐了精确的跟踪算法用于复杂水流的模拟计算（Anabela et al.，1998）。Rosatti 等开发了一种拓展的半隐格式模型求解浅水方程来处理计算区域边界处悬挂单元的问题，采用线性重构算法和径向基函数插值计算特征线，通过数值实验讨论了半

LM 中径向基函数插值法的计算精度和半 LM 特征线计算中的时间步长控制技术（Rosatti et al.，2005）。Walters 等指出半 LM 的精度和效率主要依赖于特征线根部的插值计算，Walters 等比较分析了 3 种计算特征线的方法：龙格库塔法（RK2）、解析积分法（AN）和幂级数展开法（PS）和 3 种非结构网格上的插值法：局部线性（LL）、全局线性（GL）和全局二次方插值（Walters et al.，2007）。David 等指出半拉格朗日法要进行频繁的数值积分而很难满足一些物理准则，如流线封闭，David 等提出的流线跟踪算法是基于离散流场的解析积分，可以避免以上缺点（David et al.，2006）。ELM 中的特征线插值和水平流速的非线性垂向分布之间的不适应将导致 ELM 离散对流项时计算水位随时间步长减小而增大的异常现象（胡德超，2009）。Younes 等采用一种新的高效的格式，即欧拉-拉格朗日局部联合法（EL-LAM）在非结构网格上求解污染物输移的对流扩散方程，新的方法只需要较少的积分点可得到精确结果。ELLAM 在较长的计算时间步长和较密的非结构网格上比其他方法计算耗时要少，但由于算法复杂而较难实现，同时 ELLAM 减少了多时间步计算中的数值扩散问题（Younes et al.，2006）。在非结构网格上 ELLAM 需要很多的积分点，当需要很多时间步时相比显式的 Galerkin 有限单元法具有优势（Younes et al.，2006）。Casulli 等通过合适的通量限制获得较高分辨率的数值通量计算格式，求解对流扩散方程可在整体和局部上保证物质守恒，计算稳定和计算浓度无振荡（Casulli et al.，2005）。

　　按是否考虑动水压强的影响可将数学模型分为静水压力模型（Casulli et al.，2000）和非静水压力模型（Casulli et al.，2002；胡德超，2009）。在纵向地形变化较大的情况，如坝前泄流、河口大陆架等，动水压力作用明显，Ai 等比较分析了静水压力和动水压力模型的计算精度（Ai et al.，2010；2008）。针对不同的地形情况，三维模型在垂向上的网格可采用 Z 坐标、σ 坐标或 Z-σ 混合坐标系，Z 坐标网格划分灵活，而 σ 坐标适合地形坡降很大的河流但需要做坐标转换计算，会影响计算精度。Zhang 等开发了三维静水压力模型 ELcirc 和 SELFE 模型（Zhang et al，2008；2004），SELFE 与 ELcirc 模型大体类似，区别有：①水位计算 SELFE 模型采取高阶的形状函数计算，而 ELcirc 模型为水位波动函数；②SELFE 模型垂向网格采取地形跟踪的 σ 坐标或 Z-σ 混合坐标，方程变量仍在 Z 坐标上求解，能很好地跟踪局部地形变化而 ELcirc 模型只采用 Z 坐标系统，可任意调节局部垂向网格厚度，但对水深变化较大的情况需要增加垂向分层数才能很好地进行垂向上水动力和物质输移的模拟计算；③SELFE 模型的计算精度对网格的要求比 ELcirc 模型要低。Richard 等（2010）开发的垂向自适应地形跟踪网格可以方便地设置为混合的 σ-ρ 或 Z-σ 网格和这些网格的结合，垂向网格自适应性由垂向扩散方程得到，扩散度与剪切力、浓度分层和距离边界的长度有关。可见，数学模型在数值算法、网格坐标系统和压力模式等方面还需要进一步研究,以增强数学模型解决实际问题的能力。

国内的不少研究者已经将基于 ELM 的数学模型应用于我国的河流数值模拟。Liu 等(2007)采用 UnTRIM 模型研究了台湾淡水河的淡水流量对河口盐水入侵的影响,淡水河口系统中风剪切应力和入海淡水流量对盐水羽流结构的影响(Liu et al.,2007)。UnTRIM 模型是 Casulli 等开发的用于模拟海洋流场的数学模型,在非结构网格上采取有限差分法及 ELM 求解浅水方程,基本思想与 ELcirc模型相同。Liu 等使用 SELFE 模型研究了台湾淡水河口盐水滞留时间与淡水流入流量的关系,计算值与观测数据比较表明模型计算结果的合理性(Liu et al.,2010)。Liu 等指出河口盐水滞留时间与淡水入流流量有关系,密度变化引起的环流对滞留时间有影响(Liu et al.,2008)。Qi 等采用半隐格式方法离散水流泥沙方程,建立了二维的水流泥沙及河床演变的数学模型,并应用于长江口的潮流和泥沙的模拟,计算结果与实测数据符合良好(Qi et al.,2010)。Zhang 等采用基于 ELM的非结构网格模型进行了荆江和洞庭湖的河流、湖泊和河网系统的水流模拟,避免了传统的采取 1 维和 2 维模型耦合计算对结果精度的影响及处理方法的复杂性,体现了非结构网格适应复杂边界和 ELM 的优越性(Zhang et al.,2010)。Lv 在平面非结构网格和垂向 Z 坐标下,求解三维非静水压力方程,采取从底层到表层积分的方法、考虑非静水压强的影响模拟自由表面水流流动,渤海湾潮流的实际模拟结果表明在垂向分层较少的情况下(2～3 层)可得到与实测值和解析解符合良好的计算值(Lv et al.,2010)。

高性能的空气动力学格式的计算时间步长受到 Courant-Friedrichs-Lewy (CFL)条件的限制,导致了模型的计算量较大,难以应用到河流的长时间序列的模拟研究。而 ELM 可以克服这个缺点,因此近年来,ELM 大量应用于海洋、河流、溃坝洪水以及河流-湖泊水系的模拟研究(Nick et al.,2005;Zhang et al.,2010;2008),本书将采用基于 ELM 的 ELcirc 模型研究香溪河流和水华过程。

3. 粒子轨迹跟踪模型研究进展

粒子跟踪算法是研究流体中粒子群的运动轨迹线和移动时间信息的一种方法,分为基于无网格的拉格朗日粒子法(Liu et al.,2003)和基于网格计算流场下的拉格朗日粒子法两种,无网格粒子法主要用于模拟溃坝、波浪、水下爆破等物理过程发生较快的问题,由于计算代价较高、算法精确度、边界条件处理等问题目前在自然河流等领域的应用较少,而基于欧拉网格框架下的拉格朗日粒子跟踪算法在河口海洋的污染物等输移运动研究领域应用广泛,本书将利用这种方法进行香溪河在三峡水库调度作用下库湾内的污染物输移和水藻颗粒运动的研究。

　　由于粒子运动速度和粒子密度等由欧拉计算流场插值得到,因此插值算法和跟踪搜索算法对粒子模型的计算精度影响很大,较小的粒子位置定位和运动历时的计算误差将会造成很大的计算误差而导致计算失败。近年来很多研究者把粒子跟踪算法引入非恒定计算当中,Cheng 等(1996)采用旧时层和新时层的计算流速平均值作为粒子跟踪速度,Pollock(1988)仅采用新时层的流速作为粒子运动速度,Bensabat 等(2000)采用线性空间插值的方法求得粒子的近似运动速度,解决复杂非恒定流动情况下计算时间步内流速变化问题的影响,以上的粒子跟踪模型均在有限差分模型中实施。Suk 等(2009)开发了基于有限单元法的粒子跟踪模型,并于 2010 年将其拓展应用于多种类型网格单元中。可见,粒子轨迹跟踪模型中的粒子空间位置和粒子速度的计算算法最为关键,本书即采用该三维粒子跟踪模型算法,为非恒定流条件下的非结构网格有限单元体中的空间搜索算法。

　　粒子跟踪技术被广泛地应用于研究和模拟自然界中守恒性污染物在河流、河口和海洋中的输运轨迹、掺混和交换等问题(Bilgili et al.,2005)。Lu (1994)采用粒子跟踪技术模拟地下水污染物的运动途径,Visser(2008)采用粒子跟踪模型模拟了水体中的浮游生物的运动。Riddle(2001)采用随机游走模型预测苏格兰的Forth 河口内化学物质泄漏的影响。Bilgili 等(2005)及 Jeffrey 等(2005)采用拉格朗日模拟方法研究了河口与海洋在潮流作用下的污染物交换过程。Marinone 等(2008)应用粒子跟踪模型模拟了墨西哥的加利福尼亚海湾内的幼虫在产卵场内的移动。Liu 等(2011)采用粒子跟踪法研究了 Danshui 河口污染物潮流作用下在海湾内的滞留时间与淡水流量的关系。Chen 等(2010)采用三维 SELFE 模型模拟Danshui 河口流场和潮流水位,结合三维粒子跟踪模型研究了污染物颗粒在海湾内的运动轨迹。Grawe(2011)比较了几种粒子跟踪算法求解污染物输移的精度和有效性,粒子的移动由随机微分方程描述,方程与对流-扩散方程相一致,其中浓度由一组独立的移动粒子表述,粒子的对流移动根据流场求解,粒子的扩散移动由与流体紊动扩散相关的随机分布求得。

　　可见,基于 LM 的粒子跟踪模型被广泛地采用,具有可以跟踪计算单个颗粒或粒子群运动轨迹的优点,模型中考虑了粒子在水体中的对流和随机紊动扩散,但拉格朗日粒子轨迹跟踪模型的缺点是没有考虑粒子之间的相互作用力,由于是虚拟粒子不能反映污染物颗粒的沉降、降解及吸附等过程,并且模型不能满足质量守恒,拉格朗日场向欧拉浓度场的转换需要进行大量数目粒子的计算,粒子模型难以提供“场”的信息。由于水华过程中的水藻在一定的水体环境下处于不断的增殖过程,以上的粒子模型不能适用,因此本书对传统的粒子模型进行改进,增加了考虑诸多因素(如水下光照、营养盐浓度场、水流流速等)影响下的水藻颗粒生长源项,采用非守恒的粒子模型研究香溪库湾的水华发生过程。

4. 各种数学模型适用性总结

数学模型按照网格类型可分为结构网格和非结构网格,结构网格的数据格式为简单的行列关系,因此计算效率较高,发展较快,但是对复杂边界的适应性较差,对此研究者发展了贴体坐标转换、块结构网格(Ahusborde et al.,2011)、自适应网格(Tam et al.,2000)等方法来弥补这一不足,在河流模拟领域当存在多条支流、河流湖泊系统或者横向摆动较大的河流情况时,结构网格模型处理此类问题面临诸多困难,研究者往往采取一维、二维或三维模型耦合的办法来解决(Mohammad et al.,2010;Han et al.,2011),耦合模型之间的衔接方法会影响模型计算结果的精度。而非结构网格通过网格单元之间的拓扑关系搜索确定计算节点的几何关系,因此对模拟区域变形的适应性较强,在空气动力学等领域应用广泛。水动力及水质求解算法方面,主要采用计算传热学中的 SIMPLE 系列算法(Ferziger et al.,2002)和空气动力学的高性能格式(谭维炎,1998),前者适用于明渠缓流等无突变的问题,后者对捕捉水流激波和浓度突变的能力较好,因此空气动力学格式与非结构网格模式结合的方法被广泛应用于溃坝等水流问题研究中,但计算时间步长受到 CFL 条件的限制,导致了模型的计算量较大,难以应用到山区河流的研究。近年来,基于特征线插值的 ELM 离散对流项的方法大量应用于海洋、河流、溃坝洪水以及河流-湖泊水系的模拟研究(Nick et al.,2005;Zhang et al.,2010;2008),该方法可缓解 CFL 条件限制而提高计算效率,并且可以有效模拟大比降地形和剧烈水位波动的河流及海洋问题。本书将其引入香溪河水华数学模型的研究中。

从模型算法、计算效率和对计算机硬件的要求的角度考虑,不同的数学模型对不同类型河流的模型适用性不同,根据本书的研究结果,以长江河道模拟为例,在地形较为复杂、大比降以及边界变形较大的长江上游河段或支流,或者需要进行河流湖泊复杂水系的模拟情况下,建议采用非结构网格的 ELM 模型,对于此类空间变化较大的问题需要采用三维模型进行研究;对于溃坝等水流条件变化剧烈的问题可采用空气动力学或 ELM 的模型,对于长江中下游冲积平原河流及湖泊等地形和变化不是十分复杂的河流可采用结构网格的传热学算法的数学模型,一维和沿水深平均的平面二维模型即可满足要求且具有较高的计算效率。在进行数值模拟的研究过程当中,需要考虑计算资源、模型算法、计算参数取值等因素,在进行若干次的尝试后方可找到最优的计算策略。

5. 水华数学模型研究进展

采用实验手段和野外观测的方法研究水华问题各方面的代价较高,而数学模型在此方面具有优势,且数学模型可以提供生态过程变量的时空演变信息,因此近年研究者进行了大量水华数学模型研究(Jorgensen,1999)。

早期研究者开发了耦合了生物化学反应的一维、平面二维富营养化数学模型,用于海洋和湖泊的水华或赤潮问题的研究(de Vries et al.,1998;Chen et al.,2009),但是这些模型不能充分地反映流场和生态系统在垂向结构上的相关作用,特别是当存在密度或温度分层和悬移质泥沙浓度和叶绿素浓度较高、对水下光强的减弱作用明显时。为此研究者开发了一些耦合生物化学和水生态相互作用的三维生态动力学模型。Soyupak 等(1997)采用平面二维水动力模型和三维模型耦合的方法研究了不同磷控制方案下库区内溶解氧和叶绿素浓度的变化。Serguei 等(2001)开发了用于研究浅水海湾的富营养化数学模型,该模型由水动力学模块、化学-生态模块和自净作用模块组成。Drago 等(2001)建立了三维生态数学模型,模型考虑了水生动物、植物、营养物质、岩屑、溶解氧之间的生化反应,以及由于海底疏浚造成泥沙再起悬释放出的营养盐和污染物。Malmaeus 等(2004)开发了湖泊富营养化模型,模型包括水循环、泥沙、有机质和悬浮颗粒物(SPM)等子模块。Hu 等(2006)应用三维生态模型研究了太湖的生态动力过程,模型对水生态环境中的各种因素考虑全面,但增加了计算参数率定的难度。Kuo 等(2006)应用 CE-QUAL-W2 模型模拟了台湾 Tseng-Wen 水库和 Te-Chi 水库的富营养化过程,包括水库的水温和溶解氧分层、营养物质和水藻生物量演变等问题。Chao 等(2007)开发了三维水质模型 CCHE3D-WQ,模型考虑了水体中的悬移质泥沙颗粒对营养物质循环和水藻叶绿素浓度的作用关系。Estrada 等(2009)开发的湖泊富营养化模型可以进行实时动态优化,优化结果用于决定入流营养物质的限制量和湖内生物物种控制。Chen 等(2009)模拟研究氮磷对蓝绿水藻繁殖、发展和消亡的影响过程,经过理论分析手段找到了水藻种群的生态平衡点。Lino 等(2009)建立了一个综合考虑营养盐—水生植物—水生动物—有机质—溶解氧相互作用的三维富营养化模型,并对该模型解的存在性和奇异性进行了数学理论分析。Carl 等(2010)将富营养化模型 CE-QUAL-ICM 与鱼类繁殖模型 Ecopath 耦合,研究了营养物质对周围水体中鱼类养殖的影响,以及渔业管理如何影响在低溶解氧状态下的富营养化等,这两个复杂问题。Christopher 等(2006)指出河流-湖泊的生态系统相互关联,采用水动力学和水文模型耦合数学模型研究了美国 Sawtooth 山区河流与湖泊水生态系统间的相互作用。

由以上文献可见,富营养化数学模型的研究根据考虑的因素不同而十分复杂,如生态系统的类型(山区或平原)、营养物质、泥沙、浮游动物及鱼类与浮游藻类生长死亡的相互作用、人类与水生态系统之间的相互作用等,不同的研究目的导致了不同的富营养化数学模型研究方向和侧重点。因此,富营养化数学模型需要结合局部的河流或湖泊的特点进行具有针对性的研究,才能提高富营养化水华模拟精度和效率。

我国开展湖泊或河流富营养化数学模型研究也较早,已由最初的单一营养物质负荷模型及单纯的水动力学水质模型向综合考虑与生态环境相关的多因子生态动力学模型发展,但也可看出我国的富营养化水华数学模型研究仍与国外具有差距,主要表现在以下几方面。

(1) 目前的大部分数学模型是为研究海洋及湖泊的富营养化问题而开发的,而河流水华的发生研究没有较好地考虑以下河流水华现象的特性。①传统的水华模型没有考虑水动力条件的影响,河流的水动力条件变化较湖泊的要快,水动力条件对河流水华的影响更明显;②湖泊的地形及边界变化较小,因此以上的富营养化模型均在结构网格模式下开发,而河流地形和边界较湖泊的更复杂,结构网格的边界适应性较差;③湖泊和海洋的水华发展时间较长(几个月至一年),而河流水华的发展速度较快(十几日至一个月)。

(2) 富营养化模型中考虑的营养因素仍然不够全面,主要原因是对水体富营养化及水华过程的机理认识还不够深入,加强水生藻类植物生长消亡与周围环境因子的相互作用机理研究是发展数学模型的基础。

(3) 局部地理气候特征及不同地区的生态特征、水体富营养化模拟中计算变量的选取及富营养化模型的不确定性分析等研究较国外还有很大的不足。

(4) 我国的富营养化数学模型大多仍停留在一维、二维的开发,对于像河流型富营养化水华这样时空差异变化明显的问题,目前的数学模型很难反映真实的演变过程,并且富营养化模型的开发需要跨专业的研究者共同研究。

针对香溪河水质问题的数学模型研究也已开展。如周建军(2008)、王玲玲等(2009a;2009b)、马超等(2011)、徐国斌等(2009)采用三峡库区一维水质数学模型研究了不同三峡枢纽运行方案下香溪库湾的污染物浓度和叶绿素浓度的变化,指出提高支流水体流速有利于改善库区水环境。但是香溪河支流众多并且横向摆动较为明显,一维模型的研究不能提供足够的变量空间演变信息,因此一维模拟的研究是不够的,需要进行二维和三维的模拟研究。徐国斌等(2009)采用平面二维水动力学模型研究了三峡水库不同调峰运行方式对香溪河水动力特性的影响,指出水库调峰运行可以显著增强库区和支流的水位波动,促进水体交换。余真真等(2011a)采用三维模型研究了香溪河水温分布的变化。可见,针对香溪河的生态模拟研究较为不足,多为简单的一维模拟,二维和三维的生态学模拟尚未进行,需要在此方面加强研究。本章将采用具有高性能数值格式的平面二维水质数学模型和基于海洋模型 ELcirc 开发的三维非结构网格水华模型,对香溪河在三峡水库运行影响下的水质和水藻演变进行模拟研究。

5.1.3　成果结构及技术思路

结合关于香溪河水华发生的基础理论研究,开发针对三峡库区支流水华问题的数学模型,数值模拟结果也可为水华的发生机理研究提供信息。

基于非结构网格模式开发了平面二维水质数学模型和三维水华模型,平面二维水质模型采用 Godunov 格式有限体积法、采用 Roe 格式的近似 Riemann 解计算单元界面通量及格林公式积分法求解污染物扩散项,可以有效捕捉水流及污染物浓度的剧烈变化,适于山区大坡降河流水质模拟。采用室内弯道水槽实验资料对模型进行了验证分析;结合高分辨率的 DEM 地形数据,对三峡库区支流香溪河在水华发生期间的水动力及污染物输移进行了数值模拟,并采用现场监测资料对结果进行了验证,提出了香溪河水华发生的临界水动力条件,分析了污染物输移的特征。

采用室内弯道水槽实验资料对三维水流水华数学模型进行了初步验证。在初步分析了香溪水华发生的特点和机理后,采用两次水华发生期间的现场监测数据对水华模型中的计算参数进行了率定和验证,并对模型计算结果进行了合理性和误差分析。基于香溪水华发展过程的三维模拟研究,提出了水华防治的工程措施,为三峡库区的水质管理和治理提供思路。

在三维模型计算的水动力场的基础上,采用拉格朗日粒子轨迹跟踪模型模拟了室内弯道水槽内的粒子运动,结果表明粒子跟踪模型可以反映出水流中颗粒的运动特性,并应用该模型模拟了三峡水库运行下香溪库湾内的污染物输移特征。

本书的总体框架如图 5.1.5 所示。

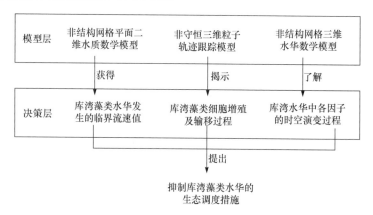

图 5.1.5　库湾藻类水华水动力学特征及生态调度技术路线图

5.2　库湾藻类水华爆发的水动力阈值研究

5.2.1　平面二维水质模型介绍

1. 控制方程

一维、二维水质数学模型常用来模拟天然河道时间和空间尺度较大的水流、污染物输移的变化过程,由于其计算效率较高,广泛应用于水利工程领域。早期的数学模型普遍采用有限差分算法,存在着不少缺陷,如只能采用结构网格差分模式而难以适应复杂边界、难以捕捉水流激波及污染物浓度突变等现象。近年来不少学者将空气动力学中的先进计算格式引入水力学数值模拟中,取得了较好的效果。

山区河道坡降大,横断面地形变形十分剧烈,断面宽深比大,出口水位调节幅度大,上游河段污染物主要为面源及点源污染汇入,沿程断面浓度变化大等特点,这就要求应用于这类河道的数学模型应具备:①模型计算稳定、效率高;②数值守恒性好;③数值通量格式能捕捉间断波和浓度突变。计算水力学中引入的空气动力学计算高性能格式能较好地解决这些问题,但对于像香溪河这样地形变化剧烈、坡陡流急的河流计算,地形变化将对计算结果产生影响,需要结合数学模型算法和地形处理来研究香溪河的水质,因为:①水流运动方程包括河道坡度所导致的加速度项,特别是坡降大时影响很大,而在控制方程中没有考虑这一项;②河道深泓变化剧烈,当存在局部深槽时将夸大重力作用影响,并且两断面间深泓线连线并不代表河段的真实河床。因此,需对传统的数学模型进行改进,增强其模拟山区河流的能力。

根据 Boussinesq 假设对三维均质不可压缩流体的 N-S 方程进行垂向积分,可得到平面二维浅水方程。对三维连续方程和物质输移方程作降维处理,可简化模型的复杂性,降低模型计算量,提高计算效率。水流连续方程、动量方程及物质输移控制方程的守恒形式如式(5.2.1)~式(5.2.4):

$$\frac{\partial \phi}{\partial t}+\frac{\partial (E^I+E^v)}{\partial x}+\frac{\partial (F^I+F^v)}{\partial y}=S \tag{5.2.1}$$

式中,ϕ、E、F 和 S 分别为

$$\phi=\begin{bmatrix} h \\ hu \\ hv \end{bmatrix}, \quad E^I=\begin{bmatrix} hu \\ hu^2+\dfrac{gh^2}{2} \\ huv \end{bmatrix}, \quad F^I=\begin{bmatrix} hv \\ huv \\ hv^2+\dfrac{gh^2}{2} \end{bmatrix}$$

$$E^v=\begin{bmatrix} 0 \\ -\nu_t \dfrac{\partial hu}{\partial x} \\ -\nu_t \dfrac{\partial hv}{\partial x} \end{bmatrix}, \quad F^v=\begin{bmatrix} 0 \\ -\nu_t \dfrac{\partial hu}{\partial y} \\ -\nu_t \dfrac{\partial hv}{\partial y} \end{bmatrix}, \quad S=\begin{bmatrix} 0 \\ -gh(S_{ox}+S_{fx}) \\ -gh(S_{oy}+S_{fy}) \end{bmatrix} \tag{5.2.2}$$

式中，h 为水深；u、v 分别为流速向量在 x 方向、y 方向的分量(沿水深方向平均)；g 为重力加速度；S_{ox}、S_{oy} 为床面坡度，即 $S_{ox}=-\partial Z_b/\partial x$，$S_{oy}=-\partial Z_b/\partial y$，其中 Z_b 为底高程；ν_t 为紊动黏滞系数，本模型采用子网格模拟模式，即 $\nu_t=c^2\Delta^2 S$，式中，$S=\sqrt{2S_{ij}S_{ij}}$，S_{ij} 为应力张量的分量，Δ 为网格几何尺度，$c\approx 0.2$ 为经验参数；S_{fx}、S_{fy} 分别为 x、y 方向的摩阻坡降，可用 Manning 公式计算，即

$$S_{fx}=n^2 u\ \sqrt{u^2+v^2}h^{-4/3}，\quad S_{fy}=n^2 v\ \sqrt{u^2+v^2}h^{-4/3} \tag{5.2.3}$$

式中，n 为 Manning 糙率系数。方程中未计入风应力和 Coriolis 力。

物质输移方程包括污染物总氮(TN)、总磷(TP)，可写成如下形式：

$$\frac{\partial hc}{\partial t}+\frac{\partial hc}{\partial x}+\frac{\partial hc}{\partial y}=\frac{\partial}{\partial x}\left(E_x\frac{\partial huc}{\partial x}\right)+\frac{\partial}{\partial y}\left(E_y\frac{\partial hvc}{\partial y}\right)+S \tag{5.2.4}$$

式中，c 为总磷和总氮的计算浓度(mg/L)；E_x、E_y 为物质紊动扩散系数(m^2/s^2)；S 为源汇项。

2. 模型求解步骤

本研究开发的非结构网格平面二维水质模型采用非耦合求解模式，计算流程见图 5.2.1，具体计算步骤说明如下。

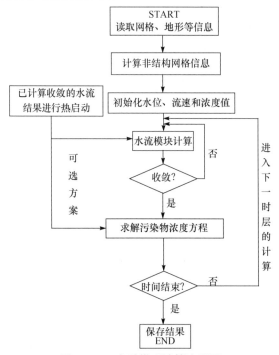

图 5.2.1　水质模型计算流程图

（1）生成计算区域的非结构网格；读入河道网格地形、进出口边界标记及进出口水流边界条件（进口流量和出口水位）、污染物（总磷和总氮）的边界浓度。

（2）计算研究区域网格单元的信息，包括节点号、单元号及单元面积等。

（3）初始化网格单元流速、水位及污染物浓度值等。

（4）进行水流部分的计算，至计算水量或水位稳定，即认为此时刻计算收敛。

（5）进行污染物总磷、总氮浓度对流扩散方程的计算。

（6）直到模拟计算时间结束，计算过程中可输出时间序列的计算结果。

在水流计算过程中可导入某时刻的水流计算结果进行热启动，可节省计算时间，在进行第（5）步的污染物的模拟计算时，也可导入已计算收敛的水流计算时间序列值进行非耦合计算。以上处理增加了程序计算过程处理的灵活性。

5.2.2　平面二维水质模型应用

1. 研究区域（三峡库区支流香溪河）

香溪河位于中国湖北省宜昌市境内，发源于湖北省西北部的神农架山区，流经兴山县和秭归县后汇入长江干流，位于东经 110.47°～111.13°，北纬 30.96°～31.67°，是长江三峡水库湖北省库区段内的第一大支流，见图 5.2.2。香溪河流域面积 3099km²，均系高山半高山区。上游地势高峻，海拔在 2500m 以上，局部达 3000m。河道流经峡谷，坡陡水急。在兴山新县城以上，有古夫河和两坪河两条支流。兴山城以下，河道右岸有台地，地势渐趋平缓，河谷略见开阔。两岸山势东高西低，不对称高程差约 500m。下游峡口镇的左岸有高岚河汇入。香溪河流域内年降水量一般在 1000～1440mm，雨季集中在 6～9 月。香溪河流域控制水文站兴山水文站，记录多年平均年径流量 12.7 亿 m³，多年平均流量为 40.3m³/s。香溪河干流长 94km，距离三峡大坝仅 36km，三峡水库蓄水后将在香溪河形成回水区，流速下降，水体由自然河流状态转化为类似湖泊的准静止状态，近年来香溪河频繁发生水华现象，且水华发生的时间、频率和水华发生的河段区域均呈不断增加的趋势。

2. 香溪河地形分析及处理

针对香溪河水质进行的平面二维数值模拟计算范围从香溪河上游古夫河和南阳河交汇处的兴山水文站开始至香溪河与长江干流的交汇处，全长约 39km，计算区域包括了受三峡水库蓄水影响的回水区河段和非回水区的自然河道。香溪河呈狭长形、平面摆幅较大（图 5.2.3），计算进口处河道深泓高程达 160m，香溪河口深泓高程约 62m，计算区域河段落差接近 100m。根据一些典型横断面的地形分析可知，香溪河道两岸落差较大，在 60～110m，下游接近长江干流的河道断面较为开

图 5.2.2　香溪河流域示意图

阔,向上游河道断面逐渐变得窄深,呈现出山区河流的特点(图 5.2.4)。香溪干流平均比降 3‰,支流高岚河平均比降达 6‰,并且深泓线波动剧烈(图 5.2.5)。由以上分析可见,香溪河边界形状和地形变化较为复杂,进行数值模拟之前需要进行地形预处理,以提高模拟的精度。

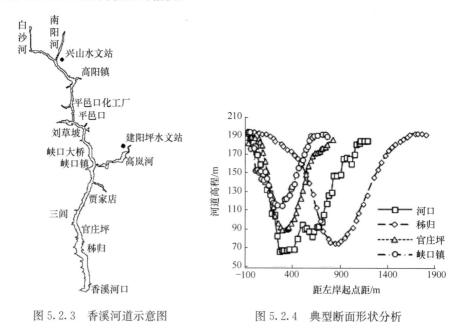

图 5.2.3　香溪河道示意图　　　　图 5.2.4　典型断面形状分析

高精度的 DEM 地形数据可弥补地形变化剧烈的河流地形测量精度低而影响

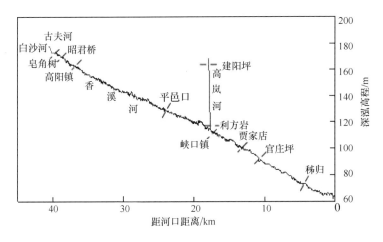

图 5.2.5　香溪河纵向剖面图

数值模拟精度的不足。本书将采用 15m 分辨率的 LiDAR-DEM 数据构建数值模拟需要的三维网格地形(图 5.2.6),采用开发的地形数据提取程序(图 5.2.7)获得地形高程的散点值,反距离空间插值法进行网格地形插值,并对网格地形进行 Laplacian 处理,以避免局部地形变化等造成重力作用夸大对计算结果的影响。本书开发的数学模型采用非结构网格的模式,综合考虑网格划分精度与 DEM 精度的匹配及模型计算量等因素,计算区域内共划分 22457 个四边形网格单元(图 5.2.8),平均网格尺寸约 20m。

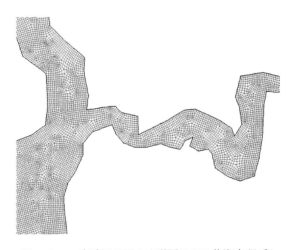

图 5.2.6　香溪河 DEM 地形图(1985 黄海高程系)

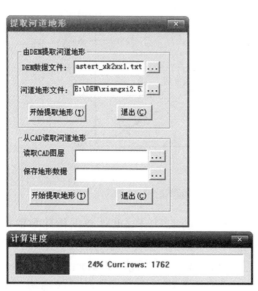

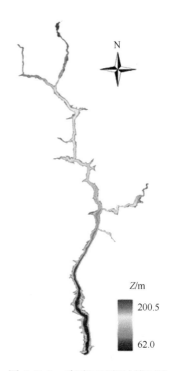

图 5.2.7　河道 DEM 数据提取程序界面　　　图 5.2.8　香溪河局部计算网格

数学模型对河床地形一般比较敏感。由于地形插值造成的非物理性床面变化会影响模拟结果,为减弱局部地形突变的影响采用 Laplacian 网格地形处理方法光滑局部地形,但光滑处理一般不能超过 3 次,否则会造成网格地形失真而不能反映出原始地形特征。处理计算公式如下:

$$Z_c = 0.5Z_c + 0.125(Z_w + Z_e + Z_n + Z_s) \tag{5.2.5}$$

式中,Z_c 为网格节点 i 的高程;Z_w、Z_e、Z_n 及 Z_s 为网格节点 i 四周的高程。由于香溪河道横断面高程落差较大,本模型仅对 170m 以下部分地形进行光滑处理(图 5.2.9)。

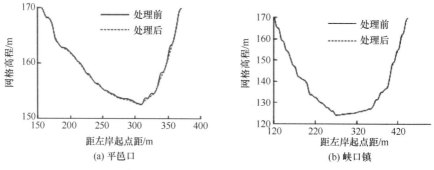

图 5.2.9　处理前后的横断面形态变化

如图 5.2.10 所示,处理后的断面地形较处理前变得光滑平顺,没有锯齿状的边界,并且地形几乎没有失真的现象。处理前后的深泓高程也没有发生明显变化,说明地形处理合理,可以用来进行香溪水质的数值模拟研究。处理后的河道地形较处理前平顺,特别是在靠近河道边岸附近(图 5.2.11),地形的处理能保证模型的计算稳定性和计算精度。

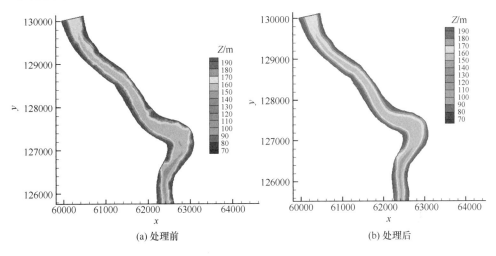

(a) 处理前　　　　　　　　　　　　　(b) 处理后

图 5.2.10　处理前后的地形变化

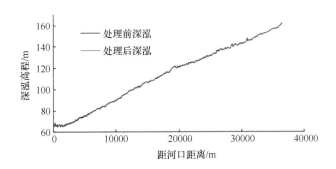

图 5.2.11　处理前后的深泓高程变化

5.2.3　库湾水质的平面二维模拟

1. 香溪河水华的初步分析

三峡水库采用季节性调节的“汛限水位”的运行方式,每年汛期(6～9 月),水库水位降至最低水位 145m,下泄流量过程与天然情况相同,洪峰来临时水库蓄水以削减洪峰;枯水期(10～11 月),水库蓄水至最高水位(175m 左右),蓄水期间水库类似于湖泊状态;枯水季(1～5 月),根据发电和通航要求,水库逐渐加大下泄流量,一般在汛限水位 145m 左右运行。

在三峡水库不同的运行时段内(图 5.2.12),长江干流的水体将对香溪库湾支流起到不同的影响。如在蓄水期三峡库区的水流将倒灌入香溪库湾,产生倒灌异重流,使库湾表层水体流速增大,并将库湾表层浮游藻类输运出河口而降低了藻类生物量(纪道斌等,2010b),特别是在蓄水较快的时段(9～10 月),水动力条件将成为香溪水华发生的重要影响因素。而在水库泄水期内(3～5 月),随着蓄水位或香溪河口水位的不断下降,香溪库湾上游由于点源或非点源产生的污染物不断向下游输移,将促使香溪水华的发生。由此可见,三峡水库的运行方式将对三峡库区支流的水质变化及水华现象产生较大的影响。

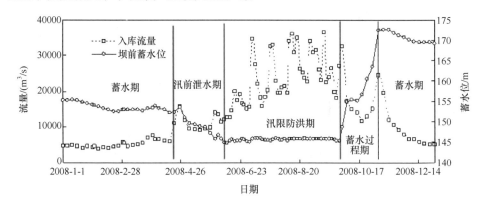

图 5.2.12　三峡水库运行水位

周建军(2008)指出三峡水库日调节水位作用下,长江干流与支流发生周期性水量交换,有利于减少富营养水体在支流特定环境的滞留时间,抑制藻类生长,干流较大水体稀释从支流出来的藻类密度,有助于防止其腐烂形成水华。王玲玲等(2009b)指出三峡水库正常运行条件下,利用水库水位的升降进行生态调度的效果是较为有限的,数值模拟结果表明库湾沿程叶绿素的分布与香溪河口水位没有明显的相关性。也有研究者指出香溪库湾内水华的发生不仅与三峡大坝的水位有关,还与水位的波动频率有关,但增大三峡水库水位的波动频率会有更多的潜在不利影响(Yang et al.,2010;Zheng et al.,2011)。因此,有必要从研究香溪库湾内的水流、污染物等角度来了解促使香溪水华发生的重要因素,制定合理的水华防治对策。

2. 不同三峡蓄水位下的水动力模拟计算

首先,计算在若干种三峡水库运行水位下,香溪库湾内的回水区及水动力条件情况。

如图 5.2.13～图 5.2.15 所示,随着三峡大坝蓄水位的升高,香溪库湾内回水范围逐渐向上游延长,最低蓄水位 145m 时,回水范围至峡口镇附近,蓄水位至 165m 时,回水至计算进口,即兴山镇,兴山下游河流水体几乎处于静止状态,将促使水华的发生。在相同的计算进口流量(多年平均流量 47m³/s),不同三峡蓄水位的模拟计算表明,三峡蓄水位和距离香溪河口的库湾回水区长度呈线性关系(图 5.2.14),与一维计算结果(王玲玲等,2009a)基本符合。

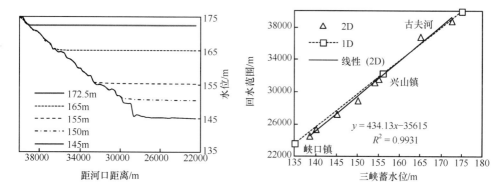

图 5.2.13　不同蓄水位时库湾内水位　　　　　图 5.2.14　三峡蓄水位与回水范围关系拟合

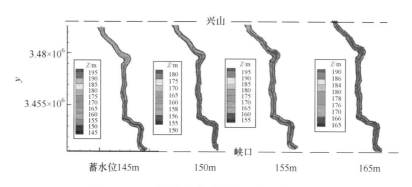

图 5.2.15　不同蓄水位时库湾回水区范围变化

$$L = 434.13W - 35615 \qquad (5.2.6)$$

式中,W 为三峡水库的蓄水位(m);L 为香溪库湾在对应的三峡水库蓄水位下距香溪河口的回水区长度(m)。

当三峡大坝蓄水位为 145m 时,兴山镇附近的河段流速较大,在 0.1m/s 左右,处于回水影响区内的下游河段水体流速下降较快,在香溪河口局部的河段流速在 0.001m/s 左右,处于准静止状态,如图 5.2.16 所示,泥沙颗粒和污染物将发生沉降,并且不利于污染物的输移扩散和降解。

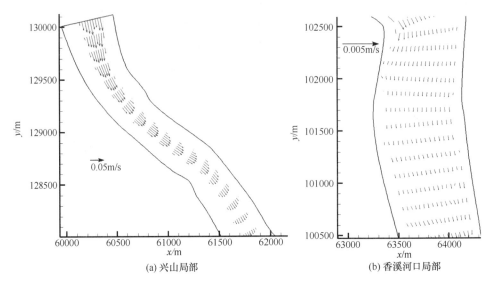

(a) 兴山局部　　　　　　　　　　　　　(b) 香溪河口局部

图 5.2.16　计算流场矢量图

3. 香溪河水质模拟(率定)

针对 2007 年 9 ～10 月三峡水库蓄水期内香溪库湾的水流水质进行模拟并验证数学模型的可靠性。计算边界进口为香溪河上游的兴山水文站和高岚河上游的建阳坪水文站的实测流量过程,出口采用三峡水库在 2007 年 9～10 月的蓄水位过程(图 5.2.17 和图 5.2.18)。香溪河和高岚河的流量均较小,在 $10\sim40\text{m}^3/\text{s}$。

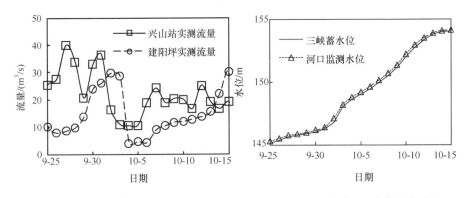

图 5.2.17　兴山及建阳坪实测流量过程图　　图 5.2.18　香溪河口水位变化过程

通过分析香溪河口实际水位监测数据(1985 黄海高程系)与三峡水库蓄水位发现,由于香溪河距离三峡大坝仅 36km,监测到的香溪河口的水位上升过程与三峡水库蓄水位过程基本一致,如图 5.2.18 所示,因为香溪河口水位监测为一天一次,三峡水库可自动监测每小时的水位,因此采用三峡水库蓄水位作为数学模型的出口边界条件。三峡水库蓄水过程中每小时的水位变幅在 $-0.03\sim0.07\mathrm{m}$ 变化,水位时涨时落,导致香溪库湾内的水动力条件较为复杂。河道计算糙率取值采用一维计算建议的河道糙率值(王玲玲等,2009b),河道状态为低水位(河口水位低于 155m)时取 0.024,库湾状态高水位(河口水位高于 155m)时取 0.023。

污染物(包括总磷 TP 和总氮 TN)的浓度计算边界给定进口浓度过程,由于上游最后一个监测点距离计算进口较近,采用此测点的实测过程作为香溪河进口边界条件,而高岚河进口浓度采用位于高岚河和香溪河交汇处的峡口镇测点的实测浓度,如图 5.2.19 和图 5.2.20 所示。香溪河上游的总磷浓度较高岚河的要高,且变化较平稳,在 0.1mg/L 左右,而总氮浓度受到的影响因素较多,因此波动较大,无明显的变化规律。

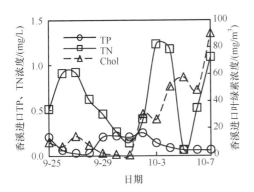

图 5.2.19　香溪河兴山站 TP 和 TN 浓度

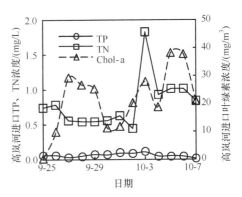

图 5.2.20　高岚河建阳坪站 TP 和 TN 浓度

针对 2007 年 9 月 25 日～10 月 8 日水华期间的水流水质进行了非恒定计算,下面将从水流变化和污染物浓度变化两方面进行分析。

分析 2009 年 9 月 26 日的沿程计算水位、流速及河道深泓地形的变化相关性,如图 5.2.21 所示,香溪库湾回水区内(距离河口 31km 以内)水位与三峡水库蓄水位保持一致,而在非回水区由于河道地形抬高,水位较回水区内水位增加;河道深泓高程变化剧烈,随着河道地形的起伏,过水断面面积随之变化,断面平均流速将发生变化(过水面积增大,断面流速减小;过水面积减小,断面流速增大)。

在 2007 年 9 月 25 日～10 月 15 日期间,代表断面秭归和平邑口的计算水位变化与三峡水库蓄水位变化一致,且平邑口与秭归断面的计算水位几乎相同,是因为平邑口和秭归均在回水区范围内,如图 5.2.22 所示。平面二维数学模型计算得到的香溪库容在 3.4～4.4 亿 m³,变化过程与三峡水库蓄水位变化过程相一致,如图 5.2.23 所示。

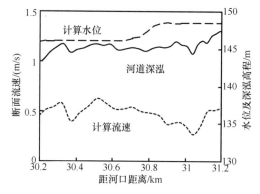

图 5.2.21　上游河段计算流速及水位(2007-9-26)

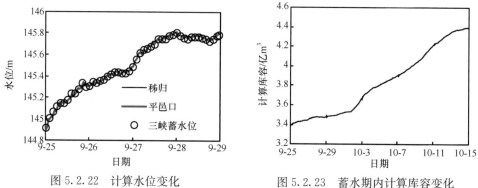

图 5.2.22　计算水位变化　　　　　　图 5.2.23　蓄水期内计算库容变化

　　兴山断面处于香溪河回水区影响范围以外,计算水位变化不受三峡蓄水位影响,主要受到上游径流量的影响。如图 5.2.24 所示,兴山断面计算水位变化幅度较小,在 2007 年 9 月 25 日~9 月 29 日和 2007 年 10 月 3 日~10 月 7 日期间内的变幅约 0.2m,计算水位的变化过程与上游来流流量过程一致,例如,在 2007 年 9 月 27 日洪峰时计算水位达最大值 160.15m,之后水位和流量均下降,在 2007 年 10 月 5 日之后计算水位和流量均不断增加。

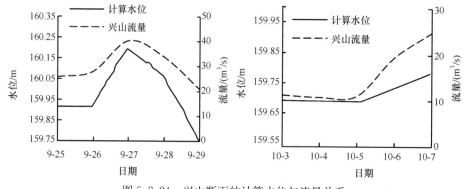

图 5.2.24　兴山断面的计算水位与流量关系

以上的水动力计算结果分析表明,本书开发的平面二维数学模型中的水力学模块可以正确模拟出香溪河道的复杂水力特征,可以在此基础上进行香溪水质演变的模拟计算。

如图 5.2.25 所示,统计分析近年来香溪库湾发生的 13 次水华,发现随着三峡蓄水位的抬升,距香溪河口,水华发生有向上游发展的趋势。2003 年至 2006 年发生的水华多集中在距河口 5～20km 的河段,三峡水库蓄水位在 135～140m 变化,而 2007 年以后水库蓄水位在 145～155m 变化(图 5.2.26)。统计近年各次水华发生时段内的三峡蓄水位情况,可见 2006 年之前三峡工程处于建设阶段,蓄水位在 135～140m,但之后三峡蓄水位抬高,2007 年和 2008 年香溪水华发生时的蓄水位在 145m 和 150m 左右,蓄水位抬高增加回水区范围,进一步降低香溪库湾水体流速,本书将通过平面二维数值模拟研究,水华发生河段位置与断面流速的相互关系。

如图 5.2.27 所示,2006 年以来的 10 次水华发生末端距香溪河口的距离与末端断面计算流速存在一定的关系,可以看出,10 次水华发生时的末端断面流速均不超过 0.03m/s,可以认为 0.03m/s 是香溪水华发生的临界流速值。

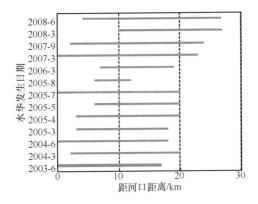

图 5.2.25　香溪干道水华发生位置示意图

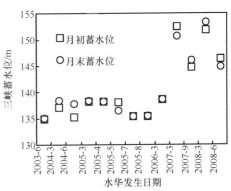

图 5.2.26　水华发生时水位统计图

如图 5.2.28 所示,2007 年 9 月 26 日的沿程计算流速分布与实测流速的变化趋势符合良好,接近香溪河口的河段计算流速在 0.001m/s。在 0.03m/s 的河道断面距离香溪河口约 22km,与 2007 年 9 月水华发生时的发生河段位置大致吻合,说明将 0.03m/s 作为香溪水华发生的临界流速是合理的。总结汉江水华问题的研究文献,目前提出的汉江水华发生的临界条件有:临界流速 0.225m/s,临界流量 500m³/s,临界总氮浓度 1.0mg/L,总磷浓度 0.07mg/L(窦明等,2002;谢平等,2004;2005)。可见,不同的河流或湖泊水华发生的临界条件悬殊,影响水华发生的因素较复杂。

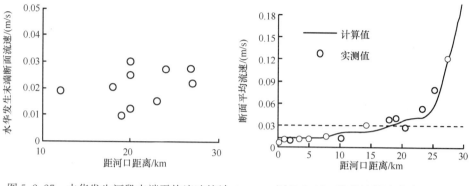

图 5.2.27　水华发生河段末端平均流速统计　　　图 5.2.28　沿程计算流速验证

在以上水动力计算的基础上,进行香溪库湾内在 2007 年 9 月 25 日~10 月 8 日水华发生期间内,污染物(总磷和总氮)的时空演变过程。首先根据 2007 年 9 月 25 日香溪河沿程 14 个测点的实测总磷和总氮浓度按空间线性插值,给定模拟区域内污染物浓度的计算初始浓度平面分布值。如图 5.2.29 所示,由于上游存在较多的磷矿、化工厂和生活排污口等,总磷在上游河段的浓度明显较下游的大,而总氮浓度受到面源污染入汇以及水体中水藻吸收空气中的氮元素和水藻死亡分解的影响,没有明显的分布规律。

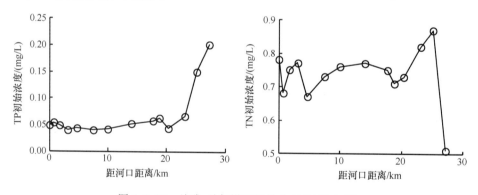

图 5.2.29　总磷、总氮沿程初始分布(2007-9-25)

纪道斌等(2010a)现场观测了香溪河 2007 年 9~10 月水华发生期间的总磷和总氮浓度,采样频率一天一次。本书采用该资料对水质模型中的计算参数进行率定,需要率定的参数有浓度扩散系数 ε 和相应水温下的营养物质衰减参数。营养物质浓度计算的进口边界采用兴山测点的实测浓度变化过程,初始计算浓度设置为第一天的实测浓度按空间线性插值到计算区域作为初始计算条件。计算的总磷和总氮浓度值与实测值的对比见图 5.2.30 和图 5.2.31。

从图 5.2.29 可以看出,高阳镇测点的总磷浓度在 9 月 28 日降至最小值

0.01mg/L,之后上升,在 10 月 4 日左右达到峰值 0.24mg/L,然后不断下降。刘草坡测点的总磷浓度在 9 月 30 日之前上升至 0.08mg/L 的峰值,之后下降至 0.04mg/L。秭归和峡口镇测点的总磷浓度在 9 月 30 日之前下降幅度较大,分别从 0.08mg/L 下降至 0.05mg/L 和 0.02mg/L,之后基本维持不变。总体来说,香溪河上游的总磷浓度变化明显受到来流浓度的影响,特别是高阳镇测点的计算浓度过程与进口浓度过程相关,受到进口浓度过程的影响明显。

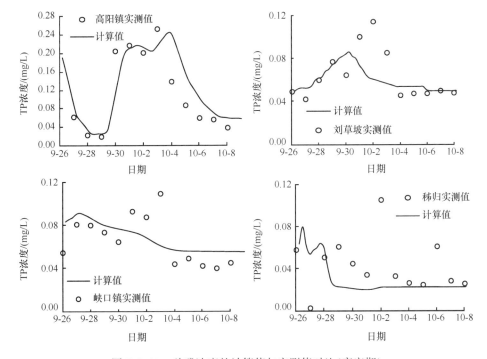

图 5.2.30　总磷浓度的计算值与实测值对比(率定期)

图 5.2.31 为总氮浓度的变化过程,高阳镇测点的在 9 月 30 日降至最低值,之后上升,在 10 月 5 日到达峰值 0.8mg/L,刘草坡测点的总氮浓度从 1.3mg/L 持续下降至 0.6mg/L,峡口镇测点的总氮浓度在 10 月 1 日降至最低值 0.2mg/L,之后处于上升状态,秭归测点的总氮计算浓度变化较小,而实测点较为散乱,主要原因是香溪河与长江干流水体交换造成成污染物浓度变化及空气中氮元素的干扰。

对比结果表明,虽然实测资料比较散乱,规律性不太强,但水质模型基本反映了总磷和总氮浓度沿程随时间变化的总体趋势,说明该模型具有较好的精度,可以用于河道水流中污染物浓度变化过程的研究。

4. 香溪河水质模拟(验证)

采用 2008 年 6 月 6 日至 7 月 11 日水华发生期间的水质监测数据来验证本模

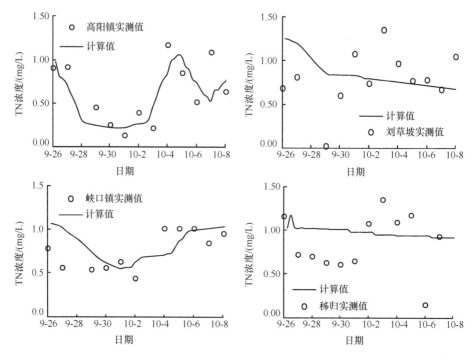

图 5.2.31　总氮浓度的计算值与实测值对比(率定期)

型的计算精度。实测数据采样频率为 7 天采样一次,数据来源于有关文献(张敏, 2009)。兴山和建阳坪水文站的记录流量保持稳定(香溪约 20m³/s,高岚河约 5m³/s),在 6-22(2008 年 6 月 22 日,以下同)和 7-4 受两场降雨影响有 2 次洪峰, 其中 7-4 流量较大,香溪流量达 500m³/s,高岚河流量达 15m³/s(图 5.2.32),期间 三峡水库蓄水位在 144.6~145.5m 内波动频繁(图 5.2.33)。香溪河进口 TP、TN 和 Chol 浓度均波动较大(图 5.2.34),高岚河进口 TN 和 Chol 浓度波动明显,但 TP 浓度基本稳定(图 5.2.35)。

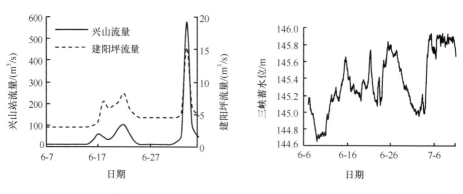

图 5.2.32　香溪及高岚河进口流量过程　　　　图 5.2.33　三峡水库运行水位过程

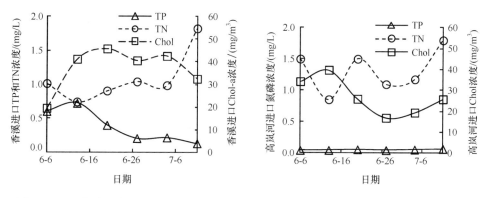

图 5.2.34　香溪河进口 TP、TN、Chol 浓度　　　图 5.2.35　高岚河进口 TP、TN、Chol 浓度

由高阳镇和峡口镇两个测点的总磷和总氮浓度的计算值和实测值对比（图 5.2.36）可以看出，验证期的总磷和总氮浓度计算值与实测值符合良好，表明经过参数率定后的水质模型可以复演香溪河水质的时空演变过程。

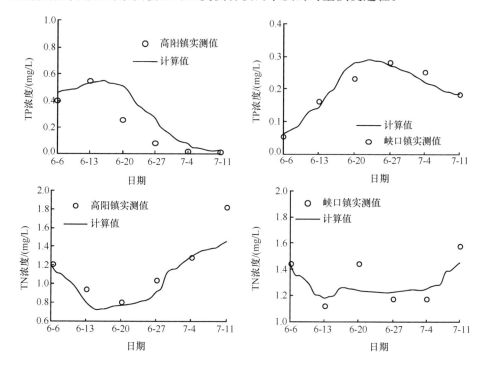

图 5.2.36　总磷和总氮的计算值与实测值对比（验证期）

以上的研究包括：首先分析了香溪河的地形特点，采用高分辨率的 DEM 地形数据进行数值模拟需要的网格地形重构并进行了 Laplacian 网格地形处理。采用

5.2.2节开发的平面二维水质数学模型,对香溪河在2007年和2008年发生水华期间的水流和水质进行了数值模拟研究,得到如下结论。

(1)采用具有高性能格式的非结构网格平面二维数学模型,可以较好地跟踪河流的复杂边界和捕捉水流激波及浓度突变,计算结果表明本模型可以较为准确地模拟像香溪河这样的山区河流的水流水质演变过程。

(2)三峡蓄水顶托香溪河的出口水位,导致库湾内的流速下降,流速减小是诱发香溪河水华发生的重要因素。多种工况的计算结果统计分析表明,可以将0.03m/s作为香溪河水华发生的临界流速条件。香溪河回水区内流速大多低于0.01m/s,即在回水区内均有可能发生水华。

(3)若干测点的总磷和总氮的计算值与实测值符合较好,经过参数率定后的水质数学模型可以模拟和复演香溪河库湾内营养物质的时空演变过程。

(4)香溪河的营养物质浓度受来流所含营养物质浓度的影响明显,且上游河段受到点源或面源污染物的汇入影响,需要重视香溪河上游的水质管理,是解决香溪河水质问题的根本措施。

5.3　库湾藻类水华影响因子分析及数学描述

5.3.1　库湾水华发生机理的初步分析

近年香溪水华发生的频率和历时呈上升趋势,统计近年水华发生的次数和时间可发现,香溪河水华多发生于春夏季节(3～8月),而秋冬季节较少发生,其中3月的发生次数约占43%,6月的发生次数约占21%(图5.3.1),并且发生的河段位置随蓄水位增加而逐渐往上游延伸,水温在10～28℃变化,变化范围较广,水华发生的持续时间没有明显的变化规律。

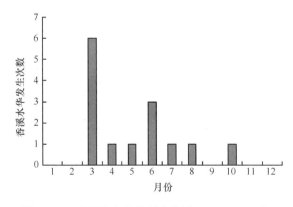

图5.3.1　香溪发生水华频率统计(2003～2008年)

藻类是单细胞植物或缺乏生物体系统组织的多细胞低等植物,是具有叶绿素而进行独立营养生活的低等植物的总称。藻类种类繁多,根据藻类所含色素、细胞构造和生殖方式,目前统计的藻类植物共有 2100 属、27000 种之多。我国藻类学家主张将藻类分为 12 个门,包括隐藻门(Cryptophyta)、金藻门(Chrysophyceae)、黄藻门(Xanthophyta)、硅藻门(Bacillariophyta)、甲藻门(Pyrrophyta)、褐藻门(Phaeophyta)、红藻门(Rhodophyta)、裸藻门(Euglenophyta)、绿藻门(Chlorophyta)、轮藻门(Charophyta)、蓝藻门(Cyanophyta)等。藻类分布范围极广,藻类对环境条件要求不高,适应性很强,在极低的营养浓度,极微弱的光照强度和极低的温度下也能生存,一般将藻类植物分为浮游藻类、漂浮藻类和底栖藻类,如硅藻、绿藻和蓝藻一般呈丝状浮游生长在海洋、江河、湖泊中,称为浮游藻类。小环藻属于硅藻门,衣藻属于绿藻门,多甲藻属于甲藻门,微囊藻属于蓝藻门且可产生具有毒性的微囊藻毒素。隐藻门、硅藻门一般在所有的水体中均有存在,生长要求条件很低,绿藻门多生于淡水中,海水中存在较少,而蓝藻门广泛分布于淡水和海水中、潮湿和干旱的土壤和岩石上、树干和树叶等,在热带和亚热带生长特别旺盛,因此水体中浮游藻类的分布种类可在一定程度上反映水体所处的营养化状态,当水体由贫营养化状态向富营养化状态转变时,表现为硅藻密度下降,而绿藻和蓝藻密度上升。表 5.3.1 中关于香溪水华发生时的占优藻类种属调查结果表明香溪河正由自然河流的贫营养化状态向富营养化状态转变。

表 5.3.1　近年香溪水华事件统计

水华发生时间	水华发生区距河口距离/km	水华历时/天	水温/℃	水华藻类优势种
2003-6	0.0~17.0	—	23.2~24.6	隐藻
2004-3	2.0~20.0	≈40	13.5~14.8	小环藻和星杆藻
2004-6	0.0~18.0	≈10	22.2~25.5	小环藻
2005-2	3.0~18.0	8	12.9~13.4	小环藻和多甲藻
2005-2	3.0~20.0	≈40	18.2~20.5	小环藻
2005-3	6.0~20.0	—	22.8~23.2	多甲藻和衣藻
2005-7	3.0~20.0	≈50	25.9~27.9	衣藻
2005-5	6.0~12.0	—	24.8~25.3	衣藻
2006-3	7.0~19.0		12.5~13.3	多甲藻
2007-9	0.0~23.0	≈20	10.5~11.7	多甲藻
2008-3	10.0~27.0	—	11.0~13.5	多甲藻
2008-6	4.1~26.8	≈30	24.5~25.5	微囊藻

影响淡水水华发生的机理较为复杂,一般可归纳为以下几种。

（1）气象因子，包括水域的光照、水温、气温等，在面积较小区域内气候因子的时空变化不大（除极端天气外），但对水华的发生及消亡过程影响显著。

（2）水动力因子，河道流速较大时有较强的自净能力，水体及污染物滞留时间短，将有效遏制水藻的大量增殖，当流速较小时则有助于水藻的大量增殖而容易发生水华。

（3）营养物质因子，水藻的增殖需要吸收一定比例的氮、磷、碳、硅等营养元素，因此水体中具有一定浓度的营养物质浓度是发生水华的必要条件。

（4）一些污染物会吸附在泥沙颗粒上，这些携带一定污染物的泥沙颗粒沉降至河底，当满足一定的水动力条件时，会重新起悬而向水体释放污染物形成二次污染。

综上所述，水华现象需要具备以上若干种条件方可发生。

水生态系统的结构相当复杂，一般的河流或湖泊中，水藻生长所需的主要营养物质为氮和磷的化合物，外界与水生态系统之间进行营养物质的交换，水体中的氮磷营养物质被浮游藻类吸收，以一定的形态保留在浮游植物的细胞当中。某些营养物质与水体或河床的泥沙也产生吸附和释放过程。浮游植物本身不断地进行着光合作用和呼吸作用，浮游植物与水体也不断进行着营养物质的交换，浮游植物的生长和死亡过程将产生和消耗水中的氧气，从而影响水中浮游动物的生长和对浮游植物的捕食，如图 5.3.2 所示。

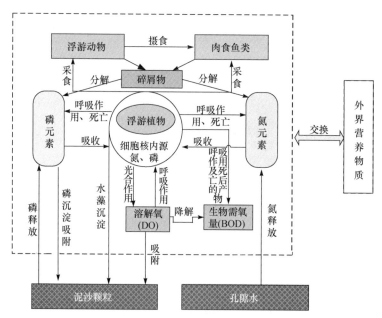

图 5.3.2　水生态系统结构示意图

以上是对水生态系统结构进行简化后的概念框架,实际的河流生态系统要复杂得多。当进行生态建模时,考虑因素全面将有助于提高数学模型对真实生态系统的模拟精度,但另一方面使模型变得复杂令数据难以支持,过多的参数增加了模型的不确定性而不利于提高模拟精度,并且造成模型的计算量过大而无法进行数值模拟研究。总之,由于生态系统的复杂性,以及不可能观测所有状态变量,生态学问题中的基础模型将永远不可能被全面了解。本书将结合研究区域——香溪河的生态系统的特点,开发有效模拟香溪水华发展的三维水华数学模型。

浮游植物广泛存在于水体当中,在水体表层受到太阳照射而进行光合作用,水藻密度不断增加,同时表层水体的浮游植物也进行呼吸作用而不断地分解,在水体更深处由于光照强度衰减而使浮游植物的光合作用减弱,甚至停止光合作用而只有呼吸作用,因此水藻密度将在垂向上产生明显差异,如图 5.3.3 所示。因此,表征藻类密度的叶绿素浓度会在表层水体不断增大,而较深处则无明显变化,如图 5.3.4 所示,水藻大量繁殖进一步增加自身的遮光效应,光合作用减弱,从而导致大量水藻死亡分解,进一步使水质恶化。

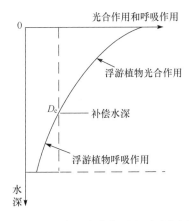
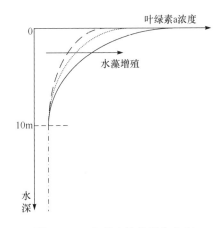

　　图 5.3.3　水下光合作用和呼吸作用　　　　图 5.3.4　水藻生长的垂向分布

如上所述,由于水藻自身的遮光效应,浮游藻类的光合作用只能在一定的水深内进行(同时也进行呼吸作用),而在某一水深以下光强极微弱导致光合作用停止,只进行呼吸作用,可将光合作用基本停止的水深定义为补偿水深 D_e。湖泊水深较小时(如太湖),营养物质浓度及叶绿素浓度对水深变化的响应不明显(白晓华,2006),即不存在明显的补偿水深 D_e;对于河口、水库等(如香溪),水深较深时(10～60m),存在明显的补偿水深,根据 2007 年 2 月至 6 月香溪峡口镇测点的叶绿素浓度监测数据分析表明,香溪水华发生的补偿水深 D_e 约为 10m(杨正健,2008)。

5.3.2　库湾藻类水华数学模型介绍

通过以上对水华发生机理的初步分析,并结合香溪河水华已有的研究文献,进行以下三维水华模型的开发,并应用于香溪河水华过程的模拟计算。三维水质模型可用于模拟水生浮游植物及营养物质包括总磷 TP、总氮 TN 的时空分布及变化,模型的开发主要参考了 WASP、EFDC 及 CE-QUAL-ICM 等若干模型中采用的水质计算方程,考虑了营养盐浓度、光照、水温及水动力条件对水生浮游藻类的生长死亡过程的影响作用。三维水华模型包括水动力子模型、营养物质(总磷和总氮)子模型及采用叶绿素浓度表征水生浮游植物生物量变化的叶绿素浓度计算子模型。

本书的水华模型是在由美国俄勒冈健康与科技大学(Oregon Health and Science University)开发的用于河口海洋温度场和盐度场模拟的 ELcirc 模型(Zhang et al.,2004)的基础上发展的,ELcirc 模型被广泛地应用于很多海洋问题研究并取得了较好的模拟结果(Baptista et al.,2005;Gong et al.,2009)。国内不少学者也应用 Elcirc 模型进行了河流海洋等的模拟研究,吴相忠(2005)采用 ELcirc 模型对海河河口进行了水动力模拟;杨金艳(2006)应用 ELcirc 模型进行了长江河口的水动力模拟;胡德超(2009)在 ELcirc 模型的基础上开发了三维非静水压力的水流模型,并添加了河床演变模块,对水库的冲淤、异重流等问题进行了数值模拟研究。

1. 水动力学模块

三维水动力计算子模型采用非结构网格模式的海洋模型 ELcirc 部分模块,适用于计算边界及地形复杂的河口、海洋、湖泊和水库的模拟,水动力模型的控制方程包括连续方程和动量方程,分别为

$$\frac{\partial u}{\partial x}+\frac{\partial v}{\partial y}+\frac{\partial w}{\partial z}=0 \tag{5.3.1}$$

$$\frac{\mathrm{d}u}{\mathrm{d}t}=fv-g\,\frac{\partial \eta}{\partial x}+K_{mh}\left(\frac{\partial^2 u}{\partial x^2}+\frac{\partial^2 u}{\partial y^2}\right)+\frac{\partial}{\partial z}\left(K_{mv}\frac{\partial u}{\partial z}\right) \tag{5.3.2}$$

$$\frac{\mathrm{d}v}{\mathrm{d}t}=-fu-g\,\frac{\partial \eta}{\partial y}+K_{mh}\left(\frac{\partial^2 v}{\partial x^2}+\frac{\partial^2 v}{\partial y^2}\right)+\frac{\partial}{\partial z}\left(K_{mv}\frac{\partial v}{\partial z}\right) \tag{5.3.3}$$

式中,(x,y) 为平面笛卡儿坐标(m);z 为垂向坐标,向上为正(m);t 为时间(s);u、v 为法向及切向流速(m/s);g 为重力加速度(m/s),取 9.81;f 为柯氏力系数,取 1.0487974×10^{-4};K_{mh}、K_{mv} 为水流动量方程中的水平、垂向紊动黏性系数(m²/s)。

自由水位变化采用自由水位函数方法计算,其中自由水面运动学条件和河床运动学条件分别为

$$w\big|_{\text{自由水面}} = \frac{\partial \eta}{\partial t} + u\frac{\partial \eta}{\partial x} + v\frac{\partial \eta}{\partial y} \tag{5.3.4}$$

$$w\big|_{\text{河床}} = u\frac{\partial z_b}{\partial x} + v\frac{\partial z_b}{\partial y} \tag{5.3.5}$$

对连续方程式(5.3.1)从河底 $z=z_b$ 到自由水面 $z=z_{\text{ini}}+\eta$ 沿垂线积分,并采用式(5.3.4)和式(5.3.5)的边界条件,可得到自由水位波动方程:

$$\frac{\partial \eta}{\partial t} + \frac{\partial}{\partial x}\int_{z_{\text{ini}}-\eta}^{z_{\text{ini}}+\eta} u\,\mathrm{d}z + \frac{\partial}{\partial y}\int_{z_{\text{ini}}-\eta}^{z_{\text{ini}}+\eta} v\,\mathrm{d}z = 0 \tag{5.3.6}$$

式中,z_{ini} 为计算初始水位(m);η 为自由水位波动(m)。

2. 营养物质循环模型

浮游植物的生长与很多种营养物质相关,若全部考虑将使三维模型的计算量过大而基本无法实行,香溪河水华研究表明,水华藻类的生长主要与总磷和总氮相关,因此本模型仅进行总磷和总氮两种营养物质的计算。

总磷和总氮浓度计算方程:

$$\frac{\mathrm{d}C_{\text{TP}}}{\mathrm{d}t} = K_h\left(\frac{\partial^2 C_{\text{TP}}}{\partial x^2} + \frac{\partial^2 C_{\text{TP}}}{\partial y^2}\right) + \frac{\partial}{\partial z} + \left(K_v\frac{\partial C_{\text{TP}}}{\partial z}\right) + S_{\text{TP}} \tag{5.3.7}$$

$$\frac{\mathrm{d}C_{\text{TN}}}{\mathrm{d}t} = K_h\left(\frac{\partial^2 C_{\text{TN}}}{\partial x^2} + \frac{\partial^2 C_{\text{TP}}}{\partial y^2}\right) + \frac{\partial}{\partial z} + \left(K_v\frac{\partial C_{\text{TN}}}{\partial z}\right) + S_{\text{TN}} \tag{5.3.8}$$

式中,C_{TP}、C_{TN} 为水中的总磷 TP 和总氮 TN 浓度(mg/L);K_h、K_v 为总磷和总氮浓度方程中的水平和垂向紊动扩散系数(m^2/s);S_{TP}、S_{TN} 为总磷和总氮的计算源汇项。

污染物总磷、总氮的源项包括受温度影响的通量及物理化学降解沉降造成的衰减,污染物源汇项为(Liu Y L et al.,2003;Liu X B et al.,2008):

$$S_{\text{TP}} = \frac{J_{\text{TP}}}{H} - K_{\text{TP}}C_{\text{TP}} \tag{5.3.9}$$

$$S_{\text{TN}} = \frac{J_{\text{TN}}}{H} - K_{\text{TN}}C_{\text{TN}} \tag{5.3.10}$$

其中

$$J_{\text{TN}} = J_{\text{TN}}^0 e^{k_{\text{TN}}(T-20)} \tag{5.3.11}$$

$$J_{\text{TP}} = J_{\text{TP}}^0 e^{k_{\text{TP}}(T-20)} \tag{5.3.12}$$

$$K_{\text{TN}} = K_{\text{TN}}^0 \alpha^{(T-20)} \tag{5.3.13}$$

$$K_{\text{TP}} = K_{\text{TP}}^0 \alpha^{(T-20)} \tag{5.3.14}$$

式中,J_{TN}、J_{TP} 分别为 TN 和 TP 的通量;J_{TN}^0、J_{TP}^0 分别为 TN 和 TP 在温度 20℃下的通量;K_{TN}、K_{TP} 为 TN 和 TP 的衰减率,包括所有的水体中去除污染物的动力过

程,如脱硝作用、脱氮作用、有机氮(ON)和有机磷(OP)的沉降;K_{TN}^0、K_{TP}^0为在温度20℃下的衰减率;α为温度对K_{TN}、K_{TP}的影响。

3. 浮游植物生态动力学模块

水生浮游植物大量分布于水体中,水体中的营养物质(包括氮、磷、碳等元素)的循环与浮游植物产生相互作用,浮游植物动力学模型的理论框架是基于WASP、EFDC及CE-QUAL-ICM等比较成熟的水质模型,并根据香溪水华藻类的一些特点进行了简化。目前浮游植物的生物量通常用单位水体中的藻类个体数量和光合作用的产物叶绿素浓度来表述,本书模型采用后者。叶绿素浓度计算方程与营养物质循环计算方程类似,计算方程如下:

$$\frac{dC_{chol}}{dt} = K_h \left(\frac{\partial^2 C_{chol}}{\partial x^2} + \frac{\partial^2 C_{chol}}{\partial y^2} \right) + \frac{\partial}{\partial z} \left(K_v \frac{\partial C_{chol}}{\partial z} \right) + S_{chol} \qquad (5.3.15)$$

式中,C_{chol}为叶绿素浓度(mg/m³);S_{chol}为反映水藻生长、死亡和沉降的动力学源汇项,其他系数的物理意义同水动力学及污染物计算模块。

浮游植物的动力学源汇项由式(5.3.16)计算:

$$S_{chol} = (G_p - D_p - P_{set})C_{chol} \qquad (5.3.16)$$

式中,S_{chol}为浮游植物的有效源项;G_p为浮游植物的生长率(1/天);D_p为浮游植物的死亡率(1/天);P_{set}为浮游植物的沉降速率(1/天);C_{chol}为叶绿素的计算浓度(mg/m³)。

(1) 浮游植物的生长率G_p由营养物质、光照、水温和局部水动力条件(流速)决定。各因素的影响按照下式乘积形式给出:

$$G_p = P_{mx} f_N f_I f_T f_U \qquad (5.3.17)$$

式中,P_{mx}为浮游植物最大生长率;f_N、f_I、f_T、f_U分别为营养物质、光强和水温对浮游植物生长的限制作用,限制因子分别介绍如下。

①营养盐限制因子f_N一般由碳、氮、磷的浓度决定。大多数情况下,碳是过量的,因此本书研究不考虑碳元素的限制作用。f_N可根据Michaelis-Menten公式和Liebig最小值定律计算(Cero et al., 1995; Wool et al., 2001),计算公式如下:

$$f_N = \min \left(\frac{C_{TP}}{C_{TP} + K_{mP}}, \frac{C_{TN}}{C_{TN} + K_{mN}} \right) \qquad (5.3.18)$$

式中,C_{TP}、C_{TN}分别为总磷和总氮的计算浓度(mg/L),K_{mP}、K_{mN}分别为水藻对总磷和总氮吸收的半饱和常数(mg/L)。

②光照强度在沿水深方向逐渐衰减,而光照是水藻进行光合作用的必要条件,光合作用限制因子由Steele公式给出(彭泽洲,2007):

$$f_I = \frac{2.72}{K_e \Delta z} \left[\exp \left(-\frac{I_0}{I_m} e^{-K_e(Zd + \Delta z)} \right) - \exp \left(-\frac{I_0}{I_m} e^{-K_e \Delta z} \right) \right] \qquad (5.3.19)$$

式中,I_0 为每日水面的日照强度(lux/天);I_m 为浮游植物的饱和光强(lux/天),即藻类在这种光照强度下光合作用达到最大或者开始有下降趋势;Zd 为水面至目标水层的垂直距离(m);Δz 为计算单元的厚度(m);K_e 为消光系数,由水、叶绿素和悬浮颗粒浓度决定,可由下式计算得到:

$$K_e = K_0 + f(C_{\text{chol}}) + f(C_{\text{ss}}) \tag{5.3.20}$$

式中,K_0 为水体背景消光(1/m);$f(C_{\text{chol}})$ 为叶绿素的消光(1/m);$f(C_{\text{ss}})$ 为悬浮颗粒的消光(1/m)。

浮游植物藻类种类繁多,主要有绿藻、蓝藻及硅藻三大类,不同的藻类有不同的生长特性,例如,绿藻的饱和光强最高(150cal/(cm² · min)),硅藻次之(100cal/(cm² · min)),蓝藻最低(80cal/(cm² · min)),香溪近年发生的水华多为蓝藻水华,本书的模拟计算则采用蓝藻的饱和光强来计算光强限制因子。

典型的 I_0 值在 500~1000lux/天,则 f_I 在 0.1~0.5。由 Steele 公式可看出,当光照强度 I_0 小于饱和光强 I_m,浮游植物的光合作用随光强指数增加,但当光照强度 I_0 超过饱和光强 I_m 后,光合作用速率将随光强的增大而以指数形式迅速减小。光照强度单位换算 100klux=930W/m²=1.335cal/(cm² · min)。

③浮游植物的生长受到水温的影响。温度限制因子应用式(5.3.21)计算得出(Cero et al.,1995):

$$f_T = \exp[-KTg_i(T-T_m)^2] \tag{5.3.21}$$

式中,T 为水温(℃);T_m 为浮游植物生长最适宜温度(℃);KTg_i 为水温在适宜温度 T_m 之下和之上时的生长限制系数。

水温将影响藻类的光合作用、呼吸作用和生长率等。当水温突然升高或降低都对水华发生和消亡产生明显的影响。藻类生存环境的温度范围很广,但最适宜藻类生长的温度 T_m 范围较窄。大量的研究表明,硅藻适宜水温较低,为 14~18℃;绿藻较高,为 20~25℃;蓝藻的适宜温度为 25~35℃(Yamaguchi et al.,2000;Nalewajko et al.,2001)。

④流速限制因子。针对三峡支流的富营养化问题,李锦秀等(2005)给出了藻类生长速率浓度和流速的关系式:

$$f_U = 0.7^{6.6U} \tag{5.3.22}$$

式中,U 为合流速,$U = \sqrt{u^2 + v^2}$,其中 u、v 为水平向流速矢量(m/s);f_U 为流速对水藻生长速率的限制因子,如图 5.3.5 所示,当流速为零时,$f_U=1$。

(2)浮游植物的损失 D_p 主要包括内源呼吸、死亡和浮游动物觅食。浮游植物的死亡率由式(5.3.23)给出:

$$D_p = k_{\text{pr}}\theta_{\text{pr}}^{T-20} + k_{\text{pd}} + k_{\text{pzg}}C_{\text{zoo}}\theta_{\text{pzg}}^{T-20} \tag{5.3.23}$$

式中,k_{pr} 和 k_{pd} 分别为藻类的内呼吸和死亡速率(1/天);k_{pzg} 为浮游动物和鱼类觅食速率(L/(mg · 天));C_{zoo} 为浮游动物的浓度(mg/L);θ_{pr} 和 θ_{pzg} 分别为温度系数。

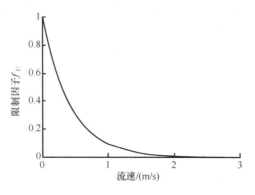

图 5.3.5 流速限制因子示意图

(3)浮游植物的沉降率由式(5.3.24)计算:

$$P_{\text{set}} = \frac{w_{\text{s}}}{D_{\text{e}}} \qquad (5.3.24)$$

式中,w_{s} 为浮游植物的沉降速度(m/天);D_{e} 为水藻光合作用发生的补偿水深(m),香溪河水华计算取值为 10m。

5.3.3 模型计算步骤及特点

三维水华数学模型计算流程,如图 5.3.6 所示,具体计算流程说明如下。

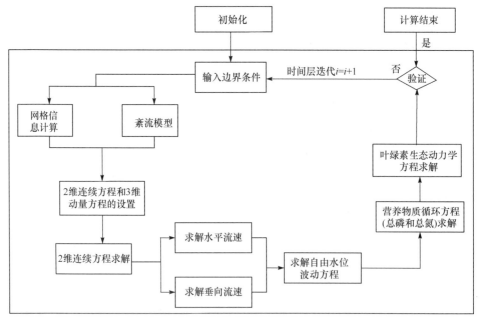

图 5.3.6 数学模型计算流程框图

（1）读入非结构网格的河道地形、计算参数及进出口边界条件，初始化模型的变量并进行三维非结构单元体的节点、面、边的编码；

（2）选择 Samagorinsky 方法和紊流封闭模型，计算紊流黏性系数 K_{mh}、K_{mv} 和扩散系数 K_v 留作备用；

（3）联立求解自由水面函数方程和水平动量方程，并进行第一次逆向跟踪计算，得到水位、切向和法向流速，根据连续方程求得垂向流速；

（4）求解污染物和叶绿素浓度的输运方程，并进行第二次逆向跟踪计算，得到温度场和浓度场；

（5）进入下一时层的计算，直到运行结束。程序运行中输出典型时刻的各项变量计算值。

总结本模型的一些特点，介绍如下几点。

（1）动量方程及连续方程的通量项采用半隐格式，隐式因子 $0.5 \leqslant \theta \leqslant 1$；动量方程的垂向黏性项及底部边界条件采用全隐格式；对流项的其他项采用显式格式以保证稳定性及计算效率。

（2）水平动量方程与沿深度积分的连续方程同时求解，法向速度的全导数采用 ELM 离散，并进行逆向跟踪计算，从而使对流项的稳定条件对时间步长无限制要求。

（3）垂向流速采用有限体积法，由三维连续方程求解，不求解垂向动量方程。

（4）水平动量方程的切向和法向流速采用有限差分法求解。

（5）三维流速解出后，利用有限差分法，可在多边形单元节点和单元边界中心处求解营养物质浓度和叶绿素浓度输运方程。

以上研究内容包括：首先分析了河流水华发生的机理及香溪河水华发生的一些特点，并综合考虑水动力、营养物质循环、光照、水温、浮游植物的沉降、死亡等因素，开发了适用于模拟研究三峡水库蓄水后引起的库区支流水华问题的三维非结构网格水华数学模型。本模型引入海洋模拟中的 ELM 离散处理对流项以及具有很好物质守恒性的迎风格式求解浓度输移方程，本模型具有对复杂地形及边界的适应性强和可以捕捉水流条件变化较大及污染物浓度突变等现象的特点，可以用于香溪水华问题的模拟研究。

5.4　库湾藻类水华过程中藻类细胞粒子的输移及生长模拟

5.4.1　藻类细胞粒子跟踪计算的基本原理

1. 粒子模型的控制方程

本书将采用拉格朗日法的粒子跟踪技术来研究颗粒污染物在香溪库湾内的扩

散轨迹。模型是基于 ELcirc 模型生成的水动力流场驱动拉格朗日粒子运动,可模拟三峡蓄水期间香溪库湾内污染物及水藻细胞颗粒的运动情况。粒子在每一计算时间步内移动的位置由式(5.4.1)~式(5.4.3)计算:

$$X(t+\delta t)=X(t)+u\delta t+R_x\sqrt{2K_h\delta t} \tag{5.4.1}$$

$$Y(t+\delta t)=Y(t)+v\delta+R \tag{5.4.2}$$

$$Z(t+\delta t)=Z(t)+w\delta t+R_z\sqrt{2K_v\delta t}+\delta t\frac{\partial K_v}{\partial Z} \tag{5.4.3}$$

式中,(X,Y,Z) 是粒子在新、旧时刻的空间位置;(u,v,w) 是水动力模型计算得到的三维流速(m/s);K_h、K_v 为水平和垂向扩散系数(m²/s),同三维水动力模型中的紊动扩散系数;(R_x,R_y,R_z) 为均匀分布的随机数,范围在 $-1\sim+1$。粒子从扩散度高的位置向扩散度低的位置移动。

以上的粒子轨迹跟踪模型没有考虑粒子数目的增加过程,只能用于模拟保守性污染物颗粒等的物质输移现象,而本书的浮游藻类水华过程是由水藻细胞颗粒大量繁殖引起,因此需要综合考虑若干种因素引起的水藻细胞颗粒的生长。

为了模拟水深方向上受到光照和水动力限制作用影响下的水藻生长过程,本书在三维粒子模型的基础上考虑了光照和流速影响下的粒子增殖模块,由于在近几年监测的水华期间内水体中的营养物质浓度较高和水温差异较小(杨正健等,2008),没有考虑营养物质浓度和水温对水藻生长的影响。水藻细胞颗粒的增殖过程的计算式为

$$P_n(t+\delta t)=P_n(t)+\alpha f_N f_I f_T f_U \delta t \tag{5.4.4}$$

式中,P_n 是水藻细胞颗粒在 Δt 时刻和 $\Delta t+1$ 时刻的数目(个);α 为水藻细胞颗粒的增值率[(个·h)/m³],f_N、f_I、f_T 和 f_U 分别为营养物质浓度、水下光照、水温和流速对水藻细胞颗粒增殖的限制因子,数值均在 $0\sim1$,计算公式分别如下(李锦秀等,2005;李健,2012):

$$f_N=\min\left(\frac{C_{TP}}{C_{TP}+K_{mP}},\frac{C_{TN}}{C_{TN}+K_{mN}}\right) \tag{5.4.5}$$

$$f_I=\frac{2.72}{K_e\Delta z}\left[\exp\left(-\frac{I_0}{I_m}e^{-K_e(Zd+\Delta z)}\right)-\exp\left(-\frac{I_0}{I_m}e^{-K_e\Delta z}\right)\right] \tag{5.4.6}$$

$$f_T=\exp[-KTg_i(T-T_m)^2] \tag{5.4.7}$$

$$f_U=0.7^{6.6U} \tag{5.4.8}$$

式中,C_{TP} 和 C_{TN} 分别为总磷和总氮的浓度(mg/L);K_{mP} 和 K_{mN} 分别为水藻细胞吸收总磷和总氮的半饱和系数,取值分别为 0.01 和 0.003(李健,2012),I_0 为每日水面的日照强度(lux/天);I_m 为浮游植物的饱和光强(lux/天);Zd 为水面至目标水层的垂直距离(m);Δz 为计算单元的厚度(m);T_m 为蓝藻生长最适宜温度,取值 20℃;KTg_i 为在最适宜温度之上(取值 0.006)和之下(取值 0.008)的计算取值;K_e 为水下消光系数;U 为网格节点计算流速(m/s)。

在平面网格单元中进行粒子轨迹跟踪计算，算法示意图如图 5.4.1 所示。粒子的新时刻的位置坐标(x_{new}, y_{new})采用式(5.4.9)～式(5.4.12)计算(Martin et al.，2005)：

$$x_{new} = x_2 - \frac{1}{A_x}\left[U_{x_2}^N - \frac{U_{x_{old}}^N}{\exp(A_x \tau_e)} \right] \qquad (5.4.9)$$

$$y_{new} = y_2 - \frac{1}{A_y}\left[V_{y_2}^N - \frac{V_{y_{old}}^N}{\exp(A_y \tau_e)} \right] \qquad (5.4.10)$$

$$U_{x_{old}}^N = U_{x_2}^N - \frac{U_{x_2}^N - U_{x_1}^N}{\Delta x}(x_2 - x_{old}) \qquad (5.4.11)$$

$$V_{y_{old}}^N = V_{y_2}^N - \frac{V_{y_2}^N - V_{y_1}^N}{\Delta y}(y_2 - y_{old}) \qquad (5.4.12)$$

式中，(x_{new}, y_{new})、(x_{old}, y_{old})分别为新、旧时刻的粒子位置坐标(m)；$U_{x_1}^N$、$U_{x_2}^N$、$V_{y_1}^N$和$V_{y_2}^N$分别是Δt时刻进出控制单元的x和y方向流速(m/s)；x_1、x_2、y_1和y_2分别是控制单元节点的x坐标(m)和y坐标(m)；τ_e为每一时间步内粒子轨迹跟踪计算的子时间步(s)。

以上计算式中粒子运动速度由周围网格节点上的计算流速(水动力学模型计算结果)得到。由于水动力模型中采用的时间步长较大，粒子跟踪模型需将其分解为多个子步(τ_e)，以满足粒子下一时刻的位置处于计算范围的条件。另外，$\Delta t + 1$时刻新增加的粒子空间位置，采用线性插值的方法，添加到在新旧时刻的粒子的中点处，如图 5.4.1 中的 P_{add}，然后添加新粒子后的粒子群作为下一时刻粒子轨迹计算的初始条件。可见，本书的粒子轨迹跟踪模型是基于欧拉背景网格的跟踪计算，计算效率可以满足天然河流中的物质输移模拟研究。

2. 三维粒子轨迹跟踪模型计算框架

如图 5.4.2 所示，为一颗粒子在网格单元中运动轨迹的二维示意图，其中假设粒子在单元 E1 中由轨迹 1 运动至轨迹 3，至单元 E4 中的轨迹 4 和单元 E5 中的轨迹 5。

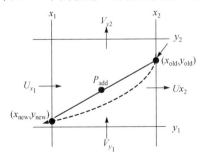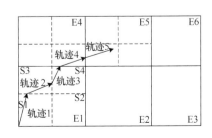

图 5.4.1　粒子轨迹跟踪算法示意图　　图 5.4.2　粒子运动轨迹跟踪二维示意图

基于欧拉网格计算流场驱动的拉格朗日粒子跟踪模型的大致计算流程如图 5.4.3 所示。

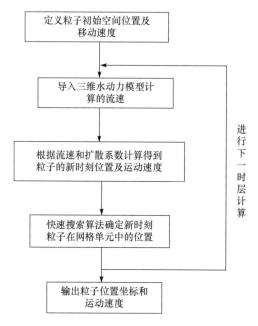

图 5.4.3　粒子跟踪模型计算流程图

5.4.2　库湾水华过程中藻类细胞粒子输移的模拟

1. 三峡蓄水期香溪河水华模拟

香溪河的地理位置及地形地貌等情况可参考 5.3 节的介绍。本节将应用 ELcirc 模型研究香溪库湾回水区在 2007 年 9～10 月间三峡蓄水期间内的水流及污染物的运动情况。由于香溪河道比降较大,在三峡水库蓄水后香溪库湾内上游至下游的水深变化较大,在兴山水文站附近的水深不到 5m,而香溪河口水深在 145m 的三峡蓄水位下可达到 80m,ELcirc 模型在垂向上采用的 Z 坐标,垂向上的地形适应性较差,必须通过加密分层数的方式来提高模拟精度,但会导致计算量过大的问题。因此,本节仅模拟从高阳镇至香溪河口的河段(包括支流高岚河)以减小三维模型的计算量,并研究香溪水华发生的重点河段。

平面网格采用四边形非结构网格,划分网格单元 19512 个,垂向分 50 层,考虑到必须保证三维计算网格完全包围真实物理运动水体,又要尽可能地减少三维模拟的计算量,因此在河床以下和实际水体表面以上的计算区域采用较厚的垂向网格分层(60m),接近自由水面和初步估计水位波动范围内的水位区域分层较薄(0.5m),这样充分利用了 Z 坐标系统网格分层的灵活性,并提高了计算精度。

水动力模拟计算采用的边界条件为:进口采用 2007 年 9 月 25 日～10 月 8 日期间香溪上游的兴山水文站和高岚河上游建阳坪水文站的实测流量过程,出口边界条件采用三峡水库对应时间内的蓄水位过程,与平面二维水质模拟的边界条件相同。河道计算糙率取值与平面二维模型计算糙率取值相同,参照香溪河水质一维计算的糙率取值(王玲玲等,2009b),在 155m 以上蓄水位时取 0.023,在 155m 蓄水位以下时取 0.024。

计算时间步长的选取在三维非恒定模拟中非常关键,这决定了整个非恒定过程的计算耗时,由于香溪河道地形比降较大,初始计算水位(155m)至非恒定过程的初始水位(145m)落差较大,必须取较小的计算时间步长才能保证计算的稳定性和计算精度,而非恒定过程中的水位变幅较小,为提高计算效率缩短非恒定过程的模拟计算耗时,需要采取较大的计算时间步长。因此,本书采取了热启动的计算方法,在非恒定过程计算之前时间步长取值为 0.1s,计算至 145m 稳定水位后保存中间变量的计算结果(紊流模型中的变量及三维流速、水位波动值等),非恒定过程的模拟则采用 10s 的时间步长进行计算,研究结果表明此方法在保证计算精度的同时较大地提高了模拟计算效率。

2007 年 9 月三峡蓄水期的三维水动力模拟计算的香溪库湾内某些测点处的水位变化如图 5.4.4 和图 5.4.5 所示,处于回水区范围内的平邑口、秭归处的水位变化与三峡蓄水位变化同步,并且距离进口较近的平邑口处水位与秭归处的水位相差较小,与平面二维模型的计算结果相同。

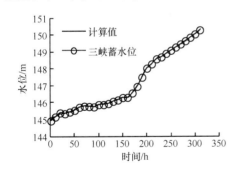
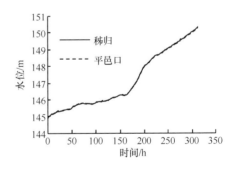

图 5.4.4　平邑口水位变化过程　　　　　图 5.4.5　秭归计算水位变化过程

三峡水库蓄水时长江干流水体将大量倒灌入香溪河(图 5.4.6),而三峡水库泄水时香溪河口表层水流向下流动,如图 5.4.7(a)所示,但底部仍有水体缓慢倒灌入香溪河,如图 5.4.7(b)所示,水流条件较为复杂。表层水流流速明显大于底部,但均远小于 0.01m/s,处于准静止状态,水体的复杂流动将影响对污染物及水藻细胞颗粒的输移运动。

图 5.4.6　蓄水时河口附近计算流场

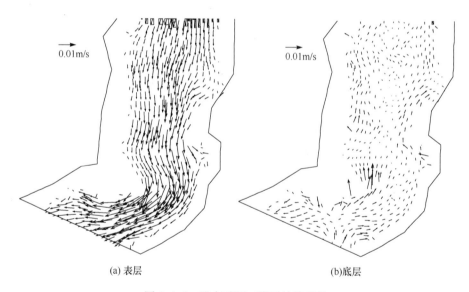

(a) 表层　　　　　　　　　　　　　　(b)底层

图 5.4.7　泄水时河口附近计算流场

三维水动力模拟中采用 Mellor-Yamada 双方程紊流模型来封闭微分方程组，Mellor-Yamada 双方程模型可以计算水流的紊动动能 k 和紊动混掺长度 l，本书将通过紊流模型的计算研究在三峡蓄水后香溪库湾内的水体紊动掺混特性。如图 5.4.8 所示，计算结果表明：位于香溪上游的平邑口处的水体的紊动动能在水深方向上较小，均不超过 $1.0 \times 10^{-7} \mathrm{m^2/s^2}$，几乎为静止水体，而紊动导致的混掺长度在水面和水底部位较大，可达到 0.1m，而在水体中层接近零，说明三峡蓄水导致香溪库湾水体紊动及混掺减弱，不利于污染物的扩散净化等，将为水藻的大量繁殖提供有利的水动力条件。

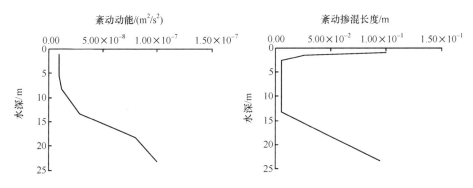

图 5.4.8　紊动动能和紊动掺混计算值(平邑口测点)

如图 5.4.9 所示,香溪上游至下游的 4 个测点(平邑口、峡口镇、贾家店和秭归)处的计算流速沿水深方向的分布表明,平邑口处的流速(0.01m/s)较下游要大,而下游河段的流速均低于 0.01m/s,并且有些测点的计算表层流速大于底层流速(如平邑口、峡口和贾家店),而秭归处的表层流速低于底层流速,此现象可能由于倒灌异重流导致(纪道斌等,2010b)。

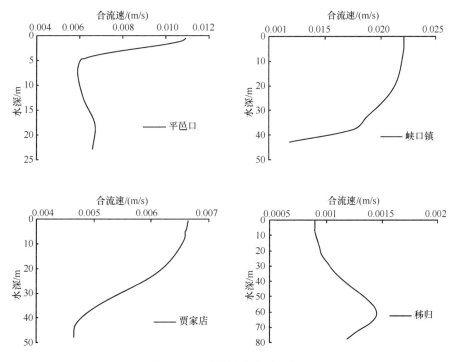

图 5.4.9　计算流速的垂向分布

本书将上述经过水槽实验初步验证的粒子运动轨迹跟踪模型应用于香溪河在2007年秋季三峡蓄水期间库湾内的污染物运动的模拟。

一般可采用叶绿素浓度或单位水体中水藻细胞个数来表征水体中浮游藻类的生物量状态,2007年2～5月峡口镇的实测叶绿素浓度表明:香溪库湾水体中的浮游藻类受光照水温等因素的影响,叶绿素浓度在水面处较高,沿垂向逐渐衰减,至10m水深处已很低,且表层叶绿素浓度增殖较快,如图5.4.10所示。

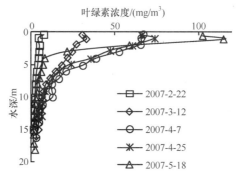

图5.4.10　实测叶绿素浓度垂向分布(峡口镇)

下面将应用考虑粒子数目增殖的三维粒子轨迹跟踪模型对香溪河在2007年9～10月发生的水华爆发过程进行模拟。从2007年9月25日开始,在秭归至贾家店河段释放粒子(图5.4.11),共分为10层粒子进行计算。为模拟浓度的垂线分布,按垂向上各测点实测叶绿素浓度所占沿水深积分的叶绿素总量的百分比布置各层的粒子数目,初始时刻(2007-9-25)在自由水面处释放656200颗粒子,沿水深方向依次递减,至9m水深处的粒子为9580颗。水藻细胞颗粒的增殖率 α 根据《三峡库区香溪河水环境演化及生态修复技术研究报告》(长江水资源保护研究所,2010)中室内蓝藻培养皿实验研究得到,取值 $2000\text{cells}/(\text{m}^3 \cdot \text{h})$。粒子的布置方式是采用非结构网格节点坐标来定义粒子的平面位置,如图5.4.11所示,图中的实线代表三维流场模拟计算采用的非结构网格线,黑色点表示粒子的平面初始位置。

如图5.4.12所示,跟踪香溪库湾内释放的某一颗粒子在运动200h后的运动轨迹,可见不考虑紊动扩散时粒子的运动轨迹几乎为一条直线,考虑紊动扩散后粒子的运动轨迹较不考虑紊动扩散时的运动轨迹有所偏离,说明香溪库湾内的水体紊动扩散作用相当微弱。并且在历时200h后,粒子在横向上的运动距离不到400m,粒子的横向运动方向与河势相关,粒子沿河道方向的运动距离不到600m,平均运动速度约0.0007m/s,且向上游方向运动,表明在三峡蓄水的情况下,水体向库湾上游倒灌将导致污染物无法排出库湾,并且上游来流的污染物向下游搬运而下游的污染物也有向上游输移的趋势,也将导致污染物在香溪河中游位置累加而浓度不断增大。水藻颗粒也同时向上游运动,最终导致香溪河上游的自然河段与回水区河段的衔接处附近水域的水华相当严重,这与近年的水华监测结果相一致(高阳镇至峡口镇河段是水华最严重的河段)。

图 5.4.11 初始粒子布点位置示意图

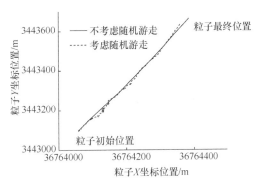

图 5.4.12 某粒子的运动轨迹

在模拟时段内粒子群向上游运动,2007-9-26 至 2007-10-8 在上游末端附近的粒子仅从贾家店运动到峡口镇附近,运动距离约 600m,边岸处由于流速较河道中间位置的小,因此边岸处的粒子有滞留现象,如 2007-10-8 的粒子位置图中秭归至三间的河段,同时有部分颗粒进入支流高岚河道内,说明粒子模型的计算可以反映出粒子的物理运动图景。论证运动示意如图 5.4.13 所示。

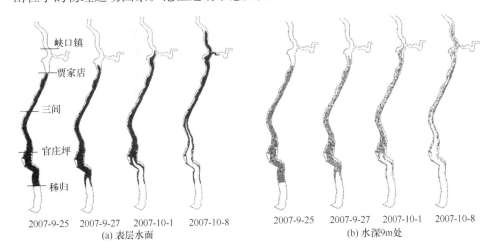

图 5.4.13 香溪库湾内的污染物输移运动(考虑随机扩散)

河流中的浮游藻类的浓度分布受水流条件、营养物质浓度、水温和水下光照等因素的综合影响,尤其在水深方向上光照强度由于水体背景反射及水体中的水藻及泥沙颗粒的遮蔽,光照很快衰减,对水藻垂向上的分布及生长影响明显。对考虑粒子数目增殖的三维粒子轨迹跟踪模型,各层粒子数目经过若干天的计算值统计,粒子模型可以模拟出水藻颗粒沿水深方向的分布趋势以及表层水藻颗粒的急剧增殖过程,非守恒三维粒子模型模拟的物理现象与图 5.4.14 的实测叶绿素浓度增殖过程相似。如图 5.4.15 所示,统计的峡口镇附近 1km 范围内的粒子数目逐渐增多,与实测的叶绿素浓度过程相似。本书的非守恒三维粒子模型可以近似模拟出水华过程中水藻细胞的增殖过程。

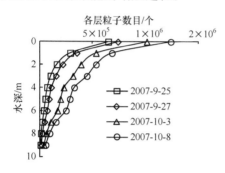 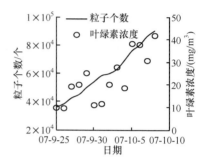

图 5.4.14　垂向水藻细胞增殖过程　　　图 5.4.15　峡口镇水藻细胞增殖过程

2. 夏季汛期三峡泄水期香溪河水质模拟

在进入夏季汛期三峡水库蓄水位约保持在 145m 左右不变,这时长江干流水体对香溪库湾的倒灌影响微弱,香溪内的水流可以流出库湾。本书将采用 2007 年 9~10 月的兴山水文站的实测流量过程作为进口边界条件,香溪出口水位设为 145m 不变,采用 ELcirc 模型、粒子跟踪模型(不考虑生长源项)和欧拉网格型污染物浓度输移模型来模拟 2007-9-25~2007-10-8 香溪河道的污染物输移特性。

维持恒定的出口水位后,香溪河的水流不断向下游流动,但仍然受到三峡水库回水的影响。如图 5.4.16 所示,在平邑口附近的水流流速变化明显,平邑口附近上游河段在回水影响范围外,流速可达 0.1m/s,而以下河段流速降低较大,在 0.002~0.1m/s。

在平邑口附近河段释放 4611 颗粒子,基于 ELcirc 模型计算得到的流场模拟粒子群的运动轨迹,与基于欧拉场法的网格污染物输移模型的模拟效果进行对比。污染物输移模型的初始浓度条件为:在与释放粒子相同河段设置初始浓度为 1.0mg/L 的污染物分布,其他河段背景浓度为 0.0mg/L。拉格朗日法的粒子初始位置分布和欧拉场法的污染物浓度初始分布分别见图 5.4.17 和图 5.4.18。

如图 5.4.19 所示,跟踪了从上游至下游方向不同位置的 4 个粒子的运动轨迹。不同部位的粒子运动受到不同大小和方向的流场的影响结果也不同。图 5.4.19(a)的粒子在 312h 的历时内运动的距离最远,横向和纵向运动幅度均达到 2km；而图 5.4.19(b)的粒子位于平邑口附近水流条件变化复杂的河段，随机运动轨迹也较为复杂；图 5.4.19(c)和(d)的粒子均沿河势向下游运动，但受回水顶托作用移动距离均较小。

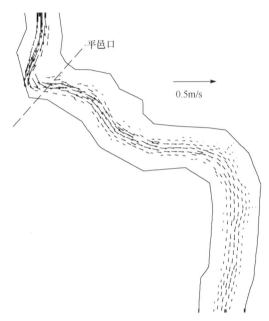

图 5.4.16　平邑口局部流场矢量图

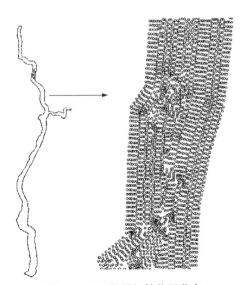

图 5.4.17　粒子初始位置分布

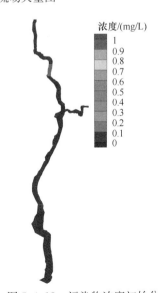

图 5.4.18　污染物浓度初始分布

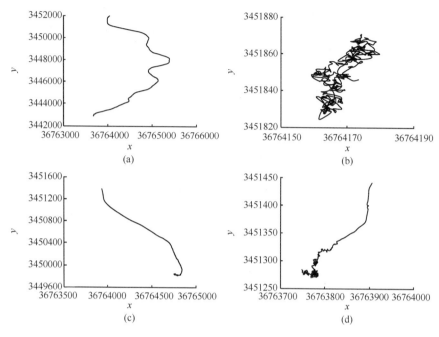

图 5.4.19　粒子运动轨迹跟踪

　　由于初始设置的粒子中有些位于没有水流流动的干地形中,有些位于水流计算区域中,因此在跟踪计算开始后,其中的一部分粒子将被认为是"死粒子"而不被计算,而计算过程中由于水流干湿边界变化及边岸的滞留作用,跟踪计算的粒子个数不断地变化。如图 5.4.20 所示,在 13 天的模拟期内跟踪粒子个数从约 2280 个下降至约 1700 个。

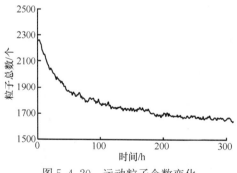

图 5.4.20　运动粒子个数变化

　　如图 5.4.21 所示,分别比较了经过 100h、200h 和 310h 后拉格朗日粒子跟踪法和欧拉场法的污染物输移模拟的结果。可以看出:两种方法的模拟结果相似,并且由于河流中间部位的紊动较边岸处的要大,而边岸附近的流速较小,粒子在接近边岸处有滞留现象,而欧拉场法的污染物浓度计算分布也表明边岸的浓度较河道中间部位的要高,说明两种方法的模拟结果合理。由于香溪河下游流速极小,模拟期结束时(310h 后)粒子和污染物浓度达到官庄坪附近而几乎不向下游传输,说明三峡蓄水对香溪库湾的污染物输移运动和分布均造成明显影响。

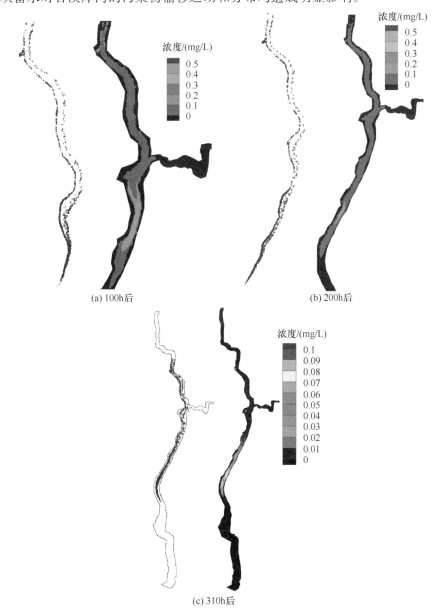

(a) 100h后

(b) 200h后

(c) 310h后

图 5.4.21　拉格朗日法(左)和欧拉场法(右)模拟污染物输移对比图

　　由以上模拟分析可见:基于拉格朗日法的粒子跟踪模型和基于欧拉场法的污染物浓度输移模型均有其优势,粒子跟踪法可以研究污染物的运动路径和历时,可提供单个粒子和粒子群的运动信息,而欧拉场法可以给出污染物浓度场的分布信息,两种方法结合应用为研究自然河流中污染物的运动研究提供新思路。

　　本节的主要研究内容包括:首先采用 ELcirc 模型的水动力学模块计算 2007 年秋季三峡蓄水期内香溪库湾的水动力学条件,验证水动力学模块的计算精度,根据水流计算中对流项逆向跟踪模块的计算效率的分析选取合适的计算时间步长,计算表明:采用 ELM 离散对流项,在一定程度上缓解了 CFL 条件对计算时间步长的限制,提高了模型的计算效率。在得到计算流场的基础上采用基于拉格朗日粒子运动轨迹跟踪计算模型初步计算了 2007 年秋季蓄水期内香溪库湾中的水藻细胞颗粒输移情况,同时分别采用粒子跟踪模型和污染物输移模型模拟研究了三峡夏季汛期时香溪库湾内的污染物运动,并比较了两种方法的计算结果,表明拉格朗日法和欧拉场法结合研究可以更细致地了解天然河流中的污染物输移机理与现象。研究表明:ELcirc 模型可以精确模拟弯道水流特性和地形及边界条件变化剧烈的自然河流的水动力场,可较好地模拟三峡水库蓄水期间长江干流水体倒灌入香溪库湾而产生回流的过程;三维粒子轨迹跟踪模型可以模拟出弯道水流中物质的输移特性,物质输移由确定性的对流运动和随机性的紊动扩散两部分构成,粒子在弯道处由凸岸向凹岸偏转;三峡水库蓄水期内香溪河道中的浮游藻类颗粒在回流作用下,有向上游输移的现象。采用非守恒的粒子跟踪模型可以较好地模拟浮游藻类在三维空间上的输移、紊动扩散和细胞颗粒增殖过程,模拟结果与实测数据的变化趋势一致。

5.5　库湾藻类水华限制性营养物质判别

5.5.1　库湾水华相关因子分析

　　香溪河道地形变化剧烈,干流平均比降 3‰,支流高岚河平均比降达 6‰。本模型采用四边形非结构网格进行计算区域的网格剖分,以适应边界的复杂变化。计算区域从上游的兴山水文站至香溪河口,包括支流高岚河,计算网格共 19512 个网格单元,平均尺寸约 20m。

　　三峡大学在香溪河建立了野外生态实验站,在 2007 年和 2008 年对香溪河水华期间的水流水质参数进行了监测,从香溪河口至上游一共布置了 11 个测点,这些测点的名称分别为:香溪河口(××00)、秭归(××01)、官庄坪(××02)、三间(××03)、贾家店(××04)、峡口镇(××05)、峡口大桥(××06)、刘草坡(××07)、平邑口(××08)、平邑口化工厂(××09)、高阳镇(××10)。

香溪河河口段的水流条件与长江干流的水动力条件有关,如回流掺混、河道内外温差引起的垂向交换、库水位变化产生的水体吐纳等,即香溪河河口段的污染物和水藻浓度等与长江干流具有一定的交互关系,因此将高阳镇至三间区间的河段作为水华研究区域,研究范围内包括 8 个测点。

模型计算采用的网格地形根据高分辨率(10m)的 DEM 数据重构(1985 黄海高程系),并进行 Laplace 光滑处理以减小局部地形剧烈起伏对计算精度的影响。

2007 年 9 月 25 日至 10 月 8 日期间水华的发展过程模型率定计算如下。

(1)首先将 9 月 25 日的 11 个测点的营养盐及叶绿素浓度和表、底层水温线性空间插值到计算区域的网格中作为计算初始状态,如图 5.5.1 所示。

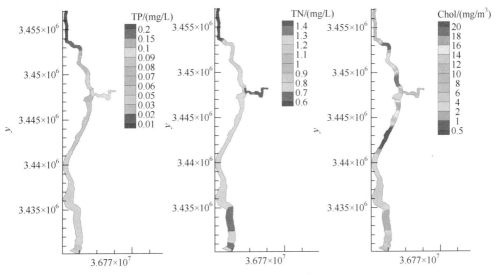

图 5.5.1　初始浓度平面分布图

(2)香溪河峡口镇的监测数据表明表层水温受气温影响波动较底层水温要大(图 5.5.2),水温的空间变化不大,以 2007-9-25 的监测数据分析为例,在 0~15km 的河段范围内由于水深较大,表层和底层的水温差异较大,20~25km 河段由于水深较浅,表层和底层的水温差异较小,如图 5.5.3 所示。由于表层水体受日照影响,水温在垂向上产生明显分层(图 5.5.4 和图 5.5.5),且与水深相关(图 5.5.6)。本书拟合了水温垂向分布与水深的关系公式,将实测数据直接加载到模型中,并考虑表层水温随时间的变化,不进行水温分布变化过程的计算,这样既减小了模型的计算量,又避免了计算误差对水藻生长的影响。拟合关系式为

$$\text{Temp} = 23.435 - 0.679 \ln D \qquad (5.5.1)$$

式中,D 为水深(m);Temp 为水温(℃)。

计算水温对水藻的生长限制作用因子可知,水温远离 20℃将限制水藻增殖,接近 20℃时水温限制将对水藻的增殖影响不大。

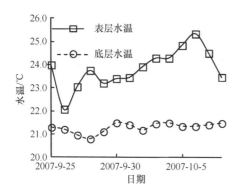

图 5.5.2　峡口镇实测表层和底层水温

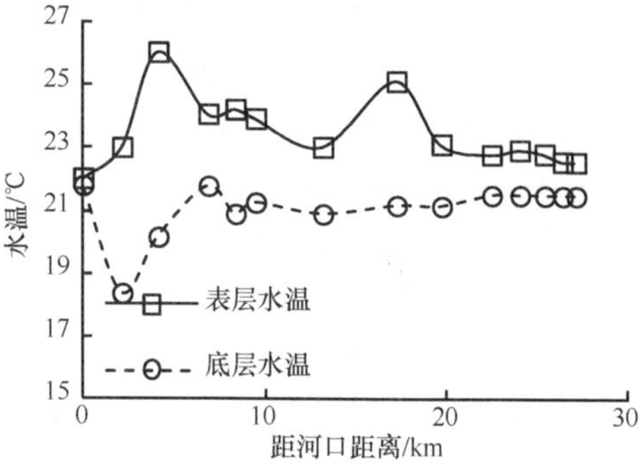

图 5.5.3　水温沿程空间变化 (2007-9-25)

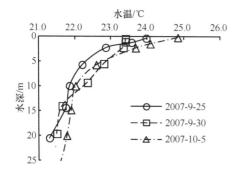

图 5.5.4　香溪河口的水温垂向分布

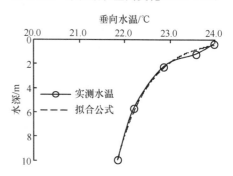

图 5.5.5　水温垂向变化与水深的关系

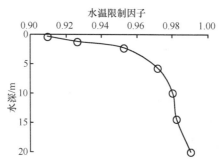

图 5.5.6　计算水温限制因子的垂向分布

（3）分析光照强度在水深方向上的衰减，基于 2007 年 2 月 22 日至 5 月 29 日水华发生期间峡口镇单个测点的垂向叶绿素及光照强度的实测数据，按水华发生的严重程度分 5 个阶段进行分析 (杨正健等，2008)。

由于水藻的生长及占优种类在水深方向上受到水温和光照等因素的影响，表层浓度将大于底层浓度，叶绿素多集中在表层 5m 以内的水体，并且表层水体多以绿藻和蓝藻居多，而随着水深增加硅藻将占优，因此水下光照将对水藻的增加产生重要影响。

由于表层水体的藻类增殖较快(图 5.5.7),因此对水下光照强度造成较快的衰减效果,如图 5.5.8 所示,表层水体的光照强度衰减明显较底层更快。采用 Lambert-Beer 公式计算水下光强衰减系数(张运林,2004),得到光强衰减系数的在水深方向的分布(图 5.5.9):

$$K_e = -\frac{1}{z}\ln\frac{E(z)}{E_0} \tag{5.5.2}$$

式中,K_e 为水下消光系数(m^{-1});z 为从水面至测量点的水深(m);E_0 为水面处的光照强度[$\mu\mathrm{mol}/(\mathrm{m}^2 \cdot \mathrm{s})$];$E(z)$ 为深度 z 处的光照强度[$\mu\mathrm{mol}/(\mathrm{m}^2 \cdot \mathrm{s})$]。

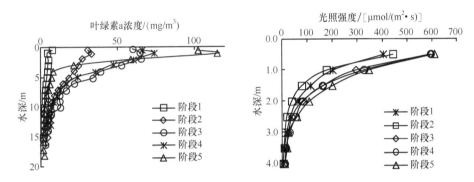

图 5.5.7 叶绿素浓度的垂向分布(杨正健,2008) 图 5.5.8 光照强度的垂向分布(杨正健,2008)

水下光强的衰减一般由水体背景消光和叶绿素浓度及悬浮泥沙消光作用组成,香溪河水体除汛期外一般含沙量极低,如图 5.5.10 所示,2007-9-26 的测量数据表明垂向悬移质含沙浓度一般不超过 0.05mg/m³,悬移值的消光作用可忽略,本书拟合叶绿素垂向浓度与水下光强衰减系数的关系式,结果表明两者之间呈一定线性关系,但影响叶绿素浓度的因素很复杂,拟合公式的相关系数仅为 0.45,叶绿素的遮光效应有待于更深入的研究。拟合公式为

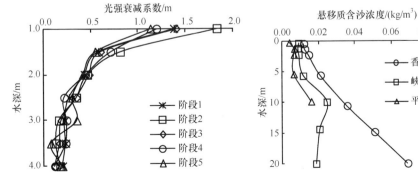

图 5.5.9 光强衰减系数在水深方向的分布 图 5.5.10 实测悬移值含沙浓度分布

$$K_e = 0.1643 + 0.0058C_{chol} \qquad (5.5.3)$$

式中,K_e 为水下消光系数(m^{-1});C_{chol} 为叶绿素浓度(mg/m^3)。

垂向叶绿素浓度与水下消光系数的线性关系明显,如图 5.5.11 所示。计算得到垂向分布的光强对水藻增殖的限制因子,如图 5.5.12 所示,水下光照强度对水藻增殖的限制作用非常明显。

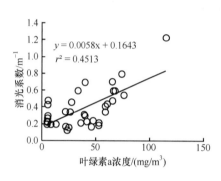

图 5.5.11　消光系数与叶绿素浓度关系　　　图 5.5.12　光照限制因子的垂向分布

水生植物的演变与多种营养物质有关,同时营养物质的存在形式与水体中的悬移质泥沙也有密切关系。香溪河道中的氮磷主要以总氮和总磷的形式存在,因为香溪河水体的含沙浓度很低,本书计算中不考虑泥沙与总磷、总氮的相互吸附作用,这样模型得到简化,提高了水华过程模拟的计算效率。

5.5.2　数学模型的率定

三维水华模型的率定计算采用 2007 年 9 月 25 日至 2007 年 10 月 8 日水华发生期间(共 13 天)的实测数据,验证计算采用 2008 年 6 月 6 日至 2008 年 7 月 11 日水华发生期间(共 35 天)的实测数据。模型计算边界条件设置与平面二维水质模拟边界条件设置相同。香溪河进口和高岚河进口总磷、总氮和叶绿素分别设置为××10 和××05 的日变化的实测浓度过程。

1. 计算结果分析

对于 2007 年 9 月 25 日至 10 月 8 日期间发生的水华,收集了每天 1 次的水质测量数据,采用以上监测数据对模型中的一些计算参数进行了率定。水华模型的计算结果对水藻最大生长率、藻类沉降速度、呼吸作用速率比较敏感(Chao et al.,2007;Wu et al.,2009;Wang et al.,2007),因此首先对以上敏感参数进行率定,其他不敏感参数参考相关研究文献的取值(Jorgensen et al.,2008;杨正健等,2008;王玲玲等,2009),其中的水温限制因子和水下光照强度限制因子计算的相关参数采用 2007 年 2~5 月的峡口镇测点的测量数据进行拟合给出。

总磷、总氮和叶绿素浓度在 8 个测点上率定计算结果与实测数据的对比如下，包括沿程浓度空间分布对比和测点的时间浓度变化对比。

如图 5.5.13 和图 5.5.14 所示，在香溪河上游接近入口的河段，由于污染物的输移受到水动力条件及进口浓度边界的影响较明显，总磷总氮的计算值与实测值符合较好，三间、贾家店的总磷浓度在 10-2 之前缓慢增长，10-2 达到峰值 0.08mg/L，之后浓度不断下降，至 10-5 总磷浓度维持在 0.04mg/L，峡口镇的总磷计算浓度在 9-30 达到峰值 0.14mg/L 后不断下降至 0.04mg/L。峡口大桥、刘草坡和平邑口的总磷计算浓度出现 2 个峰值，分别在 9-28 达到 0.16mg/L 和在 10-3 达到 0.12mg/L。10-3 以后总磷浓度持续下降。平邑口化工厂和高阳镇离计算进口最近，总磷浓度计算值与实测值符合较好，9-28 总磷浓度达最小值约 0.02mg/L，在 10-3 达峰值约 0.2mg/L。

总氮浓度在三间至峡口镇河段计算值变化很小，实测值在 0.5~1.0mg/L 范围内波动，无明显的变化规律。而上游同样受进口边界影响，平邑口、平邑口化工厂、高阳镇的总氮浓度在 10-2 降至最低后逐渐增加，由于受到蓝藻吸收空气中的氮元素后死亡分解而导致外源性的氮干扰，造成总氮浓度的变化规律没有总磷浓度的变化规律明显。

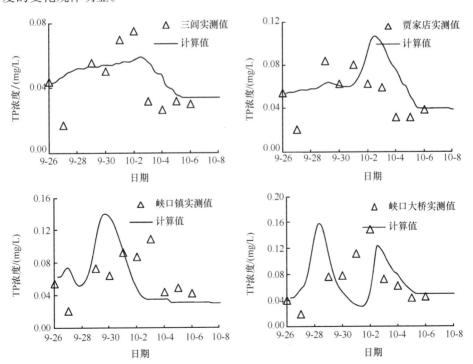

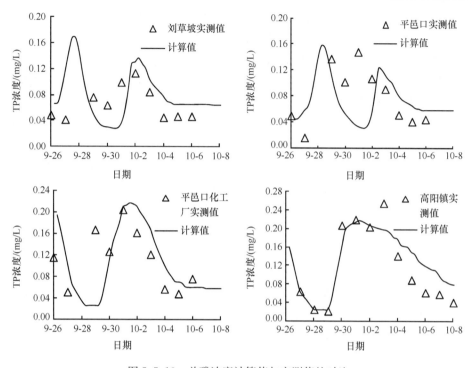

图 5.5.13　总磷浓度计算值与实测值的对比

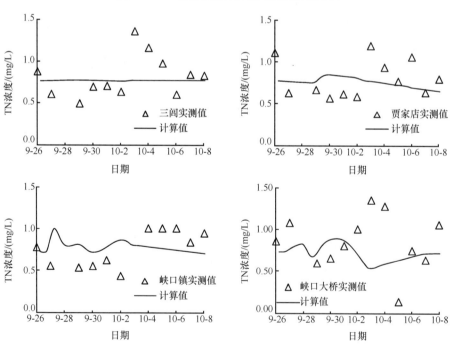

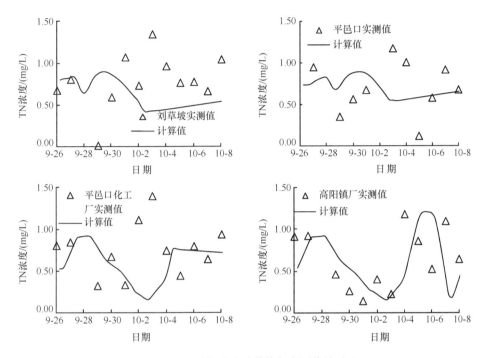

图 5.5.14　总氮浓度计算值与实测值的对比

　　如图 5.5.15 所示,从三闾至高阳镇,计算值与实测值的变化趋势符合良好,模拟结果可以反映水华期间水藻不断增殖的趋势,秭归至平邑口化工厂的模拟表明从 9-28 开始,水体中叶绿素浓度不断升高,从 10mg/m³ 增加到 50mg/m³,而平邑口以上河段叶绿素浓度甚至在 10-2 以后达到 60~80mg/m³,高阳镇测点的叶绿素浓度在 10-3 以后逐渐减小至 30mg/m³。

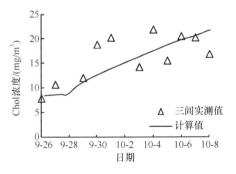

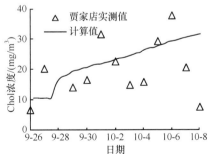

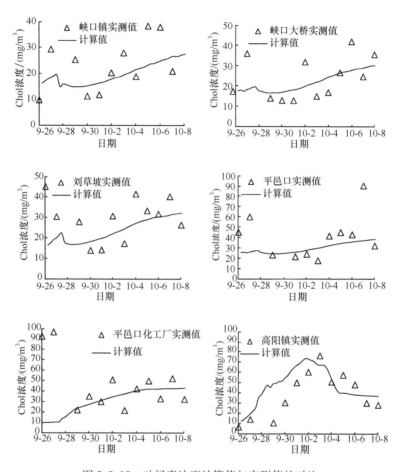

图 5.5.15　叶绿素浓度计算值与实测值的对比

　　我国学者一般将水体中叶绿素浓度高于 $30mg/m^3$ 或藻类密度达到 20000 个/mL 看做水华发生的标准,由此可见香溪河在 9-30 以后即进入水华爆发阶段,发生位置为贾家店至高阳镇河段。

　　水华模型中没有考虑降雨、气温等偶然气象因素对水华的影响,以及鱼类等的捕食,水藻的消亡仅考虑恒定值的死亡率和与水温相关的呼吸作用分解率,对水华消亡过程的模拟效果不佳,叶绿素浓度的变化主要受水流的对流扩散和若干因素对水藻生长消亡的影响。

　　对比分析表层总磷、总氮和叶绿素浓度的计算值与实测值,如图 5.5.16～图 5.5.19 所示,沿程方向上总磷、总氮和叶绿素的计算浓度与实测浓度值符合较好,总磷和总氮在接近香溪河口的河段由于流速缓慢导致对流扩散过程不明显,并且受到长江干流水体交换的影响,在香溪上游河段总磷浓度一直保持较高的值,维持在 0.2mg/L,进口浓度过程对其没有明显影响;总氮计算浓度的变化与总磷的相似,但实测数据由于受到水藻固氮等外界输入的影响,总氮的沿程分布实测值较总磷的分布分散。

　　由于在香溪河上游营养物质浓度较高,并且水深较浅,营养物质和光照因子限制作用不大,导致上游叶绿素浓度的增值较下游明显,主要集中在 20~35km 的河段,计算值与实测值的空间分布规律符合良好。率定期内的营养物质浓度均达到水华发生的临界条件,$C_{TP} \geqslant 0.02$mg/L,$C_{TN} \geqslant 0.2$mg/L(Zheng,2005)。

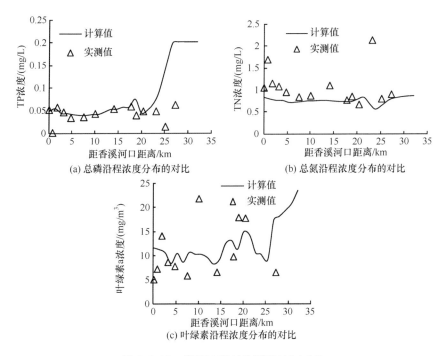

图 5.5.16　沿程浓度对比图(2007-9-26)

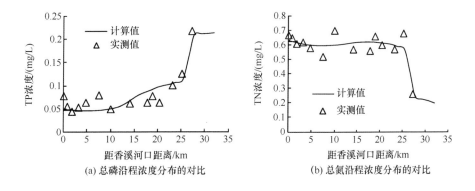

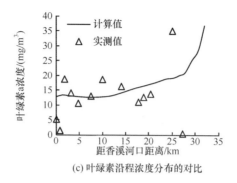

(c) 叶绿素沿程浓度分布的对比

图 5.5.17　沿程浓度对比图（2007-9-30）

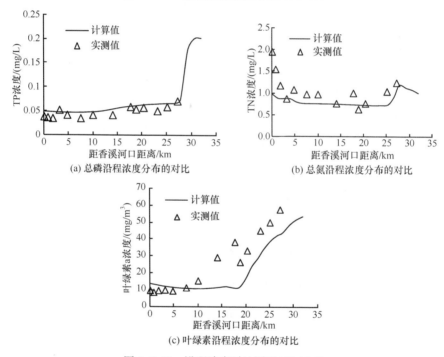

(a) 总磷沿程浓度分布的对比　　　　　　　　(b) 总氮沿程浓度分布的对比

(c) 叶绿素沿程浓度分布的对比

图 5.5.18　沿程浓度对比图（2007-10-5）

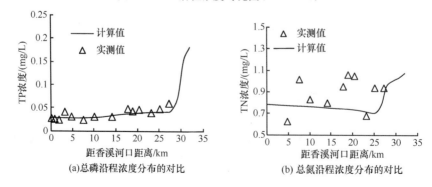

(a)总磷沿程浓度分布的对比　　　　　　　　(b) 总氮沿程浓度分布的对比

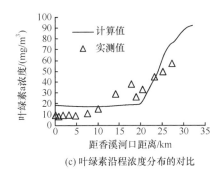

(c) 叶绿素沿程浓度分布的对比

图 5.5.19　沿程浓度对比图(2007-10-8)

水华数学模型中的计算参数的率定结果见表 5.5.1。

表 5.5.1　富营养化数学模型计算参数值率定

参数定义	符号	单位	取值范围	取值	参考文献
总氮在 20℃下的通量	J_{TN}^{0}	g/(m² · 天)	定值	0.05	Liu X B et al.,2008
总磷在 20℃下的通量	J_{TP}^{0}	g/(m² · 天)	定值	0.01	Liu X B et al.,2008
总氮在 20℃下的衰减率	K_{TN}^{0}	1/天	定值	0.0325	Wang et al.,2007
总磷在 20℃下的衰减率	K_{TP}^{0}	1/天	定值	0.0325	Wang et al.,2007
温度对衰减率的影响系数	α	1/℃	定值	1.047	Wang et al.,2007
水藻的最大生长率	P_{mx}	1/天	0.2~3.0	2.0	Jorgensen,1978
水体背景消光系数	K_{0}	1/m	数据拟合	0.1643	本书
水藻的饱和光强	I_{m}	lux/天	7000~15000	10000	邓春光,2007
水藻吸收总氮的半饱和系数	K_{mN}	mg/L	0.01~0.3	0.3	邓春光,2007
水藻最佳生长温度	T_{m}	℃	20~30	25	Jorgensen,1978
水藻吸收总磷的半饱和系数	K_{mP}	mg/L	0.001~0.05	0.02	邓春光,2007
最适宜生长温度以下时的影响系数	KTg_{1}	—	定值	0.006	Jorgensen,1978
最适宜生长温度以上时的影响系数	KTg_{2}	—	定值	0.008	Jorgensen,1978
水藻的呼吸分解率	k_{pr}	1/天	0.055~0.17	0.125	Jorgensen,1979
水藻的死亡率	k_{pd}	1/天	0.005~0.1	0.08	Jorgensen,1979
温度修正系数	θ_{pr}	—	1.02~1.14	1.068	Bowie et al.,1985
水藻的沉降速率	w_{s}	m/天	定值	0.0015	Chao et al.,2007

2. 总磷、总氮和叶绿素的输移质量变化(率定期)

研究河流整体的氮、磷负荷及浮游植物生长之间的相互作用和关系是研究水华形成机理的主要途径,氮和磷一般被认为是水藻生长所需的主要营养元素,由于氮气能被一些蓝绿藻吸收,此过程称为氮的固定,而空气中存在大量氮气,因此氮元素一般不是淡水水华发生的限制性营养元素,磷是一种在生物和非生物组分内循环的营养物质,水藻生长所需的磷的化学形式主要是正磷酸根离子 PO_4^{-1} ,因此淡水中藻类生长的限制常常是因为缺少能被藻类吸收的磷元素。

国际上一般认为总磷和总氮的浓度如果分别超过 0.02mg/L 和 0.2mg/L 时,水体即进入富营养化水平,有暴发水华的可能(秦伯强等,2011),但这一研究结论是由富营养化湖泊的水质指标统计得出的,并不能用作判定所有湖泊和河流富营养化状态的指标。

Schindler(1977)最早提出采用氮磷质量比(N/P)作为研究氮磷营养盐与蓝藻水华的关系,Schindler 认为低氮磷比有利于固氮蓝藻在水体中形成优势种,而Smith(1983)指出总氮总磷质量比大于 29 时,蓝藻倾向于减少,Redfield1840 年提出的生长限制最小值理论指出:水生植物生长取决于外界提供给水环境中营养物质最少的一种,浮游植物主要由 C、H、O、N、P、Si 组成,以重量计,C:N:P=40:7:1,被称为 Redfield 比,通常用来指示这三种对浮游植物生长最重要的营养物质,如果 N/P 大于 7,P 将是限制因子;如果小于 7,N 将是限制因子,C 很少会成为限制性营养物质(Jorgensen et al.,2008)。Rhee 的研究指出,N/P>30 时会出现P 的抑制,N/P<8 时会出现 N 的抑制,N/P 在 15~16 时为最佳生长需要(韩新芹等,2006)。之后很多学者支持这一学说并进行了细致研究(Takamura et al.,1992;Fujimoto et al.,1997)。但近年有不少研究者发现,氮磷比与蓝藻水华并无明显关系,如唐汇娟统计了国内 35 个湖泊的水质指标发现,水体中氮磷比达到13~35时也发生了蓝藻水华,与 Smith 的结论不一致(唐汇娟,2002)。吴世凯等统计了长江中下游 33 个浅水湖泊的 TN/TP 后发现,湖泊营养水平越高,氮磷比越低,并且生长季节氮磷比低于非生长季节(吴世凯等,2005)。可见,氮磷比与蓝藻水华的关系只是一种统计关系,并不能说明氮磷元素与蓝藻水华的因果关系,常不能很好地准确判断水体的营养化状态诱发的水华现象。

不少研究认为总氮和总磷的绝对浓度要比氮磷比值更能预测蓝藻水华的发生。如 Hakanson 等(2007)分析了世界各地 86 个湖泊水体中的总氮和总磷与藻类生物量之间的关系发现,总磷比总氮能更好地预测水藻的生物量变化(Hakanson et al.,2007);Downing 等(2001)分析了 99 个湖泊磷浓度与蓝藻水华发生之间的关系,给出了磷浓度与水华发生风险概率的关系,当磷浓度在 0~0.03mg/L时,水华发生概率为 0~10%,磷浓度在 0.03~0.07mg/L 时,水华发生概率增加到 40%,磷浓度达到 0.1mg/L 时,发生概率增加到 80% 左右(Downing et al.,2001)。Xu 等(2010)针对太湖水华的实验研究表明,水体中磷浓度达到 0.014mg/L时能促进蓝藻生长,当磷浓度升高至 0.2mg/L 时,蓝藻生长不再受到磷的限制作用,氮浓度低于 0.3mg/L 时,蓝藻不再生长,氮浓度高于 0.8mg/L 时,蓝藻生长速度减缓,氮不再对蓝藻的生长造成限制作用。

　　另外,在氮磷浓度较低的水体中也发生过蓝藻水华,如千岛湖(刘其根,2002)。不同的藻类对氮磷营养物质的需求也不同,例如,绿藻倾向于生长于氮磷比较高的条件下,而蓝藻更倾向于生长在低氮浓度下(秦伯强等,2011)。蓝藻可以吸收空气中的氮,并且河流或湖泊内部的营养盐循环、沉积物-水界面的交换和微生物过程等都能使水藻增殖所需的营养物质得到补充或再生,而不必依赖于外界的输入。营养物质的输入方式对蓝藻水华的发生也有影响,如果营养物质断断续续地供应可能导致一些浮游藻类的死亡。因此,关于氮磷营养物质和蓝藻水华之间的关系较为复杂,本书将基于香溪水华的生态动力学模拟,来研究香溪河中总氮和总磷的绝对浓度及 TN/TP 质量比与水藻生物量之间的关系。

　　首先,分析 2007 年 9~10 月期间总氮总磷的浓度变化与水藻生物量(叶绿素浓度)的关系。如图 5.5.20 所示,11 个测点的总磷浓度都在 0.04~0.12mg/L 变化,在 10-1 左右达到峰值,香溪河上游总磷浓度较高,如高阳镇在 10-1 的总磷浓度达到 0.25mg/L;而总氮浓度的变化幅度较大且无明显规律,变化范围在 0.5~1.5mg/L。远超过国际公认的富营养化状态标准的 0.02mg/L(总磷)和 0.2mg/L(总氮)。由 Downing 等(2001)的研究结论可见,以总磷浓度来考虑,水华发生的风险概率在 40%~80%,由 Xu 等(2010)的研究结论可见,总氮的浓度已超过 0.3mg/L,很长时间内甚至超过 0.8mg/L,氮不会对水藻生长造成限制作用,而总磷的浓度处于促进水藻生长的范围,且低于 0.15mg/L,有可能限制水藻的生长。

　　然后,计算分析香溪库湾内水体中总磷总氮和叶绿素输移总质量的变化过程,以及总氮和总磷质量比的变化,如图 5.5.20 所示。2007 年 9~10 月的水华模拟结果表明:香溪河道中总磷的输移质量在 18400~19200kg 变化,总氮的输移质量在 28200~29200kg 变化,而叶绿素的输移质量在 9-25 至 10-1 期间增长幅度较大,在 10-1 达到峰值 15000kg,反映出水藻的大量繁殖,之后有缓慢下降趋势。水藻繁殖过程中大量吸收水体中的磷元素,导致水体中总磷含量的下降,在 9-30 香溪河道水体中的总磷含量降至最低,而叶绿素含量最高,即水藻生长达到顶峰。之后水体中总磷总氮含量均持续增加,使叶绿素浓度保持在较高的值,没有对水藻增殖造成限制影响。整个过程中总氮没有对水藻的生长起到限制作用。

　　2005 年香溪水华期间的监测数据分析表明氮磷比均在 7 以下,氮为营养物质限制因子(韩新芹等,2006),而 2009 年三峡水库蓄水至 175m 后香溪水质的监测数据表明氮磷比均值达到 12(谭路等,2010)。本研究对 2007 年 9 月水华期间,香溪河道内的总磷、总氮和叶绿素输移总质量的计算结果表明,氮磷质量比在 15.1~15.4 波动,处于水藻生长的最佳状态。

　　由以上分析可得出结论:2007 年的秋季水华发生过程中氮不是限制性营养物

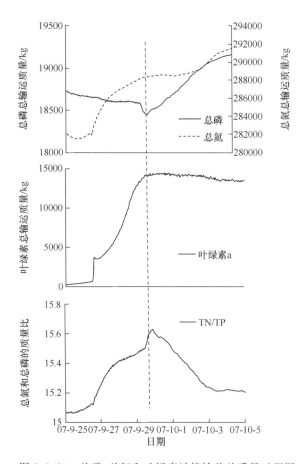

图 5.5.20 总磷、总氮和叶绿素计算输移总质量过程图

质,氮磷比处于促进水藻生长的状态,至 9-30 后磷成为限制水藻继续繁殖的因子,但由于外源供应充足,总磷的限制作用也不明显。并且近年来香溪水华发生的限制性营养物质从氮元素限制向磷限制在转变。

3. 计算浓度的空间分布

如图 5.5.21 和图 5.5.22 所示,在 2007-9-25 时总磷在香溪上游入口附近河段浓度值较高,主要原因是河道水体受长江干流顶托倒灌,总磷向上游运动堆积,无法排出库湾,如果考虑上游一些磷矿和磷化工厂向水体排放废水污染物,将使局部河段的总磷含量更高,促使水华发生;香溪下游的总磷浓度含量较低,成为水华发生的限制性营养物质。而总氮的空间分布差异较总磷的明显,平邑口附近、高岚河及峡口至秭归河段总氮含量较高,均在 0.7mg/L 以上,其中高岚河由于入口总氮浓度较高,成为香溪河水体中总氮的重要来源。

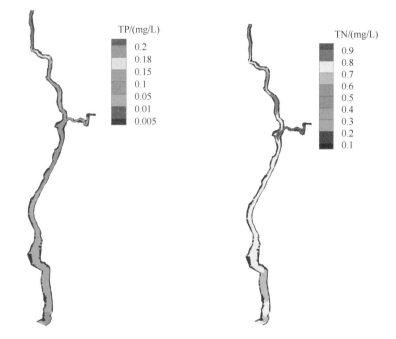

图 5.5.21　总磷浓度的平面分布　　　　图 5.5.22　总氮浓度的平面分布

香溪河道上游由于水深较浅,表层和底层的叶绿素浓度差别较小,在下游随着水深增大,表层叶绿素浓度明显比底层要大(图 5.5.23),因为靠近河流边岸附近的水深较浅,叶绿素在靠近河流边岸附近浓度较大。在峡口镇及高岚河局部叶绿素浓度值较高,因为此河段的总氮和总磷浓度均偏高,为水藻生长提供充分营养物质来源。

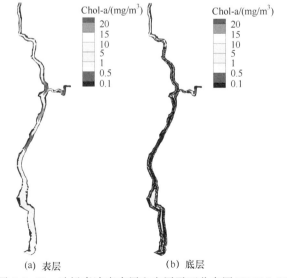

(a)　表层　　　　　　　　(b)　底层

图 5.5.23　叶绿素浓度表层和底层平面分布图(2007-9-26)

如图 5.5.24 所示，水质模型中考虑了光照、水温等在垂向上的分布对水藻生长的限制影响后，可以模拟叶绿素浓度在水深方向上的分层现象。但目前缺少率定期和验证期内测点上垂向叶绿素浓度的测量数据，还无法对模拟结果进行验证。

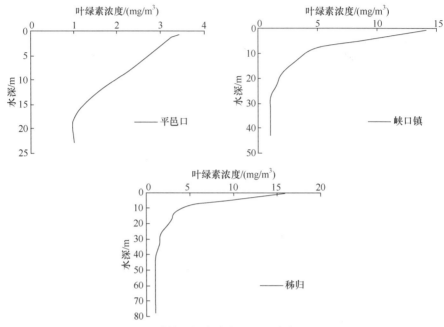

图 5.5.24　计算叶绿素浓度的垂向分布(2007-9-26)

截取 2007-9-26 计算区域平邑口、峡口镇和秭归三个测点的河道横断面可以看出，叶绿素的计算浓度在考虑了光照强度、水温等的垂向分布后，在水深方向产生明显分层，叶绿素浓度主要集中于表层水体，而底层叶绿素浓度均在 2mg/m³ 以下(图 5.5.25)。

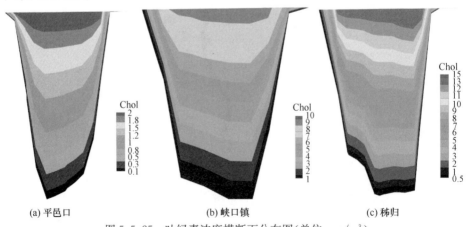

(a) 平邑口　　　　　　　(b) 峡口镇　　　　　　　(c) 秭归

图 5.5.25　叶绿素浓度横断面分布图(单位:mg/m³)

5.5.3　数学模型的验证

1. 计算结果分析

以下是总磷、总氮和叶绿素浓度的计算结果与实测值的对比验证,可见模型可以在一定的精度范围内复演香溪河水华的发展过程。

如图 5.5.26 所示,从 8 个测点的总磷浓度计算值与实测值的对比可见,模型的计算值变化能够反映出实际浓度的变化趋势。三闸测点总磷浓度计算值有不断上升的趋势,TP 浓度可达 0.15mg/L;官庄坪和三闸测点的 TP 浓度在 6-26 达到峰值 0.16mg/L;贾家店、峡口镇、峡口大桥、刘草坡和平邑口 5 个测点的 TP 浓度在 6-20 达到峰值 0.3～0.4mg/L;平邑口化工厂和高阳镇 2 个测点的 TP 浓度受进口浓度的影响显著,在 6-13 达峰值约 0.6mg/L 后持续下降。

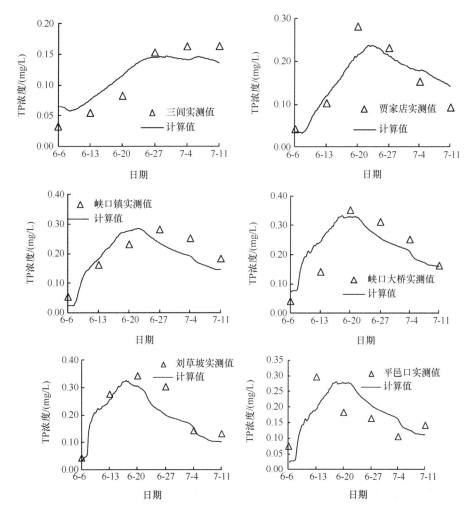

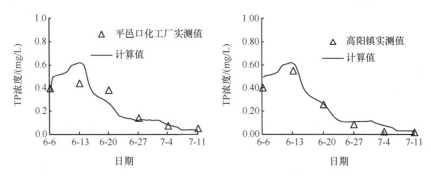

图 5.5.26　总磷的计算值与实测值对比

如图 5.5.27 所示,总氮的浓度计算值在三闾测点的变化不大,维持在 1.5mg/L,三闾、贾家店测点的总氮浓度有下降的趋势;贾家店、峡口镇、峡口大桥、刘草坡和平邑口的 TN 浓度 6-6~6-25 持续下降至 1.0mg/L 左右,6-25~7-4 保持稳定,之后 TN 浓度开始不断上升;平邑口化工厂和高阳镇的 TN 浓度受兴山进口浓度影响,在 7-4 之前一直保持较低的浓度值,之后浓度上升。各点的 TN 浓度计算值与实测值符合良好。

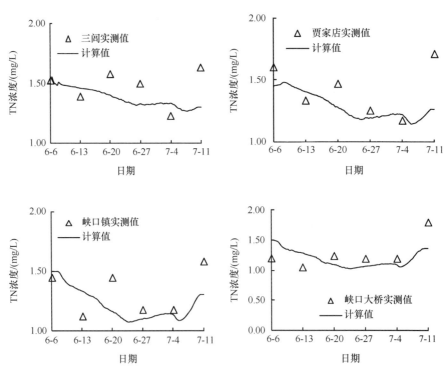

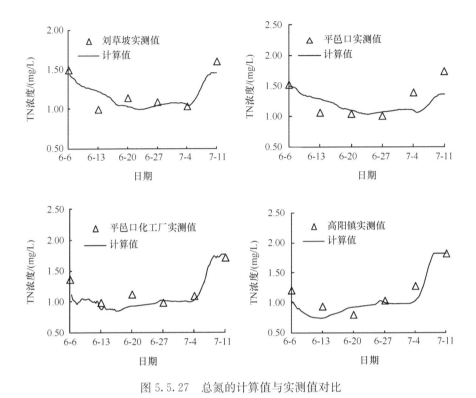

图 5.5.27　总氮的计算值与实测值对比

如图 5.5.28 所示,叶绿素浓度计算值受对流扩散及生态源项的影响,不同河段的变化趋势不同,贾家店至平邑口各测点的叶绿素浓度计算值在 7-4 之前持续增长,7-4 后有下降趋势,平邑口化工厂和高阳镇的计算值较实测值偏小。三闾至高阳镇河段的叶绿素浓度均在 30mg/m³ 以上,处于水华发生状态,尤其是处于上游的平邑口化工厂和高阳镇测点处叶绿素浓度可达到 60mg/m³,属于水华较严重的河段。

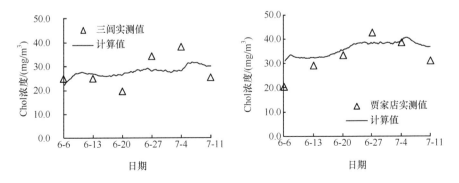

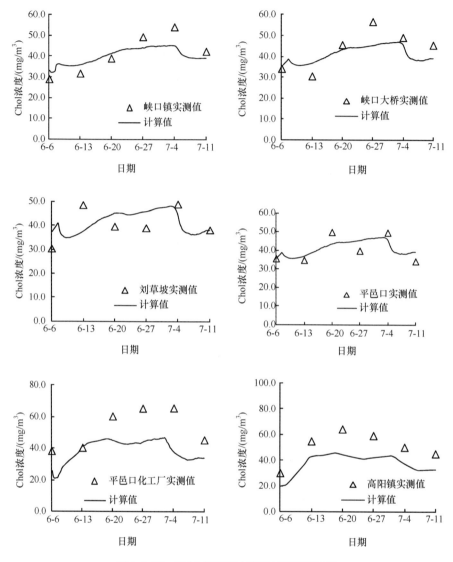

图 5.5.28　叶绿素浓度计算值与实测值对比

由以上计算结果表明:从营养物质的浓度和水藻生物量来看,2008 年 6 月的水华较 2007 年 9 月水华的发生程度要严重。

2. 总磷、总氮和叶绿素的输移质量变化(验证期)

此次水华发生期间香溪水体中总磷和总氮的浓度偏高,总磷浓度在 0.05～0.2mg/L,其中贾家店至高阳镇河段的总磷浓度可达到 0.3mg/L(图 5.5.28),总氮浓度的变化平稳,在 1.0～1.5mg/L(图 5.5.29)。总氮总磷的浓度远超过水华发生的营养物质浓度阈值。

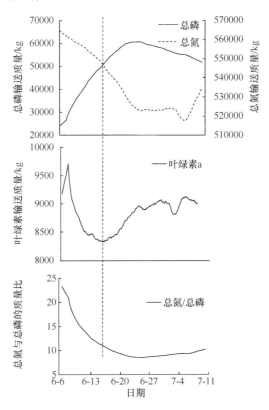

图 5.5.29　总磷、总氮和叶绿素的输移质量变化过程

　　验证期内总磷和总氮及叶绿素输移质量的计算表明:在 2008-6-14,TP 和 TN 的总质量交点处,叶绿素的质量达最低点 8350kg,可能是因为在 6-14 之前水藻生长吸收大量的总磷,之前总磷的供应处于上升阶段,但仍然成为水藻增殖的限制性营养元素,此时总氮和总磷的质量比约为 11,之后水体中总氮的含量不断下降,总氮逐渐成为水藻增殖的限制因素,在 7-4 左右,叶绿素质量有一个局部的下降过程。从 7-5 开始,虽然总氮含量上升,但总磷含量处于下降过程,叶绿素的含量也有所下降,表明此时总磷又限制了水藻的进一步增殖。可见,尽管总磷和总氮的浓度远超过水藻繁殖所需的最低营养物质浓度,但短时间内水藻大量繁殖,需要吸收大量的营养物质,水体中营养物质的下降,仍然引起某些营养物质的短缺,此外也不能忽视其他营养元素,如硅、锰、钾等,尽管需要的量较少,但对维持水藻细胞正常的生理功能也很重要。

　　由以上率定期和验证对水华过程的数值模拟分析表明,在一次水藻大量增殖的过程中,由于受到水体中营养物质浓度供应限制的变化,水藻的增殖是一个动态的过程,而不同的阶段水藻增殖的限制营养元素不断地变化,虽然总氮和总磷的质量比在 2008-6-6～7-11 均处于 10 以上,但并非总是总磷是限制因子,与以往的文献研究结论(基于单点测量数据的静态分析)有所不同。并且率定期和验证期的水藻生物量变化与氮磷营养物质浓度变化的相互关系表现也不同。

模拟结果表明,水藻吸收水体中的营养物质是一个很复杂的过程,并非所有形式的氮和磷都能直接用于水藻生长;营养物质被吸收也与水藻细胞内营养物质的浓度有关,存在一个平衡状态;氮磷浓度较高的情况下也有可能限制水藻的大量繁殖(Jorgensen,2008)。因此研究氮磷营养物质与水藻生长的关系需要综合考虑营养物质的浓度、氮磷质量比以及水藻繁殖的动态过程等因素,生态动力学模拟是了解水华限制性营养物质的一个很好的手段。

5.5.4 计算误差分析

对水华模型率定计算和验证计算误差进行分析,计算了总磷、总氮和叶绿素的计算值与实测值之间的 Nash-Sutcliffe 效率系数(E_{NS})和相关系数(r^2)。

Nash-Sutcliffe 效率系数(E_{NS})和相关系数(r^2)的计算公式如下:

$$E_{NS} = 1 - \frac{\sum_{i=1}^{n}(O_i - P_i)^2}{\sum_{i=1}^{n}(O_i - \bar{O})^2} \tag{5.5.4}$$

$$r^2 = \left[\frac{\sum_{i=1}^{n}(O_i - \bar{O})(P_i - \bar{P})}{\sqrt{\sum_{i=1}^{n}(O_i - \bar{O})^2}\sqrt{\sum_{i=1}^{n}(P_i - \bar{P})^2}}\right] \tag{5.5.5}$$

式中,O_i、P_i 分别为测点的浓度实测值和计算值;$\bar{O}$、$\bar{P}$ 分别为实测浓度和计算浓度的平均值。

率定期的误差计算结果见图 5.5.30,选作率定河段内的 8 个测点的计算精度较高,Nash-Sutcliff 效率系数(E_{NS})在 0.5 以上,相关系数(r^2)均在 0.6 以上。峡口镇总磷的计算误差较大,是因为高岚河污染物入汇的影响考虑不够全面。总氮的计算精度普遍较总磷的低,是因为总氮受水藻吸收空气中氮元素造成的外源性干扰在模型中未考虑。总体来说,本书的数学模型可以模拟复杂河道中在水位变化较大的情况下发展较快的香溪河水质的演变过程。

本节的主要研究内容包括:采用 2007 年和 2008 年 2 次香溪河水华过程的野外现场监测数据对建立的三维水华生态动力学数学模型进行了参数率定和验证,研究表明:开发的水华数学模型可以模拟和复演香溪河的水华发生、发展和消亡整

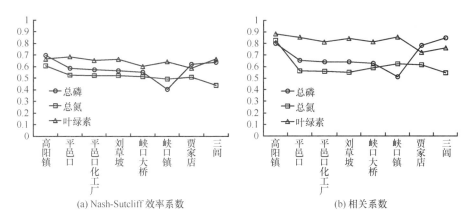

(a) Nash-Sutcliff 效率系数　　　　　　　(b) 相关系数

图 5.5.30　率定计算误差计算

个过程。另外,动力学模拟表明香溪河水华过程中氮磷营养物质对浮游藻类生长繁殖的限制作用是动态变化的。本书建立的模型可为三峡库区的水质管理提供科学依据。

5.6　库湾水华防治的生态调度技术

5.6.1　集中下泄大流量的生态调度措施

应用以上经过率定和验证的水华过程模拟的数学模型,探讨香溪水华防治的工程措施。如图 5.6.1 所示,三峡水库在春季的 3～4 月,蓄水一般从 165m 逐渐下降至 155m,进入夏季汛期后将维持在 145m 的汛限水位。

香溪在春季发生水华的频率最大,但此期间除短时暴雨导致的流量增大外,香溪河在春季的流量较小,平均流量 40m³/s(图 5.6.2),为增大香溪河上游流速及水流对污染物的输移和净化作用,建议在香溪河上段的高阳镇(位于三峡水库的尾水河段,河底高程 150m)修建子水库,可拦蓄一定水量。采用平面二维数学模型计算进口流量 40m³/s 下,175m、165m、160m、155m 出口水位下香溪河兴山至高阳、高阳至峡口、峡口至香溪河口三段河段及高岚河的库容。数学模型计算结果表明:蓄水位从 175m 降至 155m 时大约有 1200 万 m³ 的可利用库容,而高岚河的可利用库容十分有限,见表 5.6.1。

值得强调的是,本工程方案的实施是在高阳镇河段施工,可利用当地材料,并且水深较浅,工程容易实现。另外此河段蓄水只在三峡水库泄水阶段进行,不会对其他时段的河流水质造成影响。因此,建议在高阳镇建坝,在水华发生期间集中下泄所蓄水量对水华发生过程进行抑制,下面对各流量方案的治理效果进行模拟研究。

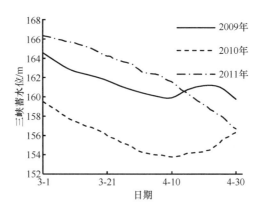

图 5.6.1　三峡水库春季运行水位图

表 5.6.1　不同蓄水位时各段河道的计算库容　　　　　（单位:亿 m³）

蓄水位	175m	165m	160m	155m
兴山至高阳	0.152914	0.062137	0.026103	0.005341
高阳至峡口	5.420499	4.672321	4.225412	3.797255
峡口至河口	6.890791	5.293384	4.852004	4.255241
高岚河	0.002335	0.001585	0.001019	0.00056

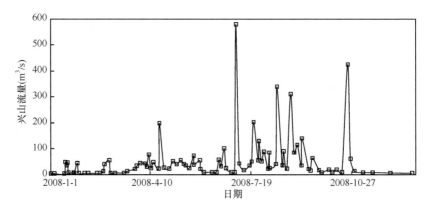

图 5.6.2　兴山水文站观测流量(2008 年)

　　自然流量采用香溪河兴山水文站记录流量的多年平均值 40m³/s(方案 1)，1200 万 m³ 的库容在 33.33h 内泄完，兴山流量可以达到 100m³/s(方案 2)，在 16.67h 内泄完,兴山流量可以达到 200m³/s(方案 3)。在香溪河口水位保持 155m

不变的情况下,数值模拟研究不同生态流量调度方案下库湾内的总磷、总氮和叶绿素的变化情况,流量进口边界条件设置如图 5.6.3 所示。为排除总磷总氮浓度因子对叶绿素演变的影响,总磷总氮的初始计算浓度分别设置为 0.05mg/L 和 0.5mg/L,进口浓度也为恒定的 0.05mg/L 和 0.5mg/L,其他气象因素值也保持不变。

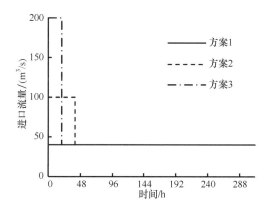

图 5.6.3　各方案的高阳镇流量过程

重点研究水动力条件对水华的抑制作用和下泄流量的叶绿素浓度对库湾内水华发生后叶绿素的稀释两种作用,计算分两种情况进行。

(1)保持与库湾浓度相同的叶绿素进口浓度,研究水动力条件对水华的抑制作用。

(2)进口叶绿素浓度设置为库湾叶绿素浓度的 1/5,研究水动力条件和稀释两种作用的综合效果。

1. 水动力条件对香溪库湾叶绿素浓度演变的影响作用研究

如图 5.6.4 所示,实施大流量下泄方案后可明显抑制香溪库湾内的水华发生。但方案 2 在后期的治理效果逐渐消失,与自然流量的方案 1 差别不大,方案 3 的效果最显著,原因是流速较大时将对浮游藻类的生长产生抑制作用,加上水流输移搬运,使叶绿素浓度的峰值向下游方向推移,更有利于将浮游藻类排除香溪库湾,改善库湾内的水质条件。因此推荐方案 3 的水华防治工程方案。

如图 5.6.5 所示,不考虑流速的限制作用时叶绿素的浓度值较考虑流速因子的限制作用时在上游河段明显偏大,说明流速限制作用是模拟河流水华不可缺少的因素。可见本模型对河流水华发生过程的模拟具有较强的针对性。

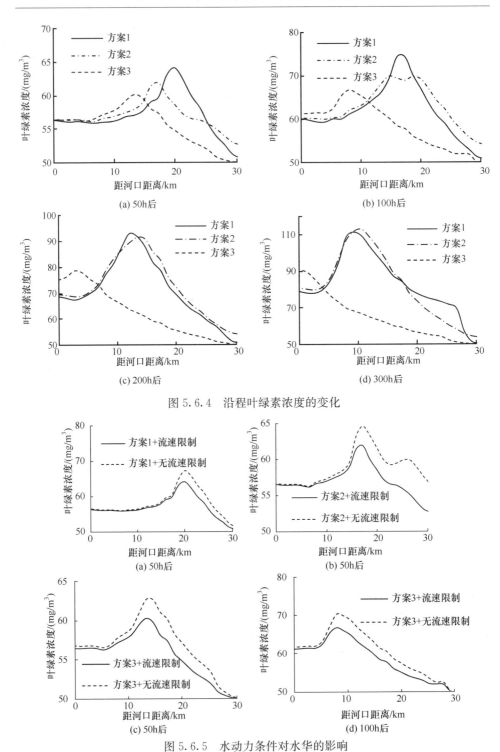

图 5.6.4　沿程叶绿素浓度的变化

图 5.6.5　水动力条件对水华的影响

2. 进口叶绿素浓度对库湾内叶绿素的稀释作用

如图 5.6.6 所示,在进口边界叶绿素浓度仅为库湾内初始浓度的 1/5 的情况下,对库湾内的叶绿素浓度的稀释作用很明显,方案 3 的大流量泄流时在 200h 以后几乎将库湾内的叶绿素浓度降至 10mg/m³。香溪河下游在模拟期间叶绿素浓度同时在继续增长,但增长幅度远比稀释作用要小。

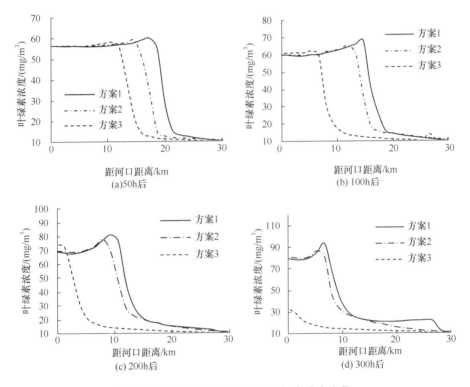

图 5.6.6　稀释作用下的沿程叶绿素浓度变化

如图 5.6.7 所示,较低的进口叶绿素浓度对库湾内叶绿素浓度的稀释作用非常明显,在较大流量的方案 3 的情况下的稀释作用尤其明显。水流流速对叶绿素增值的限制作用相对于稀释作用很小,可以忽略不计。因此,在香溪河上游,特别是在新县城古夫镇,加强生活污水或工业污水的管理,减少过多的梯级小水电开发,改善上游的水质条件将对抑制香溪河下游水华的发生起到明显作用。

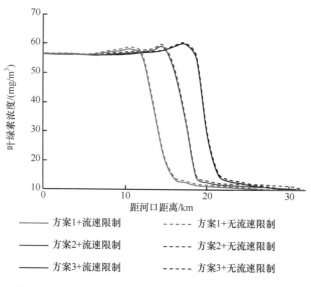

图 5.6.7　几种方案下的沿程叶绿素浓度分布(50h 后)

5.6.2　悬移质泥沙与营养物质的交互作用

在很多湖泊、水库和海洋等水域中,磷元素都是浮游藻类生长的限制性营养物质,过量的磷含量会导致水华、赤潮或相关水质问题。磷在自然水体中以两种形式存在:①溶解态磷,包括溶解态的有机磷和无机磷;②颗粒态磷,包括存在于浮游藻类细胞中的磷或吸附于颗粒物质(如悬移质泥沙颗粒)上的磷。

泥沙是面源污染的主要来源,如水土流失、农耕等,在一些流域将产生重要的泥沙输移,水体、泥沙与营养物质之间的物质交换是水体富营养化过程的重要组成部分。磷与悬移质泥沙颗粒通过吸附和解吸过程产生相互作用,吸附磷元素的泥沙会沉降到河床上,在某些条件下部分磷会从床沙质中再次释放,会促使水华爆发。当水体中的含沙浓度较大时,磷-泥沙的交互作用会影响水中磷的含量。研究者开发了很多数学模型研究湖泊、河流或近海水体中磷浓度变化,如 WASP、QUAL-CE-ICM、CCHE3D_WQ、Delft3D_WAQ 、EFDC 等模型,在这些模型中也考虑了泥沙-磷的吸附-解吸和床沙释放磷。WASP 模型中采用颗粒态磷与溶解态磷的常数比值模拟泥沙-磷的吸附-解吸(Wool et al. ,2001),这只适用于磷浓度很低的情况。CCHE3Q_WQ 模型的模拟结果表明溶解态磷浓度不仅取决于水体中初始磷浓度,还取决于悬移质含沙浓度(Chao et al. ,2006)。Langmuir 方程是目前拟合磷-泥沙吸附过程的最佳公式,但是考虑到已吸附于泥沙颗粒的可交换性磷 NAP,Langmuir 公式得不到较好的拟合效果,因为 NAP 也参与到吸附平衡过程中。Zhou 等 (2005)对 Langmuir 方程进行了修正,修正的 Langmuir 方程可以很好的拟合存在 NAP 参与交换时和包含解吸过程的磷-泥沙相互作用过程。

悬移质泥沙的时空分布同样可以采用对流扩散方程进行描述,在物质输移方程中添加以下泥沙颗粒的沉降源项即可:

$$\sum S_{ss} = -\omega_{ss} \tag{5.6.1}$$

式中,ω_{ss} 为悬移质泥沙的沉速(m/s)。

悬移质泥沙颗粒的沉速可用式(5.6.2)计算:

$$\omega_s = -9\frac{\nu}{D_{ss}} + \sqrt{\left(9\frac{\nu}{D_{ss}}\right)^2 + \frac{\gamma_s - \gamma}{\gamma}gD_{ss}} \tag{5.6.2}$$

式中,D_{ss} 为悬移质泥沙的平均粒径(mm);γ_s 和 γ 分别为泥沙和水的容重(kg/m³)。

悬移质泥沙颗粒粒径越小,对磷等营养物质的吸附能力越强。假设泥沙吸附营养物质的速度很快,在每一计算时间步内将达到吸附-解吸的平衡状态(Wool et al. ,2001)。泥沙与营养物质的平衡吸附量可用 Langmuir 方程和修正的 Langmuir 方程(Zhou et al. ,2005)进行描述:

$$Q = \frac{Q_m K C_d}{1 + K C_d} \tag{5.6.3a}$$

$$\frac{C_{add} - C_d}{s} = \frac{Q_m K_{ml} C_d}{1 + K_{ml} C_d} - \text{NAP} \tag{5.6.3b}$$

式中,Q 为每单位重量的泥沙上吸附的磷的量(mg/g);Q_m 为最大吸附量(mg/g);K 为吸附或释放速率系数(L/mg),不同方程的 K 值不同;C_d 为达到吸附平衡状态时溶解态磷浓度(mg/L);C_{add} 为初始磷溶液浓度变化值(mg/L);s 为悬移质泥沙浓度(mg/L);NAP 为初始吸附态磷含量(mg/g)。

吸附-解吸过程发生于水体中的溶解磷酸盐和悬移质泥沙之间。吸附过程即溶解磷酸盐(主要为正磷酸盐 PO_4)与悬移质泥沙颗粒发生相互作用。解吸过程是吸附过程的逆过程,是由泥沙颗粒释放出磷酸盐成分。

因为由悬移质泥沙对磷酸盐的吸附-解吸过程的反应速率比生物反应过程要快得多。可以假设存在这样的吸附平衡状态(Wool et al. ,2001):当有磷溶液输入到河流中时,溶解态磷和颗粒态磷立即向平衡状态进行分配,即总磷在"平衡态"的溶解态磷浓度和固相的颗粒态磷浓度之间的再次分配。

1. 不考虑 NAP 作用的公式推导

因为是在很短的时间内达到吸附-解吸平衡状态,因此可以假设在吸附之前和之后,磷-水-悬移质泥沙组成的溶液体积 V 不变。根据质量守恒法则,溶液中的磷的总量为常数值:

$$C_{p0}V + C_{d0}V = QsV + C_dV = C_pV + C_dV \tag{5.6.4}$$

式中，C_{p0}、C_{d0} 分别为颗粒态磷和溶解态磷的初始浓度（mg/L）；s 为悬移质泥沙浓度（mg/L）；V 为磷-水-泥沙混合体的体积（L）；C_p、C_d 分别为达到吸附平衡态后的颗粒态和溶解态磷的浓度（mg/L）。

即

$$C_p = Qs \tag{5.6.5}$$

$$C_d = C_0 - C_p \tag{5.6.6}$$

式中，C_0 为混合体溶液中磷的总浓度（mg/L），可表示为 $C_0 = C_{p0} + C_{d0}$。

将式（5.6.5）和式（5.6.6）代入 Langmuir 方程（5.6.3），化简后可得到一个方程：

$$C_p^2 - \left(\frac{1}{K} + C_0 + sQ_m \right) C_p + C_0 sQ_m = 0 \tag{5.6.7}$$

利用根与系数关系，可求得

$$C_p = \frac{1}{2} \left[\left(C_0 + \frac{1}{K} + sQ_m \right) \pm \sqrt{ \left(C_0 + \frac{1}{K} - sQ_m \right)^2 + \frac{4sQ_m}{K} } \right] \tag{5.6.8}$$

式（5.6.8）中，因为

$$\sqrt{ \left(C_0 + \frac{1}{K} - sQ_m \right)^2 + \frac{4sQ_m}{K} } > C_0 + \frac{1}{K} - sQ_m$$

所以，如果对式（5.6.8）取加号，则 $C_p > C_0$，而由式（5.6.7）可知：$C_p < C_0$。因此，对式（5.6.8）只能取减号，这样，吸附平衡后颗粒态磷浓度的计算公式为

$$C_p = \frac{1}{2} \left[\left(C_0 + \frac{1}{K} + sQ_m \right) - \sqrt{ \left(C_0 + \frac{1}{K} - sQ_m \right)^2 + \frac{4sQ_m}{K} } \right] \tag{5.6.9}$$

结合式（5.6.6）和式（5.6.9），可得到溶解态磷浓度的计算公式为

$$C_d = \frac{1}{2} \left[\left(C_0 - \frac{1}{K} - sQ_m \right) + \sqrt{ \left(C_0 + \frac{1}{K} - sQ_m \right)^2 + \frac{4sQ_m}{K} } \right] \tag{5.6.10}$$

C_p 和 C_d 由溶质的初始浓度 C_0、吸附常数 K 和吸附能力 Q_m，以及悬移质泥沙浓度 s 决定。可以看出 C_p/C_d 不是一个常数值。

首先，不做任何假设，直接求解修正的 Langmuir 方程中的 C_d，可得到一个关于 C_d 的二次方程式：

$$C_d^2 + \left(Q_m s - \mathrm{NAP} \cdot s - C_{add} + \frac{1}{K} \right) C_d - \frac{C_{add} + \mathrm{NAP} \cdot s}{K} = 0 \tag{5.6.11}$$

同样，根据根与系数关系，求解 C_d 可得

$$C_d = \frac{1}{2} \left[\left(\mathrm{NAP} \cdot s + C_{add} - \frac{1}{K} - Q_m s \right) \right.$$

$$\tag{5.6.12}$$

$$\left. \pm \sqrt{ \left(\mathrm{NAP} \cdot s + C_{add} - \frac{1}{K} - Q_m s \right)^2 + \frac{4(C_{add} + \mathrm{NAP} \cdot s)}{K} } \right]$$

如果对式(5.6.12)取减号,因为:

$$\sqrt{\left(NAP \cdot s + C_{add} - \frac{1}{K} - Q_m s\right)^2 + \frac{4(C_{add} + NAP \cdot s)}{K}}$$

$$> NAP \cdot s + C_{add} - \frac{1}{K} - Q_m s \qquad (5.6.13)$$

则 $C_d < 0$,没有物理意义,因此对式(5.6.13)只能取加号,可得考虑 NAP 作用下达到吸附平衡态后溶解态磷浓度的计算公式:

$$C_d = \frac{1}{2}\left[\left(NAP \cdot s + C_{add} - \frac{1}{K} - Q_m s\right)\right.$$

$$\left. + \sqrt{\left(NAP \cdot s + C_{add} - \frac{1}{K} - Q_m s\right)^2 + \frac{4(C_{add} + NAP \cdot s)}{K}}\right] \qquad (5.6.14)$$

(1) 假设 C_{add} 为河流短时间内磷初始浓度的变化值,即 $C_{add} = C_0^{\Delta t+1} - C_0^{\Delta t}$,且 $C_{add} \ll C_0^{\Delta t}$,即可做与不考虑 NAP 作用时同样的假设,即式(5.6.6),可得颗粒态磷的计算公式为

$$C_p = C_0 - C_d = \frac{1}{2}\left[\left(2C_0 - NAP \cdot s - C_{add} + \frac{1}{K} + Q_m s\right)\right.$$

$$\left. - \sqrt{\left(NAP \cdot s + C_{add} = \frac{1}{K} - Q_m s\right)^2 + \frac{4(C_{add} + NAP \cdot s)}{K}}\right] \qquad (5.6.15)$$

(2) 当 $C_{add} = 0$ 即初始含磷溶液浓度没有变化或没有添加新的磷溶液,并且当 $NAP = \dfrac{C_0}{s}$ 时(即原始溶液中所有的磷均为可吸附交换的磷),式(5.6.15)将退化为式(5.6.9),即 Langumir 公式推导出的溶解态磷计算式是由修正的 Langumir 公式推导出的溶解态磷计算式的一个特例。

2. 采用室内实验数据验证公式

以下的公式验证,以水体中的总磷(TP),即水体中所有的磷酸盐作为初始溶解质浓度,将吸附平衡后水体中的正磷酸盐 PO_4 作为溶解态磷浓度。

Wang 等(2009)进行了三峡库区 4 条支流(寸滩、小江、大宁、香溪)泥沙与磷吸附的实验,来研究磷的吸附平衡过程,实验温度 20℃,实验磷初始浓度分别为 0mg/L、0.5mg/L、1mg/L、2mg/L、3mg/L、4mg/L、5mg/L 和 6mg/L 的系列实验,在 50mL 的溶液中加入 0.5g 干燥泥沙并振荡至均匀,放置 48h 后,吸附过程达到平衡。本书采用这些实验数据拟合香溪河磷与悬移质泥沙吸附过程,并率定相关计算公式中的系数。实验结果表明:溶液中的磷酸盐浓度和吸附量可以用 Langmuir 方程和修正的 Langmuir 方程表示。最大吸附量 Q_m、吸附速率系数 K 和原始可交换磷含量 NAP 由实验数据拟合获得。各公式的拟合系数见表 5.6.2。

表 5.6.2　拟合公式系数

系数	Langmuir 模型	修正 Langmuir 模型
K	0.193	0.184
Q_m	0.135	0.15
NAP	—	0.042
相关系数 r^2	0.892	0.967

如图 5.6.8 所示,在初始磷浓度较高的情况下($C_0 > 1\mathrm{mg/L}$),Langmuir 方程对磷吸附平衡过程的拟合效果与修正后的 Langmuir 方程差不多,但当初始磷浓度较低时($C_0 < 1\mathrm{mg/L}$),原始的 Langmuir 方程的误差逐渐增大,并且不能拟合出磷溶液低浓度时由泥沙颗粒解吸磷酸盐的过程,而修正后的 Langmuir 方程可以较好地拟合整个吸附-解吸过程。

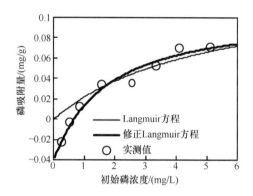

图 5.6.8　不同初始磷浓度吸附等温曲线拟合(香溪河)

如图 5.6.9 所示,分别采用由 Langmuir 方程和修正后的 Langmuir 方程推导的颗粒态和溶解态磷计算公式,计算值与实验观测值符合较好。由图 5.6.9(a)可见由修正的 Langmuir 方程推导出的计算公式能很好地计算出较低初始磷浓度时

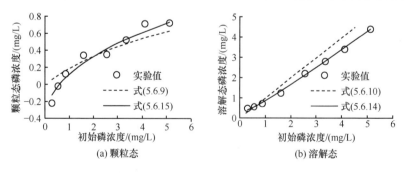

图 5.6.9　不同初始磷浓度吸附平衡后的磷浓度

的颗粒态磷浓度,而 Langmuir 方程得到的公式则不能。图 5.6.9(b)可见 Langmuir 方程推导的溶解态磷浓度计算式的计算值比实测值偏大,而修正的 Langmuir 方程推导出的公式计算值与实测值在吸附-解吸的整个过程均符合较好。

3. 采用香溪河现场实测数据验证公式

使用 2007 年 9 月香溪河发生水华期间监测到的水质数据,对推导的公式进行验证。验证过程中,有关参数取值采用 Wang 等(2007)室内实验数据拟合值。本书选择香溪河口、峡口镇和高阳镇 3 个比较有代表性的测点的监测数据。如图 5.6.10 所示,香溪河口处的悬移质泥沙浓度受长江干流较高泥沙浓度水体的倒灌影响,浓度较香溪河上游的要大且波动也很明显;高阳镇的悬移质泥沙浓度较河口的浓度要低且波动较小,但受上游来沙影响,浓度较峡口镇的要大;峡口镇处于低流速区,大量悬移质泥沙沉积于河床,因此悬移质泥沙浓度低且波动很小。

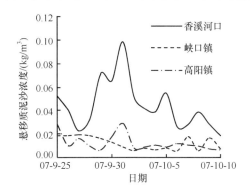

图 5.6.10 香溪河实测悬移质泥沙浓度

如图 5.6.11 所示,将总磷浓度作为初始磷浓度,实测的可溶性磷酸盐(PO$_4$)浓度作为溶解态磷浓度(C_d),研究结果表明:在考虑了香溪河实测悬移质泥沙浓度的情况下(图 5.6.11),由修正的 Langmuir 方程推导的公式计算得到的溶解态磷浓度与实测浓度过程符合良好,表明推导的公式具有良好的计算精度,可以将溶解态和颗粒态的两部分量精确地区分开来,为水生生态模型的精确模拟奠定基础。

如图 5.6.12 所示,香溪河口的泥沙浓度高,因此 C_p/C_d 值的波动较大,范围在 0.5~1.5。高阳镇的泥沙浓度也较大但较河口的要小,因此 C_p/C_d 的波动范围在 0.8~1.6,峡口镇泥沙浓度小且基本无波动,因此 $C_p/C_d \approx 1.1$。可见,当悬移质泥沙浓度高时不能采用线性计算公式,需要采用由修正的 Langmuir 模型推导的颗粒态与溶解态磷浓度计算公式。

另外,由以上的公式推导过程可以看出:泥沙与磷物质间的吸附-解吸过程受到众多因素的影响,本书得到的计算公式具有一定的局限性,必须研究不同粒径泥

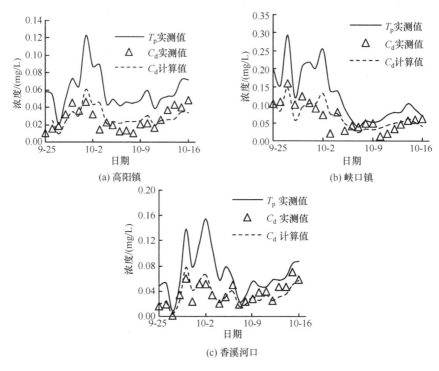

图 5.6.11　溶解态磷计算值与实测值比较

沙的吸附过程,根据香溪河的水沙条件状况,建议公式使用范围:泥沙级配分布均匀且较细(D_{50}<0.1mm),有一定含沙浓度(C>0.1kg/m³)的水体中的营养物质转换计算。

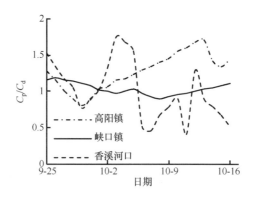

图 5.6.12　颗粒态与溶解态磷浓度比值变化过程

5.6.3　悬移质泥沙干扰藻类水华的生态调度研究

基于本书开发的三维水华数学模型,添加了悬移质泥沙计算模块,考虑了悬移质泥沙与营养物质的吸附作用以及悬移质泥沙使水流变得浑浊从而抑制浮游藻类的水下光合作用。从一般认识上来说,水体浑浊度增加会对水华过程产生抑制作用,下文将利用考虑悬移质泥沙模块的三维水华数学模型对这一物理过程进行探讨,期望得到有效控制水华的生态调度措施。

考虑悬移质泥沙作用的生态调度的模拟研究仍然是基于 2007 年 9 月的水华过程,即以此为基准工况,采用数学模型研究不同边界条件下对藻类叶绿素浓度时空演变的影响(反映生态调度对藻类生长抑制的效果)。如图 5.6.13 所示,当增大 2 倍的流量(流速)的情况下,可产生对藻类生长较为明显的抑制,并且增大了水流输移叶绿素(水藻)的速度,但当流量增大为基准流量的 3 倍时,效果与增大 2 倍的情况差别不明显,原因是三峡水库蓄水的顶托作用减缓了香溪库湾的流速。

增大进口处的悬移质泥沙浓度对叶绿素浓度的抑制作用也非常明显。当进口悬移质泥沙浓度增大为基准浓度的 2 倍和 3 倍时,模拟得到的叶绿素平均浓度分别只有基准叶绿素浓度($30mg/m^3$)的 50% 和 20%。因此,对香溪河上游的多个小型水电站的调度提出了要求,即需要下泄较多含有泥沙的水流可显著改善香溪库湾的水生态环境。

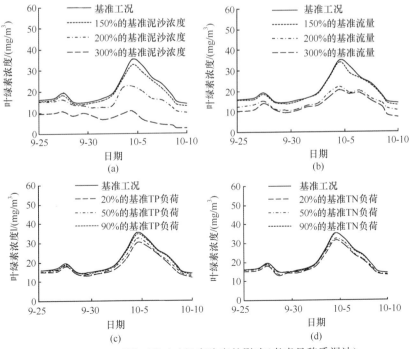

图 5.6.13　不同工况对叶绿素浓度的影响(考虑悬移质泥沙)

同时也研究了不同营养物质(TP 和 TN)负荷对香溪库湾叶绿素浓度的影响机制。降低营养物质的输入可在一定程度上降低库湾内的叶绿素浓度值,但由图 5.6.14可以看出,降低总磷和总氮的输入负荷对抑制库湾水华发生所起的作用并不明显,尤其是总氮浓度对水华的影响更不显著,如降低进口一般的总磷和总氮浓度,仅分别减少叶绿素浓度 10% 和 8%,因此对上游含磷污染源的控制更为重要。

如图 5.6.14 较为清楚地显示了不同因素对香溪库湾浮游藻类水华的控制作用,研究表明对香溪库湾水华的控制性因子的作用大小排序是:悬移质泥沙浓度>流量>总磷>总氮。因此,香溪河上游小型梯级水电站的调度运行对改善香溪库湾的水生态环境尤其重要,但也不能忽视上游污染源的控制。

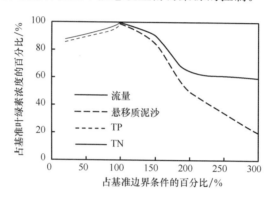

图 5.6.14　不同边界条件对叶绿素浓度的影响

本节的主要研究内容包括:提出在香溪上游的高阳镇修建水库蓄水,在水华发生初期增大向下游的下泄流量以抑制水华发展的工程措施,并应用数学模型对几种方案进行了对比研究和可行性分析,计算结果证明增大流量抑制水华的方案是可行的。另外又利用考虑了悬移质泥沙作用的水华数学模型对不同的生态调度措施下,探讨了对控制香溪河水华过程的效果,研究表明注重香溪河上游小型梯级水电站的运行调度(增大下泄流量和悬移质含沙浓度)对香溪河库湾的水生态环境至关重要。

5.7　小　　结

库湾水华过程中,水动力学因子对水藻的生长起到一定的抑制作用,同时影响库湾水华爆发的因素众多且复杂,因此有必要开展科学研究,探讨库湾水华爆发的水动力学临界值,以及发展过程中限制性营养物质的动态变化情况。

本书以三峡水库库区支流香溪河为例,采用数学模型的手段针对近年两次水华发生期间的水动力条件、水质、水藻生长及相关影响因素进行了平面二维和三维的数值模拟研究,可以在时空尺度上全面细致地了解三峡库区支流水华的发生过程及特点,为三峡库区及支流的水质治理提供科学依据。本书研究内容包括以下几点。

(1) 建立了基于 Godunov 格式、采用 Roe 格式近似 Riemann 解计算单元界面通量及格林公式积分法求解污染物扩散的平面二维水流水质数学模型,该模型适用于山区河流的水质模拟。根据统计近年香溪河水华发生的河段位置和数值模拟结果,确定香溪河水华发生的临界流速为 0.03m/s。研究表明结合高精度的数字地形高程(DEM),可较好地模拟山区河流的水流水质变化。

(2) 建立了水华过程模拟的三维数学模型,该模型综合考虑了水动力条件、营养物质浓度、水温和光照等因素对浮游藻类生长死亡的影响,模型采用非结构网格以及垂向 Z 坐标系统开发,对复杂地形和边界具有很好适应性以及山区河流水华模拟的针对性。对香溪河 2007 年和 2008 年两次水华过程的模拟结果表明,河流型水华发生过程中水动力条件是不可忽视的关键因素,建议在香溪河的三峡库尾建蓄水坝,当三峡水库水位下降时保持坝上游 175m 水位,当发生水华时集中下泄大流量以抑制水华发生。数值模拟结果表明:在高阳镇附近建坝蓄水,在水华初期集中下泄大流量水流可以明显抑制水华的发展。

(3) 拉格朗日粒子跟踪模拟可以模拟单个粒子或粒子群的运动轨迹路径和运动历时,本书首先采用室内弯道实验对粒子轨迹跟踪模型进行了初步验证,结果表明模型可以反映出在弯道水流中的污染物颗粒的运动特性。在三维粒子轨迹跟踪模型的基础上,增加了考虑水动力条件和水下光照影响水藻颗粒增殖源项,并在计算得到香溪河水动力流场的基础上,应用该粒子模型研究了在三峡水库蓄水期和汛限水位下香溪库湾内的污染物和水藻颗粒群的运动路径,与基于欧拉场法的三维污染物浓度输移模型计算结果进行了对比,证明拉格朗日法和欧拉场法结合研究的方法为研究自然河流中的污染物颗粒和水藻颗粒等物质输移现象提供较好的研究思路。

(4) 应用开发的三维水华数学模型针对香溪河 2007 年 9 月和 2008 年 6 月的两次水华进行了数值模拟研究。采用 2007 年 9 月水华期间的实测资料对三维模型的计算参数进行了率定,采用 2008 年 6 月的实测资料对数学模型进行了验证,率定和验证计算结果均达到了理想的计算精度,说明本书建立的三维水华数学模型的计算结果是合理可靠的。数值模拟研究结果表明:香溪库湾内的污染物浓度和水动力条件对水华发生起到决定性作用,且水华发展的动态过程中营养物质总磷和总氮的浓度也处于动态变化状态,总磷和总氮对水藻增殖的限制性作用处于变化中,不能单纯地由氮磷质量比来决定限制性营养物质类型。水下光照强度的分布对水藻的增殖死亡产生明显影响,叶绿素浓度和光照强度在水深方向产生分层。香溪河水华发生过程中流速因子的限制作用较为明显。

（5）详细论证了在库尾修建子库蓄水的水华抑制工程措施的可行性和实施效果,表明水华期间集中下泄较大流量不含营养物质的水流和含沙量较高的水体的工程措施可在一定程度上抑制水华过程,并推荐了较优的水华防治工程措施。

第6章 主要成果及创新点

针对新形势下我国湖库水体富营养化与水华防治科技需求,通过多学科交叉,本书开展了"基于环境泥沙的营养物质输移机理与生态防治"研究,根据其技术难点和特点,采用理论分析、原型观测、室内(外)实验以及数值模拟等技术手段,试点研究与工程示范相结合,围绕农业源头区、库湾养殖水域以及库湾富营养化水体等多源营养物质,研究其输移转化机理,并根据营养物质污染源的形成特点及输移机理提出了相应的生态治理或调控技术,取得如下主要成果及认识。

6.1 主 要 成 果

6.1.1 农业源头区营养物质输移机理及生态治理技术

农业源头区沟渠系统作为非点源污染源与湖库水体之间的缓冲过渡带,在营养物质输移过程中发挥了重要作用。随着泥沙对营养物质的吸附逐渐饱和时,泥沙中营养物质累积引起的释放风险就越来越大。但已有研究对农业源头区富含营养物质的沟渠泥沙作为"源"的释放风险缺乏足够关注。项目以磷素为例,系统研究农业源头区沟渠泥沙磷的输移转化规律,探讨泥沙磷的释放阈值,评价不同来源泥沙对磷的源、汇关系,提出泥沙磷素管理措施。

1. 探明了农业源头区泥沙(紫色土)对磷的吸附-解吸特征

农业源头区泥沙对磷的吸附容量与无定形 Fe、Al 氧化物含量呈极显著正相关,而与碳酸钙含量呈显著负相关。泥沙 pH、黏粒、有机质等通过铁铝氧化物间接影响磷的吸附。泥沙对磷的吸附容量范围为 $159.7 \sim 263.7 \text{mg/kg}$。泥沙对磷的解吸量随吸附量增加呈线性增加,泥沙磷解吸模式为一直线。

泥沙对磷的吸附量或解吸量随反应时间均呈幂函数曲线($Q_t = kt^a, 0 < a < 1$)增加。泥沙对磷的吸附过程或解吸过程均可分为快速、慢速、动态平衡三个阶段。

环境因素(如温度、水土比、水体 pH 等)和人为调控因素(如添加明矾、绿矾等)对泥沙磷吸附-解吸特性影响显著。一定条件下,泥沙对磷的吸附量和解吸量,分别随温度升高、水土比增大而增加。泥沙对磷的吸附量随 pH 增加而线性增加,而磷解吸量与 pH 呈抛物线关系,即水体 pH 近中性时,泥沙磷解吸量最低,而在偏酸、偏碱时,磷解吸量明显增加。明矾和绿矾处理后,泥沙磷吸附容量显著增加,磷解吸率则显著降低。

2. 查明了泥沙吸附-解吸、干湿交替过程中磷形态转化规律

泥沙总磷主要由非磷灰石无机磷、磷灰石磷和有机磷组成。非磷灰石无机磷具有生物有效性,是可释放磷源,占总磷的 3.5%～21.5%。磷灰石磷和有机磷均为稳定态磷,不易释放,分别占总磷的 67.2%～81.1% 和 7.2%～20.3%。

泥沙磷吸附过程中,磷主要被无定形 Fe、Al 氧化物所吸附,生成了非磷灰石无机磷;解吸过程中,主要是与铁铝结合的非磷灰石无机磷释放出来,而磷灰石磷和有机磷不易释放。泥沙磷形态在周期性干湿交替中有明显的转化过程。淹水时,主要是非磷灰石无机磷释放出来;落干时,部分磷灰石磷转化为非磷灰石无机磷,并在下次淹水时以非磷灰石无机磷形式向水体释放。与持续淹水相比,周期性干湿交替条件下泥沙磷释放量显著增加。

3. 确定了泥沙磷素释放临界值及不同来源泥沙对磷的源、汇关系

泥沙 Olsen P、磷吸持饱和度 DPS、非磷灰石无机磷 NAIP 分别与沟渠径流中溶解活性磷 SRP FWMC 呈显著的折线关系。沟渠泥沙磷释放风险增大的临界值为 Olsen P 32mg/kg,DPS 28% 和 NAIP 90mg/kg。当泥沙 Olsen P、DPS 和 NAIP 大于临界值时,磷向水体释放的风险大大增加。

不同来源(沟渠)泥沙的磷释放潜力差异较大。村镇沟渠泥沙的磷释放风险大,是径流水体的磷源;林地和水田沟渠泥沙是径流水体的磷汇,可以起到吸附、截留磷的作用;旱地沟渠泥沙属于潜在的磷释放源。对于磷释放风险较大的沟渠泥沙,建议采用沟渠清淤、化学处理等措施来控制或降低泥沙磷的释放风险。

6.1.2 陆域营养物质人工湿地生态治理技术

除农业源头沟渠、村镇面源污染外,城乡交错带(城郊区域)成为我国城市化快速推进过程中的一个新型面源污染过渡带。该地带内农业面源和城市面源往往交错分布,兼具农业面源与城市面源特征,污染形式十分复杂。然而,现有农业面源模型或城市面源模型难以解决城乡交错带及特征类似区域的面源污染负荷估算难题。

针对城乡交错带(城郊区域)及农业源头区营养物质污染特征,为满足水生态文明建设需要,强化城郊水环境改善、水源地生态保护,有必要采用营养物质的湿地强化去除技术取得水环境与水生态双重改善效果。人工湿地是自然湿地的人工强化,能通过对湿地各构成要素(填料、植物和微生物等)的优化管理提高污染物去除性能。人工垂直潜流湿地占地面积小、卫生状况好,有机物去除率高,在城郊水体营养物质去除和水源地保护中表现出较大潜力;但无机氮磷去除率不足 50% 的缺陷制约了该技术的应用。项目通过优化选择湿地填料和植物,借鉴其他水处理

工艺的优点对传统潜流人工湿地进行改良,基于溶解氧可利用性增加和微生物作用强化研究提出间歇曝气人工垂直潜流湿地和生物填料人工垂直潜流湿地技术,探索和讨论了营养物质优化去除性能及相关机理。

1. 基于物理性质测定及营养物质净化比较优化了湿地填料选择

页岩、麦饭石、铁矿石和粗砾石的孔隙率、干容重、粒径级配、水力渗透系数等物理性质测定结果发现,质轻多孔、颗粒分布均匀、水力渗透系数较小的页岩较宜作为人工湿地去污主填料,质地密实、持水性较差的粗砾石适合作为支撑滤料用来分布和收集污水;选取页岩、麦饭石、铁矿石和粗砾石及其组合作为人工垂直潜流湿地填料,在室内开展潜流湿地营养物质净化效果研究。结果表明在相同进水水质和水力负荷 0.2m/天的运行条件下,单一填料页岩 COD、TN、TP 去除率最高,分别可达 40%、88.9% 和 87.5%;页岩与粗砾石组合 COD、TN 和 TP 去除性能优异,粗砾石与铁矿石组合最差。

2. 确定了湿地填料磷吸附性能及影响因素

填料等温磷吸附实验结果表明填料类型影响填料磷吸附性能。当颗粒粒径为 0.5~1.0mm 时,页岩、粗砾石、铁矿石和麦饭石的最大磷吸附量分别为 619.7mg/kg、89.1mg/kg、324.9mg/kg 和 153.1mg/kg。填料的最大磷吸附量随着颗粒粒径的增加而减小,当页岩颗粒粒径从 0.0~0.5mm,0.5~1.0mm 增加至 1.0~2.0mm 时,其最大磷吸附量分别从 953.8mg/kg、619.7mg/kg 下降至 383.8mg/kg。等温磷吸附模拟结果表明页岩、铁矿石与麦饭石的 Langmuir 拟合性能优于 Freundlich 拟合。粗砾石的等温磷吸附过程符合 Freundlich 吸附模型。

水力停留时间(HRT)影响湿地填料磷吸附去除效果,当水力停留时间从 2.2 天增加到 3.1 天时,粗砾石构建湿地总磷去除率增加大约 10%;麦饭石因为吸附渐进饱和总磷去除率呈现出不断下降趋势;铁矿石可能受微生物影响导致 Fe 等金属元素释放,总磷去除率增加 29%;页岩受 HRT 变化影响较小,总磷去除率无明显变化。采用一阶动力学反应方程分析磷去实验数据,结果发现延长水力停留时间后,填料磷去除受进水浓度的影响减小,却更加依赖填料的磷吸附性能。

3. 基于植物生长性能及营养物质去除优化了湿地植物选择

7 种水生植物芦苇、石菖蒲、千屈菜、美人蕉、黄花鸢尾、香蒲和水葱在津河富营养化水体中生长良好,氮磷净化效果优异。实验结束后收割和测定湿地植物的根、茎和叶生物量,结果发现芦苇、千屈菜和美人蕉的主要生物量分布在地上,香蒲和水葱的大部分生物量分布在地下,石菖蒲和黄花鸢尾的地上组织生物量与地下相似。湿地植物氮磷累积结果表明香蒲地下组织氮累积量最高;磷吸收贮存能力突出,具有最高的地上和地下组织磷累积量。综合考虑各种湿地植物的生物量、水体净化效果和氮磷累积能力发现香蒲适合用作人工湿地氮磷去除植物。

4. 创新性提出了间歇曝气人工垂直潜流湿地和生物填料垂直潜流湿地技术

利用优选湿地填料盒植物构建新型间歇曝气和生物填料人工垂直潜流湿地,测试其对津河富营养化水体营养物质的去除效果。结果表明,间歇曝气能够有效提高人工潜流湿地 COD、NH_4^+-N、TN、SRP 和 TP 去除效率,但曝气产生的有氧环境不利于硝酸盐氮去除。间歇曝气湿地内 NH_4^+-N、TN、SRP 和 TP 浓度随着填料深度的增加下降速度大于无曝气湿地,且氮、磷去除均主要发生在厚度为 0.3m 的上层填料内。植物分析结果表明间歇曝气抑制香蒲地上组织生物量及氮磷含量有不同程度增加,能够有效提高茎、叶中氮磷含量。

生物填料(聚丙烯多面空心小球)能够有效提高人工垂直潜流湿地 COD、NH_4^+-N、TN、SRP 和 TP 去除效率,但对硝酸盐氮去除影响不显著。生物填料湿地内 NH_4^+-N、TN、SRP 和 TP 浓度随着填料深度的增加下降速度大于无生物填料湿地,且氮、磷去除均主要发生在厚度为 0.3m 的上层填料内。植物分析结果表明生物填料抑制香蒲地上组织生物量的增加,但能够有效提高茎、叶中氮磷含量。

6.1.3 库湾养殖水域营养物质释放与输移规律及生态控制

对于库湾水体而言,在"外源"(农业源头和城郊源头等)营养物质得到控制的情况下,沉积物及网箱养殖过程引入的营养物质成为不可忽视的"内源"污染,直接影响水体氮、磷等营养物质的分布、释放,以及藻类群落动态变化。为了维系健康库湾生态系统,控制水体富营养化,以潘家口水库网箱养殖库湾为对象,系统研究鱼饵及沉积物氮磷释放过程及影响因素;分析鱼饵对养殖水体优势藻类生长的贡献;探讨养殖过程中营养物质动力学变化规律;揭示不同养殖模式下水体藻类群落结构及优势种群演变趋势。

1. 揭示了鱼饵及沉积物营养物质动态释放过程

采用室内理论释放实验和围隔观测实验相结合的手段,开展鱼饵营养物质动态释放过程研究,获得饵料释放的营养物质进入水体的规律。结果表明:鱼饵富含营养盐,向水体释放潜能巨大。相对于鱼饵粒径,投加量显著影响培养基中氮、磷浓度,但单位质量鱼饵营养盐释放量随着投加量的增加基本呈降低趋势。因此,在网箱养鱼过程中应严格控制鱼饵投加量。

网箱养鱼中残饵、养殖鱼类排泄物在重力作用下沉积到底泥表层,通过水-沉积物界面向上覆水体释放营养物质。研究结果表明,沉积物深度和光照均会显著影响上覆水体总磷浓度,对氨氮影响不明显。沉积物深度越大,上覆水总磷浓度越

高。同一沉积物深度,光照也可有效降低上覆水总磷浓度,而光照组的氨氮浓度略
高于避光组。

2. 模拟了投饵条件下浮游藻类的生长动力性过程

鱼饵能促进藻类生长,在一定的投饵量范围内,藻的最大现存量随着投饵量的
增加而增加。采用鱼饵培养基单独和共培养铜绿微囊藻和四尾栅藻时,相同投加
量条件下,铜绿微囊藻的藻密度高于四尾栅藻。鱼饵营养盐初始释放与转化过程
不利于铜绿微囊藻的生长,造成其延缓期延长;但当营养释放达到平衡后,与同等
水平的无机营养源相比,鱼饵中的碳源及微量元素能提高藻类现存量。一定投饵
量(饵料 0~0.5g/L 培养基)条件下,藻的最大现存量随着投饵量的增加而增加,
但投饵量增加至某一临界值(1.25g/L)时反而抑制藻类的生长。铜绿微囊现存量
与利用的溶解性正磷酸盐呈指数关系,采用缓慢溶失型饵料控制磷的释放效率,有
助于抑制藻类生长和防治水体富营养化。

3. 提出了基于库湾养殖水域营养物质与藻类控制的生态养殖技术

潘家口围隔实验分别研究了投饵、投饵养殖花鲢和投饵养殖鲤鱼条件下,水体
营养物质与藻类数量和群落结构的动态变化。结果发现:

饵料溶失和矿化作用增加了水体氨氮浓度,而饵料的溶失和藻的生长显著提
高了颗粒态氮浓度。受藻的吸收利用以及鱼体生长吸收影响,投饵养鱼围隔水体
中总氮、溶解性总氮和硝态氮逐渐下降。饵料投加改变了水体氮磷比,促进了藻的
生长,从而加剧了水体中硝态氮的消耗。投饵及投饵养鱼围隔水体中各形态氮与
各个环境因子显著相关。鱼体捕捞可去除部分氮素,养殖鲤鱼对氮素利用率远高
于花鲢。

投加饵料造成围隔水体中总磷、溶解性总磷、溶解性正磷酸盐和颗粒态磷浓度
显著上升。各个形态磷浓度间呈显著正相关关系,它们随时间变化趋势非常一致,
基本上经历缓慢增长期和快速增长期两个阶段。除了投饵单养鲤鱼围隔,其余投
饵围隔中总磷、溶解性总磷和溶解性正磷酸盐浓度均显著高于对照围隔和水库水
体,其中只投饵围隔上述磷指标值最高,但养殖鲤鱼围隔中颗粒态磷浓度仅次于只
投饵围隔。鱼类捕捞去除磷素量小,投饵单养花鲢和鲤鱼围隔的通过鱼体收获去
除磷素的仅占投放鱼饵总磷的 0.5%、4.1% 和 3.1%。

投饵显著促进藻类生长,且藻的多样性降低,蓝藻门鱼腥藻成为唯一优势藻
种。花鲢通过滤食作用,降低了水体中藻密度,抑制率达到 80%,且绿藻占据优势
地位,花鲢可直接用于藻类数量控制和优势度调控。鲤鱼通过对鱼饵的有效摄食
实现了藻类控制,且优势种也由蓝藻向绿藻演替。养殖花鲢和鲤鱼均能抑制藻类
生长,但与水库未养殖水体相比,总藻量有明显增加。鲤鱼和花鲢既不相互捕食,

也不相互竞争,且在利用生态环境与饵料资源上有互补作用,建议以适宜的比例养殖于同一水域内,以达到削减水体营养盐负荷和控藻双重目标。

6.1.4　库湾富营养化水体生态水动力学特征及其生态调度

营养物质的源头(农业和城郊等)削减是湖库水体富营养化的长效防治技术,但存在见效慢等不足,因此有必要针对藻类生长特征研究适宜的藻类水华应急调度技术。项目在二维和三维水动力场模拟基础上,耦合拉格朗日粒子轨迹跟踪模型和非守恒三维粒子轨迹跟踪模型,模拟藻类的生态增殖和粒子运动特征,据此提出水动力学生态调度方案。

1. 开发了针对山区河流水质特征的非结构网格平面二维数学模型

采用基于 Godunov 格式有限体积法、Roe 格式的近似 Riemann 解计算单元界面通量及格林公式积分法求解污染物扩散项,建立的平面二维数学模型适应了山区河流复杂边界和地形变化、可以捕捉水流及污染物浓度的剧烈变化。利用室内弯道水槽实验资料对非结构网格的平面二维数学模型进行了水流水质计算的验证,计算结果与实测值符合良好,可以反映出污染物在水体中的动态输移过程。

将平面二维水质模型应用于香溪河 2007 年 9 月蓄水期库湾内的水流水质模拟,得到了三峡蓄水位与香溪库湾内回水影响区范围的关系、香溪水华发生的临界流速条件,以及污染物总磷总氮浓度的时空变化过程,验证结果表明模型的实际山区河流的水质模拟计算结果是可靠的,可以用于三峡库区支流的水质演变研究。模型计算采用的网格地形采用高分辨率的 DEM 数据来重构,并采用 Laplacian 光滑处理网格地形以减少局部地形剧烈变化对模型计算稳定性和计算精度的影响,证明采用高精度的 DEM 数据与数学模型相结合的方法能很好地处理香溪河水质模拟问题。

2. 开发了考虑包括水动力、营养物质循环、水温、光照等因素影响下水藻增殖、死亡和沉降的三维水华模拟数学模型

针对 ELcirc 模型对流项的离散采用 ELM 的处理,缓解了 CFL 条件对计算时间步长的限制,提高了非恒定过程的计算效率。利用室内弯道水槽实验实测资料验证了三维水华数学模型的水动力模块的计算精度,计算结果表明可以较为准确地模拟流场,并初步地检验了水质模块的计算守恒性,表明可以模拟水质的非恒定输移过程。

采用室内弯道实验对粒子轨迹跟踪模型进行初步验证,结果表明模型可以反映弯道水流中污染物颗粒的运动特性。在三维粒子轨迹跟踪模型的基础上,增加了考虑水动力条件和水下光照影响水藻颗粒增殖源项,并在计算得到香溪河水动

力流场的基础上,应用该粒子模型研究了在三峡水库蓄水期和汛限水位下香溪库湾内的污染物和水藻颗粒群的运动路径,与基于欧拉场法的三维污染物浓度输移模型计算结果进行了对比,证明拉格朗日法和欧拉场法结合研究的方法为研究自然河流中的污染物颗粒和水藻颗粒等物质输移现象提供较好的研究思路。

应用开发的三维水华数学模型模拟香溪河 2007 年 9 月和 2008 年 6 月的两次水华过程。结果表明,香溪库湾内的营养物质浓度和水动力条件对水华发生起到决定性作用,且水华发展过程中 TN 和 TP 浓度也处于动态变化状态,TN 和 TP 对水藻增殖的限制性作用处于变化中,不能单纯地由氮磷质量比来决定限制性营养物质类型。水下光照强度的分布对水藻的增殖死亡产生明显影响,叶绿素浓度和光照强度在水深方向产生分层。香溪河水华发生过程中流速因子的限制作用较为明显。

3. 提出了基于水动力学优化的藻类水化生态调度技术

详细论证了在库尾上游修建子库蓄水的水华抑制工程措施的可行性和实施效果,表明水华期间集中下泄较大流量清水及适当增大悬移质含沙浓度的工程措施可在一定程度上抑制水华过程,并推荐了较优的水华防治工程措施。

6.2　国内外同类研究的比较

本书与国内外同类研究相比,情况如下:

(1) 关于泥沙营养物质形态分配特征和吸附-解吸规律研究,国内外已有大量报道(Wang et al. ,2006;2010;Dong et al. ,2011),但对于泥沙吸附-释放过程中或干湿交替条件下营养物质形态转化规律的研究较少。本书以泥沙磷素为例,探明了农业源头区泥沙吸附-解吸、干湿交替过程中磷形态转化规律,证实了干湿交替条件下泥沙磷释放量显著增加。此外,有关泥沙营养物质释放风险的研究,国外已有报道(Nair et al. ,2004;Little et al. ,2007;Palmer-Felgate et al. ,2009),国内相对较少。由于研究结果与所在地区的土地利用方式、土壤类型密切相关,不同地区间研究结果差异较大。目前国内农业源头区泥沙营养物质释放风险的研究未见报道。本书以泥沙磷素为例,确定了农业源头区泥沙中易释放磷的形态及其释放临界值,为评价不同来源泥沙对磷的源、汇关系提供了新方法。

(2) 国内外主要采取跌水曝气、水面往复波动、干湿交替的水位控制(Leonard et al. ,2003;Sun et al. ,2005)或者根区直接曝气(Ouellet-Plamondon et al. ,2006)等方式。这些改良湿地溶解氧供给的措施存在操作繁琐,溶解氧可利用性提高有限等不足。本书提出的填料内部曝气,能够降低根区曝气对植物生长的不利影响,同时基于微生物去除营养物质的规律合理设计曝气参数,能够十分便利的实现溶解氧精准控制和工程应用。生物填料可有效改善曝气生物滤池的生物脱氮除磷效率(Liu et al.,2006;Yu et al.,2005);Chen 等(2006)将聚丙烯空心多面小球应用于氧化塘,有效提高了水体氮去除效果;但生物填料用于人工湿地营养物质去除鲜有报道。本书将生物填料应用于垂直潜流湿地,有效提高了有机物生物降解和微生物脱氮除磷效果,创新突破了传统湿地填料氮磷去除效率不足的缺陷。

(3)关于库湾养殖对水质影响已有大量研究,但是大多是理论上的定性描述,实验研究也只限于养殖区与非养殖区以及养殖前后的对比(Lin et al.,2003;Ivana et al.,2009),而网箱养鱼对水体水质影响的动态变化则少有涉及。本书采用小试实验和围隔实验相结合的手段,开展鱼饵营养物质的动态释放过程和藻类生长动力学过程的模拟,获得饵料释放的营养物质进入水体的规律以及对浮游生物生长的影响,为库湾养殖对水体富营养化的贡献以及供水安全保障提供科学依据。关于利用滤食性鱼类控制浮游植物的生长即非经典生物操纵理论,国内外学者已进行相关的研究,多关注藻的数量的变化,而利用鲤鱼控藻报道更少(Fukushima et al.,1999;Radke et al.,2002)。本书分别研究了投饵、投饵养殖花鲢和投饵养殖鲤鱼条件下,浮游植物的数量和群落结构的动态变化,并提出将花鲢和鲤鱼以适宜的比例养殖于同一水域内,以达到削减水体营养盐负荷和控藻双重目标,为水华藻类的治理提供新思路。

(4)目前的生态动力学模型均采用结构化网格和传热学数值算法,难以适应复杂边界和地形的河流;本书采用非结构化网格和欧拉-拉格朗日法离散对流项,具有较好的边界和地形跟踪性,计算稳定。国内外生态动力学模型多针对湖泊情况,较少考虑水动力、泥沙等对藻类生长的影响;本书考虑了水动力条件对藻类生长的抑制作用,考虑泥沙的遮光效应。国内外目前少有对藻类细胞个体和群体的生长、输移等的数值模拟研究;本书中开发的三维粒子轨迹跟踪模型可对藻类细胞个体或群体的生长和输移过程进行数值模拟。

本书成果与国内外同类研究相比,具有显著创新或突破,具体比较见表 6.2.1。

表 6.2.1　本书成果与国内外同类研究的比较

内容	本书成果	国内外同类技术
农业源头区泥沙磷转化及释放规律	干湿交替过程中泥沙磷形态转化规律,泥沙磷的多指标释放阈值	磷在水土流失过程中的输送,单一指标作为释放阈值
间歇曝气人工垂直潜流湿地技术	填料内部间歇曝气,创造厌氧-好氧交替环境利于氮磷去除	植物根系曝气或进水充氧
生物填料人工垂直潜流湿地技术	使用表面积大,微生物易生长的生物填料构建湿地	传统砾石、土壤等作填料

内容	本书成果	国内外同类技术
鱼饵激发藻类生长理论	鱼饵有机氮磷矿化生成了藻类生物可利用性营养物质形态	无机氮磷对藻类生长的影响
库湾养殖水体生态养殖控藻技术	混养鲤鱼和花鲢实现摄食鱼饵和滤食藻类双重目的	利用鲢鱼和鳙鱼食藻
库湾藻类三维生态动力学模拟技术	量化水动力条件、悬移质泥沙对藻类水华的影响	较少考虑水动力、泥沙对藻类水华的影响
三维粒子轨迹跟踪模拟技术	对藻类细胞个体或群体的生长和输移过程进行数值模拟	模拟藻类叶绿素浓度分布

6.3　主要创新点

（1）查明了农业源头区沟渠泥沙磷吸附-解吸特征以及干湿交替过程中磷形态转化规律，探明了沟渠泥沙中磷的易释放形态及其释放阈值，为评价不同来源泥沙磷的释放风险提供了科学依据。

（2）研究提出了新型间歇曝气人工垂直潜流湿地和生物填料人工垂直潜流湿地，显著改善了植物地上组织氮磷富集能力，提高了生物脱氮除磷效率，为城郊水体营养物质的生态强化去除提供了技术途径。

（3）基于室内模拟实验和库湾养殖区围隔实验，探明了饵料、沉积物中营养物质释放规律，以及水体中浮游植物数量和群落结构变化规律，提出了采用放养一定比例的花鲢和鲤鱼的控藻措施。

（4）建立了可精确表述藻类时空演变动态过程的非结构网格三维生态动力学模型，量化了库湾自然河流水动力学因子、悬移质泥沙对藻类水华的影响，提出了增大下泄流量和增大水体含沙量的抑藻方案，为水华防治提供了新思路。

参 考 文 献

鲍全盛,曹利军.1997.密云水库非点源污染负荷评价研究.水资源保护,(1):8-11.

蔡崇法,丁树文,史志华.2000.应用 USLE 模型与地理信息系统 IDRISI 预测小流域土壤侵蚀量的研究.水土保持学报,14(2):19-24.

曹琪,李敏,杨航,等.2012.野鸭湖湿地挺水植物磷素截留量动态变化分析.环境科学学报,32(8):1874-1881.

陈丁,郑爱榕.2005.网线养殖氮、磷和有机物的污染及估算.福建农业学报,20(增刊):57-62.

陈俊敏,贾滨洋,付永胜.2006.生物化粪池/表面流人工湿地处理"农家乐"污水.中国给水排水,22(12):71-73.

陈求稳.2010.河流生态水力学——坝下河道生态效应与水库生态友好调度.北京:科学出版社.

陈永川,汤利.2005.沉积物-水体界面氮磷的迁移转化规律研究进展.云南农业大学学报,20(4):527-533.

陈佑启,武伟.1998.城乡交错带人地系统的特征及其演变机制分析.地理科学,18(5):418-424.

陈佑启.1996.北京城乡交错带土地利用问题与对策研究.经济地理,16(4):46-50.

程根伟.2001.山区河流准三维水沙输运与河床演变模拟.山地学报,19(3):207-212.

邓春光.2007.三峡库区富营养化研究.北京:中国环境科学出版社.

邓大鹏,刘刚,李学德,等.2006.湖泊富营养化综合评价的坡度加权评分法.环境科学学报,26(8):1386-1392.

窦明,谢平,夏军,等.2002.南水北调中线工程对汉江水华影响研究.水科学进展,13(6):714-718.

范成新,张路,包先明,等.2006.太湖沉积物—水界面生源要素迁移机制及定量化-2.磷释放的热力学机制及源-汇转换.湖泊科学,18(3):207-217.

范成新,张路,杨龙元,等.2002.湖泊沉积物氮磷内源负荷模拟.海洋与湖沼,33(4):370-378.

范成新.1995.滆湖沉积物理化特征及磷释放模拟.湖泊科学,7(4):341-350.

方红卫,陈明洪,陈志和.2009.环境泥沙的表面特性与模型.北京:科学出版社.

付长营,陶敏,方涛,等.2006.三峡水库香溪河库湾沉积物对磷的吸附特征研究.水生生物学报,30(1):31-36.

付永清,周易勇.1999.沉积物磷形态的分级分离及其生态学意义.湖泊科学,11(4):376-381.

高超,张桃林,吴蔚东.2002.氧化还原条件对土壤磷素固定与释放的影响.土壤学报,39(4):542-549.

高丽,周建民.2004.磷在富营养化湖泊沉积物—水界面的循环.土壤通报,35(4):512-515.

郭本华,宋志文,韩潇源,等.2005.碎石、沸石和页岩陶粒构建人工湿地的除磷效果.工业用水与废水,36(2):46-48.

韩沙沙,温琰茂.2004.富营养化水体沉积物中磷的释放及其影响因素.生态学杂志,23(2):98-101.

韩新芹,叶麟,徐耀阳,等.2006.香溪河库湾春季叶绿素浓度动态及其影响因子分析.水生生物学报,30(1):89-94.

胡德超.2009.三维水沙运动及河床变形数学模型研究.北京:清华大学.

胡小贞,马祖友,易文利,等.2004.4 种不同培养基下铜绿微囊藻和四尾栅藻生长比较.环境科学研究,17(Sl):55-57.

黄国鲜,周建军,吴伟华.2008.弯曲河道螺旋流作用下的物质输运三维模拟.清华大学学报(自然科学版),48(6):977-982.

黄钰铃,刘德富,苏妍妹.2009.香溪河库湾底泥营养盐释放规律初探.环境科学与技术,32(5):9-13.

纪道斌,刘德富,杨正健,等.2010a.三峡水库香溪河库湾水动力特性分析.中国科学:物理学力学天文学,40:101-112.

纪道斌,刘德富,杨正健,等.2010b.汛末蓄水期香溪河库湾倒灌异重流现象及其对水华的影响.水利学报,41(6):691-702.

季俊杰,何成达,葛丽英,等.2006.分散式生活污水处理工艺:DASB＋W-SFCW 联合工艺.水资源保护,22(3):56-59.

姜翠玲,崔广柏,范晓秋,等.2004.沟渠湿地对农业非点源污染物的净化能力研究.环境科学,25(2):125-128.

蒋柏藩,顾益初.1989.石灰性土壤无机磷分级体系的研究.中国农业科学,22(3):58-66.

介晓磊,李有田,庞荣丽,等.2005.低分子量有机酸对石灰性土壤磷素形态转化及有效性的影响.土壤通报,36(6):856-860.

金相灿,郑朔方.2006.有机磷和无机磷对铜绿微囊藻生长的影响及动力学分析.环境科学研究,19(5):40-44.

李健.2012.香溪河水华数值模拟研究.北京:清华大学.

李锦秀,禹雪中,辛治国.2005.三峡库区支流富营养化模型开发研究.水科学进展,16(6):777-783.

李梅.2006.紫色土磷素迁移机制与风险预测初探.北京:中国科学院生态环境研究中心.

李苏,赵玉华,王卫民.2008.不同形态饲料对养殖水体中氮磷含量及饲料溶失率的影响.华中农业大学学报,28(1):80-83.

李无双,王洪阳,潘淑君.2008.农村分散式生活污水现状与处理技术进展.天津农业科学,14(6):75-77.

李艳红,周华君,时钟.2003.山区河流平面二维流场的数值模拟.水科学进展,14(4):424-429.

李一平,绛勇,吕俊,等.2004.水动力条件下底泥中氮磷释放通量.湖泊科学,16(4):318-324.

李勇,王超.2003.城市浅水型湖泊底泥磷释放特性实验研究.环境科学与技术,26(1):26-28.

李重荣,王祥三,窦明.2003.三峡库区香溪河流域污染负荷研究.武汉大学学报(工学版),2:29-32.

李祖荫.1992.关于石灰性土壤固磷强度与固磷基质问题.土壤通报,23(4):190-192.

林荣根,吴景阳.1994.黄河口沉积物对磷酸盐的吸附与释放.海洋学报,16(4):82-90.

刘春光,金相灿,孙凌,等.2006.不同氮源和曝气方式对淡水藻类生长的影响.环境科学,27(1):101-104.

刘春光,金相灿,孙凌,等.2004.城市小型人工湖围隔中生源要素合藻类的时空分布.环境科学学报,24(6):1039-1045.

刘立鹤,侯永清,郑石轩,等.2006.不同饲料中氮和磷溶失率的比较研究.水生动物营养,12:
　　57-59.

刘流,刘德富,黄钰铃,等.2012.香溪河库湾春季水华纵向分布对水层结构的响应.三峡大学学
　　报(自然科学版),34(2):1-6.

刘敏,侯立军,许世远,等.2002.长江河口潮滩表层沉积物对磷酸盐的吸附特征.地理学报,57
　　(4):397-406.

刘其根,陈立侨,陈勇.2007.千岛湖水华发生与富营养化特征分析.生态科学,21(3):208-212.

刘巧梅,刘敏,许世远,等.2002.上海滨岸潮滩不同粒径沉积物中无机形态磷的分布特征.海洋
　　环境科学,21(3):29-33.

刘毅,陈吉宁.2006.中国磷循环系统的物质流分析.中国环境科学,26(2):238-242.

鲁如坤.2000.土壤农业化学分析方法.北京:中国农业科技出版社.

吕家垄,张一平,张军常,等.1997.陕西几种土壤磷吸附动力学特征及过渡态理论应用的研究.
　　土壤通报,28(3):112-115.

吕耀.2000.农业非点源污染研究进展.上海环境科学,19:36-39.

马超,练继建.2011.人控调度方案对库区支流水动力和水质的影响机制初探.天津大学学报,44
　　(3):202-209.

马经安,李红清.2002.浅谈国内外江河湖库水体富营养化状况.长江流域资源与环境,11(6):
　　575-578.

马晓宇,朱元励,梅琨,等.2012.SWMM 模型应用于城市住宅区非点源污染负荷模拟计算.环境
　　科学研究,25(1):95-102.

牛志明,解明曙,孙阁.2001.ANSWER2000 在小流域土壤侵蚀过程模拟中的应用研究.水土保
　　持学报,15(3):56-60.

潘成荣,张之源,叶琳琳,等.2006.环境条件变化对瓦埠湖沉积物磷释放的影响.水土保持学报,
　　20(6):148-152.

庞燕,金相灿,王圣瑞,等.2004.长江中下游浅水湖沉积物对磷的吸附特征-吸附等温线和吸附/
　　解吸平衡质量浓度.环境科学研究,17(增):18-23.

彭泽洲,杨天行,梁秀娟,等.2007.水环境数学模型及其应用.北京:化学工业出版社.

钱善勤,孔繁翔,史小丽,等.2008.不同磷酸盐对铜绿微囊藻和蛋白核小球藻生长的影响.湖泊
　　科学,20(6):796-801.

秦伯强,许海,董百丽.2011.富营养化湖泊治理的理论和实践.北京:高等教育出版社.

饶群.2001.大型水体富营养化数学模拟的研究.南京:河海大学.

石孝洪.2004.三峡水库消落区土壤磷释放特征及环境风险.重庆:西南农业大学.

孙凌,金相灿,钟远,等.2006.不同氮磷比条件下浮游藻类群落变化.应用生态学报,17(7):
　　1218-1223.

孙淑娟,黄岁樑.2008.海河沉积物中磷释放的模拟研究.环境科学研究,21(4):126-131.

谭路,蔡庆华,徐耀阳,等.2010.三峡水库 175m 水位实验性蓄水后春季富营养化状态调查及比
　　较.湿地科学,8(4):331-338.

谭维炎.1998.计算水动力学—有限体积法的应用.北京:清华大学出版社:204-206.

汤显强,黄岁樑.2007a.人工湿地去污机理及国内外应用现状.水处理技术,33(2):9-13.

汤显强,李金中,李学菊,等.2007b.人工湿地室内小试不同填料去污性能比较.水处理技术,33(5):45-49.

唐汇娟.2002.武汉东湖浮游植物生态学研究.武汉:中国科学院水生生物研究所.

陶思明.1996.浅论农村生态环境的主要问题及其保护对策.上海环境科学,15(10):5-8.

滕衍行.2006.三峡库区消落区土壤磷释放规律研究.上海:同济大学.

汪达汉.1993.美国非点源水污染问题及其对策综述.世界环境,4:14-17.

王和意,刘敏,刘巧梅,等.2003.城市降雨径流非点源污染分析与研究进展.城市环境与城市生态,16(6):283-285.

王里奥,钟山,刘元元,等.2009.方解石去除废水中高浓度磷酸盐机理与影响因素.土木建筑与环境工程,31(4):107-111.

王玲玲,戴会超,蔡庆华.2009a.河道型水库支流库湾富营养化数值模拟研究.四川大学学报(工程科学版),41(2):18-23.

王玲玲,戴会超,蔡庆华.2009b.香溪河水动力因子与叶绿素分布的数值预测及相关性研究.应用基础与工程科学学报,17(5):652-658.

王晓蓉,华兆哲,徐菱,等.1996.环境条件变化对太湖沉积物磷释放的影响.环境化学,15(1):16-19.

王雪蕾,杨胜天,智泓,等.2007.官厅水库库滨带非点源污染控制效应的遥感分析.环境科学学报,27(2):304 - 312.

王雨春,万国江,黄荣贵,等.2000.湖泊现代沉积物中磷的地球化学作用及环境效应.重庆环境科学,22(4):39-41.

王志力,耿艳芬,金生.2005.具有复杂计算域和地形的二维浅水流动数值模拟.水利学报,36(4):439-444.

吴丽娜,吕严,赵光宇,等.2003.天津市津河有机物和生物性污染调查研究.环境与健康杂志,20(5):292-293.

吴敏,黄岁樑,杜胜蓝,等.2010.投饵养鱼对潘家口水库藻类生长影响的围隔实验研究.生态环境学报,19(8):1906-1911.

吴敏,汪雯,黄岁樑.2009.疏浚深度和光照对海河表层沉积物氮磷释放的实验研究.农业环境科学学报,28(7):1458-1463.

吴世凯,谢平,王松波,等.2005.长江中下游地区浅水湖泊群中无机氮和 TN/TP 变化的模式及生物调控机制.中国科学(地球科学)(增刊):111-120.

吴挺峰,高光,晁建颖.2009.基于流域富营养化模型的水库水华主要诱发因素及防治对策.水利学报,40(4):391-397.

吴相忠.2005.考虑垂向三维辐射应力的三维水流模型.天津:天津大学博士学位论文.

伍发元,黄种买,龙向宇.2003.汉阳墨水湖地区城市面源污染控制研究.西南给排水,25(6):18-20.

夏瑶,娄运生,杨超光,等.2002.几种水稻土对磷的吸附与解吸特性研究.中国农业科学,35

(11):1369-1374.

谢平,窦明,夏军.2005.南水北调中线工程不同调水方案下的汉江水华发生概率计算模型.水利学报,36(6):727-732.

谢平,夏军,窦明,等.2004.南水北调中线工程对汉江中下游水华的影响及对策研究(Ⅰ)——汉江水华发生的关键因子分析.自然资源学报,19(4):418-423.

邢雅囡,软晓红,赵振华.2006.城市河道底泥疏浚深度对氮磷释放的影响.河海大学学报(自然科学版),34(4):378-382.

熊汉锋,王运华,谭启玲,等.2005.梁子湖表层水氮的季节变化与沉积物氮释放初步研究.华中农业大学学报,24(5):500-503.

徐国斌,王雅萍,马超.2009.三峡水库调峰运行下的香溪河水动力二维数值模拟.水资源与水工程学报,20(4):87-91.

徐洪斌,吕溪武,俞燕,等.2004.玄武湖底泥营养物释放的模拟实验研究.环境化学,23(2):153-156.

徐轶群,熊惠欣,赵秀兰.2003.底泥磷吸附与释放研究进展.重庆环境科学,25(11):147-149.

许海,杨林章,茅华,等.2006.铜绿微囊藻、斜生栅藻生长的磷营养动力学特征.生态环境,15(5):921-924.

薛金凤,夏军,梁涛,等.2005.颗粒态氮磷负荷模型研究.水科学进展,16(3):334-337.

杨桂山,马荣华,张路,等.2010.中国湖泊现状及面临的重大问题与保护策略.湖泊科学,22(6):799-810.

杨金艳.2006.ELCIRC模型在长江口的应用.南京:河海大学.

杨林章,周小平,王建国,等.2005.用于农田非点源污染控制的生态拦截型沟渠系统及其效果.生态学杂志,24(11):1371-1374.

杨柳,马克明,郭青海,等.2004.城市化对水体非点源污染的影响.环境科学,25(6):32-39.

杨正健,徐耀阳,纪道斌,等.2008.香溪河库湾春季影响叶绿素的环境因子.人民长江,39(5):33-35.

姚波,席北斗,胡春明,等.2010.缺磷胁迫后四尾栅藻在富磷环境中对磷的吸收动力学.环境科学研究,23(4):420-425.

姚扬,金相灿,姜霞,等.2004.光照对湖泊沉积物磷释放及磷形态变化的影响研究.环境科学研究,17(增):30-33.

叶绿.2006.三峡库区香溪河水华现象发生规律与对策研究.南京:河海大学.

尹大强,覃秋荣.1994.环境因子对五里湖沉积物磷释放的影响.湖泊科学,6(3):240-244.

余炜敏.2005.三峡库区农业非点源污染及其模型模拟研究.重庆:西南农业大学.

余真真,王玲玲,张雷,等.2013.湖库水温计算方法及结果分析.水利水电技术,44(6):121-125.

余真真,王玲玲,朱海,等.2012.三峡水库香溪河库湾潮成内波数值模拟.四川大学学报(工程科学版),44(3):26-30.

余真真,王玲玲,戴会超,等.2011a.三峡水库香溪河库湾水温分布特性研究.长江流域资源与环境,20(1):84-89.

余真真,王玲玲,戴会超,等.2011b.水温分层对水体中悬浮颗粒物垂向输运影响的研究.四川大学学报(工程科学版),43(1):64-69.

岳维忠,黄小平,孙翠慈.2007.珠江口表层沉积物中氮、磷的形态分布特征及污染评价.海洋与湖沼,38(2):111-117.

翟丽华,刘鸿亮,席北斗,等.2009.杭嘉湖流域某源头沟渠沉积物氮及磷的吸附.清华大学学报(自然科学版),49(3):374-376.

张大伟.2008.堤坝溃决水流数学模型及其应用研究.北京:清华大学.

张夫道.1985.化肥污染的趋势与对策.环境科学,6(6):54-58.

张敏,蔡庆华,王岚,等.2009.三峡水库香溪河库湾蓝藻水华生消过程初步研究.湿地科学,7(3):230-236.

张永祥,陈景秋,文岑,等.2007.时空守恒元和解元法在山区河流模拟中的应用.重庆建筑大学学报,29(6):49-52.

张志剑,王光火,王珂.2001.模拟水田的土壤磷素溶解特征及其流失机制.土壤学报,38(1):139-143.

章北平.1996.东湖面源污染负荷的数学模型.武汉城市建设学院学报,13(1):1-8.

赵琰鑫,张万顺,王艳,等.2007.基于3S技术和USLE的深圳市茜坑水库流域土壤侵蚀强度预测研究.亚热带资源与环境学报,2(3):23-28.

中国国家环境保护总局.2002.水和废水监测分析.第四版.北京:中国环境科学出版社:89-283.

周根娣,周忠贤,方志发,等.2005.非投饵网箱鲢鱼、鳙鱼对藻类的遏制效果.上海农业学报,21(2):92-94.

周建军.2008.优化调度改善三峡水库生态环境.科技导报,26(7):64-71.

朱波,高美荣,刘刚才.2001.紫色泥页岩的风化侵蚀与工程建设增沙.山地学报,19(增刊):50-55.

朱伟,姜谋余,赵联芳,等.2010.悬浮泥沙对藻类生长影响的实测与分析.水科学进展,21(2):241-247.

邹华生,陈焕钦.2001.生物填料塔处理餐厅污水的研究.工业水处理,21(6):32-34.

Ahusborde E,Glockner S. 2011. A 2D block-structured mesh partitioner for accurate flow simulations on non-rectangular geometries . Computers & Fluids,43:2-13.

Ai C F,Jin S. 2010. Non-hydrostatic finite volume model for non-linear waves interacting with structures. Computers & Fluids,39:2090-2100.

Ai C F,Jin S. 2008. Three-dimensional non-hydrostatic model for free-surface flows with unstructured grid. Journal of Hydrodynamics,Ser. B,20(1):108-116.

Allert A L,Cole-Neal C L,Fairchild J F. 2012. Toxicity of chloride under winter low-flow conditions in an urban watershed in Central Missouri,USA. Bulletin of Environmental Contamination and Toxicology,89(2):296-301.

Anabela O,Baptista A M. 1998. On the role of tracking on Eulerian-Lagrangian solutions of the transport equation. Advances in Water Resources,21:539-554.

Andrieux L F,Aminot A. 2001. Phosphorus forms related to sediment grain size and geochemical characteristics in French coastal areas. Estuarine,Coastal and Shelf Science,52:617-629.

Antileo C, Medina H, Bornhardt C, et al. 2013. Actuators monitoring system for real-time control of nitrification-denitrification via nitrite on long term operation. Chemical Engineering Journal, 223(1):467-478.

Arhonditsis G B, Brett M T. 2005. Eutrophication model for Lake Washington(USA). Part I. Model description and sensitivity analysis. Ecological Modelling, 187:140-178.

Arias C A, Brix H. 2005. Phosphorus removal in constructed wetlands: can suitable alternative media be identified? Water Science and Technology, 51:267-273.

Arias C A, Del Bubba M, Brix H. 2001. Phosphorus removal by sands for use as media in subsurface flow constructed reed beds. Water Research, 35:1159-1168.

Armstrong W, Cousins D, Armstrong J, et al. 2000. Oxygen distribution in wetland plant roots and permeability barriers to gas-exchange with the rhizosphere: A microelectrode and modelling study with Phragmites australis. Annals of Botany, 86(3):687-703.

Aryal R K, Jinadasa H, Furumai H, et al. 2005. A long-term suspended solids runoff simulation in a highway drainage system. Water Science and Technology, 52(5):159-167.

Bache B W, Williams E G A. 1971. Phosphorus sorption index for soils. European Journal of Soil Science, 22:289-301.

Badhuri B, Grove M, Lowry C, et al. 1997. Assessing long-term hydrologic effects of land use change. Journal-American Water Works Association, 89(11):94-106.

Bao C, Fang C. 2013. Geographical and environmental perspectives for the sustainable development of renewable energy in urbanizing China. Renewable and Sustainable Energy Reviews, 27:464-474.

Baptista A M, Zhang Y L. 2005. A cross-scale model for 3D baroclinic circulation in estuary-plume-shelf systems: II. Application to the Columbia River. Continental Shelf Research, 25:935-972.

Battin A, Kinerson R, Lahlou M. 1998. EPA's better assessment science integrating point and nonpoint sources (BASINS)-a powerful tool for managing watersheds. Proceedings of the 18th ESRI International Annual User Conference. University of Texas at Austin Center for Research in Water Resources:27-31.

Behrends L, Houke L, Bailey E, et al. 2001. Reciprocating constructed wetlands for treating industrial, municipal and agricultural wastewater. Water Science and Technology, 44(11-12):399-405.

Bensabat J, Zhou Q. 2000. An adaptive pathline-based particle tracking algorithm for the Eulerian-Lagrangian method. Advances in Water Resources, 23:383-397.

Berg U, Donnert D, Ehbrecht A, et al. 2005. "Active filtration"for the elimination and recovery of phophorus from wastewater. Colloids and Surface A: Physicochemical and Engineering Aspects, 265:141-148.

Bertrand I, Holloway R E, Armstrong R D, et al. 2003. Chemical characteristics of phosphorus in alkaline soils from southern Australia. Australian Journal of Soil Research, 41:61-76.

Bilgili A,Priehl J. 2005. Estuary/ocean exchange and tidal mixing in a Gulf of Maine Estuary: a Lagrangian modelling study. Estuarine Coastal Shelf Science,65(4):607-624.

Boers P. 1996. Nutrient emissions from agriculture in the Netherlands, causes and remedies. Water Science and Technology,33(4):183-189.

Boley A,Müller W R,Haider. 2000. Biodegradable polymers as solid substrate and biofilm carrier for denitrification in recirculated aquaculture systems. Aquaculture Engineering, 22 (1-2): 75-85.

Borin M,Salvato M. 2012. Effects of five macrophytes on nitrogen remediation and mass balance in wetland mesocosms. Ecological Engineering,46:34-42.

Bowie G L,Mills W B,Porcella D B,et al. 1985. Rates,Constants and Kinetics Formulations in Surface Water Quality Modeling(2nd Edition). Washington D C:Environmental Protection Agency.

Braskerud B C. 2002. Factors affecting phosphorus retention in small constructed wetlands treating agricultural non-point source pollution. Ecological Engineering,19(1):41-61.

Breeuwsma A,Reijerink J G,Schoumans O F,et al. 1995. Impact of manure on accumulation and leaching of phosphate in areas of intensive livestock farming//Steele K. Animal Waste and the Land-Water Interface. New York:CRC:239-251.

Brinkman A G. 1993. A double-layer model for ion adsorption onto metal oxides,applied to experimental data and to natural sediments of Lake Veluwe,the Netherlands. Hydrobiologia,253: 31-45.

Brix H,Arlas C A,D'Bubba M. 2001. Media selection for sustainable phosphorous removal in subsurface flow constructed wetlands. Water Science and Technology,44(11-12):47-54.

Börling K,Otabbong E,Barberis E. 2004. Soil variables for predicting potential phosphorus release in Swedish noncalcareous soils. Journal of Environmental Quality,33:99-106.

Brooks A S,Rozenwald M N,Geohring L D,et al. 2000. Phosphorus removal by wollastonite:A constructed wetland substrate. Ecological Engineering,15(1-2):121-132.

Bruce H. 1999. Dispersion model for mountain streams. Journal of Hydraulic Engineering,125 (2):99-105.

Carl C,Dorothy T,James D H. 2010. Coupling and comparing a spatially-and temporally-detailed eutrophication model with an ecosystem network model:An initial application to Chesapeake Bay. Environmental Modelling & Software,25:562-572.

Casson J P,Bennett D R,Nolan S C,et al. 2006. Degree of phosphorus saturation thresholds in manure-amended soils of Alberta. Journal of Environmental Quality,35:2212-2221.

Casulli V, Zanolli P. 2005. High resolution methods for multidimensional advection-diffusion problems in free-surface hydrodynamics. Ocean Modelling,10:137-151.

Casulli V,Zanolli P. 2002. Semi-implicit numerical modeling of non-hydrostatic free-surface flows for environmental problems. Mathematical and Computer Modelling,36:1131-1149.

Casulli V,Walters R A. 2000. An unstructured grid, three-dimensional model based on the shallow water equations. International Journal for Numerical Methods in Fluids,32:331-348.

Cerco C F,Cole T. 1995. User's guide to the CE-QUAL-ICM: Three-dimensional eutrophication model. Technical Report EL-95-1-5. U. S. Vicksburg:Army Corps of Engineers.

Chang S C,Jackson M L. 1957. Fractionation of soil phosphorus. Soil Science,84:133-144.

Chao X B,Jia Y F,Douglas S J,et al. 2007. Numerical modeling of water quality and sediment related process. Ecological Modeling,201:385-397.

Chao X B,Jia Y F,Cooper C M,et al. 2006. Development and application of a phosphorus model for a shallow Oxbow Lake. Journal of Environmental Engineering,132(11):1498-1507.

Chau K W. 2004. A three-dimensional eutrophication modeling in Tolo Harbour. Applied Mathematical Modeling,28:849-861.

Cheng H P,Cheng J R,Yeh G T. 1996. A particle tracking technique for the Lagrangian Eulerian finite element method in multi-dimensions. International Journal for Numerical Methods in Engineering,39:1115-1136.

Chen Q W,Tan K. 2009. Development and application of a two-dimensional water quality model for the Daqinghe River Mouth of the Dianchi Lake. Journal of Environmental Sciences,21:313-318.

Chen W B,Liu W C,Nobuaki K,et al. 2010. Particle release transport in Danshuei River estuarine system and adjacent coastal ocean:A modeling assessment. Environmental Monitoring Assessment,168:407-428.

Cheung K C,Venkitachalam T H. 2000. Improving phosphate removal of sand infiltration system using alkaline fly ash. Chemosphere,41(1-2):243-249.

Christopher D A,Michael N G,Michelle A B,et al. 2006. Surface-water hydrodynamics and regimes of a small mountain stream-lake ecosystem. Journal of Hydrology,329:500-513.

Corwin D L,Vaughan P J,Loague K. 1997. Modeling nonpoint source pollutants in the vadose zone with GIS. Environmental Science & Technology,31(8):2157-2175.

Cui M,Zhou J X,Huang B. 2012. Benefit evaluation of wetlands resource with different modes of protection and utilization in the Dongting Lake region. Procedia Environmental Science,13:2-17.

David A H,Julie P,Stelling G S. 2006. A streamline tracking algorithm for semi-Lagrangian advection schemes based on the analytic integration of the velocity field. Journal of Computational and Applied Mathematics,192:168-174.

De-Bashan L E,Bashan Y. 2004. Recent advances in removing phosphorus from wastewater and its future use as fertilizer(1997-2003). Water Research,38(19):4222-4246.

Dikshit A,Loucks D P. 1996. Estimating non-point pollutant loadings- I: A geographical-information-based non-point source simulation model. Journal of Environmental Systems,24(4):395-408.

Domagalski J,Lin C,Luo Y,et al. 2007. Eutrophication study at the panjiakou-daheiting reservoir system,northern hebei province,People's Republic of China:chlorophyll-a model and sources of phosphorus and nitrogen. Agriculture Water Management,94:43-53.

Dong L M,Yang Z F,Liu X H. 2011. Phosphorus fractions, sorption characteristics,and its release in the sediments of Baiyangdian Lake,China. Environmental Monitoring and Assessment, 179:335-345.

Dordio A,Carvalho A J P. 2013. Constructed wetlands with light expanded clay aggregates for agricultural wastewater treatment. Science of the Total Environment,463:454-461.

Downing J A,Watson S B,McCauley E. 2001. Predicting Cyanobacteria dominance in lakes. Canadian Journal of Fisheries and Aquatic Sciences,58:1905-1908.

Drago M,Cescon B,Iovenitti L. 2001. A three-dimensional numerical model for eutrophication and pollutant transport. Ecological Modelling,145:17-34.

Drizo A,Comeau Y,Forget C,et al. 2002. Phosphorus saturation potential:A parameter for estimating the longevity of constructed wetland systems. Environmental Science and Technology, 36(21):4642-4648.

Drizo A,Frost C A,Grace J,et al. 2000. Phosphate and ammonium removal by constructed wetlands with horizontal subsurface flow,using shale as a substrate. Water Research,34(9):2483-2490.

Eckert W,Nishri A,Parparova R. 1997. Factors regulating the flux of phosphate at the sediment-water interface of a subtropical calcareous lake:A simulation study with intact sediment cores. Water,Air,and Soil Pollution,99:401-409.

Drizo A,Frost C A,Grace J,et al. 1999. Physico-chemical screening of phosphate-removal substrates for use in constructed wetland systems. Water Research,33(17):3595-3602.

Estrada V,Parodi E R,Diaz M S. 2009. Addressing the control problem of algae growth in water reservoirs with advanced dynamic optimization approaches. Computers and Chemical Engineering,33:2063-2074.

Fan J,Zhang B,Zhang J,et al. 2013. Intermittent aeration strategy to enhance organics and nitrogen removal in subsurface flow constructed wetlands. Bioresource Technology,141:117-122.

Ferziger J H,Peric M. 2002. Computational Methods for Fluid Dynamics. New York:Springer.

Filius J D,Meeussen J C L,Lumsdon D G,et al. 2003. Modeling the binding of fulvic acid by goethite:the speciation of adsorbed FA molecules. Geochimica et Cosmochimica Acta, 67: 1463-1474.

Fonseca R,Canário T,morais M,et al. 2011. Phosphorus sequestration in Fe-rich sediments from two Brazilian tropical reservoirs. Applied Geochemistry,26:1607-1622.

Fringer B,Gerritsen M,Street R L. 2006. An unstructured-grid,finite-volume,non-hydrostatic, parallel coastal ocean simulator. Ocean Modelling,14:139-173.

Fujimoto N,Sugiura N,Sugiura Y. 1997. Nutrient-limited growth of Microcystis aeruginosa and Phormidium tenue and competition under various N:P supply ratios and temperature. Limnology and Oceanography,42:250-256.

Fukushima M,Takamura N,Sun L,et al. 1999. Changes in the plankton community following introduction of filter-feeding planktivorous fish. Freshwater Biology, 42(4): 719-753.

Gao L, Zhang L, Hou J, et al. 2013. Decomposition of macroalgal blooms influences phosphorus release from the sediments and implications for coastal restoration in Swan Lake, Shandong, China. Ecological Engineering, 60: 19-28.

Gao L. 2012. Phosphorus release from the sediments in Rongcheng Swan Lake under different pH conditions. Procedia Environmental Sciences, 13: 2077-2084.

Gao Y, Liu X, Yi N, et al. 2013. Estimation of N_2 and N_2O ebullition from eutrophic water using an improved bubble trap device. Ecological Engineering, 57: 403-412.

Garnett T P, Shabala S N, Smethurst P J, et al. 2001. Simultaneous measurement of ammonium, nitrate and proton fluxes along the length of eucalyptus roots. Plant and Soil, 236(1): 55-62.

Giesler R, Andersson T, Lövgren L, et al. 2005. Phosphate sorption in alumium- and iron-rich humus soils. Soil Science Society of America Journal, 69: 77-86.

Gómez Cerezo R, Suárez M L, Vidal-Abarca M R. 2001. The performance of a multistage system of constructed wetlands for urban wastewater treatment in a semiarid region of SE Spain. Ecological Engineering, 16(4): 501-517.

Golterman H L. 1996. Fractionation of sediment phosphate with chelating compounds: a simplification, and comparison with other methods. Hydrobiologia, 335: 87-95.

Gong W P, Shen J, Cho K, et al. 2009. A numerical model study of barotropic subtidal water exchange between estuary and subestuaries (tributaries) in the Chesapeake Bay during northeaster events. Ocean Modelling, 26: 170-189.

Grawe U. 2011. Implementation of high-order particle-tracking schemes in a water column model. Ocean Modelling, 36: 80-89.

Guo L G, Li Z J. 2003. Effects of nitrogen and phosphorus from fish cage-culture on the communities of a shallow lake in middle Yangze River basin of China. Aquaculture, 226 (1-4): 201-212.

Hadada H R, Mainea M A, Bonetto C A. 2006. Macrophyte growth in a pilot-scale constructed wetland for industrial wastewater treatment. Chemosphere, 63(10): 1744-1753.

Hafner S D, Jewell W J. 2006. Predicting nitrogen and phosphorus removal in wetlands due to detritus accumulation: A simple mechanistic model. Ecological Engineering, 27(1): 13-21.

Haggard B E, Ekka S A, Matlock M D, et al. 2004. Phosphate equilibrium between stream sediments and water: Potential effect of chemical amendments. Transactions of the ASAE, 47: 1113-1118.

Haith D A, Mandel R, Wu R S. 1992. GWLF: Generalized Watershed Loading Functions, Version 2.0, User's Manual. Ithaca: Department of Agricultural and Biological Engineering, Cornell University.

Hakanson L, Bryhn A C, Hytteborn J. 2007. On the issue of limiting nutrient and predictions of cyanobacteria in aquatic systems. Science of Total Environment, 379: 89-108.

Ham J H, Yoon C G, Jeon J H, et al. 2007. Feasibility of a constructed wetland and wastewater stabilization pond system as a sewage reclamation system for agricultural reuse in a decentralized rural area. Water Science & Technology,55(1-2):503-511.

Han D,Fang H W,Bai J,et al. 2011. A coupled 1D and 2D channel network mathematical model used for flow calculations in the middle reaches of the Yangtze River. Journal of Hydrodynamics,Ser. B,23(4):521-526.

Hargreaves J A. 1998. Nitrogen biogeochemistry of aquaculture ponds. Aquaculture, 166: 181-212.

Harrell D L,Wang J J. 2006. Fractionation and sorption of inorganic phosphorus in Louisiana calcareous soils. Soil Science,171:39-51.

Heckrath G,Brookes P C,Poulton P R,et al. 1995. Phosphorus leaching from soils containing different phosphorus concentrations in the broadbalk experiment. Journal of Environmental Quality,24:904-910.

Hedley M J,Stewart J W B,Chauhan B S. 1982. Changes in inorganic and organic soil phosphorus fractions induced by cultivation practices and by laboratory incubation. Soil Science Society of America Journal,46:970-975.

Heistad A,Paruch A M,Vrale L,et al. 2006. A high-performance compact filter system treating domestic wastewater. Ecological Engineering,28(4):374-379.

Hemond H F,Lin K. 2010. Nitrate suppresses internal phosphorus loading in an eutrophic lake. Water Research,44(12):3645-3650.

Hieltjes A H M,Lijklema L. 1980. Fractionation of inorganic phosphates in calcareous sediments. Journal of Environmental Quality,9:405-407.

Hoffman A R,Armstrong D E,Lathrop R C,et al. 2008. Characteristics and influence of phosphorus accumulated in the bed sediments of a stream located in an agricultural watershed. Aquatic Geochemistry,15:371-389.

Hooda P S,Rendell A R,Edwards A C P,et al. 2000. Relating soil phosphorus indices to potential phosphorus release to water. Journal of Environmental Quality,29:1166-1171.

Hoos A B,McMahon G. 2009. Spatial analysis of instream nitrogen loads and factors controlling nitrogen delivery to streams in the southeastern United States using spatially referenced regression on watershed attributes (SPARROW) and regional classification frameworks. Hydrological Process,23(16):2275-2294.

Hu W F,Lo W,Chua H,et al. 2001. Nutrient release and sediments oxygen demand in a eutrophic landlocked embayment in Hong Kong. Environment International,26:369-375.

Hu W P,Jorgensen S E,Zhang F B. 2006. A vertical-compressed three-dimensional ecological model in Lake Taihu,China. Ecological Modelling,190:367-398.

Ivana Z,Zoran M,Zdenka F R,et al. 2009. Influence of a trout farm on water quality and microzoobenthos communities of the receiving steam(Tresnjica River, Serbia). International review of hydrobiology,94(6):673-687.

Jalali M,Peikam E N. 2013. Phosphorus sorption-desorption behavior of river bed sediments in the Abshineh river, Hamedan, Iran, related to their compositon. Environmental Monitoring and Assessment,185(1):537-552.

Jalali M. 2007. Phosphorus status and sorption characteristics of some calcareous soils of Hamadan, Western Iran. Environmental Geology,53:365-374.

Jarvie H P,Jurgens M D,Williams R J,et al. 2005. Role of river bed sediments as sources and sinks of phosphorus across two major eutrophic UK river basins: The hamposhire avon and herefordshire wye. Journal of Hydrology,304:51-74.

Jeffrey A P, Daniel R L, Dennis J M, et al. 2005. Modeling turbulent dispersion on the North Flank of Georges Bank using Lagrangian Particle Methods. Continental Shelf Research, 25: 875-900.

Ji-Hyock Y, Hee-Myong R,Woo-Jung C,et al. 2006. Phosphorus adsorption and removal by sediments of a constructed marsh in Korea. Ecological Engineering,27:109-117.

Jing L,Wu C,Liu J,et al. 2013. The effects of dredging on nitrogen balance in sediment-water microcosms and implications to dredging projects. Ecological Engineering,52:167-174.

Jorgensen S E,Bendoricchio G. 2008. 生态模型基础(第 3 版). 何文珊,陆健健,张修峰译. 北京: 高等教育出版社.

Jorgensen S E. 1999. State-of-the-art of ecological modelling with emphasis on development of structural dynamic models. Ecological Modelling,120:75-96.

Jorgensen S E. 1979. Handbook of Environmental Data and Ecological Parameters. London: Pergamon Press.

Jorgensen S E,Mejer H,Friis M. 1978. Examination of a lake model. Ecological Modelling,4:253-278.

Kadlec R H,Tanner C C,Hally V M,et al. 2005. Nitrogen spiraling in subsurface -flow constructed wetlands: Implications for treatment response. Ecological Engineering,25(4):365-381.

Kadlec R H. 2000. The inadequacy of first-order treatment wetland models. Ecological Engineering,15(1-2):105-119.

Kaiserli A,Voutsa D,Samara C. 2002. Phosphorus fractionation in lake sediments - Lakes Volvi and Koronia, N. Greece. Chemosphere,46:1147-1155.

Khiari L,Parent L E,Pellerin A,et al. 2000. An agri-environmental phosphorus saturation index for acid coarse-textured soils. Journal of Environmental Quality,29:1561-1567.

Korkusuz E A,Beklioğlu M,Demirer N G. 2005. Comparison of the treatment performances of blast furnace slag-based and gravel-based vertical flow wetlands operated identically for domestic wastewater treatment in Turkey. Ecological Engineering,24(3):187-200.

Kuo J T,Lung W S,Yang C P,et al. 2006. Eutrophication modelling of reservoirs in Taiwan. Environmental Modelling & Software,21:829-844.

Kuschk P,Wießer A,Kappelmeyer U,et al. 2003. Annual cycle of nitrogen removal by a pilot-scale subsurface horizontal flow in a constructed wetland under moderate climate. Water Research,37(17):4236-4242.

Lantzke I R, Mitchell D S, Heritage A D, et al. 1999. A model of factors controlling ortho- phosphate removal in planted vertical flow wetlands. Ecological Engineering, 12(1-2): 93-105.

Lee B H, Scholz M. 2007. What is the role of Phragmites australis in experimental constructed wetlands filters treating urban runoff. Ecological Engineering, 29(1): 87-95.

Lens P, Zeeman G, Lettinga G. 2001. Decentralised Sanitation and Reuse-Concepts, Systems and Implemenlation. UK: IWA Publishing.

Leonard K M, Key S P, Srikanthan R A. 2003. Comparison of nitrification performance in gravity-flow and reciprocating constructed wetlands//Brebbia C A, Almorza D, Sales D. Water Pollution VII-Modelling, Measuring and Prediction. Southampton: WIT Press.

Leto C, Tuttolomondo T, Bella S L, et al. 2013. Effects of plant species in a horizontal subsurface flow constructed wetland - phytoremediation of treated urban wastewater with cyperus alternifolius L. and typha latifolia L. in the West of Sicily(Italy). Ecological Engineering, 61: 282-291.

Liikanen A N U. 2002. Effects of temperature and oxygen availability on greenhouse gas and nutrient dynamics in sediment of a eutrphic mid-boreal lake. Biogeochemistry, 59: 269-286.

Li M, Hou Y L, Zhu B. 2007. Phosphorus sorption-desorption by purple soils of China in relation to their properties. Australian Journal of Soil Research, 45: 182-189.

Lin C K, Thakur D P. 2003. Water quality and nutrient budget in closed shrimp(Penaeus monodon)culture systems. Aquculture Engineering, 27(3): 159-176.

Lino J A V, Francisco J F, Rafael M S. 2009. Mathematical analysis of a three-dimensional eutrophication model. J. Math. Anal. Appl. , 349: 135-155.

Little J L, Nolan S C, Casson J P, et al. 2007. Relationships between soil and runoff phosphorus in small Alberta watersheds. Journal of Environmental Quality, 36: 1289-1300.

Liu L, Zhao X H, Zhao N, et al. 2013. Effect of aeration modes and influent COD/N ratios on the nitrogen removal performance of vertical flow constructed wetland. Ecological Engineering, 57: 10-16.

Liu L, Xu Z H, Song C Y, et al. 2006. Adsorption-filtration characteristics of melt-blown polypropylene fiber in purification of reclaimed water. Desalination, 201: 198-206.

Liu W C, Chen W B, Hsu M. 2011. Using a three-dimensional particle-tracking model to estimate the residence time and age of water in a tidal estuary. Computers and Geosciences, 37(8): 1148-1161.

Liu W C, Chen W B, Hsu M. 2010. Different turbulence model for stratified flow and salinity. Proceedings of the Institute of Civil Engineers, Maritime Engineering, 163(3): 117-133.

Liu W C, Cheng W B, Cheng R T, et al. 2007. Modeling the influence of river discharge on salt intrusion and residual circulation in Danshuei River estuary, Taiwan. Continental Shelf Research, 27(7): 900-921.

Liu X B, Peng W Q, He G J, et al. 2008. A coupled model of hydrodynamics and water quality for YuQiao reservoir in Haihe River basin. Journal of Hydrodynamics, Ser. B, 20(5): 574-582.

Liu Y L, Wei W L, Shen Y M. 2003. Mathematical model for 2-D tidal flow and water quality with orthogonal curvilinear coordinates. Journal of Hydrodynamics, Ser. B,15(5):103-108.

Lopez-Archilla A I,Moreirad,Lopez-Garcia P,et al. 2004. Phytoplankton diversity and cyanobacterial dominance in a hypereutrophic shallow lake with biologically produced alkaline pH. Extremophiles,8:109-115.

Lorenzo B,Alessandro V,Brett F S. 2010. A balanced treatment of secondary currents, turbulence and dispersion in a depth-integrated hydrodynamic and bed deformation model for channel bends. Advances in Water Resources,33:17-33.

Lu N. 1994. A semi analytical method of path-line computation for transient finite difference groundwater flow models. Water Resources Research,30(8):2449-2459.

Luo Z X,Zhu B,Tang J L,et al. 2009. Phosphorus retention capacity of agricultural headwater ditch sediments under alkaline condition in purple soils area,China. Ecological Engineering,35:57-64.

Lv B,Jin S,Ai C F. 2010. A conservative unstructured staggered grid scheme for incompressible Navier-Stokes equations. Journal of Hydrodynamics, Ser. B,22(2):173-184.

Mackey K R M,Labiosa R G,Calhoun M,et al. 2007. Phosphorus availability, phytoplankton community dynamics,and taxon-specific phosphorus status in the Gulf of Aqaba,Red Sea. Limnology Oceanography,52(2):873-885.

Maguire R O,Sims J T. 2002. Soil testing to predict phosphorus leaching. Journal of Environmental Quality,31:1601-1609.

Maguire R O,Sims J T,Foy R H. 2001. Long-term kinetics for phosphorus sorption-desorption by high phosphorus soils from Ireland and the Delmarva Peninsula, USA. Soil Science,166:557-565.

Malmaeus J M,Hakanson L. 2004. Development of a Lake Eutrophication model. Ecological Modelling,171:35-63.

Marina R M,Jaramillo M L,Peñuela G. 2012. Comparison of the removal of chlorpyrifos and dissolved organic carbon in horizontal sub-surface and surface flow wetlands. Science of the Total Environment,431:271-277.

Marinone S G,Ulloa M J,Parés-Sierra A,et al. 2008. Connectivity in the northern Gulf of California from particle tracking in a three-dimensional numerical model. Journal of Marine Systems,71:149-158.

Martínez B,Pato L S,Rico J M,et al. 2012. Nutrient uptake and growth responses of three intertidal macroalgae with perennial,opportunistic and summer-annual strategies. Aquatic Botany,96(1):14-22.

Masse B,Zug M,Tabuchi J P,et al. 2001. Long term pollution simulation in combined sewer networks. Water Science and Technology,43(7):83-89.

Mayo A W,Mutamba J. 2004. Effect of HRT on nitrogen removal in a coupled HRP and unplanted subsurface flow gravel bed constructed wetland. Physics and Chemistry of the Earth,29(15-18):1253-1257.

McDowell R W,Condron L M. 2001a. Influence of soil constituents on soil phosphorus sorption and desorption. Communications in Soil Science and Plant Analysis,32:2531-2547.

McDowell R W,Sharpley A N. 2001b. Approximating phosphorus release from soils to surface runoff and subsurface drainage. Journal of Environmental Quality,30:508-520.

McDowell R W,Sharpley A N. 2001c. A comparison of fluvial sediment phosphorus (P) chemistry in Relation to Location and Potential to Influence Stream P Concentrations. Aquatic Geochemistry,7:255-265.

McDowell R W,Sharpley A N,Brookes P C,et al. 2001d. Relationship between soil test phosphorus and phosphorus release to solution. Soil Science,166:137-149.

Meier W K,Reichert P. 2005. Mountain streams—modeling hydraulics and substance transport. Journal of Environmental Engineering,131(2):252-261.

Michele D B,Luigi I. 2001. A three-dimensional numerical model for eutrophication and pollutant transport. Ecological Modelling,145:17-34.

Mitsch W J,Gosselink J G. Wetlands. 2000. New York:Van Nostrand Reinhold Company.

Mohammad Z K,Saeed-Reza S Y. 2010. Coupling of two- and three-dimensional hydrodynamic numerical models for simulating wind-induced currents in deep basins. Computers & Fluids,39:994-1011.

Moriasi D N,Gowda P H,Arnold J G,et al. 2013. Modeling the impact of nitrogen fertilizer application and tile drain configuration on nitrate leaching using SWAT. Agricultural Water Management,130:36-43.

Mulling B T M,van den Boomen R M,van der Geest H G,et al. 2013. Suspended particle and pathogen peak discharge buffering by a surface-flow constructed wetland. Water Research,47(3):1091-1100.

Nair V D,Portier K M,Graetz D A,et al. 2004. An environmental threshold for degree of phosphorus saturation in sandy soils. Journal of Environmental Quality,33:107-113.

Nalewajko C,Murphy T P. 2001. Effects of temperature and availability of nitrogen and phosphorus on the abundance of Anabaena and Microcysis in Lake Biwa, Japan: An experimental approach. Limnology, 2: 45-48.

Nguyen L,Sukias J. 2002. Phosphorus fractions and retention in drainage ditch sediments receiving surface runoff and subsurface drainage from agricultural catchments in the North Island, New Zealand. Agriculture,Ecosystems and Environment,92:49-69.

Nick M, Steven M G. 2005. MOD_FreeSurf2D: A MATLAB surface fluid flow model for rivers and streams. Computers & Geosciences, 31: 929-946.

Nivala J,Hoos M B,Cross C,et al. 2007. Treatment of landfill leachate using an aerated,horizontal subsurface-flow constructed wetland. Science of the Total Environment,380(1-3):19-27.

Ouellet-Plamondon C,Chazarenc F,Comeau Y,et al. 2006. Artificial aeration to increase pollutant removal efficiency of constructed wetlands in cold climate. Ecological Engineering,27(3):258-264.

Palmer-Felgate E J, Jarbie H P, Withers P J A, et al. 2009. Stream-bed phosphorus in paired catchments with different agricultural land use intensity. Agriculture, Ecosystems and Environment, 134: 53-66.

Pant H K, Reddy K R, Lemon E. 2001. Phosphorus retention capacity of root bed media of subsurface flow constructed wetlands. Ecological Engineering, 17(4): 345-355.

Pautler M C, Sims J T. 2000. Relationships between soil test phosphorus, soluble phosphorus and phosphorus saturation in Delaware soils. Soil Science Society of America Journal, 64: 765-773.

Pollock D W. 1988. Semi-analytical computation of path-lines for finite-difference models. Ground Water, 26 (6): 743-750.

Pote D H, Daniel T C, Nichols D J, et al. 1999. Relationship between phosphorus levels in three Ultisols and phosphorus concentrations in runoff. Journal of Environmental Quality, 28: 170-175.

Prochaska C A, Zouboulis A I, Eskridge K M. 2007. Performance of pilot-scale vertical-flow constructed wetlands, as affected by season, substrate, hydraulic load and frequency of application of simulated urban sewage. Ecological Engineering, 31(1): 57-66.

Psenner R B, Boström D M, Pettersson K, et al. 1988. Fractionation of phosphorus in suspended matter and sediment. Archiv für Hydrobiologie Beiheft Ergebnisse der Limnologie, 30: 98-113.

Qi D M, Ma G F, Gu F F, et al. 2010. An unstructured grid hydrodynamic and sediment transport model for Changjiang Estuary. Journal of Hydrodynamics, Ser. B, 22(5): 1015-1021.

Radke R J, Kahl U. 2002. Effects of a filter-feeding fish [silver carp, Hypophthalmichthys molitrix(Val.)] on phyto-and zooplankton in a mesotrophic reservoir: Results from an enclosure experiment. Freshwater Biology, 47(12): 2337-2344.

Ragusa S R, McNevin D, Qasem S, et al. 2004. Indicators of biofilm development and activity in constructed wetlands microcosms. Water Research, 38(12): 2865-2873.

Richard H, Burchard H, Beckers J. 2010. Non-uniform adaptive vertical grids for 3D numerical ocean models. Ocean Modelling, 33: 70-86.

Riddle A M. 2001. Investigation of model and parameter uncertainty in water quality models using a random walk method. Journal of Marine Systems, 28: 269-279.

Rosatti G, Cesari D, Bonaventura L. 2005. Semi-implicit, semi-Lagrangian modelling for environmental problems on staggered Cartesian grids with cut cells. Journal of Computational Physics, 204: 353-377.

Ruban V, López-Sánchez J F, Pardo P, et al. 2001. Harmonized protocol and certified reference material for the determination of extractable contents of phosphorus in freshwater sediments - A synthesis of recent works. Fresenius Journal of Analytical Chemistry, 370: 224-228.

Ruban V, Brigault S, Demare D, et al. 1999. An investigation of the origin and mobility of phophorus in freshwater sediments from Bort-Les-Orguses Reservoir, France. Journal of Environmental Monitoring, 1: 403-407.

Ruttenberg K C. 1992. Development of a sequential extraction method for different forms of phosphorus in marine sediments. Limnology and Oceanography,37:1460-1480.

Rydin E,Welch E B. 1998. Aluminum dose required to inactivate phosphate in lake sediments. Water Research,32:2969-2976.

Sabbah I,Ghattas B,Hayeek A,et al. 2003. Intermittent sand filtration for wastewater treatment in rural areas of the Middle East-a pilot study. Water Science and Technology,48(11-12):147-152.

Schindler D W. 1977. Evolution of phosphorus limitation in lakes. Science,195:260-262.

Scholz M,Lee B H. 2005. Constructed wetlands:A review. International Journal of Environmental Study,62(4):421-447.

Scholz M,Höhn P,Minall R. 2002. Mature experimental constructed wetlands treating urban water receiving high metal loads. Biotechnology Progress,18(6):1257-1264.

Schärer M,de Grave E,Semalulu O,et al. 2009. Effect of redox conditions on phosphate exchangeability and iron forms in a soil amended with ferrous iron. European Journal of Soil Science,60(30):386-397.

Seo D C,Cho J S,Lee H J,et al. 2005. Phosphorus retention capacity of filter media for estimating the longevity of constructed wetland. Water Research,39(11):2445-2457.

Serguei A L,Yuri S T. 2001. Water quality modelling for the ecosystem of the Cienaga de Tesca coastal lagoon. Ecological Modelling,144:279-293.

Sharma P K,Takashi I,Kato K,et al. 2013. Effects of load fluctuations on treatment potential of a hybrid sub-surface flow constructed wetland treating milking parlor waste water. Ecological Engineering,57:216-225.

Sharpley A N. 1995. Dependence of runoff phosphorus on extractable soil phosphorus. Journal of Environmental Quality,24:920-926.

Sims J T,Maguire R O,Leytem A B,et al. 2002. Evaluation of Mehlich 3 as an agri-environmental soil phosphorus test for the mid-Atlantic United States of America. Soil Science Society of America Journal,66:2016-2032.

Skov P V,Pedersen L F,Pedersen P B,et al. 2013. Nutrient digestibility and growth in rainbow trout(Oncorhynchus mykiss) are impaired by short term exposure to moderate supersaturation in total gas pressure. Aquaculture,416-417:179-184.

Smith D R,et al. 2006. Changes in sediment-water column phosphorus interactions following sediment disturbance. Ecological Engineering,27(1):71-78.

Smith D R,Haggard B E,Warnemuende E A,et al. 2005. Sediment phosphorus dynamics for three tile fed drainage ditches in Northeast Indiana. Agricultural Water Management,71:19-32.

Smith F,Briggs M R P. 1998. Nutrients budgets in intensive shrimp ponds:Implications for sustainability. Aquaculture,164:117-133.

Smith V H. 1983. Low nitrogen to phosphorus ratios favors dominance by blue-green algae in Lake Phytoplankton. Science,221:669-671.

Snodgrass J W,Casey R E,Joseph D,et al. 2008. Microcosm investigations of stormwater pond sediment toxicity to embryonic and larval amphibians:Variation in sensitivity among species. Environmental Pollution,154(2):291-297.

Snyder C S,Slaton D N. 2002. Effects of soil flooding and drying on phosphorus reactions. News and Views,4:1-4.

Song Y,Liu H. 2013. Typical urban gully nitrogen migration in Changchun City, China. Environmental geochemistry and health,35(6):789-799.

Soyupak S,Mukhallalati L,Yemi D,et al. 1997. Evaluation of eutrophication control strategies for the Keban Dam reservoir. Ecological Modelling,97:99-110.

Steinman A D,Ogdahl M E,Weinert M,et al. 2012. Water level fluctuation and sediment-water nutrient exchange in Great Lakes coastal wetlands. Journal of Great Lakes Research,38(4): 766-775.

Sterner R W,George N B. 2000. Carbon,nitrogen,and phosphorus stoichiometry of cyprinid fishes. Ecology,81(1):127-140.

Stevenson F J. 1994. Humus Chemistry:Genesis,Composition,Reactions,second Ed. New York: John Wiley & Sons.

Stottmeister U,WieSner A,Kuschk P,et al. 2003. Effects of plants and microorganisms in constructed wetlands for wastewater treatment. Biotechnology Advances,22(1-2):93-117.

Strakraba M. 1993. Eco-technology as a new means for environmental management. Ecological Engineering,2:311-331.

Suk H,Yeh G T. 2009. Multidimensional finite-element particle tracking method for solving complex transient flow problems. Journal of Hydrologic Engineering,ASCE,14(7):759-766.

Sun G Z,Zhao Y Q,Allen S. 2005. Enhanced removal of organic matter and ammonia-nitrogen in a column experiment of tidal flow constructed wetland system. Journal of Biotechnology,115 (2):189-197.

Takamura N,Otski A,Aizaki M,et al. 1992. Phytoplankton species shift accompanied by transition from nitrogen dependence to phosphorus dependence of primary production in Lake Kasumigaura, Japan. Archiv for Hydrobiology,124:129-148.

Tam A, Ait-Ali-Yahia D, Robichaud M P. 2000. Anisotropic mesh adaptation for 3D flows on structured and unstructured grids. Computer Methods in Applied Mechanics and Engineering, 189:1205-1230.

Tang X Q,Wu M,Yang W J,et al. 2012. Ecological strategy for eutrophication control. Water Air and Soil Pollution,223(2):723-737.

Taylor M,Clarke W P,Greenfield P F. 2003. The treatment of domestic wastewater using small-scale vermicompost filter beds. Ecological Engineering,21(2-3):197-203.

Tee H,Lim P,Seng C,et al. 2012. Newly developed baffled subsurface-flow constructed wetland for the enhancement of nitrogen removal. Bioresource Technology,104:235-242.

Trancoso A R,Saraiva S,Fernandez L,et al. 2005. Modeling macro-algae using a 3D hydrodynamic-ecological model in a shallow,temperate estuary. Ecological Modelling,187:232-246.

Ulf G. 2011. Implementation of high-order particle-tracking schemes in a water column model. Ocean Modelling,36:80-89.

Vadas P A,Kleinman P J A,Sharpley A N,et al. 2005. Relating soil phosphorus to dissolved phosphorus in runoff:A single extraction coefficient for water quality modeling. Journal of Environmental Quality,34:572-580.

Verhoeven J T A,Meuleman A F M. 1999. Wetlands for wastewater treatment:Opportunities and limitations. Ecological Engineering,12(1-2):5-12.

Visser A W. 2008. Lagrangian modelling of plankton motion: From deceptively simple random walks to Fokker-Planck and back again. Journal of Marine Systems,70:287-299.

Vought L B-M,Dahl J,Pedersen C L,et al. 1994. Nutrient retention in riparian ecotones. Ambio, 23(6):342-348.

Vries D. 1998. Patterns and trends in nutrients and phytoplankton in Dutch coastal waters: Comparison of time-series analysis, ecological model simulation, and mesocosm experiments. Journal of Marine Science, 55: 620-634.

Vries I,Duin R N M,Peeters J C H,et al. 1998. Patterns and trends in nutrients and phytoplankton in Dutch coastal waters: comparison of time-series analysis, ecological model simulation, and mesocosm experiments. Journal of Marine Science,55:620-634.

Vymazal J. 2007. Removal of nutrients in various types of constructed wetlands. Science of the Total Environment,380(1-3):48-65.

Vymazal J,Kröpfelová L. 2005. Growth of phragmites australis and phalaris arundinacea in constructed wetlands for wastewater treatment in the czech republic. Ecological Engineering,25 (5):606-621.

Vymazal J. 2002. The use of sub-surface constructed wetlands for wastewater treatment in the Czech Republic:10 years experience. Ecological Engineering,18(5):633-646.

Walters R A,Lane E M,Henry R F. 2007. Semi-Lagrangian methods for a finite element coastal ocean model. Ocean Modelling,19:112-124.

Wang L,Yu Z,Dai H,et al. 2009. Eutrophication model for river-type reservoir tributaries and its applications. Water Science and Engineering,2(1):16-24.

Wang P F,Wang X R Wang C. 2007. Experiment of impact of river hydraulic characteristic on nutrients purification coefficient. Journal of Hydrodynamics,Ser. B,19(3):387-393.

Wang S R,Jin X C,Zhao H C,et al. 2006. Phosphorus fractions and its release in the sediments from the shallow lakes in the middle and lower reaches of Yangtze River area in China. Colloids and Surfaces A: Physicochemical and Engineering Aspects,273:109-116.

Wang S R,Jin X C,Pang Y,et al. 2005. The study of the effect of pH on phosphate sorption by different trophic lake sediments. Journal of Colloid and Interface Science,285:448-457.

Wang Y,He Y,Zhang H,et al. 2008. Phosphate mobilization by citric,tartaric,and oxalic acids in a clay loam ultisol. Soil Science Society of America Journal,72:1263-1268.

Wang Z H, He M, Wang T, et al. 2012. Phosphorus sorption-desorption characteristics of ditch sediments from different land uses in a small headwater catchment in the central Sichuan Basin of China. Journal of Mountain Science, 9(3): 441-450.

Watanabe Y, Iwasaki Y. 1997. Performance of hybrid small wastewater treatment system consisting of jet mixed separator and rotating biological contactor. Water Science and Technology, 35 (6): 63-70.

Westermann D T, Bjorneberg D L, Aase J K, et al. 2001. Phosphorus losses in furrow irrigation runoff. Journal of Environmental Quality, 30: 1009-1015.

White L, Deleersnijder E, Legat V. 2008. A three-dimensional unstructured mesh shallow-water model, with application to the flows around an island and in a wind driven, elongated basin. Ocean Modeling, 22: 26-47.

Wießer A, Kuschk P, Stotmeister U. 2002. Oxygen release by roots of Typha latifolia and Juncus effusus in laboratory hydroponic systems. Acta Biotechnologica, 22(1-2): 209-216.

Williams J D H, Shear H, Thomas R L. 1980. Availability to Scenedesmus quadricauda of different forms of phosphorus in sedimentary materials from the Great Lakes. Limnology and Oceanography, 25: 1-11.

Williams J D H, Jaquet J M, Thomas R L. 1976. Forms of phosphorus in the surficial sediments of Lake Erie. Journal of Fisheries Research Board of Canada, 33: 413-429.

Wohl E. 2006. Human impacts to mountain streams. Geomorphology, 79: 217-248.

Wool T A, Ambrose R B, Martin J L, et al. 2001. Water Quality Analysis Simulation Program (WASP) Version 6 User's Manual. Atlanta: US Environmental Protection Agency.

Wu T F, Luo L C, Qin B Q, et al. 2009. A vertically integrated eutrophication model and its application to a river-style reservoir-Fuchunjiang, China. Journal of Environmental Sciences, 21: 319-327.

Xu H, Paerl H W, Qin B. 2010. Nitrogen and phosphorus inputs control phytoplankton growth in eutrophic Lake Taihu, China. Limnology and Oceanography, 55: 420-432.

Yamaguchi M, Ogawa T, Muramoto K, et al. 2000. Effects of culture conditions on the expression level of lectin in Microcysis aeruginosa (freshwater cyanobacterium). Fish Science, 66: 665-669.

Yang M, Bi Y, Hu J, et al. 2011. Seasonal variation in functional phytoplankton groups in Xiangxi Bay, Three Gorges Reservoir. Chinese Journal of Oceanology and Limnology, 29 (5): 1057-1064.

Yang Z, Liu D, Ji D, et al. 2010. Influence of the impounding process of the three gorges reservoir up to water level 172. 5m on water eutrophication in the Xiangxi Bay. Science China (Technological Sciences), 53: 1114-1125.

Younes A, Ackerer P, Lehmann F. 2006. A new efficient Eulerian Lagrangian localized adjoint method for solving the advection-dispersion equation on unstructured meshes. Advances in Water Resources, 29: 1056-1074.

Yu H Y, Hu M X, Xu Z K, et al. 2005. Surface modification of polypropylene microporous membranes to improve their antifouling property in MBR: NH_3 plasma treatment. Separation and Purification Technology, 45(1): 8-15.

Zema D A, Bingner R L, Denisi P, et al. 2012. Evaluation of runoff, peak flow and sediment yield for events simulated by the AnnAGNPS model in a Belgian agricultural watershed. Land Degradation & Development, 23(3): 205-215.

Zhang C, Liu W, Wang J, et al. 2012. Effects of plant diversity and hydraulic retention time on pollutant removals in vertical flow constructed wetland mesocosms. Ecological Engineering, 49: 244-248.

Zhang H L, Kovar J L. 2000. Phosphorus fractionation//Pierzynski G M. Methods of Phosphorus Analysis for Soils, Sediments, Residuals, and Waters. Cardina: North Carolina State University.

Zhang R, Pu L, Zhu M. 2013. Impacts of transportation arteries on land use patterns in urban-rural fringe: A comparative gradient analysis of Qixia District, Nanjing City, China. Chinese Geographical Science, 23(3): 378-388.

Zhang X, Hu D, Wang M. 2010. A 2-D hydrodynamic model for the river, lake and network system in the Jingjiang reach on the unstructured quadrangles. Journal of Hydrodynamics, Ser. B, 22(3): 419-429.

Zhang Y L, Baptista A M, et al. 2008. SELFE: A semi-implicit Eulerian Lagrangian finite-element model for cross-scale ocean circulation, with hybrid vertical coordinates. Ocean Modelling, 21: 71-96.

Zhang Y L, Antonio M, Baptista E P M. 2004. A cross-scale model for 3D baroclinic circulation in estuary-plume-shelf systems: I. Formulation and skill assessment. Continental Shelf Research, 24: 2187-2214.

Zhang Y S, Lin X Y, Ni W Z. 1998. Effects of flooding and subsequent air-drying on phosphorus adsorption and available phosphorus on the paddy soil. Chinese Journal of Rice Science, 12: 40-44.

Zheng T, Mao J, Dai H, et al. 2011. Impacts of water release operations on algal blooms in a tributary bay of three gorges reservoir. Science China(Technological Sciences), 54: 1588-1598.

Zhong J C, You B S, Fan C X. 2008. Influence of sediment dredging on chemical forms and release of phosphorus. Pedosphere, 18(1): 34-44.

Zhou A M, Tang H X, Wang D S. 2005. Phosphorus adsorption on natural sediments: Modeling and effects of pH and sediment composition. Water Research, 39: 1245-1254

Zhou M F, Li Y C. 2001. Phosphorus-sorption characteristics of calcareous soils and limestone from the southern Everglades and adjacent farmlands. Soil Science Society of America Journal, 65: 1404-1412.

Zhou Q, Gibson C E, Zhu Y. 2001. Evaluation of phosphorus bioavailability in sediments of three contrasting lakes in China and UK. Chemosphere, 42(2): 221-225.

Zhuang Y H, Hong S, Zhang W T, et al. 2013. Simulation of the spatial and temporal changes of complex non-point source loads in a lake watershed of central China. Water Science and Technology,67(9):2050-2058.

Zhu B,Wang Z H,Zhang X B. 2012. Phosphorus fractions and release potential of ditch sediments from different land uses in a small catchment of the upper Yangtze River. Journal of Soils and Sediments,12(2):278-290.

Zhu B,Wang T,Kuang F H,et al. 2009. Measurements of nitrate leaching from a hillslope cropland in the central Sichuan basin, China. Soil Science Society of America Journal, 73: 1419-1426.